全国中等职业学校电工类专业通用教材

全国技工院校电工类专业通用教材（中级技能层级）

国家级职业教育规划教材

电力拖动控制线路与技能训练

（第六版）

人力资源社会保障部教材办公室　组织编写

中国劳动社会保障出版社

简　介

本书主要内容包括：常用低压电器及其安装、检测与维修，电动机的基本控制线路及其安装、调试与维修，常用生产机械的电气控制线路及其安装、调试与维修，变频调速系统。

本书由谢京军担任主编，李敬梅担任副主编，朱强、乔淑梅、关开芹、王勇、鲁统生、姜修兰、张冬青、孙文娟参加编写；李长军审稿。

图书在版编目（CIP）数据

电力拖动控制线路与技能训练 / 人力资源社会保障部教材办公室组织编写．--6 版．--北京：中国劳动社会保障出版社，2020

全国中等职业学校电工类专业通用教材　全国技工院校电工类专业通用教材．中级技能层级

ISBN 978-7-5167-4794-0

Ⅰ．①电…　Ⅱ．①人…　Ⅲ．①电力传动－自动控制系统－中等专业学校－教材　Ⅳ．①TM921.5

中国版本图书馆 CIP 数据核字（2020）第 238873 号

中国劳动社会保障出版社出版发行

（北京市惠新东街 1 号　邮政编码：100029）

*

保定市中画美凯印刷有限公司印刷装订　新华书店经销

787 毫米 ×1092 毫米　16 开本　26.25 印张　500 千字

2020 年 12 月第 6 版　2024 年 11 月第 10 次印刷

定价：49.00 元

营销中心电话：400-606-6496

出版社网址：http：//www.class.com.cn

http：//jg.class.com.cn

前 言

为了更好地适应全国技工院校电工类专业的教学要求，全面提升教学质量，人力资源社会保障部教材办公室组织有关学校的一线教师和行业、企业专家，在充分调研企业生产和学校教学情况、广泛听取教师使用反馈意见的基础上，吸收和借鉴各地技工院校教学改革的成功经验，对现有电工类专业通用教材进行了修订（新编）。

本次教材修订（新编）工作的重点主要体现在以下几个方面。

更新教材内容

◆ 根据企业岗位需求变化和教学实践，确定学生应具备的知识与能力结构，调整部分教材内容，增补开发教材，使教材的深度、难度、广度与实际需求相匹配。

◆ 根据相关专业领域的最新技术发展，推陈出新，补充新知识、新技术、新设备、新材料等方面的内容。

◆ 根据最新的国家标准、行业标准编写教材，保证教材的科学性和规范性。

◆ 根据一体化教学理念，提高实践性教学内容的比重，进一步强化理论知识与技能训练的有机结合，体现“做中学、学中做”的教学理念。

优化呈现形式

◆ 创新教材的呈现形式，尽可能使用图片、实物照片和表格等形式将知识点生动地展示出来，提高学生的学习兴趣，提升教学效果。

◆ 部分教材将传统黑白印刷升级为双色印刷和彩色印刷，提升学生的阅读体验。例如，《电工基础（第六版）》和《电子技术基础（第六版）》采用双色设计，使电路图、波形图的内涵清晰明了；《安全用电（第六版）》将图片进行彩色重绘，符合学生的认知习惯。

提升教学服务

为方便教师教学和学生学习，除全面配套开发习题册外，还提供二维码资源、电子教案、电子课件、习题参考答案等多种数字化教学资源。

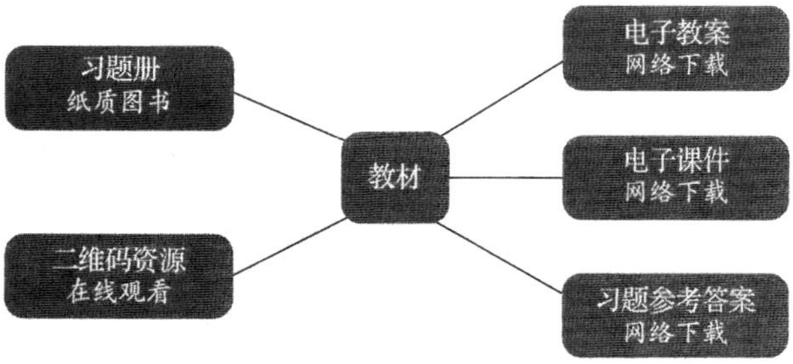

二维码资源——在部分教材中，针对重点、难点内容制作微视频，针对拓展学习内容制作电子阅读材料，使用移动设备扫描即可在线观看、阅读。

电子教案——结合教材内容编写教案，体现教学设计意图，为教师备课提供参考。

电子课件——依据教材内容制作电子课件，为教师教学提供帮助。

习题参考答案——提供教材中习题及配套习题册的参考答案，为教师指导学生练习提供方便。

电子教案、电子课件、习题参考答案均可通过中国技工教育网（http：//jg.class.com.cn）下载使用。

致谢

本次教材的修订（新编）工作得到了辽宁、江苏、山东、河南、广西等省（自治区）人力资源社会保障厅及有关学校的大力支持，在此我们表示诚挚的谢意。

人力资源社会保障部教材办公室

2020 年 9 月

目　录

绪　论

第一单元　常用低压电器及其安装、检测与维修

第二单元　电动机的基本控制线路及其安装、调试与维修

第三单元 常用生产机械的电气控制线路及其安装、调试与维修

第四单元 变频调速系统

绪 论

一、电力拖动的概念

如图 0–1 所示，车床、磨床和钻床等机床上工作机构的运转几乎都是由电动机来拖动的。这种拖动方式称为电力拖动。

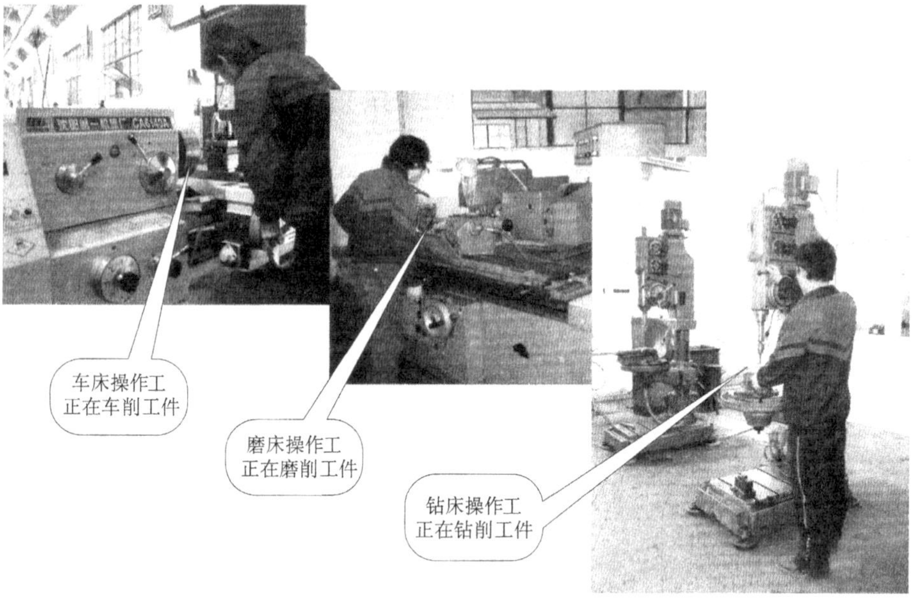

图 0–1 用车床、磨床和钻床切削工件

电力拖动是指用电动机拖动生产机械的工作机构使之运转的一种拖动方式。

由于电力在生产、传输、分配、使用和控制等方面的优越性，使得电力拖动具有方便、经济、效率高、调节性能好、易于实现生产过程自动化等优点，所以电力拖动获得了广泛的应用。目前在日常生活中使用的电风扇、洗衣机等家用电器，在生产中大量使用的各式各样的生产机械，如车床、钻床、铣床、造纸机、轧钢机等，都采用电力拖动。

图 0–2 所示是机械加工车间常用的孔加工机床——台式钻床。使用时，合上电源开关后，按下启动按钮，电动机通电转动，再通过传动带带动钻头旋转而钻削工件。

电力拖动系统一般由四个子系统组成，它们之间的关系可简单地用图 0–3 表示。

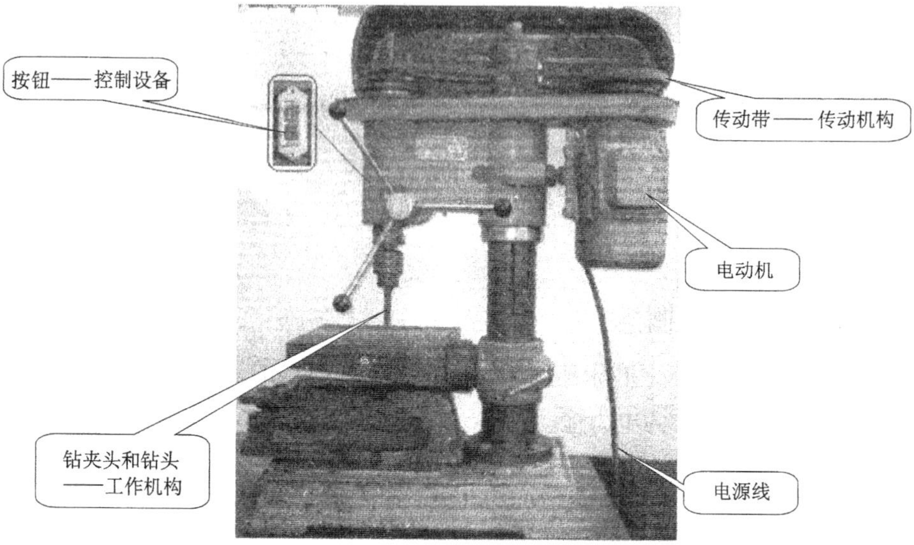

图 0–2　台式钻床

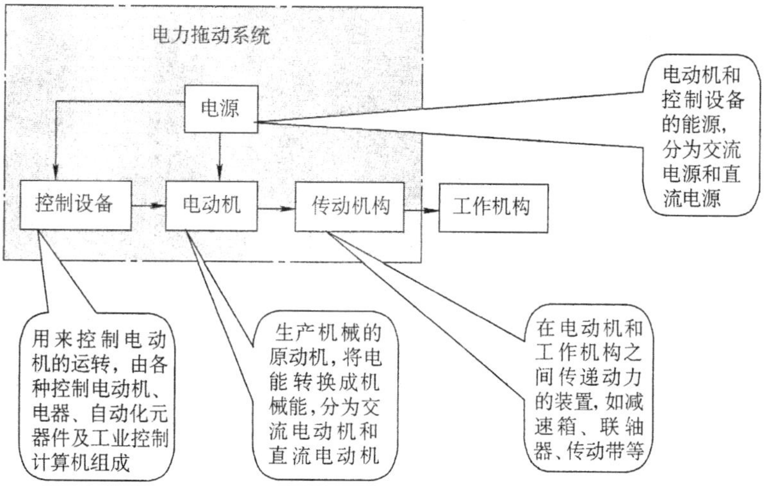

图 0–3　电力拖动系统的组成

二、本课程学习目标

“电力拖动控制线路与技能训练”是中等职业学校电工类专业的一门集理论知识与技能训练为一体的专业课程，主要研究电力拖动控制线路的工作原理及其在生产机械上的应用。学习完本书后，应该具有如图 0–4 所示的各项能力。

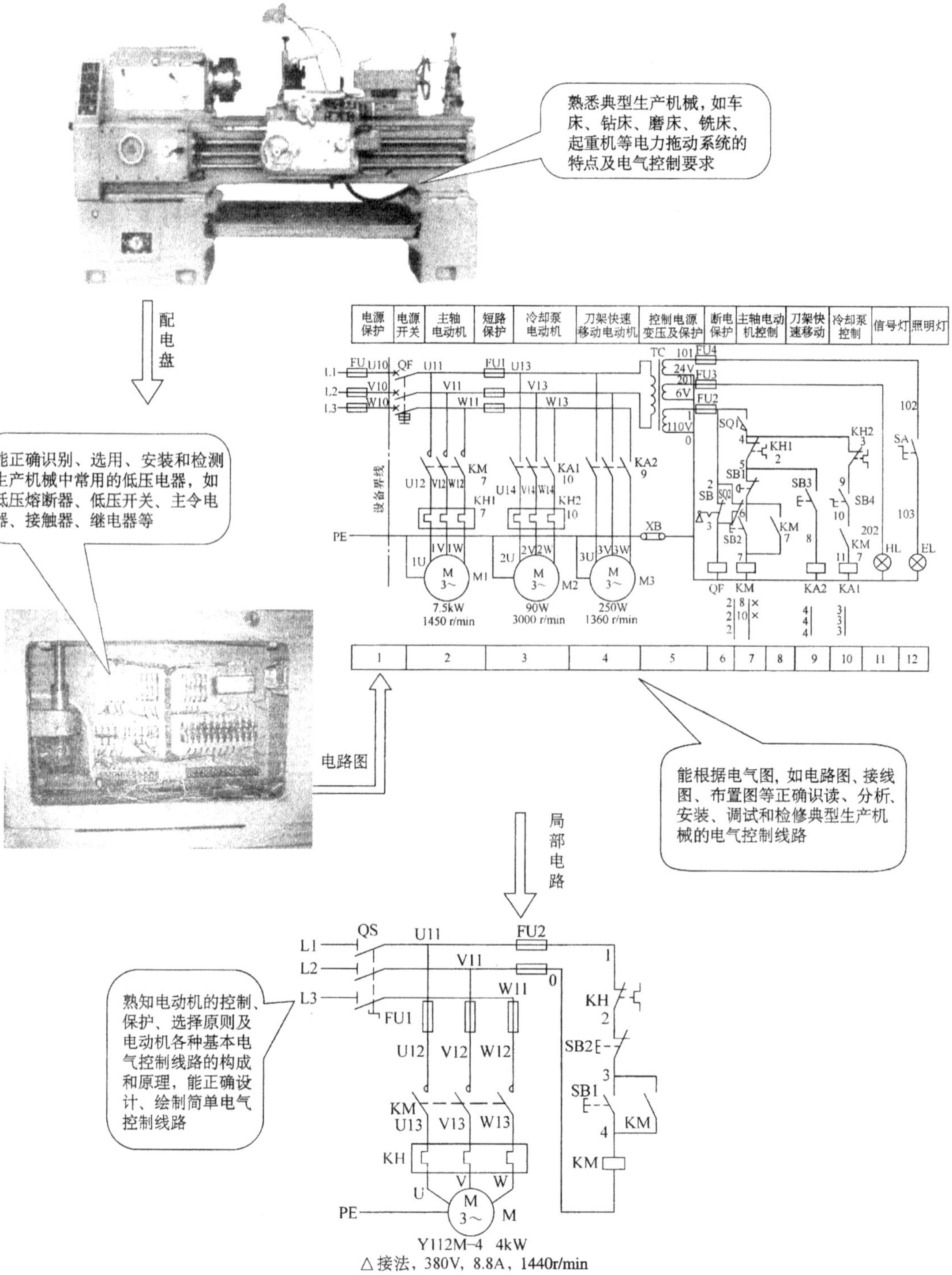

图 0−4 学习本课程后应具有的能力

第一单元
常用低压电器及其安装、检测与维修

课题 1　低压电器的分类和常用术语

学习目标

掌握低压电器的分类和常用术语的含义。

图 1-1 所示为 CK6140H 型数控车床及配电盘。采用电力拖动的生产机械，其电动机的运转都是由各种接触器、继电器、按钮、行程开关等电器构成的控制线路来进行控制的。

a)　　　b)　　　c)

图 1-1　CK6140H 型数控车床及配电盘
a）CK6140H 型数控车床　b）CK6140H 型数控车床配电盘
c）CK6140H 型数控车床配电盘中的低压电器

由于工作性质和加工工艺的不同，不同的生产机械对电动机的控制要求是不同的。要使电动机按照生产机械的要求正常安全地运转，必须配备相应的电器，组成一定的控制线路，才能达到目的。显然，不同的生产机械控制线路不同，其配电盘不同，所用电器的数量、型号、规格也不相同。

在图 1–2 中，向上扳动低压断路器的开关，再向上合上开启式负荷开关，电动机就会转动；若要使电动机停止转动，则只要拉下开启式负荷开关即可。当电动机出现短路故障时，低压熔断器中的熔体还会自动熔断，使电动机自动停转。

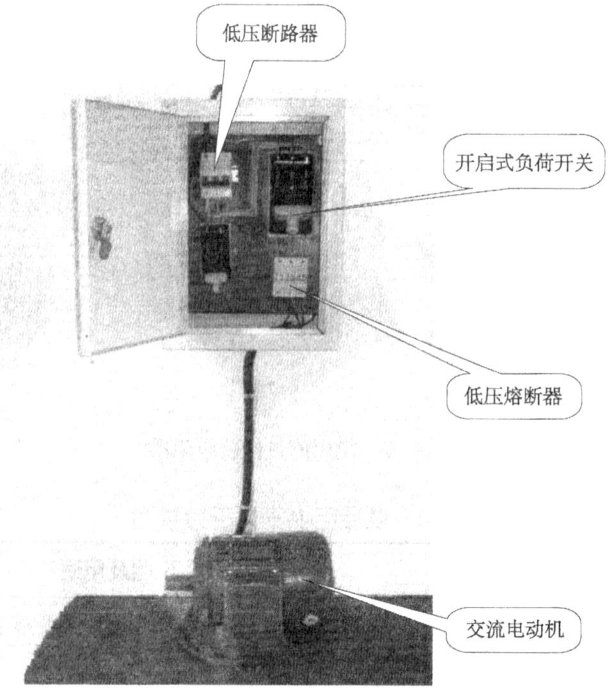

图 1–2　电器控制电动机的运转

电器就是一种能根据外界的信号和要求，手动或自动地接通或断开电路，实现对电路或非电对象的切换、控制、保护、检测和调节的元件或设备。

根据工作电压的高低，电器可分为高压电器和低压电器。工作在交流额定电压 1 200 V 及以下、直流额定电压 1 500 V 及以下的电器称为低压电器。低压电器作为一种基本元器件，广泛应用于输配电系统和电力拖动系统中，在实际生产中起着非常重要的作用。

一、低压电器的分类

图 1–3 所示为常见的几种低压电器。低压电器的种类繁多，分类方法也很多，常见的分类方法见表 1–1。

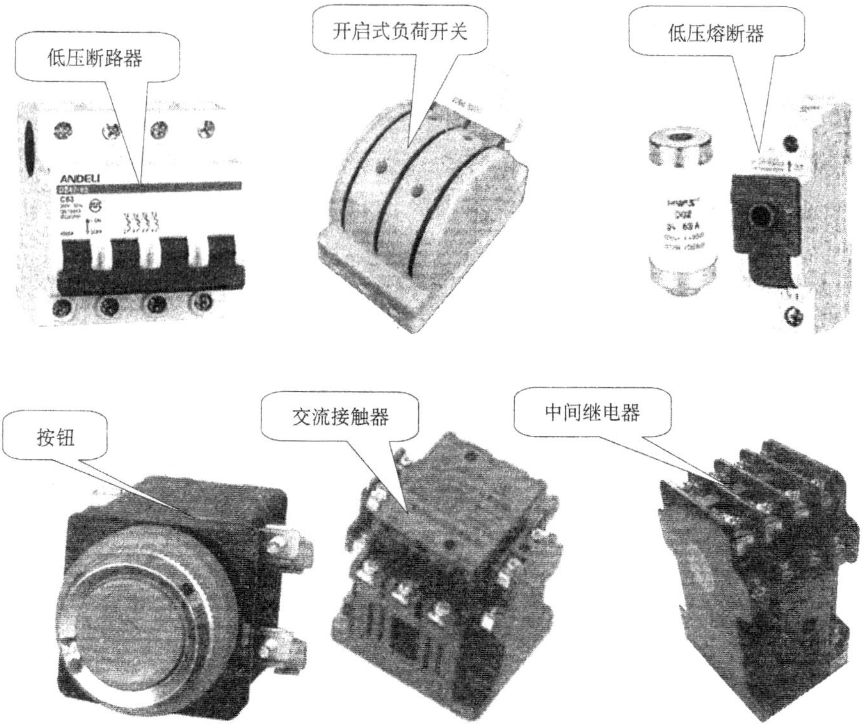

图 1–3　常见的几种低压电器

表 1–1　低压电器常见的分类方法

分类方法	类别	说明及用途
按低压电器的用途和所控制的对象分	配电电器	包括低压开关、低压熔断器等，主要用于低压配电系统及动力设备中
	控制电器	包括接触器、继电器、电磁铁等，主要用于电力拖动及自动控制系统中
按低压电器的动作方式分	自动切换电器	依靠电器本身参数的变化或外来信号的作用，自动完成接通或分断电路等动作的电器，如接触器、继电器等
	非自动切换电器	主要依靠外力（如手动控制）直接操作来进行切换电路的电器，如按钮、低压开关等
按低压电器的执行机构分	有触头电器	具有可分离的动触头和静触头，主要利用触头的接触和分离来实现电路的接通和断开控制，如接触器、继电器等
	无触头电器	没有可分离的触头，主要利用半导体元器件的开关效应来实现电路的通断控制，如接近开关、固态继电器等

二、低压电器的常用术语

低压电器的常用术语见表 1–2。

表 1-2 低压电器的常用术语

常用术语	常用术语的含义
通断时间	从电流开始在开关电器的一个极流过的瞬间起，到所有极的电弧最终熄灭的瞬间为止的时间间隔
燃弧时间	电器分断过程中，从触头断开（或熔体熔断）出现电弧的瞬间开始，至电弧完全熄灭为止的时间间隔
分断能力	开关电器在规定的条件下，能在给定的电压下分断的预期分断电流值
接通能力	开关电器在规定的条件下，能在给定的电压下接通的预期接通电流值
通断能力	开关电器在规定的条件下，能在给定的电压下接通和分断的预期电流值
短路接通能力	在规定的条件下，包括开关电器的出线端短路在内的接通能力
短路分断能力	在规定的条件下，包括开关电器的出线端短路在内的分断能力
操作频率	开关电器在每小时内可能实现的最高循环操作次数
通电持续率	开关电器的有载时间和工作周期之比，常以百分数表示
电寿命	在规定的正常工作条件下，机械开关电器不需要修理或更换的负载操作循环次数

巩固练习

1. 什么是电器？什么是低压电器？
2. 低压电器是怎样进行分类的？
3. 低压电器的常用术语有哪些？它们的含义是什么？

课题 2　低压熔断器

学习目标

1. 能正确识别、选择、安装、使用低压熔断器。

2. 掌握低压熔断器的功能、基本结构、工作原理及型号含义，熟记其图形符号和文字符号。

低压熔断器的作用是在线路中作为短路保护，通常简称为熔断器。短路是指由于电气设备或导线的绝缘损坏而导致电路或电路中的一部分被短接，它是一种电气故障。图 1-4 所示为 XJ01 自耦减压启动箱外观及内部结构。图 1-5a 所示为 RL 系列螺旋式低压熔断器，图 1-5b 所示为熔断器在电路图中的符号。

a)　　b)

图 1-4　XJ01 自耦减压启动箱

a）外观　b）内部结构

a)　　b)

图 1-5　低压熔断器

a）RL 系列螺旋式低压熔断器　b）符号

使用时，熔断器应串联在被保护的电路中。正常情况下，熔断器的熔体相当于一段导线；当电路发生短路故障时，熔体能迅速熔断分断电路，从而起到保护线路和电气设备的作用。熔断器的结构简单、价格便宜、动作可靠、使用维护方便，因而得到了广泛应用。

一、熔断器的结构与主要技术参数

1. 熔断器的结构

熔断器主要由熔体、安装熔体的熔管和熔座三部分组成，如图 1-5a 所示。

熔体是熔断器的核心，常做成丝状、片状或栅状，制作熔体的材料一般有铅锡合金、锌、铜、银等，根据受保护电路的要求而定。熔管是熔体的保护外壳，用耐热绝缘材料制成，在熔体熔断时兼有灭弧作用。熔座是熔断器的底座，用于固定熔管和外接引线。

2. 熔断器的主要技术参数

（1）额定电压　是指熔断器长期工作所能承受的电压。如果熔断器的实际工作电压大于其额定电压，熔体熔断时可能会发生电弧不能熄灭的危险。

（2）额定电流　是指保证熔断器能长期正常工作的电流。它的大小由熔断器各部分长期工作时允许的温升决定。

小提示

熔断器的额定电流与熔体的额定电流是两个不同的概念。熔体的额定电流是指在规定的工作条件下，长时间通过熔体而熔体不熔断的最大电流值。通常，一个额定电流等级的熔断器可以配用若干个额定电流等级的熔体，但要保证熔体的额定电流值不大于熔断器的额定电流值。例如，型号为 RL1-15 的熔断器，其额定电流为 15 A，它可以配用额定电流为 2 A、4 A、6 A、10 A 和 15 A 的熔体。

（3）分断能力　是指在规定的使用和性能条件、规定电压下熔断器能分断的预期分断电流值，常用极限分断电流值来表示。

（4）时间–电流特性　也称为安–秒特性或保护特性，是指在规定的条件下，表征流过熔体的电流与熔体熔断时间的关系曲线，如图 1–6 所示。从特性上可以看出，熔断器的熔断时间随电流的增大而缩短。

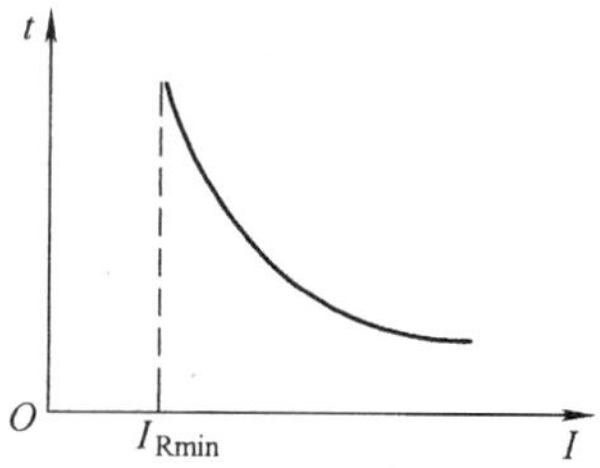

图 1–6　熔断器的时间–电流特性

另外，在时间–电流特性曲线中有一个熔断电流与不熔断电流的分界线，与此相对应的电流称为最小熔断电流或临界电流，用 I_{Rmin} 表示。往往以在 1 ~ 2 h 内能熔断的最小电流值作为最小熔断电流。

根据对熔断器的要求，熔体在额定电流 I_N 下绝对不应熔断，所以最小熔断电流 I_{Rmin} 必须大于额定电流 I_N。熔断器的熔断电流 I_S 与熔断时间 t 的关系见表 1–3。

表 1–3　熔断器的熔断电流与熔断时间的关系

熔断电流 I_S（A）	$1.25I_N$	$1.6I_N$	$2.0I_N$	$2.5I_N$	$3.0I_N$	$4.0I_N$	$8.0I_N$	$10.0I_N$
熔断时间 t（s）	∞	3 600	40	8	4.5	2.5	1	0.4

由表 1–3 可以看出，熔断器对过载的反应是很不灵敏的，当电气设备发生轻度过载时，熔断器将持续很长时间才能熔断，有时甚至不熔断。因此，除照明和电加热电路外，熔断器一般不宜用作过载保护，主要用于短路保护。

二、常用低压熔断器

熔断器型号及含义如下：

□ □ □-□/□

- □/□ 最后一格：熔体额定电流 (A)
- □-□ 中间一格：熔断器额定电流 (A)
- 第三格：设计代号
- 第二格：形式：C—瓷插式； L—螺旋式； M—无填料封闭管式；T—有填料封闭管式；S—快速式；Z—自复式
- 第一格：R—熔断器

如型号 RL1-15/2 中，R 表示熔断器，L 表示螺旋式，设计代号为 1，熔断器额定电流是 15 A，熔体额定电流是 2 A。

常用熔断器见表 1-4。

表 1-4　常用熔断器

名称	图示	特点	应用场合
RL1 系列螺旋式熔断器	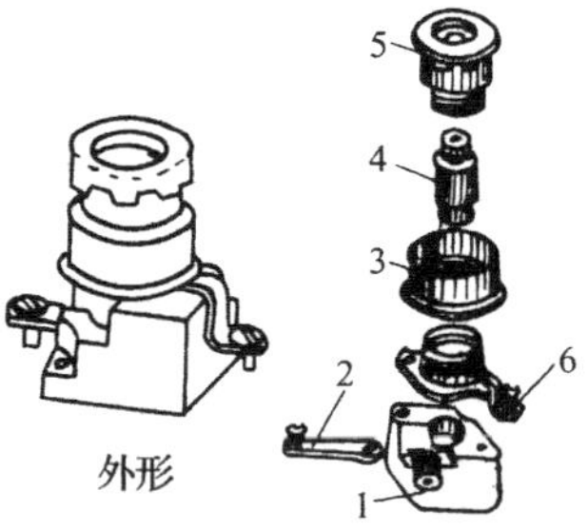 外形 结构 1—瓷底座　2—下接线座 3—瓷套　4—熔管 5—瓷帽　6—上接线座	主要由瓷帽、熔管、瓷套、上接线座、下接线座及瓷底座等部分组成。熔管内装有石英砂、熔体和带小红点的熔断指示器，石英砂用于增强灭弧性能。该系列熔断器的分断能力较强，结构紧凑，体积小，安装面积小，更换熔体方便，工作安全可靠，熔体熔断后有明显指示。当从瓷帽玻璃窗口观测到带小红点的熔断指示器自动脱落时，表示熔体已经熔断	广泛应用于控制箱、配电屏、机床设备及振动较大的场合，在交流额定电压 500 V、额定电流 200 A 及以下的电路中，作为短路保护器件
RM10系列无填料封闭管式熔断器	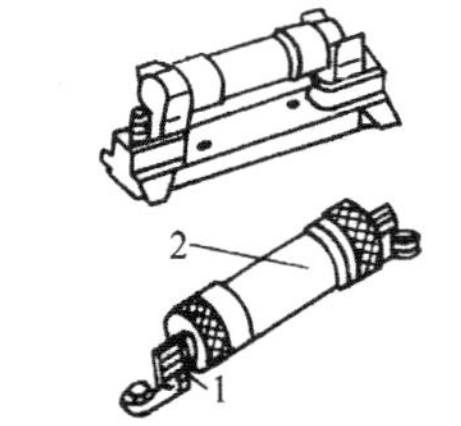 外形 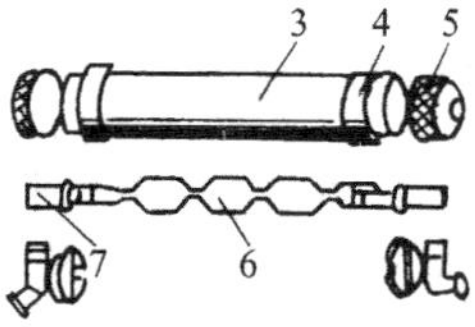 结构 1—夹座　2—熔管 3—钢纸管　4—黄铜套管 5—黄铜帽　6—熔体 7—刀形夹头	由熔管、熔体、刀形夹头及夹座等部分组成。熔管用钢纸制成，两端为黄铜制成的可拆式管帽，管内熔体为变截面的熔片，更换熔体较方便	主要用于交流额定电压 380 V 及以下、直流 440 V 及以下、电流在 600 A 以下的电力线路中，作为导线、电缆及电气设备的短路和连续过载保护器件

续表

名称	图示	特点	应用场合
RT0系列有填料封闭管式熔断器	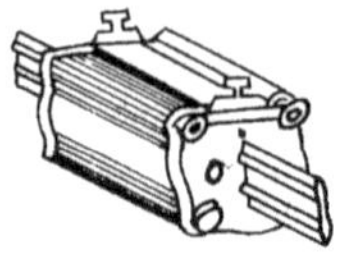 外形 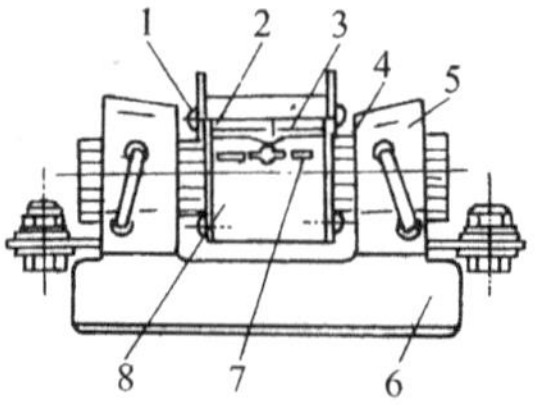 结构 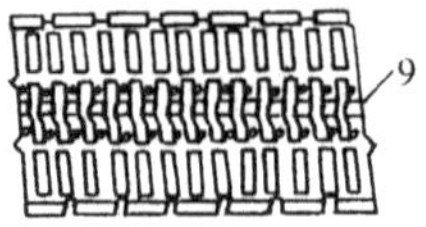 锡桥 1—熔断指示器 2—石英砂填料 3—指示器熔丝 4—夹头 5—夹座 6—底座 7—熔体 8—熔管 9—锡桥	主要由熔管、底座、夹头、夹座等部分组成。其熔管用高频电工陶瓷制成，熔体是两片网状紫铜片，中间用锡桥连接。熔体周围填满石英砂，起灭弧作用，该熔断器的分断能力比同容量的RM10系列大2.5~4倍。该系列熔断器配有熔断指示装置，熔体熔断后，显示出醒目的红色熔断信号，并可用配备的专用绝缘手柄在带电的情况下更换熔管，装取方便，安全可靠	广泛用于交流380 V及以下、短路电流较大的电力输配电系统中，作为线路和电气设备的短路保护及过载保护器件
RT18系列有填料封闭管式圆筒形帽熔断器	 	由熔体及熔断器支持件组成。熔体由熔管、熔体、填料组成，由纯铜片（或铜丝）制成的变截面熔体封装于高强度熔管内，熔管内充满高纯度石英砂作为灭弧介质，熔体两端采用点焊与端帽牢固连接 熔断器支持件由底板、载熔体、插座等组成，由塑料压制的底板装上载熔体插座后，铆合或用螺栓固定而成，为半封闭式结构，且带有熔断指示灯。熔体熔断时指示灯即亮	用于交流50 Hz、额定电压380 V、额定电流63 A及以下工业电气装置的配电线路中，作为线路的短路保护及过载保护器件

续表

名称	图示	特点	应用场合
RS0、RS3系列快速式熔断器（又称半导体器件保护用熔断器）		电力半导体器件的过载能力很差，采用熔断器保护时，要求过载或短路时必须快速熔断，一般在6倍额定电流时，熔断时间不大于20 ms。故快速熔断器的主要特点是熔断时间短，动作迅速（小于5 ms）。RS0、RS3系列外形与RT0系列相似，熔管内有石英填料，熔体也采用变截面形状、导热性能强、热容量小的银片，熔化速度快	主要用于半导体硅整流元件的过电流保护。常用的有RS0、RS3等系列。RS0和RS3系列主要用于大容量晶闸管元件的短路和过载保护，它们的结构相同，但RS3系列的动作更快，分断能力更强
自复式熔断器	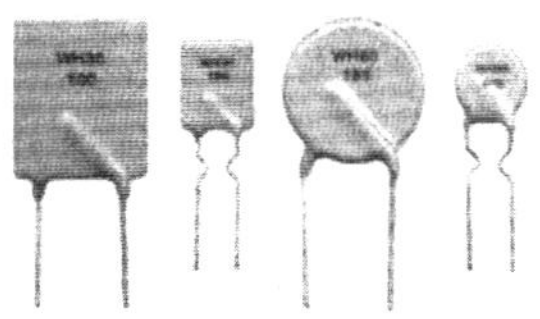 PTC聚合物自复熔断器	采用气体、超导体或液态金属钠等作熔体，在故障短路电流产生的高温下，熔体瞬间呈现高阻状态，从而限制短路电流。当故障消失后，温度下降，熔体又自动恢复至原来的低阻导电状态。自复式熔断器具有限流作用显著、动作时间短、动作后不必更换熔体、能重复使用、能实现自动重合闸等优点，所以在生产中的应用范围广泛	目前自复式熔断器的工业产品有RZ1系列，它适用于交流380 V的电路中与断路器配合使用。熔断器的电流有100 A、200 A、400 A、600 A 4个等级，在功率因数小于0.3时的分断能力为100 kA

常见低压熔断器的主要技术参数见表1-5。

表1-5　常见低压熔断器的主要技术参数

类别	系列	额定电压（V）	额定电流（A）	熔体额定电流等级（A）	分断能力（kA）	功率因数
螺旋式熔断器	RL1系列	500	15	2、4、6、10、15	2	≥0.3
			60	20、25、30、35、40、50、60	3.5	
			100	60、80、100	20	
			200	100、125、150、200	50	
	RL2系列	500	25	2、4、6、10、15、20、25	1	
			60	25、35、50、60	2	
			100	80、100	3.5	

续表

类别	系列	额定电压（V）	额定电流（A）	熔体额定电流等级（A）	分断能力（kA）	功率因数
无填料封闭管式熔断器	RM10系列	380	15	6、10、15	1.2	0.8
			60	15、20、25、35、45、60	3.5	0.7
			100	60、80、100	10	0.35
			200	100、125、160、200		
			350	200、225、260、300、350		
			600	350、430、500、600	12	0.35
有填料封闭管式熔断器	RT0系列	交流380 直流440	50	10、15、20、30、40、50	交流50 直流25	>0.3
			100	30、40、50、60、80、100		
			200	100、120、150、200		
			400	200、250、300、350、400		
			600	350、400、450、500、550、600		
有填料封闭管式圆筒形帽熔断器	RT18系列	380	32	2、4、6、8、10、12、16、20、25、32	100	0.1~0.2
			63	2、4、6、8、10、16、20、25、32、40、50、63		

三、熔断器的选用

熔断器有不同的类型和规格，如图1–7所示。对熔断器的要求是：在电气设备正常运行时，熔断器应不熔断；在出现短路故障时，熔断器应立即熔断；在电流发生正常变动（如电动机启动过程）时，熔断器应不熔断；在用电设备持续过载时，熔断器应延时熔断。

对熔断器的选用主要包括对熔断器类型、熔断器额定电压、熔断器额定电流和熔体额定电流的选用。

1．熔断器类型的选用

根据使用环境、负载性质和短路电流的大小选用适当类型的熔断器。例如，对于短路电流相当大的电路或有易燃气体的环境，应选用RT0系列有填料封闭管式熔断器；在机床控制线路中，多选用RL系列螺旋式熔断器；用于半导体功率元件及晶闸管的保护时，应选用RS系列快速式熔断器。

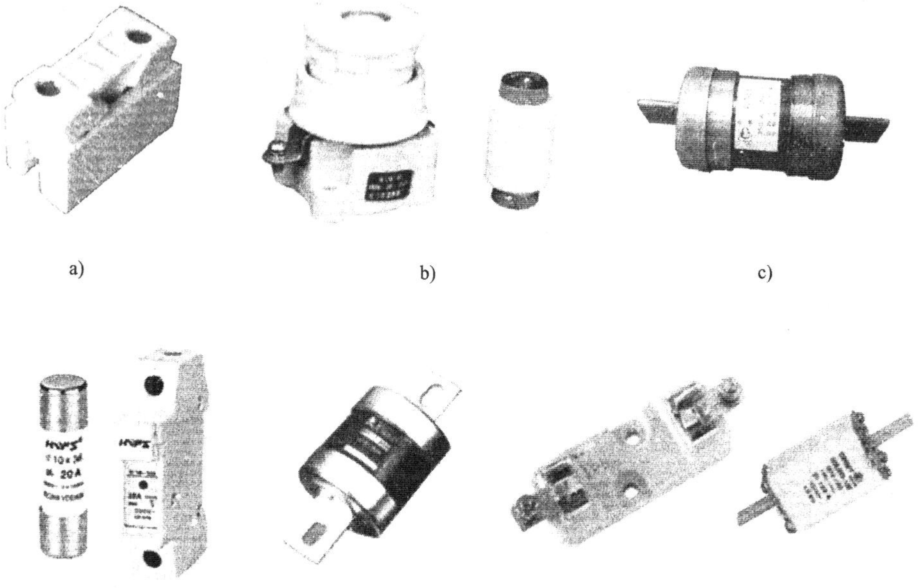

a)　b)　c)　d)　e)　f)

图 1–7　几种低压熔断器

a）瓷插式　b）RL1、RLS 系列螺旋式　c）RM10 系列无填料封闭管式
d）RT18 系列有填料封闭管式圆筒形帽　e）RT15 系列螺栓连接　f）RT0 系列有填料封闭管式

2. 熔断器额定电压和额定电流的选用

熔断器的额定电压必须等于或大于线路的额定电压；熔断器的额定电流必须等于或大于所装熔体的额定电流；熔断器的分断能力应大于电路中可能出现的最大短路电流。

3. 熔体额定电流的选用

（1）对照明和电热等电流较平稳、无冲击电流的负载的短路保护，熔体的额定电流应等于或稍大于负载的额定电流。

（2）对一台不经常启动且启动时间不长的电动机的短路保护，熔体的额定电流 I_{RN} 应大于或等于 1.5~2.5 倍电动机的额定电流 I_N，即：

$$I_{RN} \geqslant (1.5\sim2.5)\ I_N$$

（3）对多台电动机的短路保护，熔体的额定电流应大于或等于其中最大容量电动机的额定电流 I_{Nmax} 的 1.5~2.5 倍，再加上其余电动机额定电流的总和 $\sum I_N$，即：

$$I_{RN} \geqslant (1.5\sim2.5)\ I_{Nmax} + \sum I_N$$

例 1–1　某机床电动机的型号为 Y112M–4，额定功率为 4 kW，额定电压为 380 V，额定电流为 8.8 A，该电动机正常工作时不需要频繁启动。若用熔断器为该电动机提供短路保护，熔断器的型号规格应如何选择？

解：（1）选择熔断器的类型。该电动机是在机床中使用，所以熔断器可选用 RL1

系列螺旋式熔断器。

（2）选择熔体额定电流。由于所保护的电动机不需要经常启动，则熔体额定电流取为：

$$I_{RN}=(1.5\sim2.5)\times8.8\ \text{A}\approx13.2\sim22\ \text{A}$$

查表 1–5 得熔体额定电流为：I_{RN}=20 A 或 15 A，但选取时通常留有一定余量，故一般取 I_{RN}=20 A。

（3）选择熔断器的额定电流和电压。查表 1–5，可选取 RL1–60/20 型熔断器，其额定电流为 60 A，额定电压为 500 V。

四、熔断器的安装与使用

1. 用于安装与使用的熔断器应完整无损，并标有额定电压、额定电流值。

2. 熔断器安装时应保证熔体与夹头、夹头与夹座接触良好。螺旋式熔断器接线时，电源线应接在下接线座上，负载线应接在上接线座上，以保证能安全地更换熔管。

3. 熔断器内要安装合格的熔体，不能用多根小规格的熔体并联代替一根大规格的熔体。在多级保护的场合，各级熔体应相互配合，上级熔断器的额定电流等级以大于下级熔断器的额定电流等级两级为宜。

4. 更换熔体或熔管时，必须切断电源，尤其不允许带负荷操作，以免发生电弧灼伤事故。封闭管式熔断器的熔体应用专用的绝缘插拔器进行更换。

5. 对 RM10 系列熔断器，在切断过三次相当于分断能力的电流后，必须更换熔管，以保证能可靠地切断所规定分断能力的电流。

6. 熔体熔断后，应分析原因排除故障后，再更换新的熔体。在更换新的熔体时，不能轻易改变熔体的规格，更不能使用铜丝或铁丝代替熔体。

7. 熔断器兼作隔离器件使用时，应安装在控制开关的电源进线端；若仅作短路保护用，应装在控制开关的出线端。

五、熔断器的常见故障及处理方法

熔断器的常见故障及处理方法见表 1–6。

表 1–6 熔断器的常见故障及处理方法

故障现象	可能原因	处理方法
电路接通瞬间，熔体熔断	熔体额定电流等级选择过小	更换熔体
	负载侧短路或接地	排除负载故障
	熔体安装时受机械损伤	更换熔体
熔体未熔断，但电路不通	熔体或接线座接触不良	重新连接

实训 1—1　低压熔断器的识别与检修

1. 工具、仪表及器材

（1）工具　尖嘴钳、螺钉旋具。

（2）仪表　MF47 型万用表一只。

（3）器材　在 RL1、RM10、RT0、RT18、RS0 系列中，各选取不少于两种规格的熔断器。

2. 实训过程

（1）识别熔断器

1）在教师指导下，仔细观察各种不同类型、规格的熔断器外形和结构特点。

2）根据实物外形判断，写出所给五只熔断器的名称、型号规格、主要结构及特性，填入表 1–7 中。

表 1–7　熔断器识别

序号	1	2	3	4	5
名称					
型号规格					
主要结构 及特性					

（2）更换 RL1 系列熔断器的熔体

1）检查所给熔断器的熔体是否完好。对 RL1 系列，应首先查看其熔断指示器。

2）若熔体已熔断，应按原规格选配熔体。

3）更换熔体。对 RL1 系列熔断器，熔管不能倒装。

4）用万用表检查更换熔体后的熔断器各部分接触是否良好。

3. 评分标准

评分标准见表 1–8。

表 1-8 评分标准

<table>
<tr><th>项目</th><th>配分</th><th colspan="4">评分标准</th><th>扣分</th></tr>
<tr><td>识别熔断器</td><td>50 分</td><td colspan="4">（1）写错或漏写名称 每只扣 5 分
（2）写错或漏写型号 每只扣 5 分
（3）漏写主要部件 每个扣 4 分</td><td></td></tr>
<tr><td>更换熔体</td><td>50 分</td><td colspan="4">（1）检查方法不正确 扣 10 分
（2）不能正确选配熔体 扣 10 分
（3）更换熔体方法不正确 扣 10 分
（4）损伤熔体 扣 20 分
（5）更换熔体后熔断器断路 扣 25 分</td><td></td></tr>
<tr><td>安全文明生产</td><td colspan="5">违反安全文明生产规程 扣 5~40 分</td><td></td></tr>
<tr><td>定额时间</td><td colspan="5">60 min，每超时 5 min（不足 5 min 以 5 min 计） 扣 5 分</td><td></td></tr>
<tr><td>备注</td><td colspan="4">除定额时间外，各项目的最高扣分不应超过配分数</td><td>成绩</td><td></td></tr>
<tr><td>开始时间</td><td colspan="2"></td><td>结束时间</td><td></td><td>实际时间</td><td></td></tr>
</table>

巩固练习

1. 熔断器主要由哪几部分组成？各部分的作用是什么？
2. 什么是熔体的额定电流？它与熔断器的额定电流是否相同？
3. 熔断器为什么一般不宜用作过载保护，而主要用作短路保护？
4. 常用的低压熔断器有哪几种类型？
5. RL1 系列螺旋式熔断器有何特点？适用于哪些场合？
6. 自复式熔断器是怎样起保护作用的？它有哪些优点？
7. 熔断器应满足哪些要求？
8. 在安装和使用熔断器时，应注意哪些问题？
9. 机床电气设备应选择哪种系列的熔断器作为短路保护？
10. 实际生活中，你都在哪些场合见到过熔断器？它们分别属于哪种类型？

课题 3　低压开关

学习目标

1. 能正确识别、选用、安装、使用低压断路器、负荷开关、组合开关。

2. 掌握低压开关的功能、基本结构、工作原理及型号含义，熟记它们的图形符号和文字符号。

在居民楼或办公楼里，常使用图 1–8a 所示的开关箱，箱中的低压断路器控制着电灯、空调、电风扇及办公设备的电气线路的工作情况。

在建筑工地上，常使用图 1–8b 所示的开关箱，箱中的低压断路器和开启式负荷开关等电器控制着搅拌机、抹光机等建筑机械及电气线路的工作情况。

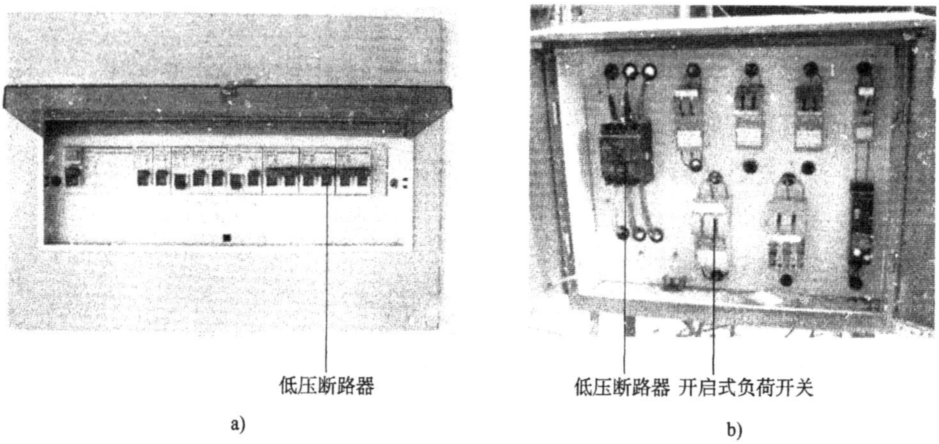

图 1–8　实际中常用的低压开关

a）居民楼或办公楼中的开关箱　b）建筑工地上的开关箱

图 1–8 中的低压断路器、负荷开关都是常用的低压开关。低压开关一般为非自动切换电器，主要作隔离、转换、接通和分断电路用。

在电力拖动中，低压开关多数用作机床电路的电源开关和局部照明电路的控制开关，有时也可用来直接控制小容量电动机的启动、停止和正反转。

下面介绍几种常用的低压开关——低压断路器、负荷开关和组合开关。

一、低压断路器

1．低压断路器的功能

低压断路器又称为自动空气开关或自动空气断路器，简称断路器。它集控制和多种保护功能于一体。在线路工作正常时，它作为电源开关接通和分断电路；当电路中发生短路、过载和失压等故障时，它能自动跳闸切断故障电路，从而保护线路和电气设备。常见的低压断路器如图 1–9 所示。

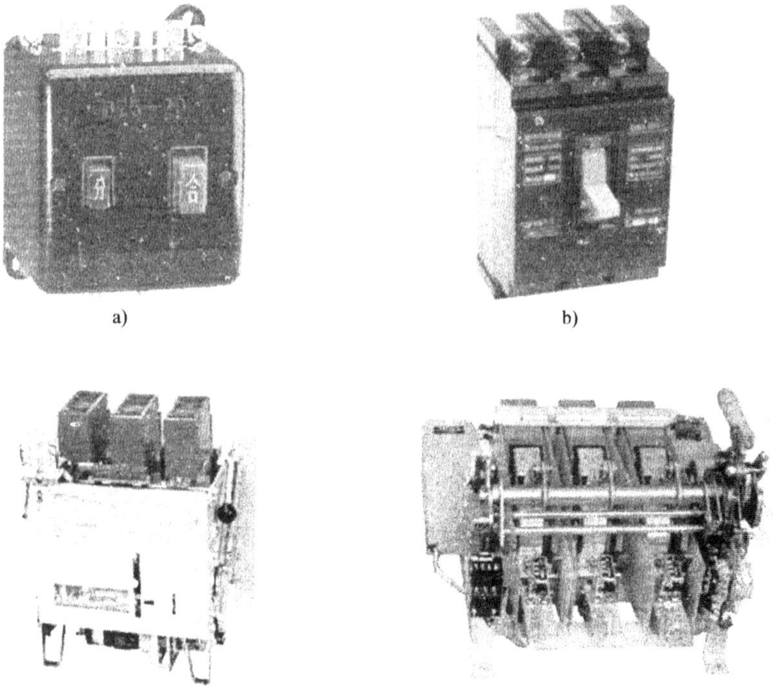

a)　b)　c)　d)

图 1–9　低压断路器

a）DZ5 系列塑壳式　b）DZ15 系列塑壳式　c）DW15 系列万能式　d）DW16 系列万能式

低压断路器具有操作安全、安装使用方便、工作可靠、动作值可调、分断能力较强、兼作多种保护、动作后不需要更换元件等优点，因此得到了广泛应用。

2．低压断路器的分类

低压断路器按结构形式可分为塑壳式（又称装置式）、万能式（又称框架式）、限流式、直流快速式、灭磁式和漏电保护式等；按操作方式可分为人力操作式、动力操作式和储能操作式；按极数可分为单极式、二极式、三极式和四极式；按安装方式可分为固定式、插入式和抽屉式；按断路器在电路中的用途可分为配电用断路器、电动机保护用断路器、漏电保护用断路器和其他负载（如照明）用断路器等。

通常使用较多的是按结构形式分类，几种塑壳式和万能式低压断路器的外形如图 1–9 所示。在电力拖动系统中常用的是 DZ 系列塑壳式低压断路器，下面以 DZ5–20 型低压断路器为例介绍。

3. 低压断路器的结构及原理

DZ5 系列低压断路器的结构如图 1–10a 所示。它由触头系统、灭弧装置、操作机构、热脱扣器、电磁脱扣器及绝缘外壳等部分组成。

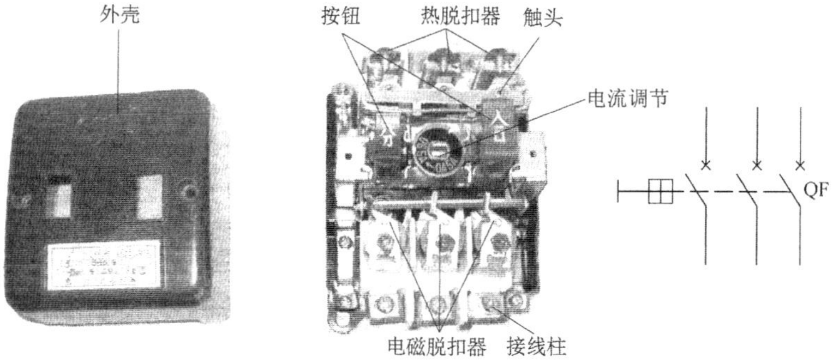

a)　　b)

图 1–10　DZ5 系列低压断路器的结构和符号

a）结构　b）符号

DZ5 系列断路器有三对主触头、一对常开辅助触头和一对常闭辅助触头。使用时三对主触头串联在被控制的三相电路中，用以接通和分断主回路的大电流。按下绿色“合”按钮时接通电路；按下红色“分”按钮时切断电路。当电路出现短路、过载等故障时，断路器会自动跳闸切断电路。辅助常开触头和辅助常闭触头可用于信号指示或控制电路。主、辅助触头的接线柱伸出壳外，以便于接线。

断路器的热脱扣器用于过载保护，整定电流的大小由其电流调节装置调节。

电磁脱扣器用作短路保护，瞬时脱扣整定电流的大小由其电流调节装置调节。出厂时，电磁脱扣器的瞬时脱扣动作电流一般整定为 $10I_N$（I_N 为断路器的额定电流）。

欠压脱扣器用作零压和欠压保护。具有欠压脱扣器的断路器，在欠压脱扣器两端无电压或电压过低时不能接通电路。

断路器的电气图形符号和文字符号如图 1–10b 所示。

4. 低压断路器的型号及含义

DZ5 系列低压断路器的型号及含义如下：

DZ 5 – □ □ / □ □

- DZ：塑壳式断路器
- 5：设计序号
- 第一个□：壳架等级额定电流（A）
- 第二个□：配电用断路器代号（P）
- 第三个□：极数
- 第四个□：脱扣类别：00—无脱扣器；10—热脱扣器；20—电磁脱扣器；30—复式脱扣器

想一想

型号 DZ5-20/330 中各字母和数字的含义是什么？

DZ5 系列低压断路器适用于交流频率 50 Hz、额定电压 380 V、额定电流至 50 A 的电路。保护电动机用断路器用于电动机的短路和过载保护；配电用断路器在配电网络中用来分配电能和对线路及电源设备进行短路和过载保护。在使用不频繁的情况下，两者也可分别用于电动机的启动和线路的转换。

DZ5-20 系列低压断路器的技术数据见表 1-9。

表 1-9　DZ5-20 系列低压断路器的技术数据

<table>
<tr><th rowspan="2">型号</th><th rowspan="2">额定电压（V）</th><th rowspan="2">壳架等级额定电流（A）</th><th rowspan="2">极数</th><th rowspan="2">脱扣器形式</th><th rowspan="2">脱扣器额定电流（A）</th><th colspan="2">辅助触头</th></tr>
<tr><th>形式</th><th>额定发热电流（A）</th></tr>
<tr><td>DZ5-20/310</td><td rowspan="8">AC 380
DC 220</td><td rowspan="8">20</td><td>3</td><td rowspan="2">热脱扣式</td><td rowspan="6">0.15、0.2、0.3、0.45、0.65、1、1.5、2、3、4.5、6.5、10、15、20</td><td rowspan="8">一常开一常闭</td><td rowspan="8">5</td></tr>
<tr><td>DZ5-20/210</td><td>2</td></tr>
<tr><td>DZ5-20/330</td><td>3</td><td rowspan="2">复式</td></tr>
<tr><td>DZ5-20/230</td><td>2</td></tr>
<tr><td>DZ5-20/320</td><td>3</td><td rowspan="2">电磁脱扣式</td></tr>
<tr><td>DZ5-20/220</td><td>2</td></tr>
<tr><td>DZ5-20/300</td><td>3</td><td rowspan="2">无脱扣器</td><td rowspan="2">—</td></tr>
<tr><td>DZ5-20/200</td><td>2</td></tr>
</table>

5. 低压断路器的选用

低压断路器的选用原则如下：

（1）低压断路器的额定电压和额定电流应不小于线路、设备的正常工作电压和工作电流。

（2）脱扣器的动作电流应等于所控制负载的额定电流。

（3）电磁脱扣器的瞬时动作整定值应大于负载电路正常工作时的峰值电流。用于控制电动机的断路器，其瞬时动作整定值可按下式选取：

$$I_z \geqslant KI_{st}$$

式中，I_z 为瞬时动作整定值；K 为安全系数，可取 1.5~1.7；I_{st} 为电动机的启动电流。

（4）欠压脱扣器的额定电压应等于线路的额定电压。

（5）断路器的分断能力应不小于电路的最大短路电流。

6. 低压断路器的安装与使用

（1）低压断路器应垂直安装，电源线接在上端，负载线接在下端。

（2）低压断路器用作电源总开关或电动机的控制开关时，在电源进线侧必须加装刀开关或熔断器等，以形成明显的断开点。

（3）低压断路器使用前应将脱扣器工作面上的防锈油脂擦净，以免影响其正常工作。同时应定期检修，清除断路器上的积尘，给操作机构添加润滑剂。

（4）各脱扣器的动作值调整好后，不允许随意变动，并应定期检查各脱扣器的动作值是否满足要求。

（5）断路器的触头使用一定次数或分断短路电流后，应及时检查触头系统，如果触头表面有毛刺、颗粒等，应及时维修或更换。

7. 低压断路器的常见故障及处理方法

低压断路器的常见故障及处理方法见表 1-10。

表 1-10　低压断路器的常见故障及处理方法

故障现象	可能原因	处理方法
不能合闸	欠压脱扣器无电压或线圈损坏	检查施加电压或更换线圈
	储能弹簧变形	更换储能弹簧
	反作用弹簧力过大	重新调整
	操作机构不能复位再扣	调整再扣接触面至规定值
电流达到整定值，断路器不动作	热脱扣器双金属片损坏	更换双金属片
	电磁脱扣器的衔铁与铁芯距离太大或电磁线圈损坏	调整衔铁与铁芯的距离或更换断路器
	主触头熔焊	检查原因并更换主触头
启动电动机时断路器立即分断	电磁脱扣器瞬时脱扣整定电流过小	调高脱扣整定电流至规定值
	电磁脱扣器的某些零件损坏	更换脱扣器
断路器闭合后一定时间自行分断	热脱扣器脱扣整定电流过小	调高脱扣整定电流至规定值

续表

故障现象	可能原因	处理方法
断路器温升过高	触头压力过小	调整触头压力或更换弹簧
	触头表面过度磨损或接触不良	更换触头或修整接触面
	两个导电零件连接螺钉松动	重新拧紧

二、负荷开关

1. 开启式负荷开关

想一想

在实际生活中你见过或使用过图1-11所示的开关吗？它们常用在什么地方？

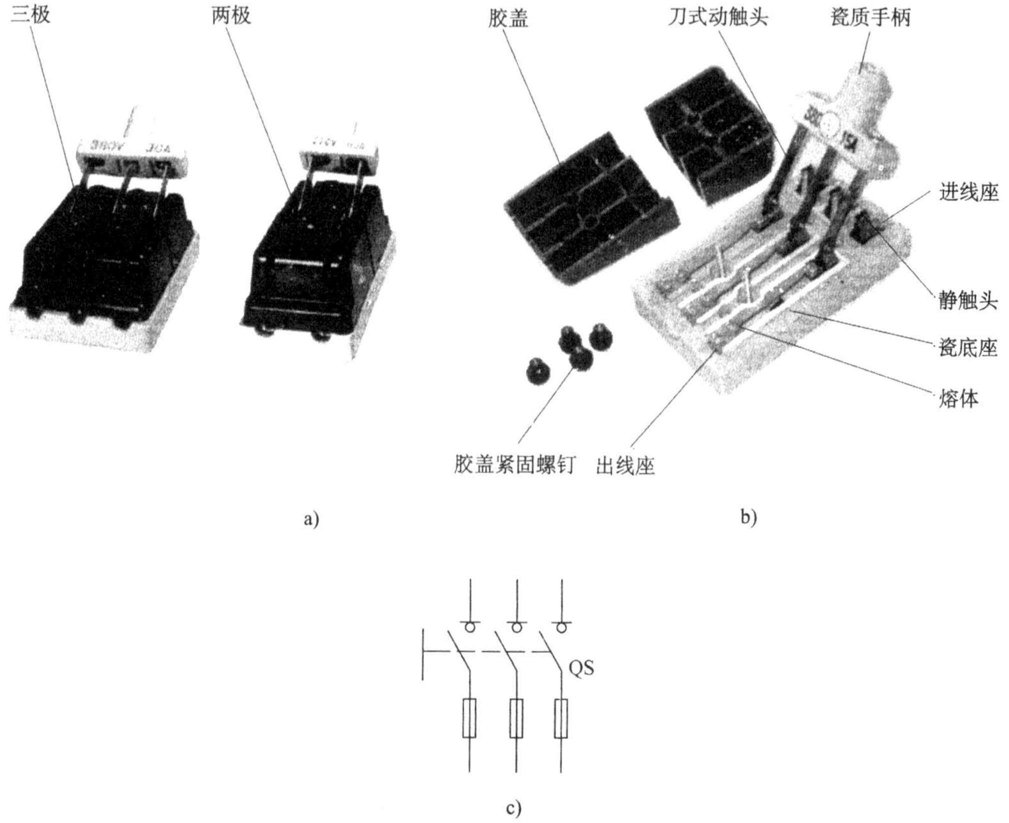

图1-11　HK系列开启式负荷开关

a）外形　b）结构　c）符号

（1）功能　图 1–11a 所示就是生产中常用的 HK 系列开启式负荷开关，又称为瓷底胶盖刀开关，简称刀开关。它的结构简单，价格便宜，可手动操作，适用于交流频率 50 Hz、额定电压单相 220 V 或三相 380 V、额定电流 10 A 至 100 A 的照明、电热设备及小容量电动机等不需要频繁接通和分断电路的控制线路，并起短路保护作用。

（2）结构与符号　开启式负荷开关的结构与符号如图 1–11b、c 所示。开关的瓷底座上装有进线座、静触头、熔体、出线座和带瓷质手柄的刀式动触头，上面盖有胶盖，以防止人员操作时触及带电体或开关分断时产生的电弧飞出伤人。

想一想

仔细观察开启式负荷开关的结构，说说它是怎样控制电路接通和断开的，又是怎样实现短路保护的。

开启式负荷开关的型号及含义如下：

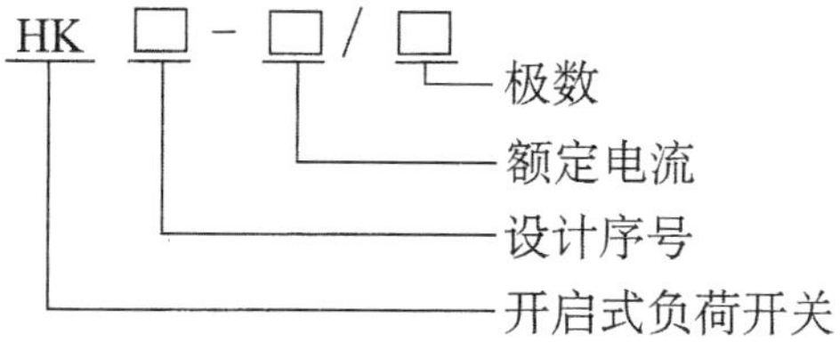

HK 系列开启式负荷开关的主要技术数据见表 1–11。

表 1–11　HK 系列开启式负荷开关的主要技术数据

<table>
<tr><th rowspan="3">型号</th><th rowspan="3">极数</th><th rowspan="3">额定电流（A）</th><th rowspan="3">额定电压（V）</th><th colspan="2" rowspan="2">可控制电动机最大功率（kW）</th><th colspan="4">配用熔丝规格</th></tr>
<tr><th colspan="3">熔丝各组成质量分数（%）</th><th rowspan="2">熔丝线径（mm）</th></tr>
<tr><th>220 V</th><th>380 V</th><th>铅</th><th>锡</th><th>锑</th></tr>
<tr><td>HK1–15/2</td><td>2</td><td>15</td><td>220</td><td>—</td><td>—</td><td rowspan="6">98</td><td rowspan="6">1</td><td rowspan="6">1</td><td>1.45～1.59</td></tr>
<tr><td>HK1–30/2</td><td>2</td><td>30</td><td>220</td><td>—</td><td>—</td><td>2.30～2.52</td></tr>
<tr><td>HK1–60/2</td><td>2</td><td>60</td><td>220</td><td>—</td><td>—</td><td>3.36～4.00</td></tr>
<tr><td>HK1–15/3</td><td>3</td><td>15</td><td>380</td><td>1.5</td><td>2.2</td><td>1.45～1.59</td></tr>
<tr><td>HK1–30/3</td><td>3</td><td>30</td><td>380</td><td>3.0</td><td>4.0</td><td>2.30～2.52</td></tr>
<tr><td>HK1–60/3</td><td>3</td><td>60</td><td>380</td><td>4.5</td><td>5.5</td><td>3.36～4.00</td></tr>
</table>

（3）选用　HK 系列开启式负荷开关用于一般的照明电路和功率小于 5.5 kW 的电动机控制线路中。这种开关没有专门的灭弧装置，其刀式动触头和静夹头易被电弧灼伤引起接触不良，因此不宜用于操作频繁的电路。具体选用方法如下：

1）用于照明和电热负载时，选用额定电压 220 V 或 250 V、额定电流不小于电路所有负载额定电流之和的两极开关。

2）用于控制电动机的直接启动和停止时，选用额定电压 380 V 或 500 V，额定电流不小于电动机额定电流 3 倍的三极开关。

（4）安装与使用

1）开启式负荷开关必须垂直安装在控制屏或开关板上（图 1-8b），且合闸状态时手柄应朝上，不允许倒装或平装，以防发生误合闸事故。

2）开启式负荷开关用于控制照明和电热负载时，要装接熔断器作短路保护。接线时应把电源进线接在静触头一边的进线座上，负载接在动触头一边的出线座上。

3）开启式负荷开关用作电动机的控制开关时，应将开关的熔体部分用铜导线直接连接，并在出线端另外加装熔断器作短路保护。

4）在分闸和合闸操作时，应动作迅速，使电弧尽快熄灭。更换熔体时，必须在闸刀断开的情况下按原规格更换。

（5）常见故障及处理方法　开启式负荷开关最常见的故障是触头接触不良造成电路开路或触头发热，可根据情况修整或更换触头。

2. 封闭式负荷开关

（1）功能　图 1-12 所示是 HH3 系列封闭式负荷开关，它是在开启式负荷开关的基础上改进设计而成的，因其外壳多为铸铁或用薄钢板冲压而成，故俗称铁壳开关，适用于交流频率 50 Hz、额定工作电压 380 V、额定工作电流至 400 A 的电路中，用于手动不频繁地接通和分断带负载的电路及线路末端的短路保护，或控制 15 kW 以下小容量交流电动机的直接启动和停止。

a)

b)

图 1-12　HH3 系列封闭式负荷开关
a）外形　b）结构

（2）结构特点与型号含义　常用的 HH3 系列封闭式负荷开关在结构上设计成侧面旋转操作式，主要由操作机构、熔断器、触头系统和铁壳组成。操作机构具有快速分断装置，开关的闭合和分断速度与操作者手动速度无关，从而保证了操作人员和设备的安全；触头系统全部封装在铁壳内，并带有灭弧室以保证安全；罩盖与操作机构设置了联锁装置，保证开关在合闸状态下罩盖不能开启，罩盖开启时不能合闸。另外罩盖也可以加锁，确保操作安全。

封闭式负荷开关在电路图中的符号与开启式负荷开关相同。

封闭式负荷开关的型号及含义如下：

HH □ - □/□

- 极数
- 额定电流
- 设计序号
- 封闭式负荷开关

（3）选用　封闭式负荷开关的额定电压应不小于工作电路的额定电压；额定电流应等于或稍大于电路的工作电流。用于控制电动机工作时，考虑到电动机的启动电流较大，应使开关的额定电流不小于电动机额定电流的 3 倍。

（4）安装与使用　安装和使用封闭式负荷开关时，应注意：

1）封闭式负荷开关必须垂直安装于无强烈振动和冲击的场合，安装高度一般离地不低于 1.3～1.5 m，外壳必须可靠接地。

2）接线时，应将电源进线接在静夹座一边的接线端子上，负载引线接在熔断器一边的接线端子上，且进出线都必须穿过开关的进出线孔。

3）在进行分合闸操作时，要站在开关的手柄侧，不能面对开关，以免发生意外故障电流过大使开关爆炸，铁壳飞出伤人。

（5）常见故障及处理方法　封闭式负荷开关常见故障及处理方法见表 1–12。

表 1–12　封闭式负荷开关常见故障及处理方法

故障现象	可能原因	处理方法
操作手柄带电	外壳未接地或接地线松脱	检查后，加固接地导线
	电源进出线绝缘损坏碰壳	更换导线或恢复绝缘
夹座（静触头）过热或烧坏	夹座表面烧毛	用细锉刀修整夹座
	闸刀与夹座压力不足	调整夹座压力
	负载过大	减小负载或更换大容量开关

目前，封闭式负荷开关的使用有逐步减少的趋势，取而代之的是大量使用的低压断路器。

三、组合开关

图 1–13 所示是 HZ 系列组合开关，又称为转换开关，其特点是体积小、触头对数多、接线方式灵活、操作方便，适用于交流频率 50 Hz、电压 380 V 以下，或直流 220 V 及以下的电气线路中，用于手动不频繁地接通和分断电路、换接电源和负载，或控制

5 kW 以下小容量电动机不频繁地启动、停止和正反转。

1. 组合开关的结构与型号含义

组合开关的种类很多，常用的有 HZ5、HZ10、HZ15 等系列。HZ10–10/3 型组合开关如图 1–13 所示。开关的静触头装在固定的绝缘垫板上，并附有接线柱用于与电源及负载相接，动触头装在能随转轴转动的绝缘垫板上，手柄和转轴能沿顺时针或逆时针方向转动 90°，带动三个动触头分别与静触头接触或分离，实现接通和分断电路的目的。由于采用了扭簧储能结构，能快速闭合及分断开关，使开关的闭合和分断速度与手动操作无关。其符号如图 1–13b 所示。

a)　　b)

图 1–13　HZ10–10/3 型组合开关

a）外形　b）符号

HZ10 系列组合开关的型号及含义如下：

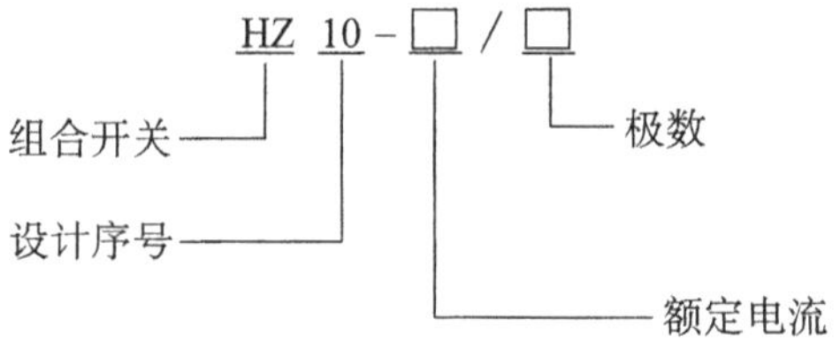

图 1–14a 所示是倒顺开关的外形。倒顺开关是组合开关的一种，也称可逆转换开关，是专为控制小容量三相异步电动机的正反转而设计生产的。开关的手柄有“倒”“停”“顺”三个位置，手柄只能从“停”的位置左转或右转 45°，其符号如图 1–14b 所示。

2. 组合开关的主要技术数据及选用

组合开关可分为单极、双极和多极三类，主要参数有额定电压、额定电流、极数等，额定电流有 10 A、25 A、60 A、100 A 等多个等级。HZ10 系列组合开关的主要技术数据见表 1–13。

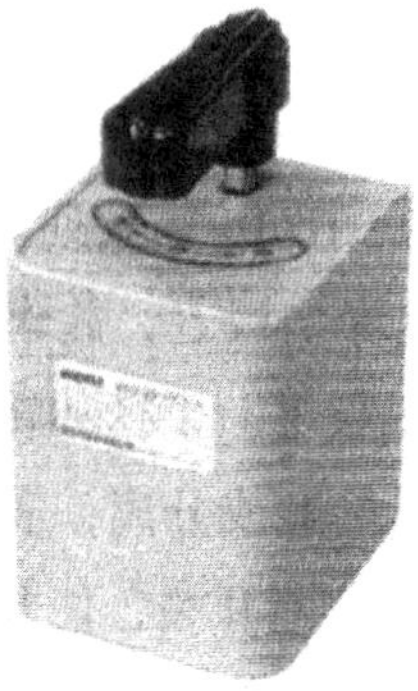

a)

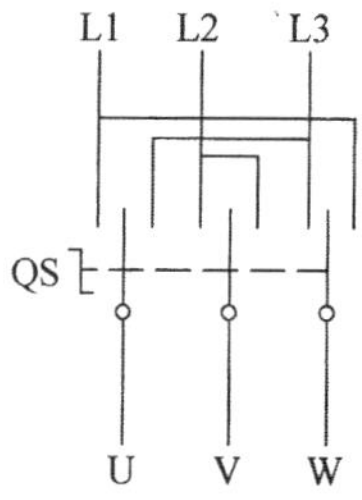

b)

图 1–14　倒顺开关

a）外形　b）符号

表 1–13　HZ10 系列组合开关的主要技术数据

HZ10 系列	额定电压（V）	额定电流（A）		额定电压为交流 380 V 时可控制电动机最大功率（kW）
		单极	三极	
HZ10–10	直流 220 V 或交流 380 V	6	10	1
HZ10–25		—	25	3.3
HZ10–60		—	60	5.5
HZ10–100		—	100	—

组合开关应根据电源种类、电压等级、所需触头数、接线方式和负载容量进行选用。用于控制小型异步电动机的运转时，开关的额定电流一般取电动机额定电流的 1.5~2.5 倍。

3. 组合开关的安装与使用

（1）HZ10 系列组合开关应安装在控制箱（或壳体）内，其操作手柄最好伸出在控制箱的前面或侧面。开关为断开状态时应使手柄在水平旋转位置。倒顺开关外壳上的接地螺钉应可靠接地。

（2）若需在控制箱内操作，开关应装在控制箱内右上方，并且在它的上方不安装其他电器，否则应采取隔离或绝缘措施。

（3）组合开关的通断能力较低，不能用来分断故障电流。

（4）当操作频率过高或负载功率因数较小时，应降低开关的容量使用，以延长其使用寿命。

4. 组合开关的常见故障及处理方法

组合开关的常见故障及处理方法见表 1–14。

表 1–14　组合开关的常见故障及处理方法

故障现象	可能原因	处理方法
手柄转动后，内部触头未动	手柄上的轴孔磨损变形	调换手柄
	绝缘杆变形（由方形磨为圆形）	更换绝缘杆
	手柄与方轴，或轴与绝缘杆配合松动	紧固松动部件
	操作机构损坏	修理更换
手柄转动后，动、静触头不能按要求动作	组合开关型号选用不正确	更换开关
	触头角度装配不正确	重新装配
	触头失去弹性或接触不良	更换触头或清除氧化层及尘污
接线柱间短路	因铁屑或油污附着在接线柱间，形成导电层，将胶木烧焦，绝缘损坏而形成短路	更换开关

想一想

把负荷开关与组合开关比较一下，两者的主要区别是什么？举几个在实际生产或生活中应用这两种开关的例子。

实训 1—2　低压开关的识别与检测

1. 工具、仪表及器材

（1）工具　电工常用工具。

（2）仪表　ZC25–3 型兆欧表（500 V、0~500 MΩ）、MF47 型万用表。

（3）器材　开启式负荷开关一只（HK1 系列）、封闭式负荷开关一只（HH3 系列）、组合开关一只（HZ10–25 型）和低压断路器（DZ5–20 型、DZ47 型、DW10 型）各一只。以上低压开关未注明规格的，可根据实际情况在规定系列内选择。

2. 实训过程

（1）识别低压开关

1）在教师指导下，仔细观察各种不同类型、规格的低压开关，熟悉它们的外形、型号、主要技术参数的意义、功能、结构及工作原理等。

2）将所给低压开关的铭牌数据用胶布盖住并编号，根据实物写出各电器的名称、型号规格及文字符号，画出图形符号，填入表 1–15 中。

表 1–15　低压开关的识别

序号	1	2	3	4	5
名称					
型号规格					
文字符号					
图形符号					
序号	6	7	8	9	10
名称					
型号规格					
文字符号					
图形符号					

（2）检测低压开关　将低压开关的手柄扳到合闸位置，用万用表的电阻挡测量各对触头之间的通断情况，再用兆欧表测量每两相触头之间的绝缘电阻。

（3）熟悉低压断路器的结构和原理　将一只 DZ5–20 型塑壳式低压断路器的外壳拆开，认真观察其结构，理解其控制和保护原理，并将主要部件的作用和有关参数填入表 1–16 中。

表 1–16　低压断路器的结构

主要部件名称	作用	参数
电磁脱扣器		
热脱扣器		
触头		
按钮		

3. 评分标准

评分标准见表 1–17。

表 1–17 评分标准

项目	配分	评分标准		扣分
识别低压开关	40 分	（1）写错或漏写名称 （2）写错或漏写型号 （3）写错符号	每只扣 5 分 每只扣 5 分 每只扣 5 分	
检测低压开关	40 分	（1）仪表使用方法错误 （2）检测方法或结果有误 （3）损坏仪表或电器 （4）不会检测	扣 10 分 扣 10 分 扣 20 分 扣 40 分	
熟悉低压断路器的结构和原理	20 分	（1）主要部件的作用写错 （2）参数漏写或写错	每项扣 5 分 每项扣 5 分	
安全文明生产	违反安全文明生产规程		扣 5~40 分	
定额时间	60 min，每超时 5 min（不足 5 min 以 5 min 计）		扣 5 分	
备注	除定额时间外，各项目的最高扣分不应超过配分数		成绩	
开始时间		结束时间		实际时间	

知识拓展

通过网络搜集，或走访低压电器生产厂家、专卖店和使用单位，认识更多的开关。比一比，看看谁搜集和认识的开关更多。分组讨论并整理后，作为资料备用。在搜集过程中，你见到过图 1–15 中这些低压开关吗？

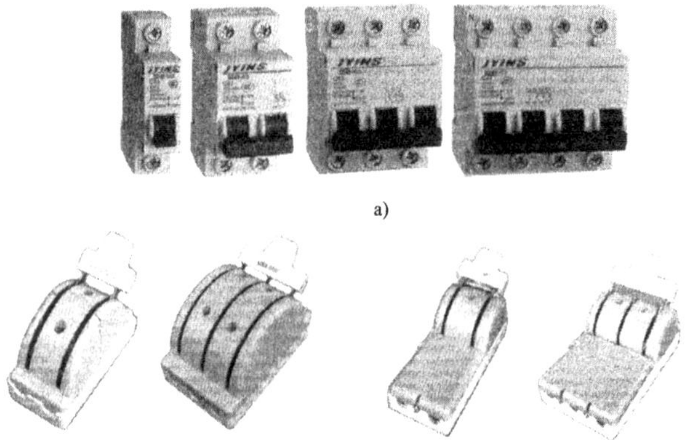

a)　　b)　　c)

图 1–15 低压开关

a）DZ47–63 型 1P~4P 高分断小型断路器　b）KD2P100 A、KD3P100A 刀开关　c）KS2P100 A、KS3P100A 刀开关

巩固练习

1. 低压断路器具有哪些优点？
2. 低压断路器有哪些保护功能？分别由低压断路器的哪些部件完成？
3. 简述低压断路器的选用原则。

4. 如果低压断路器不能合闸，可能的故障原因有哪些?
5. 如何选用开启式负荷开关?
6. 封闭式负荷开关的操作机构有什么特点?
7. 在安装和使用封闭式负荷开关时，应注意哪些问题?
8. 组合开关的用途有哪些? 如何选用?
9. 组合开关能否用来分断故障电流?
10. 画出低压断路器、负荷开关、组合开关的图形符号，并注明文字符号。

课题 4 主令电器

学习目标

1. 能正确识别、选择、安装、使用按钮、行程开关、万能转换开关、主令控制器等常用的主令电器。

2. 掌握它们的功能、基本结构、工作原理及型号含义，熟记它们的图形符号和文字符号。

打开冰箱门的时候，冰箱里面的灯就会亮起来，而关上门灯就熄灭了。这是因为冰箱门框上安装了一个被称为行程开关的低压电器。关门时它被压紧，断开灯的电路；开门时它被放开，使电路闭合，将灯点亮。

洗衣机在甩干过程中转速很高，如果此时有人由于疏忽打开洗衣机的门或盖，再把手伸进去，很容易造成伤害。为了避免这类事故的发生，在洗衣机的门或盖上也装了行程开关，当洗衣机的门或盖开启时，它就自动使电动机断电制动，使洗衣机立刻“制动”，强迫转动着的部件停下来，避免人身受到伤害。

图 1–16 所示是一台 YB6012B 型半自动花键轴铣床，右下方是控制铣床工作的各种按钮，例如控制着主轴的启动、停止和点动等。在靠近工作台处装有行程开关，它通过安装在工作台上的挡铁撞击而动作，以实现对工作台的自动控制。

主令电器是用作接通或断开控制电路，以发出指令或用于程序控制的开关电器。常用的主令电器有按钮、行程开关、万能转换开关、主令控制器等。几种常用主令电器如图 1–17 所示。

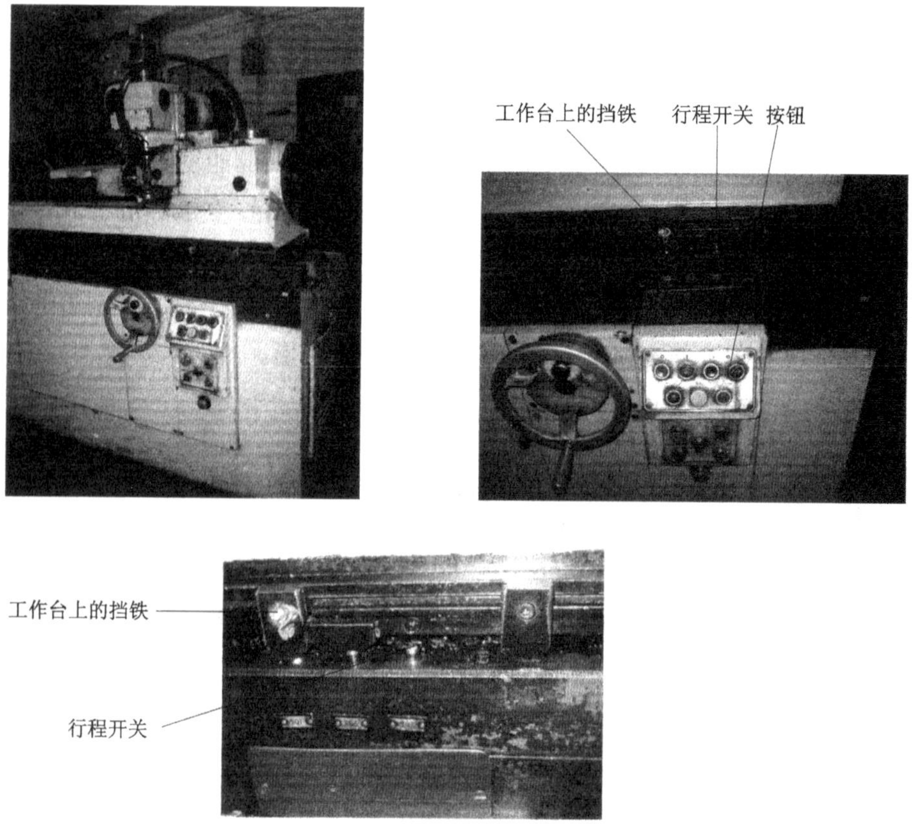

图 1–16　YB6012B 型半自动花键轴铣床

图 1–17　几种常用主令电器

a）LA2 系列按钮　b）LA4 系列按钮　c）LW6 万能转换开关

d）YBLX 系列行程开关　e）LK5 系列主令控制器

一、按钮

1. 按钮的功能

按钮是一种手动（一般用手指或手掌）操作并具有弹簧储能复位功能的控制开关，是一种最常用的主令电器。按钮的触头允许通过的电流较小，一般不超过 5 A。因此，一般情况下，它不直接控制主电路（大电流电路）的通断，而是在控制电路（小电流电路）中发出指令或信号，控制接触器、继电器等电器，再由它们去控制主电路的通断、功能转换或电气联锁。图 1–18 所示为几款按钮的外形。

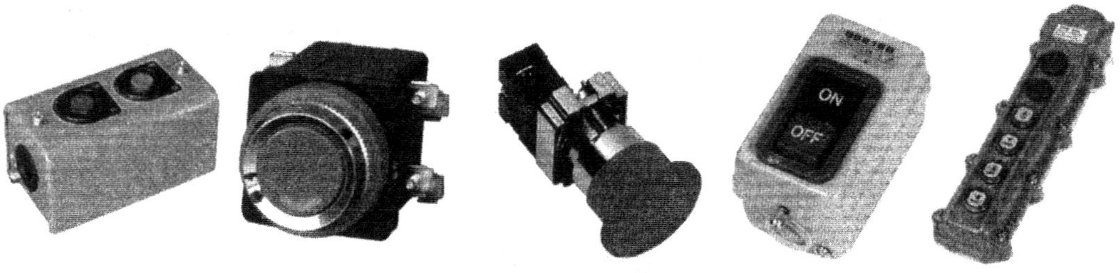

a)　　b)　　c)　　d)　　e)

图 1–18　几款按钮的外形

a）LA10 系列　b）LA19 系列　c）LAY5 系列　d）BS 系列　e）COB 系列

2. 按钮的结构原理与符号

按钮一般由按钮帽、复位弹簧、桥式动触头、静触头、支柱连杆及外壳等部分组成，如图 1–19 所示。

按钮按照不受外力作用（即静态）时触头的分合状态，分为启动按钮（即常开按钮）、停止按钮（即常闭按钮）和复合按钮（即常开、常闭触头组合为一体的按钮），其结构与符号如图 1–19 所示。不同结构形式和用途的按钮符号如图 1–20 所示。

小提示

对启动按钮而言，按下按钮帽时触头闭合，松开后触头自动断开复位；停止按钮则相反，按下按钮帽时触头分断，松开后触头自动闭合复位。复合按钮是当按下按钮帽时，桥式动触头向下运动，使常闭触头先断开后，常开触头才闭合；当松开按钮帽时，则常开触头先分断复位后，常闭触头再闭合复位。

为了便于识别各种按钮的作用，避免误操作，通常用不同的颜色和符号标志来区分按钮的作用。按钮颜色的含义见表 1–18，指示灯的颜色及其相对于工业机械状态的含义见表 1–19。当难以选定适当的颜色时，应使用白色。急停操作件的红色不应依赖于其灯光的照度。

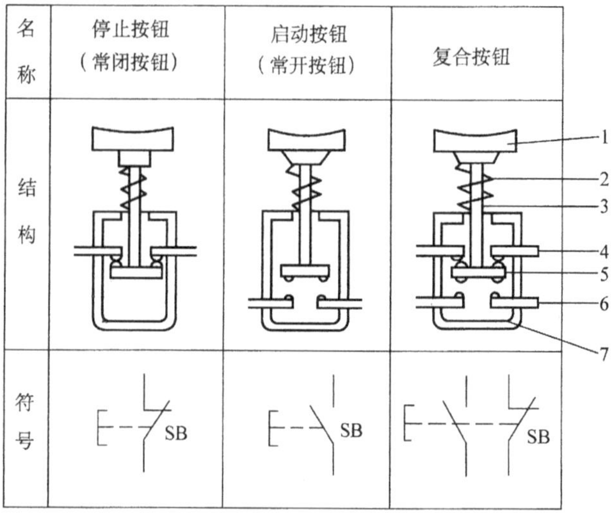

图 1–19 按钮的结构与符号

1—按钮帽 2—复位弹簧 3—支柱连杆 4—常闭静触头 5—桥式动触头 6—常开静触头 7—外壳

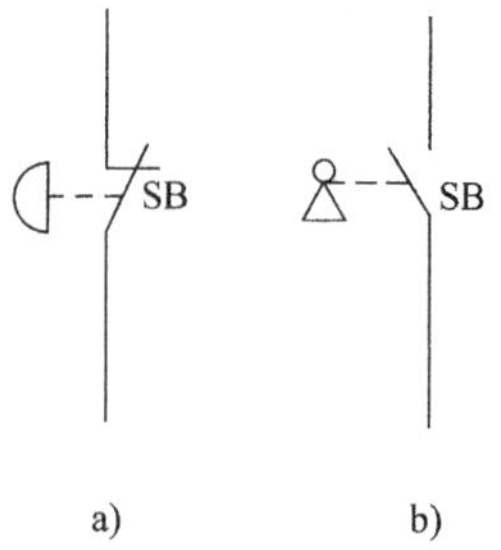

图 1–20 不同结构形式和用途的按钮符号

a）急停按钮 b）钥匙操作式按钮

表 1–18 按钮颜色的含义

颜色	含义	说明	应用举例
红	紧急	危险或紧急情况时操作	急停
黄	异常	异常情况时操作	干预、制止异常情况 干预、重新启动中断的自动循环
绿	安全	安全情况或为正常情况准备时操作	启动 / 接通
蓝	强制性的	要求强制动作情况下的操作	复位功能
白	未赋予特定含义	除急停以外的一般功能的启动（注）	启动 / 接通（优先） 停止 / 断开
灰			启动 / 接通 停止 / 断开
黑			启动 / 接通 停止 / 断开（优先）

注：如果用代码的辅助手段（如标记、形状、位置）来识别按钮操作件，则白、灰或黑同一颜色可用于标注各种不同功能（如白色用于标注启动 / 接通和停止 / 断开）。

表 1–19 指示灯的颜色及其相对于工业机械状态的含义

颜色	含义	说明	操作者的动作	应用示例
红	紧急	危险情况	立即动作去处理危险情况（如操作急停）	压力 / 温度超过安全极限、电压降落、击穿、行程超越停止位置

续表

颜色	含义	说明	操作者的动作	应用示例
黄	异常	异常情况 紧急临界情况	监视和（或）干预（如重建需要的功能）	压力或温度超过正常限值，保护器件脱扣
绿	正常	正常情况	任选	压力或温度在正常范围内
蓝	强制性	指示操作者需要动作	强制性动作	指示输入预选值
白	无确定性质	其他情况，可用于红、黄、绿、蓝色的应用有疑问时	监视	一般信息

3. 按钮的型号及含义

按钮的型号及含义如下：

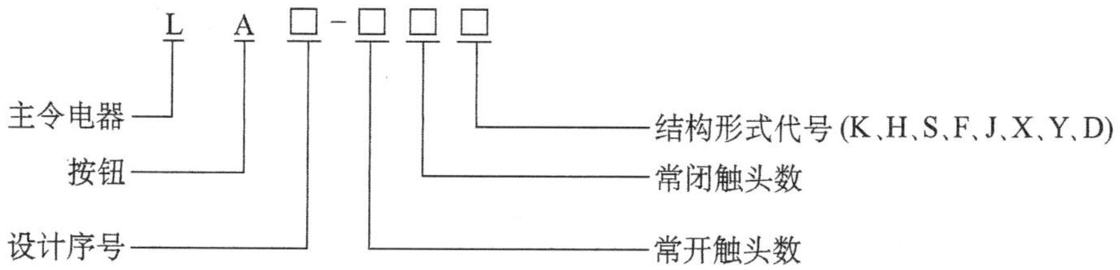

当常闭触头数和常开触头数一样时，可以省略常闭触头数标注。

其中结构形式代号的含义如下：

K——开启式，嵌装在操作面板上；

H——保护式，带保护外壳，可防止内部零件受机械损伤或人偶然触及带电部分；

S——防水式，具有密封外壳，可防止雨水侵入；

F——防腐式，能防止腐蚀性气体进入；

J——紧急式，带有红色大蘑菇钮头（突出在外），作紧急切断电源用；

X——旋钮式，用旋钮旋转进行操作，有通和断两个位置；

Y——钥匙操作式，用钥匙插入进行操作，可防止误操作或供专人操作；

D——光标式，按钮内装有信号灯，兼作信号指示。

4. 按钮的选用

（1）根据使用场合和具体用途选择按钮的种类。例如，嵌装在操作面板上的按钮可选用开启式；需显示工作状态的选用光标式；需要防止无关人员误操作的重要场合宜用钥匙操作式；在有腐蚀性气体处要用防腐式。

（2）根据工作状态指示和工作情况要求，选择按钮或指示灯的颜色。例如，启动按钮可选用白、灰或黑色，优先选用白色，也可选用绿色。急停按钮应选用红色。停止按钮可选用黑、灰或白色，优先用黑色，也可选用红色。

（3）根据控制回路的需要选择按钮的数量。如单联钮、双联钮和三联钮等。

LA10 系列按钮的主要技术数据见表 1-20。

表 1-20 LA10 系列按钮的主要技术数据

型号	结构形式	触头数量		额定电压、电流和控制功率	按钮	
		常开	常闭		钮数	颜色
LA10-1K	开启式	1	1	电压：AC 380 V DC 220 V 电流：5 A 功率：AC 300 V·A DC 60 W	1	黑、绿、红
LA10-2K	开启式	2	2		2	黑红或绿红
LA10-3K	开启式	3	3		3	黑、绿、红
LA10-1H	保护式	1	1		1	黑、绿、红
LA10-2H	保护式	2	2		2	黑红或绿红
LA10-3H	保护式	3	3		3	黑、绿、红
LA10-1S	防水式	1	1		1	黑、绿、红
LA10-2S	防水式	2	2		2	黑红或绿红
LA10-3S	防水式	3	3		3	黑、绿、红
LA10-1F	防腐式	1	1		1	黑、绿、红
LA10-2F	防腐式	2	2		2	黑红或绿红
LA10-3F	防腐式	3	3		3	黑、绿、红

5. 按钮的安装与使用

（1）按钮安装在面板上时，应布置整齐，排列合理，如根据电动机启动的先后顺序，从上到下或从左到右排列。

（2）同一机床运动部件有几种不同的工作状态（如上、下，前、后，松、紧等）时，应使每一对相反状态的按钮安装在一组。

（3）按钮的安装应牢固，安装按钮的金属板或金属按钮盒必须可靠接地。

（4）按钮的触头间距较小，如有油污等极易发生短路故障，应注意保持触头间的清洁。

（5）光标式按钮一般不宜用于需长期通电显示的地方，以免塑料外壳过度受热而变形，使更换灯泡困难。

6. 按钮的常见故障及处理方法

按钮的常见故障及处理方法见表 1-21。

表 1-21 按钮的常见故障及处理方法

故障现象	可能原因	处理方法
触头接触不良	触头烧损	修整触头或更换产品
	触头表面有尘垢	清洁触头表面
	复位弹簧失效	重绕弹簧或更换产品
触头间短路	塑料受热变形导致接线螺钉相碰短路	查明发热原因排除故障并更换产品
	杂物或油污在触头间形成通路	清洁按钮内部

二、行程开关

1. 行程开关的功能

行程开关是一种利用生产机械某些运动部件的碰撞来发出控制指令的主令电器，主要用于控制生产机械的运动方向、速度、行程大小或位置，是一种自动控制电器。图 1–21 所示为 YBLX–1 系列行程开关。

图 1–21　YBLX–1 系列行程开关

行程开关的作用原理与按钮相同，区别在于它不是靠手指的按压，而是利用生产机械运动部件的碰压使其触头动作，从而将机械信号转变为电信号，使运动机械按一定的位置或行程实现自动停止、反向运动、变速运动或自动往返运动等。

2. 行程开关的结构原理、符号及型号含义

机床中常用的行程开关有 LX19 和 JLXK1 等系列，各系列行程开关的基本结构大体相同，都是由操作机构、触头系统和外壳组成。JLXK1 系列行程开关的结构和动作原理如图 1–22a、b 所示，行程开关在电路图中的符号如图 1–22c 所示。

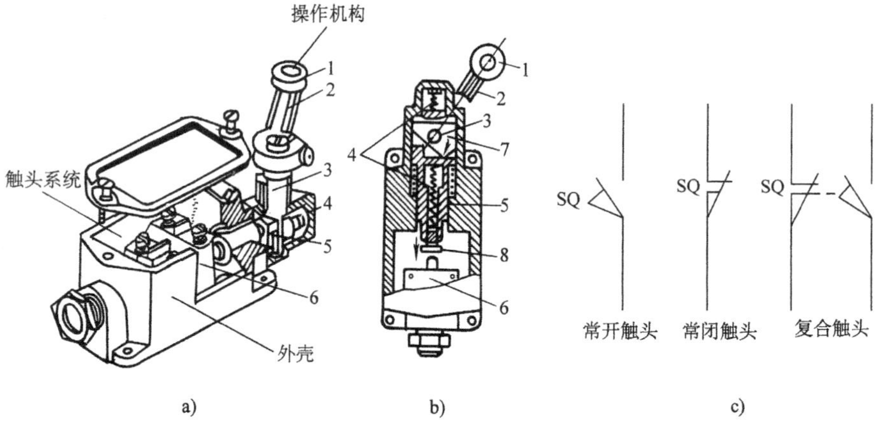

图 1–22　JLXK1 系列行程开关的结构和动作原理

a）结构　b）动作原理　c）符号

1—滚轮　2—杠杆　3—转轴　4—复位弹簧　5—撞块　6—微动开关　7—凸轮　8—调节螺钉

用行程开关的基础元件与不同的操作机构组合，可得到各种不同形式的行程开关，常见的是按钮式（直动式）和旋转式（滚轮式）。JLXK1 系列行程开关的外形如图 1–23 所示，LX19 系列行程开关的外形与 JLXK1 系列的外形相似。

JLXK1 系列行程开关的动作原理如图 1–22b 所示。当运动部件的挡铁碰压行程开关的滚轮 1 时，杠杆 2 连同转轴 3 一起转动，使凸轮 7 推动撞块 5。当撞块 5 被压到一定位置时，推动微动开关 6 快速动作，使其常闭触头断开，常开触头闭合。

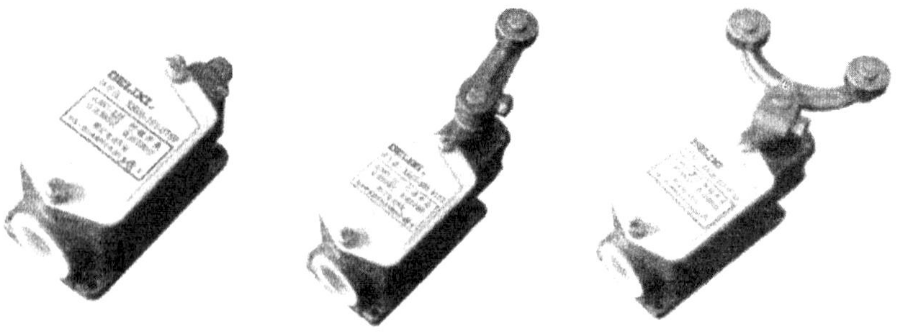

a) b) c)

图 1–23 JLXK1 系列行程开关

a）按钮式 b）单轮旋转式 c）双轮旋转式

行程开关的触头类型有一常开一常闭、一常开二常闭、二常开一常闭、二常开二常闭等形式，动作方式可分为瞬动式、蠕动式和交叉从动式三种，动作后的复位方式有自动复位和非自动复位两种。

LX19 系列行程开关的型号及含义如下：

L X 19 □-□□□

- L——主令电器
- X——行程开关
- 19——设计序号
- 第一个□——K 表示开启式，无字母表示保护式
- 第二个□——0—无滚轮；1—单滚轮；2—双滚轮
- 第三个□——0—直动式；1—滚轮装在传动杆内侧；2—滚轮装在传动杆外侧；3—滚轮装在传动杆凹槽内或内外各有一个滚轮
- 第四个□——1—能自动复位；2—不能自动复位

JLXK1 系列行程开关的型号及含义如下：

J L X K 1-□□□□

- J——机床电器
- L——主令电器
- X——行程开关
- K——快速
- 1——设计序号
- 第一个□——1—单轮；2—双轮；3—直动不带轮；4—直动带轮；5—万向型
- 第二个□——常开触头数
- 第三个□——常闭触头数
- 第四个□——派生型号，M 表示密封式

3．行程开关的选用

行程开关的主要参数是形式、工作行程、额定电压及触头的电流容量，在产品说明书中都有详细说明，主要根据动作要求、安装位置及触头数量进行选择。LX19 和 JLXK1 系列行程开关的主要技术数据见表 1–22。

表 1–22　LX19 和 JLXK1 系列行程开关的主要技术数据

型号	额定电压 额定电流	结构形式	触头数量		工作 行程	超行程
			常开	常闭		
LX19	380 V 5 A	基础元件	1	1	3 mm	1 mm
LX19–111		单轮，滚轮装在传动杆内侧，能自动复位	1	1	约 30°	约 20°
LX19–121		单轮，滚轮装在传动杆外侧，能自动复位	1	1	约 30°	约 20°
LX19–131		单轮，滚轮装在传动杆凹槽内，能自动复位	1	1	约 30°	约 20°
LX19–212		双轮，滚轮装在 U 形传动杆内侧，不能自动复位	1	1	约 30°	约 15°
LX19–222		双轮，滚轮装在 U 形传动杆外侧，不能自动复位	1	1	约 30°	约 15°
LX19–232		双轮，滚轮装在 U 形传动杆内外侧各一个，不能自动复位	1	1	约 30°	约 15°
LX19–001		无滚轮，仅有径向传动杆，能自动复位	1	1	<4 mm	3 mm
JLXK1–111	500 V 5 A	单轮防护式	1	1	12°~15°	≤ 30°
JLXK1–211		双轮防护式	1	1	约 45°	≤ 45°
JLXK1–311		直动防护式	1	1	1~3 mm	2~4 mm
JLXK1–411		直动滚轮防护式	1	1	1~3 mm	2~4 mm

4．行程开关的安装与使用

（1）行程开关安装时，其位置要准确，安装要牢固；滚轮的方向不能装反，挡铁与其碰撞的位置应符合控制线路的要求，并确保能可靠地与挡铁碰撞。

（2）行程开关在使用中要定期检查和保养，除去油垢及粉尘，清理触头，经常检查其动作是否灵活、可靠，及时排除故障，防止因行程开关触头接触不良或接线松脱而产生误动作，导致设备和人身安全事故。

5．行程开关的常见故障及处理方法

行程开关的常见故障及处理方法见表 1–23。

表 1–23　行程开关的常见故障及处理方法

故障现象	可能原因	处理方法
挡铁碰撞行程开关后，触头不动作	安装位置不准确	调整安装位置
	触头接触不良或接线松脱	清洗触头或紧固接线
	复位弹簧失效	更换弹簧
杠杆已经偏转，或无外界机械力作用，但触头不复位	复位弹簧失效	更换弹簧
	内部撞块卡阻	清扫内部杂物
	调节螺钉太长，顶住微动开关	检查并调整调节螺钉

6. 接近开关

行程开关是有触头开关，在操作频繁时，易产生故障，工作可靠性较低。图 1–24 所示为接近开关，又称为无触头行程开关，是一种与运动部件无机械接触的行程开关。也可以说它是一种开关型位置传感器，既有行程开关、微动开关的特性，同时又具有传感性能，且动作可靠、性能稳定、频率响应快、使用寿命长、抗干扰能力强，并具有防水、防震、耐腐蚀等特点，目前应用范围越来越广泛。

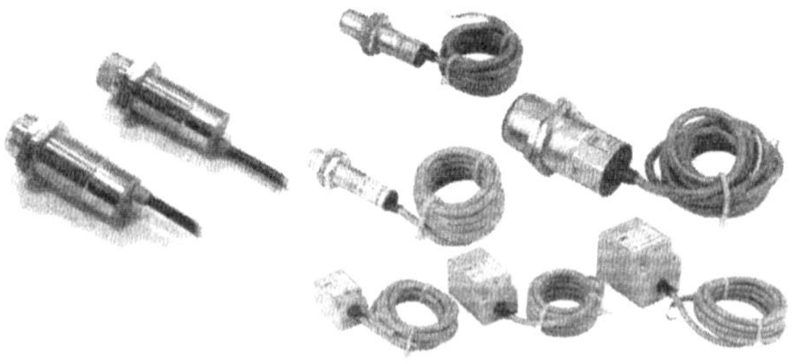

a)

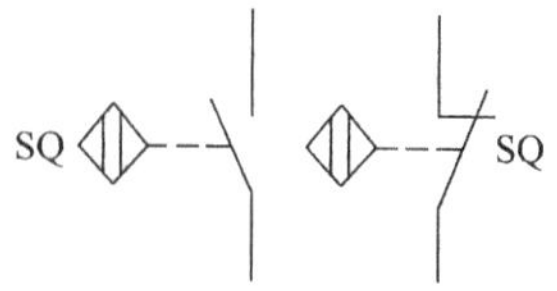

b)

图 1–24 接近开关
a）外形 b）符号

接近开关除了用于行程控制和限位保护外，还可用于检测金属体的存在、高速计数、测速、定位、变换运动方向、检测零件尺寸、液面控制及用作无触头按钮等。接近开关的符号如图 1–24b 所示。

接近开关按工作原理分，有高频振荡型、感应电桥型、霍尔效应型、光电型、永磁及磁敏元件型、电容型和超声波型等多种类型，其中以高频振荡型最为常用。高频振荡型接近开关原理方框图如图 1–25 所示。

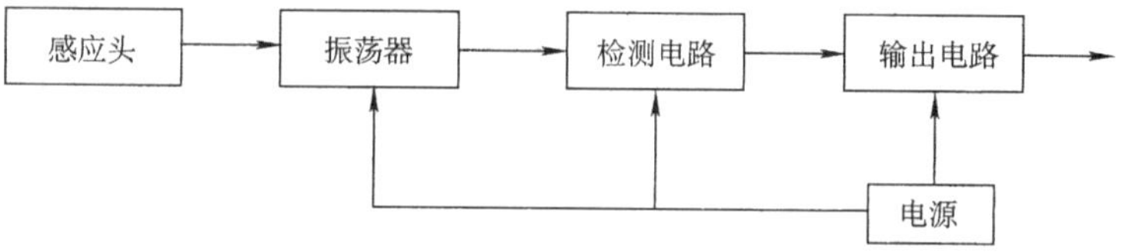

图 1–25 高频振荡型接近开关原理方框图

其工作原理如下：当有金属物体接近一个以一定频率稳定振荡的高频振荡器的感应头时，由于电磁感应，该物体内部产生涡流损耗，以致振荡回路等效电阻增大，能量损耗增加，使振荡减弱直至终止。检测电路根据振荡器的工作状态控制输出电路的工作，输出信号去控制继电器或其他电器，达到控制目的。通常把接近开关刚好动作时感应头与检测体之间的距离称为检测距离。

接近开关的型号及含义如下：

LJ □□ □ - □ □ / □□

代号	结构形式	感应形式	检测距离	电源种类	输出形式
LJ—电感式	M—圆柱形	T—埋入式		Z—直流	NK—NPN常开
CJ—电容式	B—小方形	A—非埋入式		J—交流	NH—NPN常闭
SJ—霍尔式	C—大方形	G—分离式			NU—NPN一常开一常闭
	D—普通型	S—左侧			PK—PNP常开
	E—槽型	K—右侧			PH—PNP常闭
	F—分离型	I—顶端			PU—PNP一常开一常闭
					W—继电器输出

例如，LJM18T-5Z/NK表示电感式接近开关，外形为M18，感应形式为埋入式，直流型检测距离为5 mm，输出形式为NPN常开。

三、万能转换开关

1．万能转换开关的功能

万能转换开关是由多组相同的触头组件叠装而成、控制多回路的主令电器。主要用于控制线路的转换及电气测量仪表的转换，也可用于控制小容量异步电动机的启动、换向及变速。由于触头挡数多、换接线路多、用途广泛，故称为万能转换开关。

常用的万能转换开关有LW5、LW6、LW15等系列，其外形如图1-26所示。下面以LW5系列为例介绍。

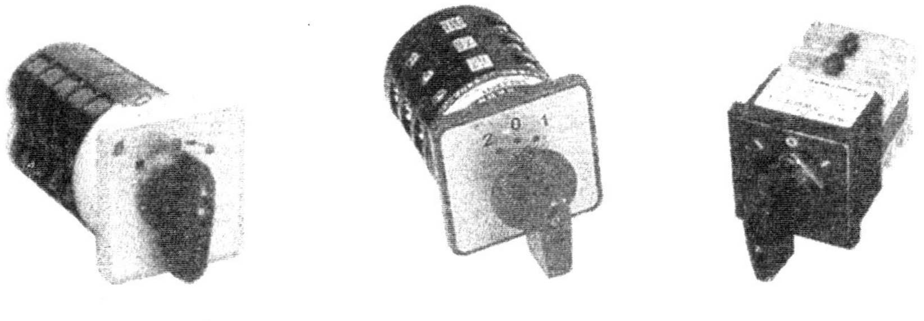

a)　　b)　　c)

图1-26　万能转换开关

a）LW5系列　b）LW6系列　c）LW15系列

2．万能转换开关的结构原理、符号及型号含义

万能转换开关主要由接触系统、操作机构、转轴、手柄、定位机构等部件组成，用螺栓组装成一个整体。接触系统由许多接触元件组成，每一接触元件均有一胶木触头座，中间装有一对或三对触头，分别由凸轮通过支架操作。操作时，手柄带动转轴

和凸轮一起旋转，凸轮即可推动触头接通或断开，如图 1–27b 所示。由于凸轮的形状不同，当手柄处于不同的操作位置时，触头的分合情况也不同，从而达到换接电路的目的。

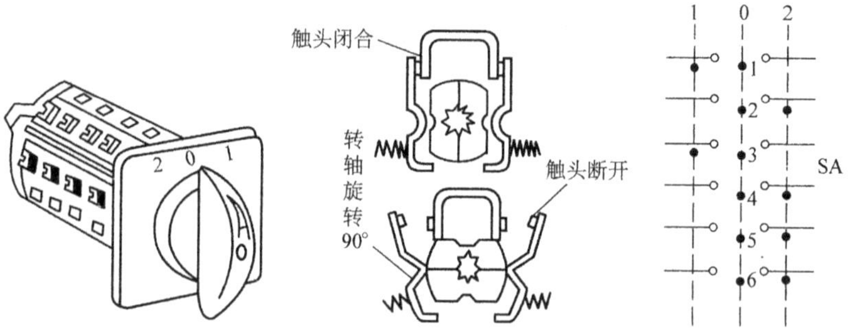

触点号	1	0	2
1	×	×	
2		×	×
3	×	×	
4		×	×
5		×	×
6		×	×

a)　b)　c)　d)

图 1–27　LW5 系列万能转换开关

a）外形　b）凸轮通断触头示意图　c）符号　d）触头分合表

万能转换开关在电路图中的符号如图 1–27c 所示。图中“—○　○—”代表一路触头，竖的虚线表示手柄位置。当手柄置于某一个位置上时，处于接通状态的触头下方虚线上就标注黑点“•”。例如，手柄处于 1 位时，1 和 3 触头处于接通状态，而其他触头则是处于断开状态。触头的通断也可用图 1–27d 所示的触头分合表来表示。表中“×”表示触头闭合，空白表示触头分断。

LW5 系列万能转换开关按用途分有主令控制用和直接控制 5.5 kW 电动机用两种；按操作方式有定位型和自复型两种；按接触系统节数分有 1~16 节共 16 种；按操动器外形分有旋钮式和球形捏手式两种。

作主令控制用万能转换开关的型号及含义：

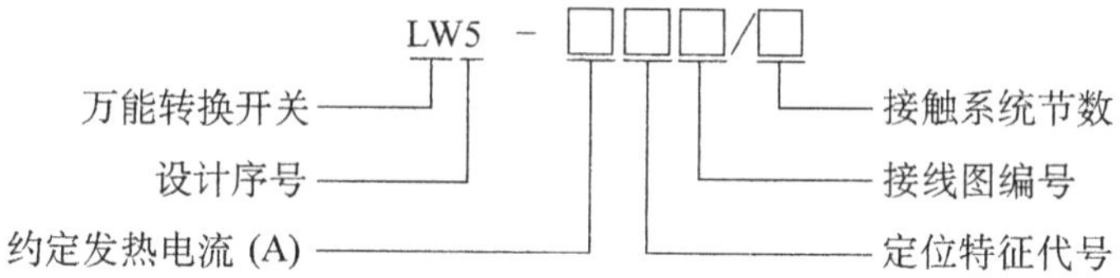

直接控制电动机用万能转换开关的型号及含义：

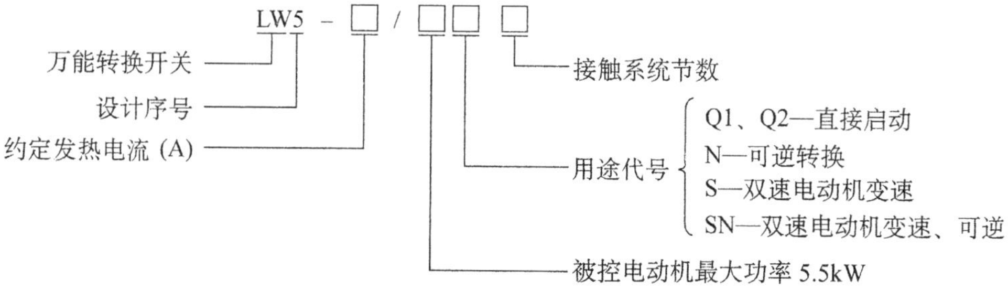

3. 万能转换开关的选用

LW5 系列万能转换开关适用于交流频率 50 Hz、额定电压至 500 V 及以下，直流电压至 440 V 及以下的电路中转换电气控制线路（电磁线圈、电气测量仪表和伺服电动机等），也可直接控制 5.5 kW 三相笼型异步电动机的可逆转换、变速等。

万能转换开关主要根据用途、接线方式、所需触头挡数和额定电流来选择。

4. 万能转换开关的安装与使用

（1）万能转换开关的安装位置应与其他电器元件或机床的金属部件有一定间隙，以免在通断过程中因电弧喷出而发生对地短路故障。

（2）万能转换开关一般应水平安装在平板上，但也可以倾斜或垂直安装。

（3）万能转换开关的通断能力不高，当用来控制电动机时，LW5 系列只能控制 5.5 kW 以下的小容量电动机。若用于控制电动机的正反转，则只能在电动机停止后才能反向启动。

（4）万能转换开关本身不带保护，使用时必须与其他电器配合。

（5）当万能转换开关有故障时，必须立即切断电路，检查有无妨碍可动部分正常转动的故障、弹簧有无变形或失效、触头工作状态和触头状况是否正常等。

四、主令控制器

1. 主令控制器的功能

主令控制器是按照预定程序换接控制电路接线的主令电器，主要用于电力拖动系统中，按照预定的程序分合触头，向控制系统发出指令，通过接触器达到控制电动机的启动、制动、调速及反转的目的，同时也可实现控制线路的联锁作用。

目前生产中常用的主令控制器有 LK1、LK4、LK5 和 LK16 等系列，其外形如图 1–28 所示。下面以 LK1 系列主令控制器为例介绍。

a)　　b)　　c)　　d)

图 1–28　主令控制器

a）LK1 系列　b）LK4 系列　c）LK5 系列　d）LK16 系列

2. 主令控制器的结构原理、符号及型号含义

LK1 系列主令控制器主要由基座、转轴、动触头、静触头、凸轮鼓、操作手柄、支架及外护罩等组成。其外形及结构如图 1–29 所示。

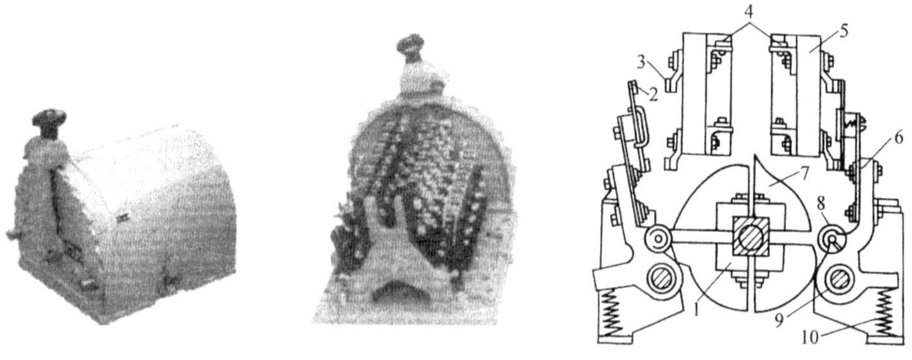

a)　　b)

图 1–29　LK1 系列主令控制器

a）外形　b）结构

1—方形转轴　2—动触头　3—静触头　4—接线柱　5—绝缘板
6—支架　7—凸轮块　8—小轮　9—转动轴　10—复位弹簧

主令控制器所有的静触头都安装在绝缘板上，动触头则固定在能绕轴转动的支架上；凸轮鼓由多个凸轮块嵌装而成，凸轮块根据触头系统的开闭顺序制成不同角度的凸出轮缘，每个凸轮块控制两副触头。当转动手柄时，方形转轴带动凸轮块转动，凸轮块的凸出部分压动小轮，使动触头离开静触头，分断电路；当转动手柄使小轮位于凸轮块的凹处时，在复位弹簧的作用下使动触头和静触头闭合，接通电路。可见触头的闭合和分断顺序是由凸轮块的形状决定的。

主令控制器的型号及含义如下：

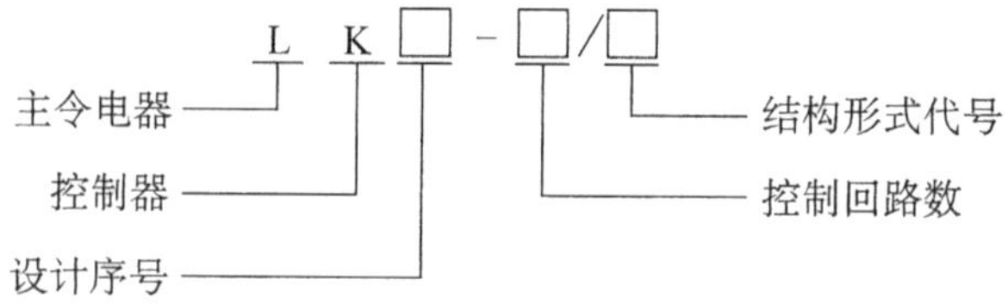

LK1–12/90 型主令控制器在电路图中的符号如图 1–30 所示。其触头分合表见表 1–24。

主令控制器按结构形式分为凸轮调整式和凸轮非调整式两种。LK1、LK5、LK16 系列属于非调整式主令控制器，LK4 系列属于调整式主令控制器。

非调整式主令控制器的触头系统分合顺序只能按指定的触头分合表的要求进行，在使用中用户不能自行调整，若需调整必须更换凸轮片。

调整式主令控制器的触头系统分合程序可随时按控制系统的要求进行编制及调整，不必更换凸轮片。

3. 主令控制器的选用

主令控制器主要根据使用环境、所需控制的回路数、触头闭合顺序等进行选择。常用的 LK1 和 LK14 系列主令控制器的主要技术数据见表 1–25。

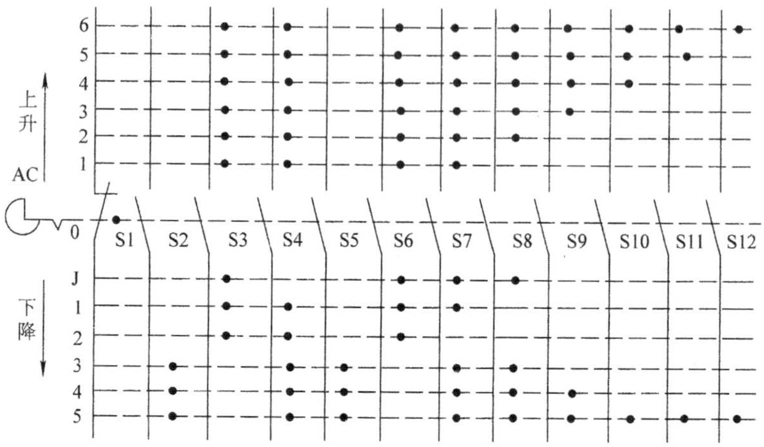

图 1-30　LK1-12/90 型主令控制器符号

表 1-24　LK1-12/90 型主令控制器触头分合表

触头	下降						零位	上升					
	5	4	3	2	1	J	0	1	2	3	4	5	6
S1							×						
S2	×	×	×										
S3				×	×	×		×	×	×	×	×	×
S4	×	×	×	×	×			×	×	×	×	×	×
S5	×	×	×										
S6				×	×	×		×	×	×	×	×	×
S7	×	×	×		×	×		×	×	×	×	×	×
S8	×	×	×			×			×	×	×	×	×
S9	×	×								×	×	×	×
S10	×										×	×	×
S11	×											×	×
S12	×												×

表 1-25　LK1 和 LK14 系列主令控制器的主要技术数据

型号	额定电压（V）	额定电流（A）	控制回路数	接通与分断能力（A）	
				接通	分断
LK1-12/90 LK1-12/96 LK1-12/97	380	15	12	100	15
LK14-12/90 LK14-12/96 LK14-12/97	380	15	12	100	15

4. 主令控制器的安装与使用

（1）安装前应操作主令控制器的手柄不少于 5 次，检查动、静触头接触是否良好，有无卡轧现象，触头的分合顺序是否符合分合表的要求。

（2）主令控制器投入运行前，应使用 500~1 000 V 的兆欧表测量其绝缘电阻，一般应大于 0.5 MΩ，同时根据接线图检查接线是否正确。

（3）主令控制器外壳上的接地螺钉应与接地网可靠连接。

（4）应注意定期清除主令控制器内的灰尘，所有活动部分应定期加润滑油。

（5）主令控制器不使用时，手柄应停在零位。

5. 主令控制器常见故障及处理方法

主令控制器的常见故障及处理方法见表 1–26。

表 1–26　主令控制器的常见故障及处理方法

故障现象	可能原因	处理方法
操作不灵活或有噪声	滚动轴承损坏或卡死	修理或更换轴承
	凸轮鼓或触头嵌入异物	取出异物，修复或更换产品
触头过热或烧毁	主令控制器容量过小	选用较大容量的主令控制器
	触头压力过小	调整或更换触头弹簧
	触头表面烧毛或有油污	修理或清洗触头
定位不准或分合顺序不对	凸轮块碎裂脱落或凸轮磨损	更换凸轮块

想一想

所学主令电器中，按钮和行程开关有哪些相似之处和不同之处？万能转换开关和主令控制器呢？

实训 1—3　主令电器的识别与检测

1. 工具、仪表及器材

（1）工具　电工常用工具。

（2）仪表　ZC25–3 型兆欧表（500 V，0~500 MΩ）、MF47 型万用表。

（3）器材　按钮 LA18–22、LA18–22J、LA18–22X、LA18–22Y、LA19–11D、LA19–

11DJ、LA20-22D 各一只；行程开关 JLXK1-311、JLXK1-211、JLXK1-111 各一只；万能转换开关 LW5-15/5.5N 一只；主令控制器 LK1-12/90 一只。

2. 实训过程

（1）识别主令电器

1）在教师指导下，仔细观察各种不同种类、不同结构形式的主令电器，熟悉它们的外形、型号、主要技术参数的意义、功能、结构及工作原理等。

2）识别由指导教师任选的八种用胶布盖住型号并编号的主令电器，根据实物写出各电器的名称、型号及文字符号，画出图形符号，填入表 1-27 中。

表 1-27 主令电器的识别

序号	1	2	3	4
名称				
型号				
文字符号				
图形符号				
序号	**5**	**6**	**7**	**8**
名称				
型号				
文字符号				
图形符号				

（2）检测按钮和行程开关　拆开外壳观察其内部结构，比较按钮和行程开关的相似和不同之处，理解常开触头、常闭触头和复合触头的动作情况，用万用表的电阻挡测量各对触头之间的接触情况，分辨常开触头和常闭触头。

（3）检测万能转换开关和主令控制器

1）认真观察、比较两种主令电器，熟悉它们的外形、型号和功能，用兆欧表测量各触头的对地电阻，其值应不小于 0.5 MΩ。

2）用万用表依次测量手柄置于不同位置时各对触头的通断情况，根据测量结果分别做出两种主令电器的触头分合表，并与给出的分合表对比，初步判断触头的工作情况是否良好。

3）打开外壳，仔细观察、比较它们的结构和动作过程，指出主要零部件的名称，理解工作原理。

4）检查各对触头的接触情况和各凸轮块的磨损情况，若触头接触不良应予以修整，若凸轮块磨损严重应予以更换。

5）合上外壳，转动手柄检查转动是否灵活、可靠，并再次用万用表依次测量手柄置于不同位置时各触头的通断情况，看是否与给定的触头分合表相符。

3. 评分标准

评分标准见表 1–28。

表 1–28 评分标准

<table>
<tr><th>项目</th><th>配分</th><th colspan="4">评分标准</th><th>扣分</th></tr>
<tr><td>识别主令电器</td><td>40 分</td><td colspan="4">（1）写错或漏写名称 每只扣 5 分
（2）写错或漏写型号 每只扣 5 分
（3）写错符号 每只扣 5 分</td><td></td></tr>
<tr><td>检测主令电器</td><td>60 分</td><td colspan="4">（1）仪表使用方法错误 扣 10 分
（2）测量结果有误 每次扣 5 分
（3）触头分合表有误 每错一处扣 5 分
（4）检查及修整触头错误 扣 10 分
（5）检查及更换凸轮块错误 扣 10 分
（6）损坏仪表电器 扣 20 分
（7）不会检测 扣 40 分</td><td></td></tr>
<tr><td>安全文明生产</td><td colspan="5">违反安全文明生产规程 扣 5~40 分</td><td></td></tr>
<tr><td>定额时间</td><td colspan="5">2 h，每超时 5 min（不足 5 min 以 5 min 计） 扣 5 分</td><td></td></tr>
<tr><td>备注</td><td colspan="4">除定额时间外，各项目的最高扣分不应超过配分数</td><td>成绩</td><td></td></tr>
<tr><td>开始时间</td><td colspan="2"></td><td>结束时间</td><td></td><td>实际时间</td><td></td></tr>
</table>

巩固练习

1. 主令电器的主要作用是什么？常用的主令电器有哪些？

2. 按钮由哪几部分组成？它接在主电路还是控制电路？画出启动按钮、停止按钮和复合按钮的图形符号。说出启动按钮、停止按钮和复合按钮的功能。

3. 什么是行程开关？它与按钮有什么异同？画出行程开关的符号。

4. 接近开关有什么特点？画出接近开关的符号。

5. 万能转换开关有哪些功能？本身有无保护？画出它的符号，并指出如何识别触头的通断情况。

6. 万能转换开关和主令控制器触头的通断是怎样实现的？在符号和触头分合表中

怎样识别？停止使用这些主令电器时，手柄应放在什么位置？

7. 主令控制器有哪些功能？按其结构形式分为哪两种？安装和使用时应注意什么？

8. 对金属外壳上有接地螺钉的主令电器，使用时应该怎么办？

课题 5　接触器

学习目标

1. 能正确识别、选择、安装、使用、拆装、检修、校验交流接触器。

2. 掌握接触器的分类、功能、基本结构、工作原理及型号含义，熟记接触器的图形符号和文字符号。

低压开关、主令电器等电器，都是依靠手控直接操作来实现触头接通或断开电路，属于非自动切换电器。在电力拖动中，广泛应用一种自动切换电器——接触器来实现电路的自动控制，图 1-31 所示为几款常用的交流接触器。

接触器实际上是一种自动的电磁式开关。触头的通断不是手动控制，而是电动操作。如图 1-32 所示，电动机通过接触器主触头接入电源，接触器线圈与启动按钮串接后接入电源。按下启动按钮，线圈得电使静铁芯被磁化产生电磁吸力，吸引动铁芯带动主触头闭合接通电路；松开启动按钮，线圈失电，电磁吸力消失，动铁芯在反作用弹簧（图中未画出）的作用下释放，带动主触头复位切断电路。

接触器的优点是能实现远距离自动操作，具有欠压和失压自动释放保护功能，控制容量大，工作可靠，操作频率高，使用寿命长，适用于远距离频繁地接通和断开交、直流主电路及大容量的控制电路，其主要控制对象是电动机，也可以用于控制电热设备、电焊机以及电容器组等其他负载，在电力拖动和自动控制系统中得到了广泛应用。

接触器按主触头通过电流的种类，分为交流接触器和直流接触器两类。

a)

b) c) d)

图 1-31 常用交流接触器

a）CJ10（CJT1）系列 b）CJ20 系列 c）CJ40 系列 d）CJX1（3TB 和 3TF）系列

a)

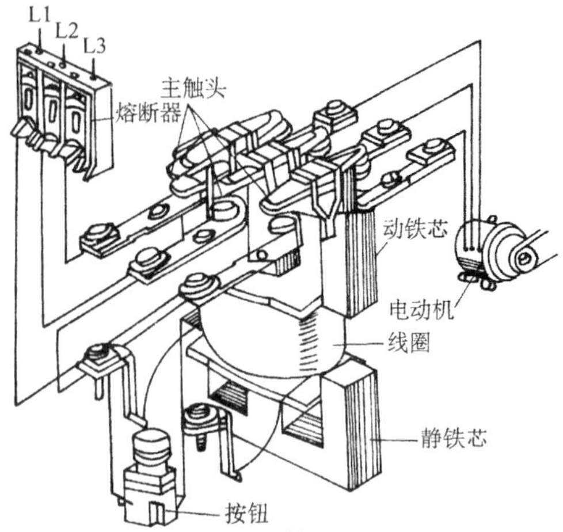

b)

图 1-32 用接触器控制电动机运转

a）外形 b）工作原理

一、交流接触器

交流接触器的种类很多，空气电磁式交流接触器应用最为广泛，其产品系列、品种最多，结构和工作原理基本相同。常用的有国产 CJ10（CJT1）、CJ20 和 CJ40 等系列，引进国外先进技术生产的 CJX1（3TB 和 3TF）系列、CJX8（B）系列、CJX2 系列等。下面以 CJ10 系列为例来介绍交流接触器。

1．交流接触器的型号及含义

交流接触器的型号及含义如下：

C J □ □ - □ □ / □

- 接触器 —— C
- 交流 —— J
- 设计序号 —— 第一个□
- Z—重任务；X—消弧；B—栅片去游离灭弧 —— 第二个□
- 额定电流 (A) —— 第三个□
- A、B—改型产品；Z—直流线圈；S—带锁扣 —— 第四个□
- 极数（以数字表示，三极产品不标注） —— 第五个□

2．交流接触器的结构和符号

交流接触器主要由电磁系统、触头系统、灭弧装置和辅助部件等组成。CJ10-20型交流接触器的结构如图 1-33 所示。

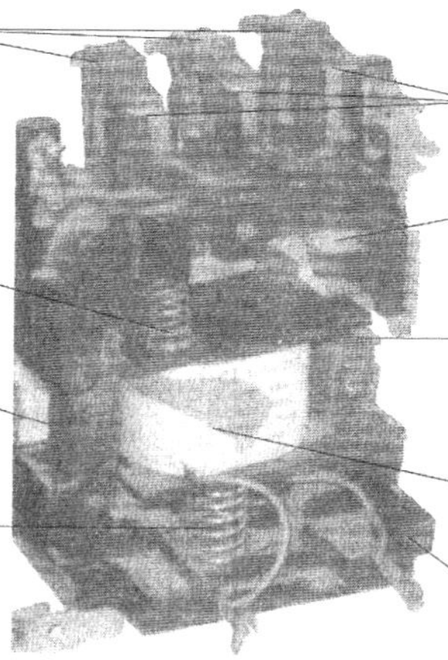

a)

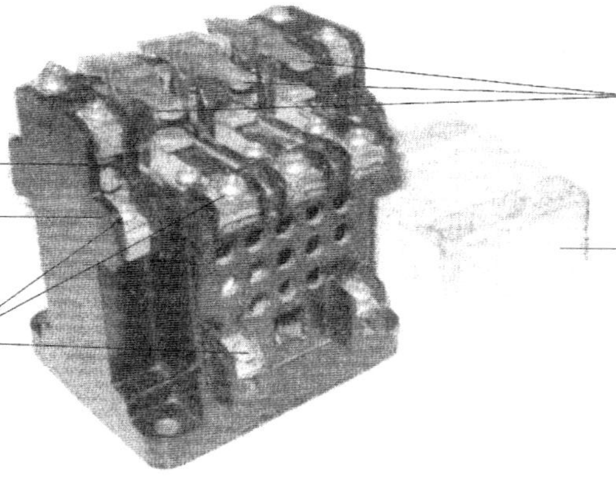

b)

图 1-33　CJ10-20 型交流接触器的结构

a）电磁系统及辅助部件　b）触头系统和灭弧罩

（1）电磁系统　电磁系统主要由线圈、静铁芯和动铁芯（衔铁）三部分组成。静铁芯在下、动铁芯在上，线圈装在静铁芯上。铁芯是交流接触器发热的主要部件，静、动铁芯一般用E形硅钢片叠压而成，以减少铁芯的磁滞和涡流损耗，避免铁芯过热。另外在E形铁芯的中柱端面留有0.1~0.2 mm的气隙，以减少剩磁影响，避免线圈断电后衔铁粘住，不能释放。铁芯的两个端面上嵌有短路环，如图1–34所示，用以消除电磁系统的振动和噪声。线圈做成粗而短的圆筒形，且在线圈和铁芯之间留有空隙，以增强铁芯的散热效果。

交流接触器利用电磁系统中线圈的通电或断电，使静铁芯吸合或释放动铁芯（衔铁），从而带动动触头与静触头闭合或分断，实现电路的接通或断开。

CJ10系列交流接触器的衔铁运动方式有两种，对于额定电流为40 A及以下的接触器，采用衔铁直线运动的螺管式，如图1–35a所示；对于额定电流为60 A及以上的接触器，采用衔铁绕轴转动的拍合式，如图1–35b所示。

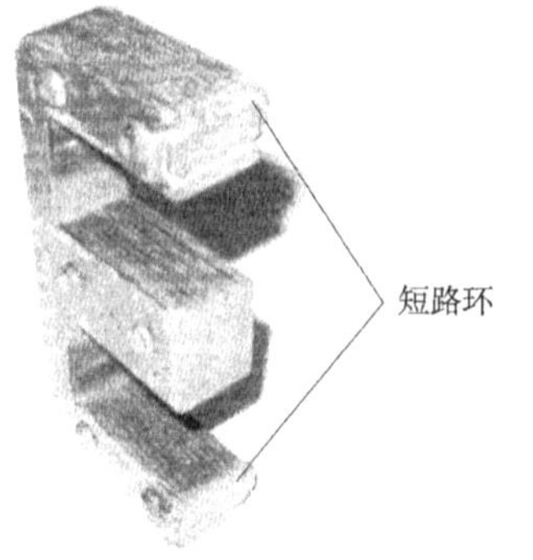

图1–34 交流接触器铁芯的短路环

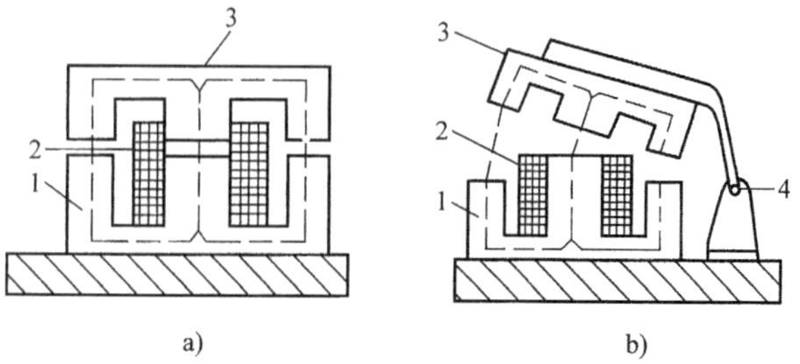

图1–35 交流接触器电磁系统结构

a）衔铁直线运动的螺管式 b）衔铁绕轴转动的拍合式

1—静铁芯 2—线圈 3—动铁芯（衔铁） 4—轴

（2）触头系统 交流接触器的触头按通断能力可分为主触头和辅助触头，如图1–33b所示。主触头用以通断电流较大的主电路，一般由三对常开触头组成。辅助触头用以通断电流较小的控制电路，一般由两对常开触头和两对常闭触头组成。所谓触头的常开和常闭，是指电磁系统未通电动作前触头的状态。常开触头和常闭触头是联动的。当线圈通电时，常闭触头先断开，常开触头随后闭合，中间有一个很短的时间差。当线圈断电后，常开触头先恢复断开，随后常闭触头恢复闭合，中间也存在一个很短的时间差。这个时间差虽短，但对分析线路的控制原理却很重要。

交流接触器的触头按接触情况可分为点接触式、线接触式和面接触式三种，如图1–36所示；按触头的结构形式可分为桥式触头和指形触头两种，如图1–37所示。CJ10系列交流接触器的触头一般采用双断点桥式触头，其动触头用紫铜片冲压而成，在触头桥的两端镶有银基合金制成的触头块，以避免接触点由于产生氧化铜而影响其导电性能。静触头一般用黄铜板冲压而成，一端镶焊触头块，另一端为接线柱。在触头上装有压力弹簧片，用以减小接触电阻，以及消除开始接触时产生的有害振动。

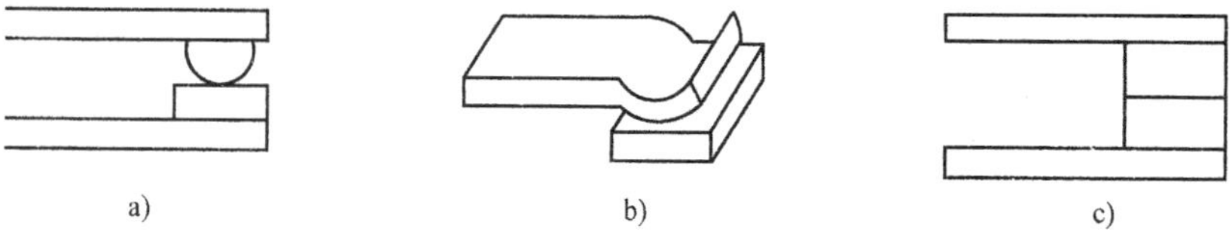

图 1–36　触头的三种接触形式

a）点接触　b）线接触　c）面接触

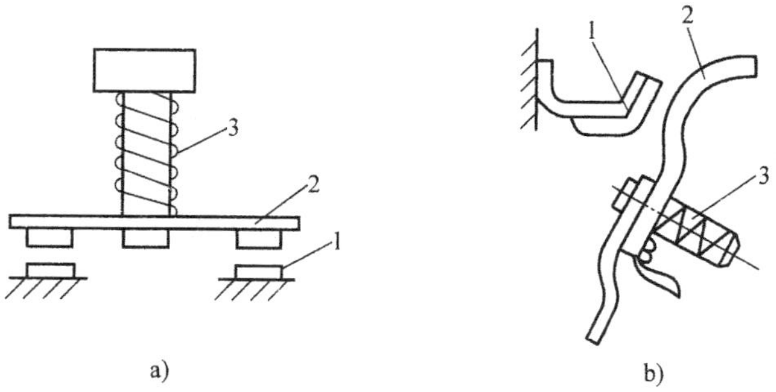

图 1–37　触头的结构形式

a）双断点桥式触头　b）指形触头

1—静触头　2—动触头　3—触头压力弹簧

（3）灭弧装置　交流接触器在断开大电流或高电压电路时，会在动、静触头之间产生很强的电弧。电弧是触头间气体在强电场作用下产生的放电现象，它一方面会灼伤触头，减少触头的使用寿命；另一方面会使电路切断时间延长，甚至造成弧光短路或引起火灾事故。因此，触头间的电弧应尽快熄灭。

灭弧装置的作用是熄灭触头分断时产生的电弧，以减轻对触头的灼伤，保证可靠地分断电路。交流接触器常采用的灭弧装置有双断口结构电动力灭弧装置、纵缝灭弧装置和栅片灭弧装置，如图 1–38 所示。对于容量较小的交流接触器，如 CJ10–10 型，一般采用双断口结构电动力灭弧装置灭弧；CJ10 系列交流接触器额定电流在 20 A 及以上的，常采用纵缝灭弧装置灭弧；对于容量较大的交流接触器，多采用栅片灭弧装置来灭弧。

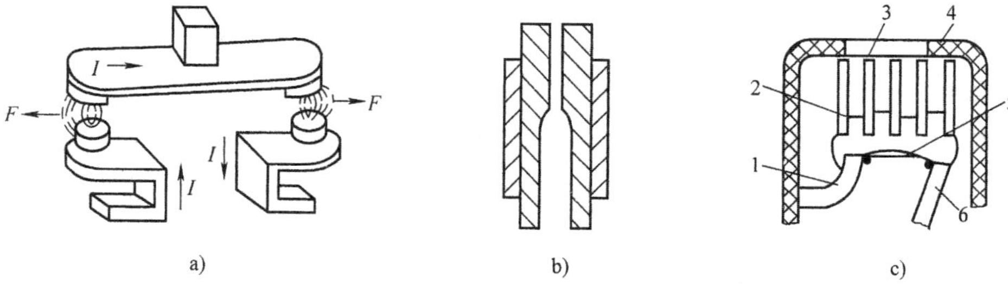

图 1–38　常用的灭弧装置

a）双断口结构电动力灭弧装置　b）纵缝灭弧装置　c）栅片灭弧装置

1—静触头　2—短电弧　3—灭弧栅片　4—灭弧罩　5—电弧　6—动触头

（4）辅助部件 交流接触器的辅助部件有反作用弹簧、缓冲弹簧、触头压力弹簧、传动机构及底座、接线柱等，如图 1–33 所示。反作用弹簧安装在衔铁和线圈之间，其作用是线圈断电后，推动衔铁释放，带动触头复位；缓冲弹簧安装在静铁芯和线圈之间，其作用是缓冲衔铁在吸合时对静铁芯和外壳的冲击力，保护外壳；触头压力弹簧安装在动触头上面，其作用是增加动、静触头间的压力，从而增大接触面积，以减小接触电阻，防止触头过热损伤；传动机构的作用是在衔铁或反作用弹簧的作用下，带动动触头实现与静触头的接通或分断。

交流接触器在电路图中的符号如图 1–39 所示。

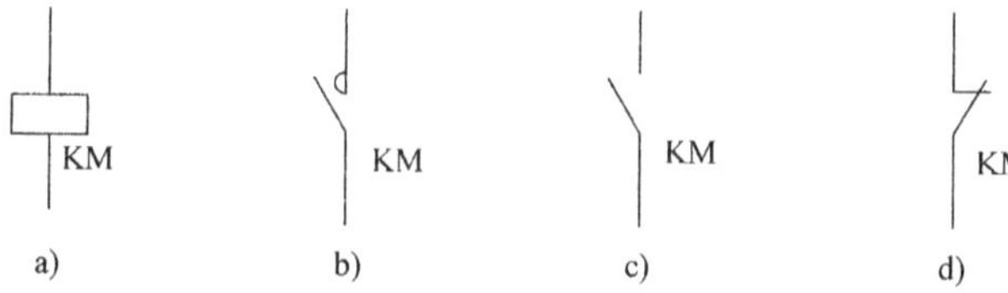

图 1–39 接触器的符号

a）线圈 b）主触头 c）辅助常开触头 d）辅助常闭触头

想一想

为什么说接触器是一个电磁式开关？

3. 交流接触器的工作原理

当接触器的线圈通电后，线圈中的电流产生磁场，使静铁芯磁化产生足够大的电磁吸力，克服反作用弹簧的反作用力将衔铁吸合，衔铁通过传动机构带动辅助常闭触头先断开，三对常开主触头和辅助常开触头后闭合；当接触器线圈断电或电压显著下降时，由于铁芯的电磁吸力消失或过小，衔铁在反作用弹簧力的作用下复位，并带动各触头恢复到原始状态。

小提示

常用的 CJ10 等系列交流接触器在 85%~105% 额定电压下，能保证可靠吸合。电压过高，磁路趋于饱和，线圈电流会显著增大。电压过低，电磁吸力不足，衔铁吸合不上，线圈电流会达到额定电流的十几倍。因此，电压过高或过低都会造成线圈过热而烧毁。

CJ10 系列交流接触器的替代产品是 CJT1 系列，适用于交流频率 50 Hz（或 60 Hz）、电压至 380 V，电流至 150 A 的电力线路中，供远距离接通和分断电路之用，并适用于频繁启动、停止和反转交流电动机。其型号及其含义如下：

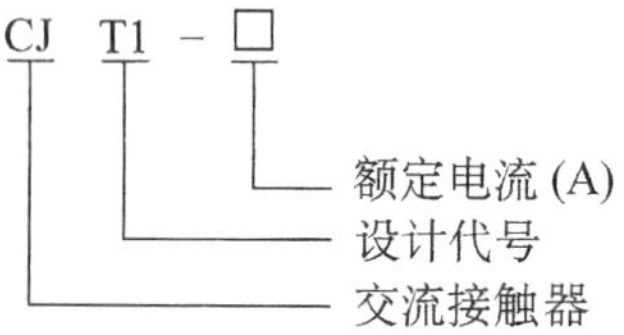

二、直流接触器

直流接触器主要供远距离接通和分断额定电压 440 V、额定电流 1 600 A 以下的直流电力线路之用，并适用于直流电动机的频繁启动、停止、换向及反接制动。目前常用的直流接触器有 CZ0、CZ17、CZ18、CZ21 等系列。如图 1–40 所示是 CZ0 系列直流接触器。

a) b) c) d)

图 1–40 CZ0 系列直流接触器

a）CZ0–20 b）CZ0–40 c）CZ0–150 d）CZ0–250

1. 直流接触器的型号及含义

直流接触器的型号及含义如下：

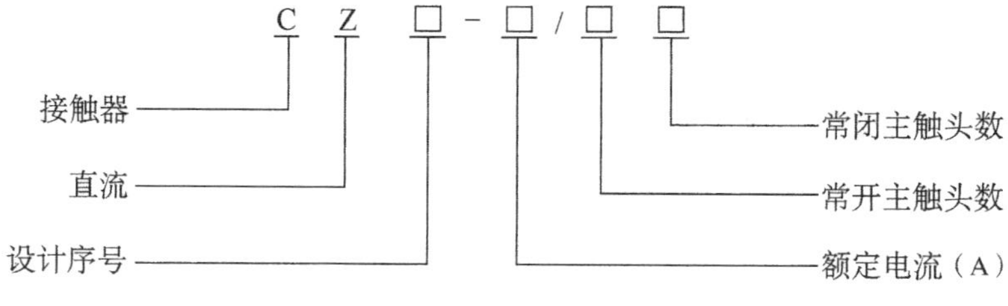

2. 直流接触器的结构

直流接触器主要由电磁系统、触头系统和灭弧装置三大部分组成，其结构如图 1-41 所示。

（1）电磁系统　直流接触器的电磁系统由线圈、铁芯和衔铁组成。由于线圈中通过的是直流电，铁芯中不会产生涡流和磁滞损耗而发热，因此铁芯可用整块铸钢或铸铁制成，铁芯端面也不需要嵌装短路环。但在磁路中常垫有非磁性垫片，以减少剩磁的影响，保证线圈断电后衔铁能可靠释放。另外直流接触器线圈的匝数比交流接触器多，电阻值大，铜损大，所以接触器发热以线圈本身发热为主。为了使线圈散热良好，常常将线圈做成长而薄的圆筒形。

（2）触头系统　直流接触器触头也有主、辅之分。由于主触头接通和断开的电流较大，多采用滚动接触的指形触头，以延长触头使用寿命，如图 1-42 所示。辅助触头的通断电流小，多采用双断点桥式触头，可有若干对。

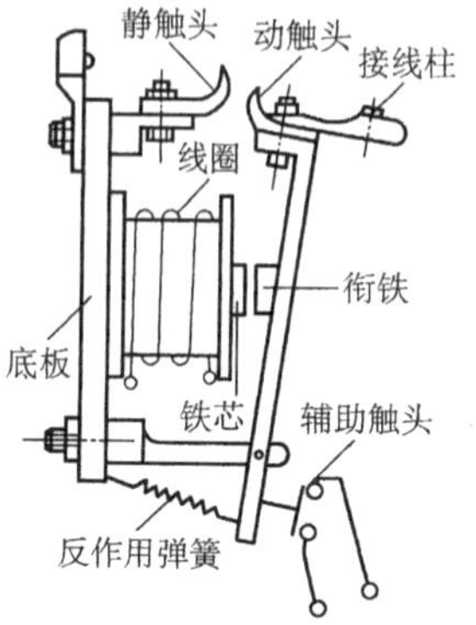

图 1-41　直流接触器的结构

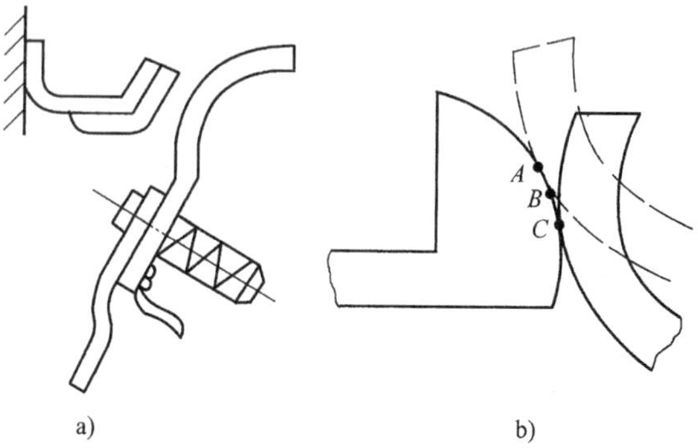

图 1-42　滚动接触的指形触头

a）外形结构　b）触头接触过程示意图

（3）灭弧装置　直流接触器的主触头在分断较大直流电流时，会产生强烈的电弧。由于直流电弧不像交流电弧那样有自然过零点，因此在同样的电气参数下，熄灭直流电弧比熄灭交流电弧要困难，直流接触器一般采用磁吹式灭弧装置结合其他方法灭弧。

为了减小直流接触器运行时的线圈功耗，延长线圈的使用寿命，对容量较大的直流接触器的线圈往往采用串联双绕组，其接线如图 1-43 所示。把接触器的一个常闭触头与保持线圈并联，在电路刚接通瞬间，保持线圈被辅助常闭触头短路，可使启动线圈获得较大的电流和吸力。当接触器动作后，启动线圈和保持线圈串联通电，由于电压不变，所以电流较小，但仍可保持衔铁被吸合，从而达到省电的目的。

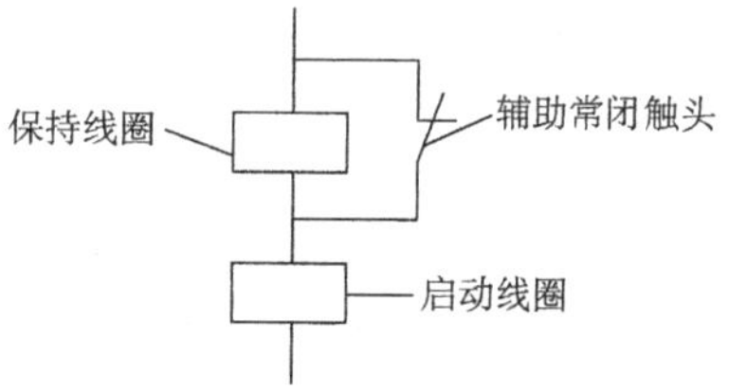

图 1-43　直流接触器双绕组线圈接线图

3. 直流接触器的工作原理和符号

直流接触器的工作原理和符号与交流接触器相同。

三、接触器的选择

1. 选择接触器的类型

根据接触器所控制的负载性质选择接触器的类型。通常交流负载选用交流接触器，直流负载选用直流接触器。如果控制系统中主要是交流负载，而直流负载容量较小时，也可用交流接触器控制直流负载，但触头的额定电流应适当选大一些。

交流接触器按负荷种类一般分为一类、二类、三类和四类，分别记为 AC–1、AC–2、AC–3 和 AC–4。一类交流接触器对应的控制对象是无感或微感负荷，如白炽灯、电阻炉等；二类交流接触器用于绕线转子异步电动机的启动和停止；三类交流接触器的典型用途是笼型异步电动机的运转和运行中分断；四类交流接触器用于笼型异步电动机的启动、反接制动、反转和点动。

2. 选择接触器主触头的额定电压

接触器主触头的额定电压应大于或等于所控制线路的额定电压。

3. 选择接触器主触头的额定电流

接触器主触头的额定电流应大于或等于负载的额定电流。控制电动机时，可按下列经验公式计算（仅适用于 CJ10 系列）：

$$I_C=\frac{P_N\times 10^3}{KU_N}$$

式中 I_C——接触器主触头额定电流，A；

P_N——被控制电动机的额定功率，kW；

K——经验系数，一般取 1～1.4；

U_N——被控制电动机的额定电压，V。

接触器若使用在频繁启动、制动及正反转的场合，应将接触器主触头的额定电流降低一个等级使用。

4. 选择接触器线圈的额定电压

当控制线路简单、使用电器较少时，可直接选用 380 V 或 220 V 的电压。若线路较复杂、使用电器的个数超过 5 个时，可选用 36 V 或 110 V 电压的线圈，以保证安全。

5. 选择接触器触头的数量和种类

接触器触头的数量和种类应满足控制线路的要求。常用 CJ10 系列和 CJ20 系列交流接触器的技术数据分别见表 1–29 和表 1–30。常用 CZ0 系列直流接触器的技术数据见表 1–31。

表 1–29　CJ10 系列交流接触器的技术数据

型号	触头额定电压（V）	主触头		辅助触头		线圈		可控制三相异步电动机的最大功率（kW）		额定操作频率（次 /h）
		额定电流（A）	对数	额定电流（A）	对数	电压（V）	功率（V · A）	220 V	380 V	
CJ10–10	380	10	3	5	2 常开、2 常闭	36、110、220、380	11	2.2	4	≤ 600
CJ10–20		20					22	5.5	10	
CJ10–40		40					32	11	20	
CJ10–60		60					70	17	30	

表 1–30　CJ20 系列交流接触器的技术数据

型号	极数	额定工作电压 U_N（V）	约定发热电流 I_{th}（A）	额定工作电流 I_N（A）	额定操作频率（AC–3）（次 /h）	机械寿命（万次）	辅助触头	
							约定发热电流 I_{th}（A）	触头组合
CJ20–10	3	220	10	10	1 200	1 000	10	2 常开、2 常闭
		380		10	1 200			
		660		5.8	600			
CJ20–16		220	16	16	1 200			
		380		16	1 200			
		660		13	600			
CJ20–25		220	32	25	1 200			
		380		25	1 200			
		660		16	600			
CJ20–40		220	55	40	1 200			
		380		40	1 200			
		660		25	600			
CJ20–63		220	80	63	1 200			
		380		63	1 200			
		660		40	600			
CJ20–100		220	125	100	1 200			
		380		100	1 200			
		660		63	600			
CJ20–160		220	200	160	1 200			
		380		160	1 200			
		660		100	600			
CJ20–160/11		1 140	200	80	300			

表 1–31　CZ0 系列直流接触器的技术数据

<table>
<tr><th rowspan="2">型号</th><th rowspan="2">额定电压（V）</th><th rowspan="2">额定电流（A）</th><th rowspan="2">额定操作频率（次/h）</th><th colspan="2">主触头形式及数目</th><th colspan="2">辅助触头形式及数目</th><th rowspan="2">最大分断电流（A）</th><th rowspan="2">吸引线圈电压（V）</th></tr>
<tr><th>常开</th><th>常闭</th><th>常开</th><th>常闭</th></tr>
<tr><td>CZ0–40/20</td><td rowspan="13">440</td><td>40</td><td>1 200</td><td>2</td><td>0</td><td rowspan="8">2</td><td>2</td><td>160</td><td rowspan="13">可为24、48、110、220、440</td></tr>
<tr><td>CZ0–40/02</td><td>40</td><td>600</td><td>0</td><td>2</td><td>2</td><td>100</td></tr>
<tr><td>CZ0–100/10</td><td>100</td><td>1 200</td><td>1</td><td>0</td><td>2</td><td>400</td></tr>
<tr><td>CZ0–100/01</td><td>100</td><td>600</td><td>0</td><td>1</td><td>1</td><td>250</td></tr>
<tr><td>CZ0–100/20</td><td>100</td><td>1 200</td><td>2</td><td>0</td><td>2</td><td>400</td></tr>
<tr><td>CZ0–150/10</td><td>150</td><td>1 200</td><td>1</td><td>0</td><td>2</td><td>600</td></tr>
<tr><td>CZ0–150/01</td><td>150</td><td>600</td><td>0</td><td>1</td><td>1</td><td>375</td></tr>
<tr><td>CZ0–150/20</td><td>150</td><td>1 200</td><td>2</td><td>0</td><td>2</td><td>600</td></tr>
<tr><td>CZ0–250/10</td><td>250</td><td>600</td><td>1</td><td>0</td><td colspan="2" rowspan="5">共有5对触头，其中一对为固定常开，另外4对可任意组合成常开、常闭</td><td>1 000</td></tr>
<tr><td>CZ0–250/20</td><td>250</td><td>600</td><td>2</td><td>0</td><td>1 000</td></tr>
<tr><td>CZ0–400/10</td><td>400</td><td>600</td><td>1</td><td>0</td><td>1 600</td></tr>
<tr><td>CZ0–400/20</td><td>400</td><td>600</td><td>2</td><td>0</td><td>1 600</td></tr>
<tr><td>CZ0–600/10</td><td>600</td><td>600</td><td>1</td><td>0</td><td>2 400</td></tr>
</table>

四、接触器的安装与使用

1. 安装前的检查

（1）检查接触器铭牌与线圈的技术数据（如额定电压、电流、操作频率等）是否符合实际使用要求。

（2）检查接触器外观，应无机械损伤；用手推动接触器可动部分时，接触器应动作灵活，无卡阻现象；灭弧罩应完整无损，固定牢固。

（3）将铁芯极面上的防锈油脂或粘在极面上的铁垢用煤油擦净，以免多次使用后衔铁被粘住，造成断电后不能释放。

（4）测量接触器的线圈电阻和绝缘电阻。

2. 接触器的安装

（1）交流接触器一般应安装在垂直面上，倾斜度不得超过5°；若有散热孔，则应将有孔的一面放在垂直方向上，以利散热，并按规定留有适当的飞弧空间，以免飞弧烧坏相邻电器。

（2）安装和接线时，注意不要将零件掉入接触器内部。安装孔的螺钉应装有弹簧垫圈和平垫圈，并拧紧螺钉以防振动松脱。

（3）安装完毕，检查接线正确无误后，在主触头不带电的情况下操作几次，然后测量产品的动作值和释放值，所测数值应符合产品的规定要求。

3．日常维护

（1）应对接触器做定期检查，观察螺钉有无松动，可动部分是否灵活等。

（2）接触器的触头应定期清扫，保持清洁，但不允许涂油。当触头表面因电灼作用形成金属小颗粒时，应及时清除。

（3）拆装时注意不要损坏灭弧罩。带灭弧罩的接触器绝不允许不带灭弧罩或带破损的灭弧罩运行，以免发生电弧短路故障。

五、接触器的常见故障及处理方法

接触器的常见故障及处理方法见表 1–32。

表 1–32 接触器的常见故障及处理方法

故障现象	可能原因	处理方法
吸不上或吸不足（即触头已闭合而铁芯尚未完全吸合）	电源电压太低或波动过大	调高或稳定电源电压
	操作回路电源容量不足或发生断线、配线错误及触头接触不良	增加电源容量，更换线路，修理控制触头
	线圈技术参数与使用条件不符	更换线圈
	产品本身受损	更换新品
	触头压力弹簧压力过大	按要求调整触头参数
不释放或释放缓慢	触头压力弹簧压力过小	调整触头参数
	触头熔焊	排除熔焊故障，更换触头
	机械可动部分被卡住，转轴生锈或歪斜	排除卡住现象，修理受损零件
	反作用弹簧损坏	更换反作用弹簧
	铁芯极面沾有油垢或尘埃	清理铁芯极面
	铁芯磨损过大	更换铁芯
电磁铁（交流）噪声大	电源的电压过低	提高操作回路电压
	触头压力弹簧压力过大	调整触头压力弹簧压力
	短路环断裂	更换短路环

续表

故障现象	可能原因	处理方法
电磁铁（交流）噪声大	铁芯极面有污垢	清除铁芯极面污垢
	磁系统歪斜或机械上卡住，使铁芯不能吸平	排除机械卡住的故障
	铁芯极面过度磨损而不平	更换铁芯
线圈过热或烧坏	电源电压过高或过低	调整电源电压
	线圈技术参数与实际使用条件不符	调换线圈或接触器
	操作频率过高	选择其他合适的接触器
	线圈匝间短路	排除短路故障，更换线圈
触头灼伤或熔焊	触头压力过小	调高触头压力弹簧压力
	触头表面有金属颗粒异物	清理触头表面
	操作频率过高，或工作电流过大，断开容量不够	调换容量较大的接触器
	长期过载使用	调换合适的接触器
	负载侧短路	排除短路故障，更换触头

知识拓展

常用的接触器还有机械联锁（可逆）交流接触器、切换电容器接触器、真空交流接触器等几种。扫描二维码，了解这几种常用接触器的相关知识。

实训 1—4　交流接触器的识别、拆装与检修

1．工具、仪表及器材

（1）工具　电工常用工具、镊子等。

（2）仪表 ZC25-3 型兆欧表（500 V，0~500 MΩ）、MG3-1 型钳形电流表、T10-A（5 A）电流表、T10-V（600 V）电压表、MF47 型万用表。

（3）器材 CJ10（CJT1）、CJ20、CJ40、CJX1（3TB 和 3TF）、CJX2 和 CJX8（B）系列等常用交流接触器，其型号规格自定。其他器材见表 1-33。

表 1-33 器材明细表

代号	名称	型号规格	数量
T	调压变压器	TDGC2-10/0.5	1
KM	交流接触器	CJ10-20	1
QS1	开启式负荷开关	HK1-15/3	1
QS2	开启式负荷开关	HK1-15/2	1
EL	照明灯	220 V、25 W	3
FU1	熔断器	RL1-15/2	3
FU2	熔断器	RL1-15/2	2
	控制板	500 mm × 400 mm × 30 mm	1
	连接导线	BVR 1.0 mm^2	若干

2. 实训过程

（1）识别交流接触器

1）在教师指导下，仔细观察各种不同系列、规格的交流接触器，熟悉它们的外形、型号、主要技术参数的意义、结构、工作原理，注意识别主触头、辅助常开触头和常闭触头、线圈的接线柱等。

2）识别用胶布盖住型号并编号的接触器，根据实物写出各接触器的系列名称、型号、文字符号，画出图形符号，填入表 1-34 中，并简述接触器的主要结构和工作原理。

表 1-34 接触器的识别

序号	1	2	3	4	5	6
系列名称						
型号						
文字符号						
图形符号						
主要结构						
工作原理						

（2）CJ10-20 型交流接触器的拆装与检修

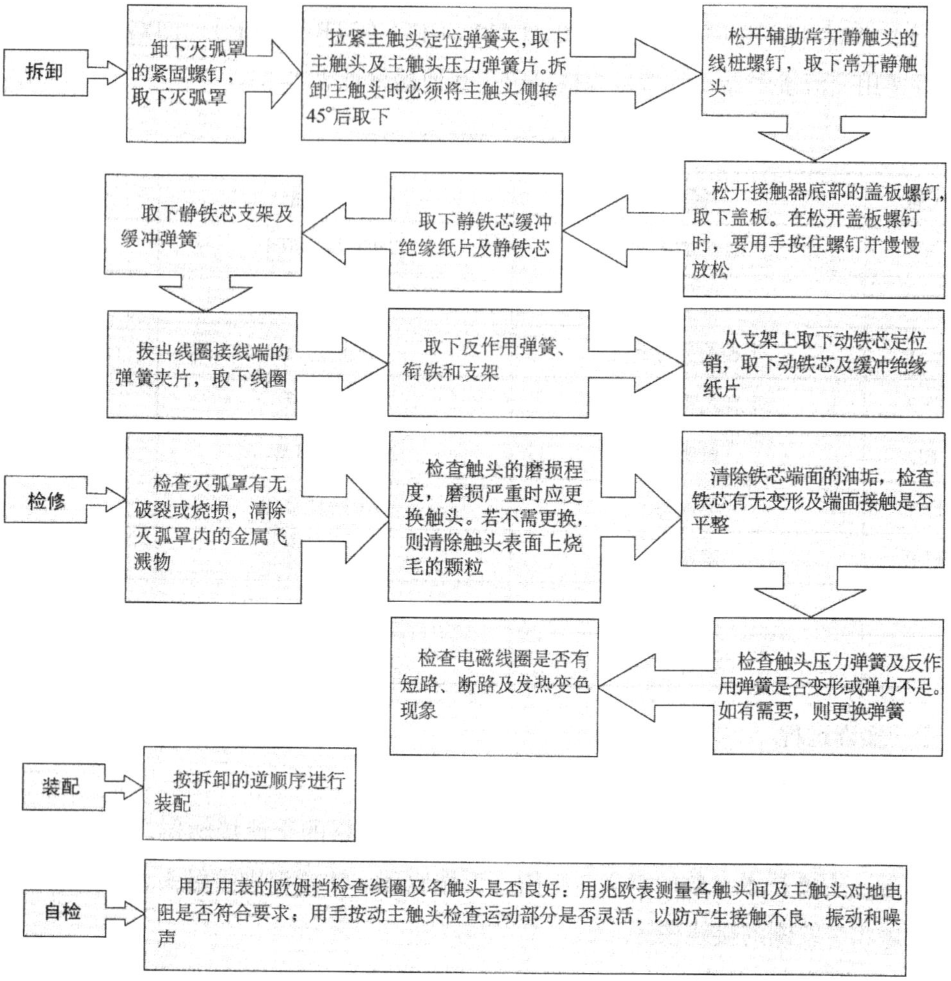

（3）交流接触器的校验及触头压力的调整

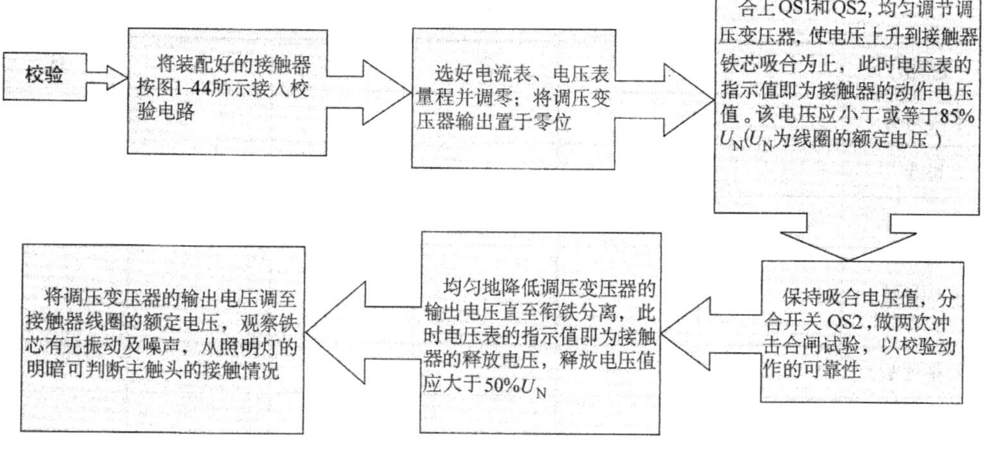

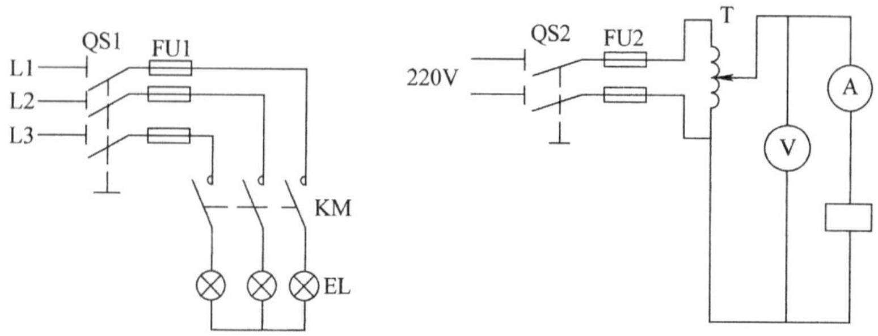

图 1–44 接触器动作值校验电路

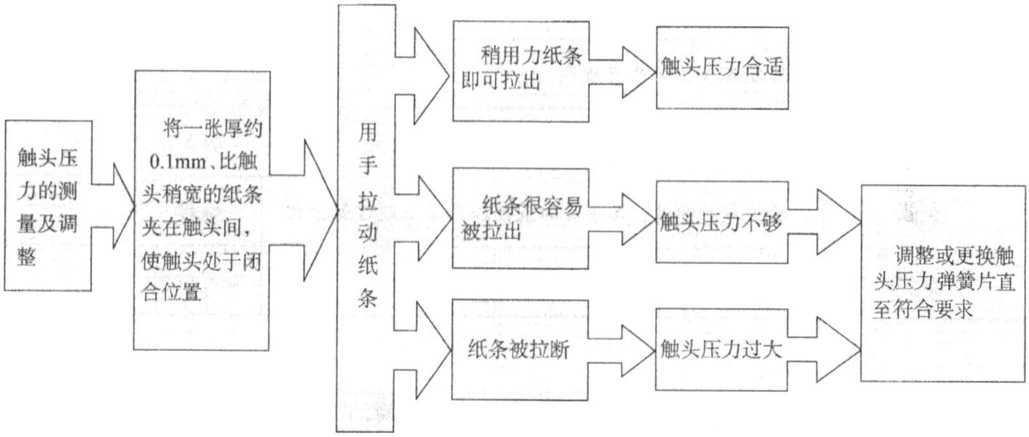

3. 注意事项

（1）拆卸接触器时，应备有盛放零件的容器，以免丢失零件。

（2）拆装过程中不允许硬撬元件，以免损坏电器。装配辅助静触头时，要防止卡住动触头。

（3）接触器通电校验时，应把接触器固定在控制板上。通电校验过程中，要均匀、缓慢地改变调压变压器的输出电压，以使测量结果尽量准确，并应有教师监护，以确保安全。

（4）调整触头压力时，注意不要损坏接触器的主触头。

4. 评分标准

评分标准见表 1–35。

表 1–35 评分标准

项目	配分	评分标准		扣分
识别交流接触器	40 分	（1）写错或漏写型号 （2）符号错误 （3）主要结构、工作原理错误	每只扣 5 分 每项扣 5 分 酌情扣分	

续表

项目	配分	评分标准		扣分
交流接触器的拆装、检修、校验及调整触头压力	60分	（1）拆装方法不正确或不会拆装 （2）损坏、丢失或漏装零件 （3）未进行检修或检修方法不正确 （4）不能进行通电校验 （5）通电时有振动或噪声 （6）校验方法或结果不正确 （7）不能凭经验判断触头压力大小 （8）不会调整触头压力	扣20分 每件扣10分 扣10分 扣20分 扣10分 扣10分 扣10分 扣10分	
安全文明生产	违反安全文明生产规程		扣5~40分	
定额时间	2 h，每超时5 min（不足5 min以5 min计）		扣5分	
备注	除定额时间外，各项目的最高扣分不应超过配分数		成绩	
开始时间		结束时间	实际时间	

巩固练习

1. 接触器按主触头通过电流的种类分为哪两类？接触器主要由哪几部分组成？

2. 接触器的哪些电器元件需接在线路中？画出这些电器元件的图形符号。

3. 简述接触器中短路环、反作用弹簧、触头压力弹簧和缓冲弹簧的作用。

4. 简述交流接触器的工作原理。

5. 交流接触器常用的灭弧方法有哪几种？直流接触器的灭弧方式与交流接触器相同吗？

6. 直流接触器和交流接触器的铁芯最大的区别是什么？

7. 选用接触器主要应考虑哪几方面？

8. 交流接触器的电压过高或过低为什么都会造成线圈过热而烧毁？

课题6 继电器

学习目标

1. 能正确识别、选择、安装、使用各种常用的继电器，掌握继电器的分类、功能、基本结构、工作原理及型号含义，熟记继电器的图形符号和文字符号。

2. 能正确调整、校验热继电器、时间继电器等的整定值。

继电器是一种根据输入信号（电量或非电量）的变化，来接通或分断小电流电路（如控制电路），实现自动控制和保护电力拖动装置的电器。图1-45所示的是几种常用的继电器。一般情况下，继电器不直接控制电流较大的主电路，而是通过控制接触器或其他电器的线圈，来实现对主电路的控制。

继电器的种类很多，按输入信号的性质可分为电压继电器、电流继电器、时间继电器、温度继电器、速度继电器、压力继电器等；按工作原理可分为电磁式继电器、电动式继电器、感应式继电器、晶体管式继电器和热继电器等；按输出方式可分为有触头继电器和无触头继电器。

a)　　b)　　c)

图1-45　几种常用的继电器

a）JZ14系列电磁式继电器　b）JR36系列热继电器　c）JS7-A系列时间继电器

任何一种继电器，不论其动作原理、结构形式、使用场合如何，都主要由感测机构、中间机构和执行机构三部分组成。感测机构把感测到的电量或非电量传递给中间机构，并将它与预定值（整定值）相比较，当达到预定值（过量或欠量）时，中间机构便使执行机构动作，从而接通或断开电路。

下面介绍在电力拖动中较为常用的几种继电器。

一、电磁式继电器

电磁式继电器的结构和工作原理与接触器基本相同，其典型结构如图 1–46 所示，它由电磁机构和触头系统组成。按吸引线圈电流的种类，可分为直流电磁式继电器和交流电磁式继电器；按其在电路中的作用，可分为中间继电器、电流继电器和电压继电器。

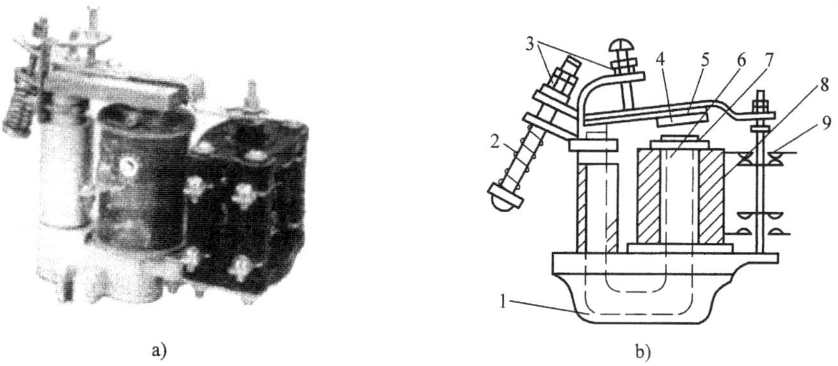

图 1–46　电磁式继电器的典型结构

a）JT3 系列外形图　b）结构示意图

1—底座　2—反作用弹簧　3—调节螺钉　4—非磁性垫片

5—衔铁　6—铁芯　7—极靴　8—线圈　9—触头

想一想

根据图 1–46 所示电磁式继电器的结构，叙述它的工作原理。

1. 中间继电器

（1）功能　中间继电器是用来增加控制电路中的信号数量或将信号放大的继电器。其输入信号是线圈的通电和断电，输出信号是触头的动作。由于触头的数量较多，所以当其他电器的触头数或触头容量不够时，可借助中间继电器作中间转换，来控制多个元件或回路。

（2）结构原理、符号及型号含义　中间继电器的结构及工作原理与接触器基本相同，因而中间继电器又称接触器式继电器。但中间继电器的触头对数多，且没有主、辅触头之分，各对触头允许通过的电流大小相同，多数为 5A。因此，对于工作电流小于 5 A 的电气控制线路，可用中间继电器代替接触器来控制。

图 1–47a、b 所示为 JZ7 系列交流中间继电器的外形和结构，中间继电器在电路图中的符号如图 1–47c 所示。

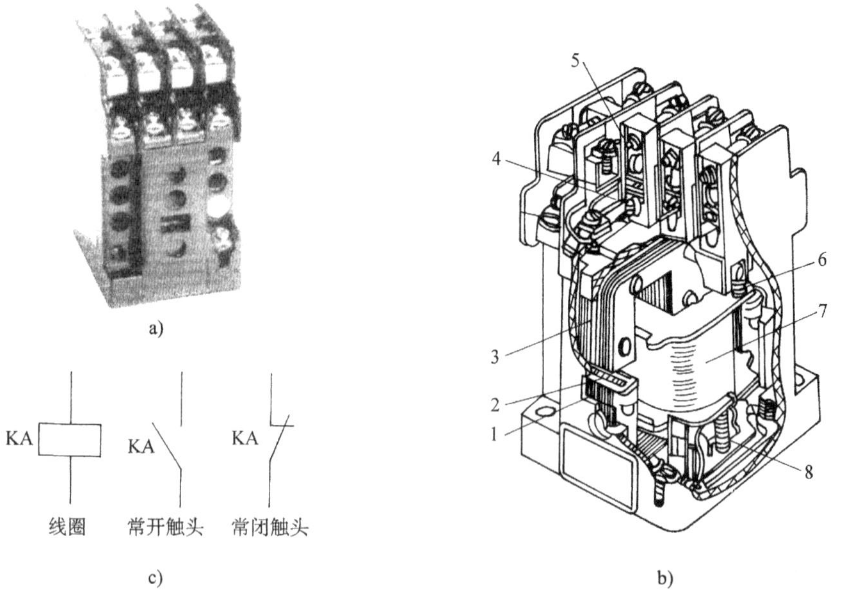

图 1-47　中间继电器

a）JZ7 系列中间继电器外形　b）JZ7 系列中间继电器结构　c）中间继电器符号

1—静铁芯　2—短路环　3—衔铁　4—常开触头　5—常闭触头　6—反作用弹簧　7—线圈　8—缓冲弹簧

想一想

把图 1-47 所示 JZ7 系列交流中间继电器与 CJ10 系列交流接触器对比一下，有什么相同点和不同点？叙述中间继电器的工作原理。

JZ14 系列中间继电器有交流操作和直流操作两种，采用螺管式电磁系统和双断点式桥式触头，其基本结构为交直流通用，只是交流铁芯为平顶形，直流铁芯与衔铁为圆锥形接触面。触头采用直列式分布，对数达 8 对，可按 6 常开、2 常闭，4 常开、4 常闭或 2 常开、6 常闭组合。该系列继电器带有透明外罩，可防止尘埃进入内部而影响工作的可靠性。其外形如图 1-45a 所示。

中间继电器的型号含义如下：

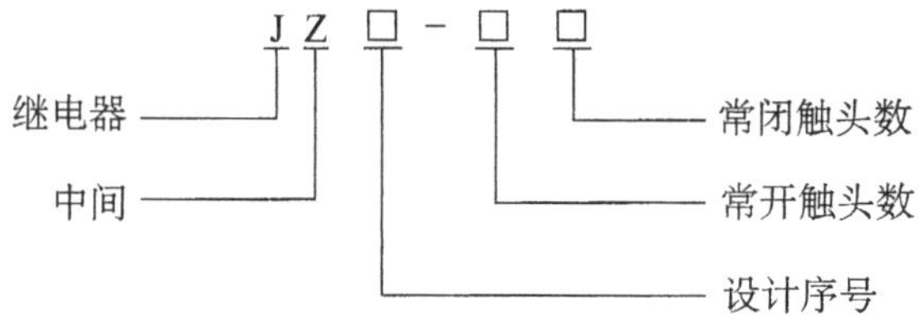

（3）选用　中间继电器主要依据被控制电路的电压等级、所需触头的数量、种类、容量等要求来选择。常用中间继电器的技术数据见表 1-36。中间继电器的安装、使用、常见故障及处理方法与接触器类似，可参看本单元课题 5 的有关内容。

表 1-36　中间继电器的技术数据

<table>
<tr><th rowspan="2">型号</th><th rowspan="2">电压种类</th><th rowspan="2">触头额定电压（V）</th><th rowspan="2">触头额定电流（A）</th><th colspan="2">触头数量</th><th rowspan="2">通电持续率（%）</th><th rowspan="2">吸引线圈电压（V）</th><th rowspan="2">吸引线圈消耗功率</th><th rowspan="2">额定操作频率（次/h）</th></tr>
<tr><th>常开</th><th>常闭</th></tr>
<tr><td>JZ7-44</td><td rowspan="3">交流</td><td rowspan="3">380</td><td rowspan="3">5</td><td>4</td><td>4</td><td rowspan="3">40</td><td rowspan="3">12、24、36、48、110、127、380、420、440、500</td><td rowspan="3">12 V · A</td><td rowspan="3">1 200</td></tr>
<tr><td>JZ7-62</td><td>6</td><td>2</td></tr>
<tr><td>JZ7-80</td><td>8</td><td>0</td></tr>
<tr><td rowspan="2">JZ14-□□ J/ □</td><td rowspan="2">交流</td><td rowspan="2">380</td><td rowspan="3">5</td><td>6</td><td>2</td><td rowspan="3">40</td><td rowspan="2">110、127、220、380</td><td rowspan="2">10 V · A</td><td rowspan="3">2 000</td></tr>
<tr><td>4</td><td>4</td></tr>
<tr><td>JZ14-□□ Z/ □</td><td>直流</td><td>220</td><td>2</td><td>6</td><td>24、48、110、220</td><td>7 W</td></tr>
<tr><td rowspan="2">JZ15-□□ J/ □</td><td rowspan="2">交流</td><td rowspan="2">380</td><td rowspan="3">10</td><td>6</td><td>2</td><td rowspan="3">40</td><td rowspan="2">36、127、220、380</td><td rowspan="2">11 V · A</td><td rowspan="3">1 200</td></tr>
<tr><td>4</td><td>4</td></tr>
<tr><td>JZ15-□□ Z/ □</td><td>直流</td><td>220</td><td>2</td><td>6</td><td>24、48、110、220</td><td>11 W</td></tr>
</table>

2. 电流继电器

反映输入量为电流的继电器称为电流继电器。如图 1-48a、b 所示是常见的 JT4 系列和 JL14 系列电流继电器。使用时，电流继电器的线圈串联在被测电路中，当通过线圈的电流达到预定值时，其触头动作。为了降低串入电流继电器线圈后对原电路工作状态的影响，电流继电器线圈的匝数少、导线粗、阻抗小。

电流继电器分为过电流继电器和欠电流继电器两种。电流继电器在电路图中的符号如图 1-48c 所示。

a)

b)

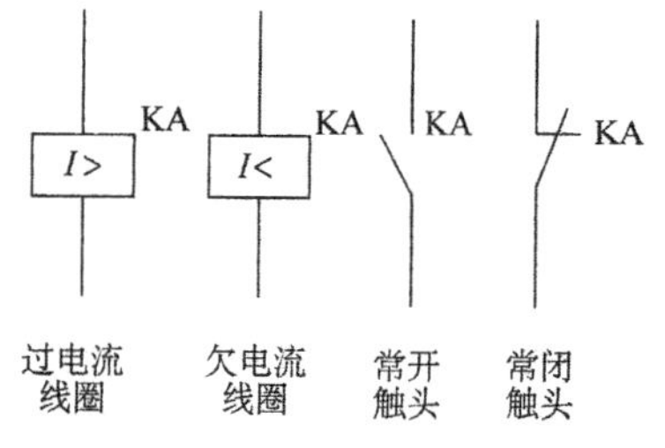

c)

图 1-48　电流继电器
a）JT4 系列　b）JL14 系列　c）符号

（1）过电流继电器　当通过继电器的电流超过预定值时就动作的继电器称为过电流继电器。过电流继电器的吸合电流为 1.1~4 倍的额定电流，也就是说，在电路正常工作时，过电流继电器线圈通过额定电流时是不吸合的；当电路中发生短路或过载故障，通过线圈的电流达到或超过预定值时，铁芯和衔铁才吸合，带动触头动作。

常用的过电流继电器有 JT4、JL5、JL12 及 JL14 等系列，广泛用于直流电动机或绕线转子电动机的控制电路中，用于频繁及重载启动的场合，作为电动机和主电路的过载或短路保护。

（2）欠电流继电器　当通过继电器的电流减小到低于其整定值时就动作的继电器称为欠电流继电器。欠电流继电器的吸合电流一般为线圈额定电流的 0.3~0.65 倍，释放电流为额定电流的 0.10~0.20 倍。因此，在电路正常工作时，欠电流继电器的衔铁与铁芯始终是吸合的。只有当电流降至低于整定值时，欠电流继电器释放，发出信号，从而改变电路的状态。

常用的欠电流继电器有 JL14–ZQ 等系列产品，常用于直流电动机和电磁吸盘电路中作弱磁保护。

（3）型号含义　常用 JT4 系列交流通用继电器和 JL14 系列交直流通用电流继电器的型号及含义如下：

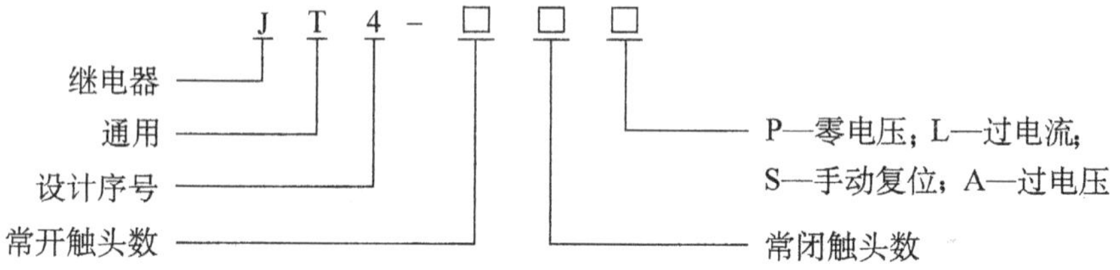

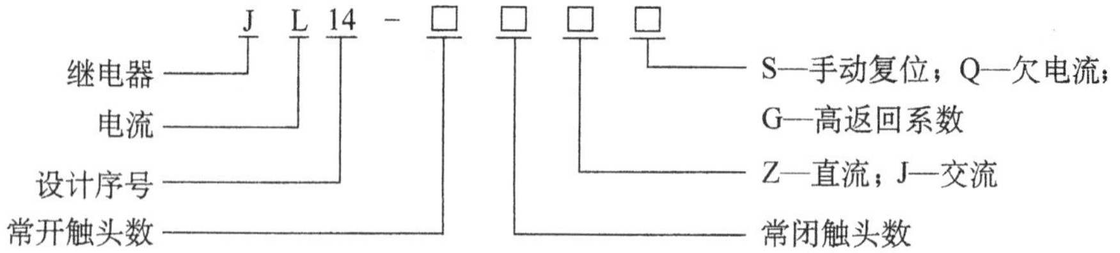

JT4 系列为交流通用继电器，在这种继电器的磁系统上装设不同的线圈，便可制成过电流、欠电流、过电压或欠电压等继电器。JT4 系列交流通用继电器的技术数据见表 1–37。

JL14 系列交直流通用电流继电器可取代 JT4–L 和 JT4–S 系列，其技术数据见表 1–38。

（4）选用

1）电流继电器的额定电流一般可按电动机长期工作的额定电流来选择。对于频繁启动的电动机，额定电流可选大一个等级。

2）电流继电器的触头种类、数量、额定电流及复位方式应满足控制线路的要求。

表 1–37　JT4 系列交流通用继电器的技术数据

型号	可调参数调整范围	标称误差	返回系数	触头数量	吸引线圈		复位方式	机械寿命（万次）	电寿命（万次）	质量（kg）
					额定电压（或电流）	消耗功率				
JT4–□□ A 过电压继电器	吸合电压（1.05~1.20）U_N	±10%	0.1~0.3	1 常开、1 常闭	110 V、220 V、380 V	75 W	自动	1.5	1.5	2.1
JT4–□□ P 零电压（或中间）继电器	吸合电压（0.60~0.85）U_N或释放电压（0.10~0.35）U_N		0.2~0.4	1 常开、1 常闭或 2 常开、2 常闭	110 V、127 V、220 V、380 V			10	10	1.8
JT4–□□ L 过电流继电器	吸合电流（1.10~3.50）I_N		0.1~0.3		5 A、10 A、15 A、20 A、40 A、80 A、150 A、300 A、600 A	5 W		1.5	1.5	1.7

表 1–38　JL14 系列交直流通用电流继电器的技术数据

电流种类	型号	吸引线圈额定电流 I_N（A）	可调参数调整范围	触头组合形式		备注
				常开	常闭	
直流	JL14–□□ Z	1、1.5、2.5、10、15、25、40、60、100、150、300、500、1 200、1 500	吸合电流（0.70~3.00）I_N	1 常开、1 常闭；2 常开；2 常闭		
	JL14–□□ ZS		吸合电流（0.30~0.65）I_N 或释放电流（0.10~0.20）I_N			手动复位
	JL14–□□ ZQ					欠电流
交流	JL14–□□ J		吸合电流（1.10~4.00）I_N			
	JL14–□□ JS					手动复位
	JL14–□□ JG			1	1	返回系数大于 0.65

3）过电流继电器的整定电流一般取电动机额定电流的 1.7~2 倍，频繁启动的场合可取电动机额定电流的 2.25~2.5 倍。欠电流继电器的整定电流一般取额定电流的 0.1~0.2 倍。

（5）安装与使用

1）安装前应检查继电器的额定电流和整定电流值是否符合实际使用要求，继电器的动作部分是否灵活、可靠，外罩及壳体是否有损坏或缺件等情况。

2）安装后应在触头不通电的情况下，使吸引线圈通电操作几次，看继电器动作是否可靠。

3）定期检查继电器各零部件是否有松动及损坏现象，并保持触头的清洁。

（6）常见故障及处理方法　电流继电器的常见故障及处理方法与接触器相似，可参看本单元课题5的有关内容。

3. 电压继电器

反映输入量为电压的继电器称为电压继电器。使用时，电压继电器的线圈并联在被测量的电路中，根据线圈两端电压的大小而接通或断开电路。因此，电压继电器线圈的导线细、匝数多、阻抗大。

电压继电器分为过电压继电器、欠电压继电器和零电压继电器。电压继电器在电路图中的符号如图1–49所示。

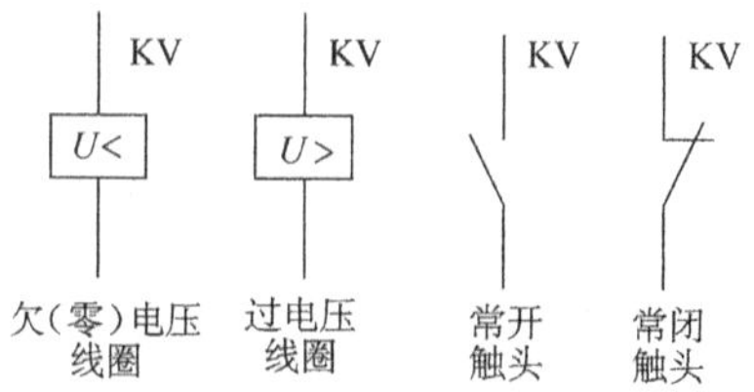

图1–49　电压继电器的符号

过电压继电器是当电压大于其整定值时动作的电压继电器，主要用于对电路或设备的过电压保护。常用的过电压继电器为JT4–A系列，其动作电压值可在（1.05~1.20）U_N 范围内调节，见表1–37。

欠电压继电器是当电压降至某一规定范围时释放的电压继电器。零电压继电器是欠电压继电器的一种特殊形式，是当继电器的电压降至接近消失时才释放的电压继电器。可见，欠电压继电器和零电压继电器在线路正常工作时，铁芯和衔铁是吸合的。当电压降至预定值时，衔铁释放，触头复位，对电路实现欠压和零压保护。欠电压继电器的释放电压可在（0.40~0.70）U_N 范围内整定，零电压继电器的释放电压可在（0.10~0.35）U_N 范围内调节。

电压继电器的选用主要根据继电器线圈的额定电压、触头的数量和种类进行。

电压继电器的结构、工作原理及安装使用等知识与电流继电器类似，不再重述。

二、时间继电器

时间继电器是一种利用电磁原理或机械动作原理来实现触头延时闭合或分断的自动控制电器。它从得到动作信号到触头动作有一定的延时，因此广泛应用于需要按时间顺序进行自动控制的电气线路中。

时间继电器的种类很多，常用的主要有电磁式、电动式、晶体管式、空气阻尼式等类型，目前在电力拖动控制线路中，应用较多的是晶体管式时间继电器，图1–50所示是几款时间继电器的外形。

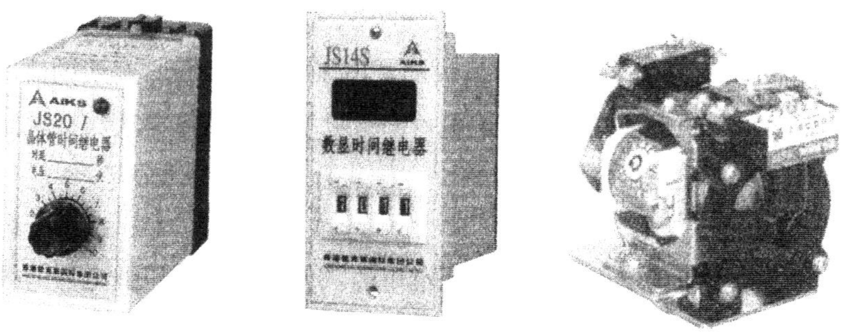

a)　　b)　　c)

图 1-50　时间继电器

a）JS20 系列晶体管式　b）JS14S 系列数显式　c）JS7-A 系列空气阻尼式

下面以 JS20 系列晶体管式时间继电器为例介绍。

1. JS20 系列晶体管式时间继电器

晶体管式时间继电器也称为半导体时间继电器或电子式时间继电器，具有机械结构简单、延时范围宽、整定精度高、体积小、耐冲击、耐振动、消耗功率小、调整方便及使用寿命长等优点，所以发展迅速，已成为时间继电器的主流产品，应用越来越广泛。

晶体管式时间继电器按结构可分为阻容式和数字式两类；按延时方式可分为通电延时型、断电延时型及带瞬动触头的通电延时型三类。

JS20 系列晶体管式时间继电器是全国推广的统一设计产品，适用于交流 50 Hz、电压 380 V 及以下或直流电压 110 V 及以下的控制电路中作延时元件，按预定的时间接通或分断电路。它具有体积小、质量轻、精度高、使用寿命长、通用性强等优点。

（1）结构　JS20 系列晶体管式时间继电器的外形如图 1-50a 所示，它具有保护外壳，其内部结构采用印制电路组件。安装和接线采用专用的插接座，并配有带插脚标记的下标牌作接线指示。结构形式有外接式、装置式和面板式三种。外接式的整定电位器可通过插座用导线接到所需的控制板上；装置式具有带接线端子的胶木底座；面板式采用通用八大脚插座，可直接安装在控制台的面板上，另外还带有延时刻度和延时旋钮供整定延时时间用。JS20 系列面板式通电延时型时间继电器的接线示意图如图 1-51a 所示。

（2）工作原理　JS20 系列面板式通电延时型时间继电器的电路图如图 1-51b 所示。它由电源、电容充放电电路、电压鉴别电路、输出和指示电路五部分组成。电源接通后，经整流滤波和稳压后的直流电，经过 RP1 和 R2 向电容 C2 充电。当场效应管 V6 的栅源电压 U_{GS} 低于夹断电压 U_P 时，V6 截止，因而 V7、V8 也处于截止状态。随着充电的不断进行，电容 C2 的电位按指数规律上升，当 U_{GS} 高于 U_P 时，V6 导通，V7、V8 也导通，继电器 KA 吸合，输出延时信号。同时电容 C2 通过 R8 和 KA 的常开触头放电，为下次动作做好准备。切断电源时，继电器 KA 释放，电路恢复原始状态，等待下次动作。调节 RP1 和 RP2 即可调整延时时间。

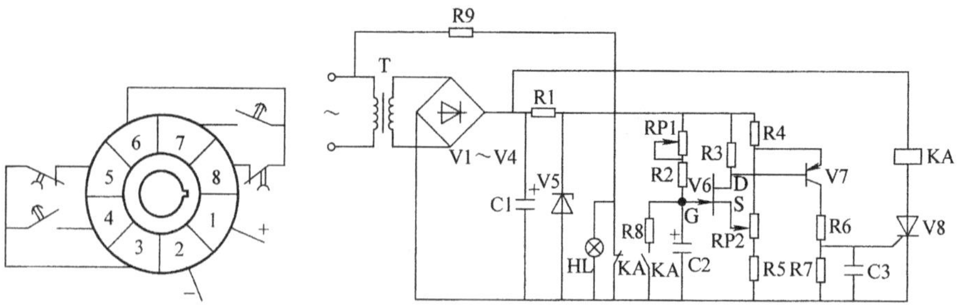

a)　　　　　　　　　　b)

图 1-51　JS20 系列面板式通电延时型时间继电器的接线示意图和电路图

a）接线示意图　b）电路图

（3）型号含义及技术数据　JS20 系列晶体管时间继电器的型号含义如下：

JS　20 - □　□/□　□

- 安装形式：0—装置式；3—装置式带瞬动触头；1—面板式；4—面板式带瞬动触头；2—外接式；5—外接式带瞬动触头
- 0—无波段开关；1—有波段开关
- 延时形式：不标注表示通电延时；D表示断电延时
- 标准延时值
- 设计序号
- 时间继电器

JS20 系列晶体管式时间继电器的主要技术数据见表 1-39。

（4）适用场合　要求的延时精度较高，适用于电磁式时间继电器不能满足要求，或者控制回路相互协调需要无触头输出等情况。

2. 时间继电器的符号

时间继电器在电路图中的符号如图 1-52 所示。

3. 时间继电器的选用

（1）根据系统的延时范围和精度选择时间继电器的类型和系列。在延时精度要求不高的场合，一般可选用价格较低的 JS7-A 系列空气阻尼式时间继电器，反之，对精度要求较高的场合，可选用晶体管式时间继电器。

（2）根据控制线路的要求选择时间继电器的延时方式（通电延时或断电延时）。同时，还必须考虑线路对瞬时动作触头的要求。

（3）根据控制线路电压选择时间继电器吸引线圈的电压。

4. 时间继电器的安装与使用

（1）时间继电器应按说明书规定的方向安装。无论是通电延时型还是断电延时型，都必须使继电器在断电后，释放时衔铁的运动方向垂直向下，其倾斜度不得超过 5°。

表 1–39　JS20 系列晶体管式时间继电器的主要技术数据

型号	结构形式	延时整定元件位置	延时范围（s）	延时触头对数 通电延时 常开	延时触头对数 通电延时 常闭	延时触头对数 断电延时 常开	延时触头对数 断电延时 常闭	不延时触头对数 常开	不延时触头对数 常闭	误差（%） 重复	误差（%） 综合	环境温度（℃）	工作电压（V） 交流	工作电压（V） 直流	消耗功率（W）
JS20－□/00	装置式	内接	0.1～300	2	2	—	—	—	—	±3	±10	-10～40	36、110、127、220、380	24、48、110	≤ 5
JS20－□/01	面板式	内接		2	2										
JS20－□/02	外接式	外接		2	2										
JS20－□/03	装置式	内接		1	1	—	—	1	1						
JS20－□/04	面板式	内接		1	1			1	1						
JS20－□/05	外接式	外接		1	1			1	1						
JS20－□/10	装置式	内接	0.1～3 600	2	2	—	—	—	—						
JS20－□/11	面板式	内接		2	2										
JS20－□/12	外接式	外接		2	2										
JS20－□/13	装置式	内接		1	1	—	—	1	1						
JS20－□/14	面板式	内接		1	1			1	1						
JS20－□/15	外接式	外接		1	1			1	1						
JS20－□D/00	装置式	内接	0.1～180	—	—	2	2	—	—						
JS20－□D/01	面板式	内接				2	2								
JS20－□D/02	外接式	外接				2	2								

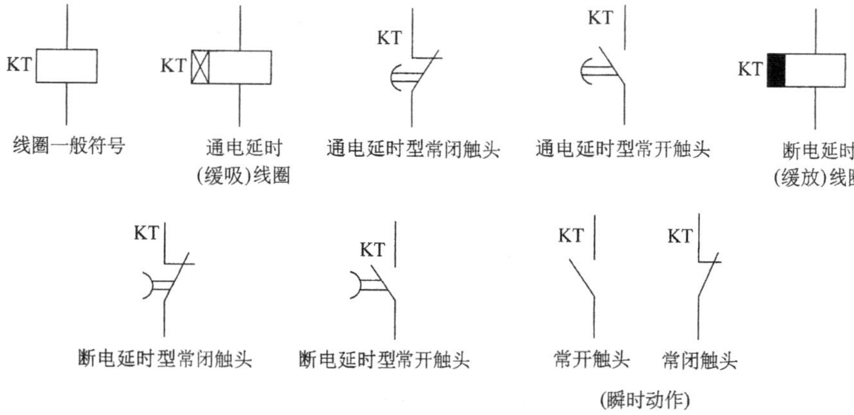

图 1–52　时间继电器的符号

（2）时间继电器的整定值应预先在不通电时整定好，并在试车时校正。

（3）时间继电器金属底板上的接地螺钉必须与接地线可靠连接。

（4）JS7–A 系列时间继电器的通电延时型和断电延时型可在整定时间内自行调换。

（5）使用时，应经常清除灰尘及油污，否则延时误差将增大。

三、热继电器

热继电器是利用流过继电器的电流所产生的热效应而反时限动作的自动保护电器。所谓反时限动作，是指电器的延时动作时间随通过电路电流的增加而缩短。热继电器主要与接触器配合使用，用作电动机的过载保护、断相保护、电流不平衡运行的保护及其他电气设备发热状态的控制。

热继电器的形式有多种，其中双金属片式应用最多。热继电器按极数划分有单极、两极和三极三种，其中三极的又分为带断相保护装置和不带断相保护装置两种；按复位方式划分有自动复位式和手动复位式两种。

图 1–53 所示为目前我国在生产中常用的热继电器的外形图，它们均为双金属片式。每一系列的热继电器一般只能和相适应系列的接触器配套使用，如 JR36 系列热继电器与 CJT1 系列接触器配套使用，JR20 系列热继电器与 CJ20 系列接触器配套使用，T 系列热继电器与 B 系列接触器配套使用，3UA 系列热继电器与 3TB、3TF 系列接触器配套使用等。

a)　b)　c)　d)

图 1–53　热继电器

a）JR36 系列　b）JR20 系列　c）T 系列　d）JRS2（3UA）系列

1．热继电器的结构及工作原理

（1）结构　图 1–54a 所示为两极双金属片热继电器的结构，它主要由热元件、传动机构、常闭触头、电流整定按钮、复位按钮和限位螺钉等组成。热继电器的热元件由主双金属片和绕在外面的电阻丝组成。主双金属片由两种热膨胀系数不同的金属片复合而成。

（2）工作原理　热继电器使用时，需要将热元件串联在主电路中，常闭触头串联在控制电路中，如图 1–54b 所示。当电动机过载时，流过电阻丝的电流超过热继电器的整定电流，电阻丝发热增多，温度升高，由于两块金属片的热膨胀程度不同而使主双金属片向右弯曲，通过传动机构推动常闭触头断开，分断控制电路，再通过接触器切断主电路，实现对电动机的过载保护。电源切除后，主双金属片逐渐冷却恢复原位。热继电器的复位机构有手动复位和自动复位两种形式，可根据使用要求通过复位调节螺钉来自由调整选择。一般自动复位时间不大于 5 min，手动复位时间不大于 2 min。

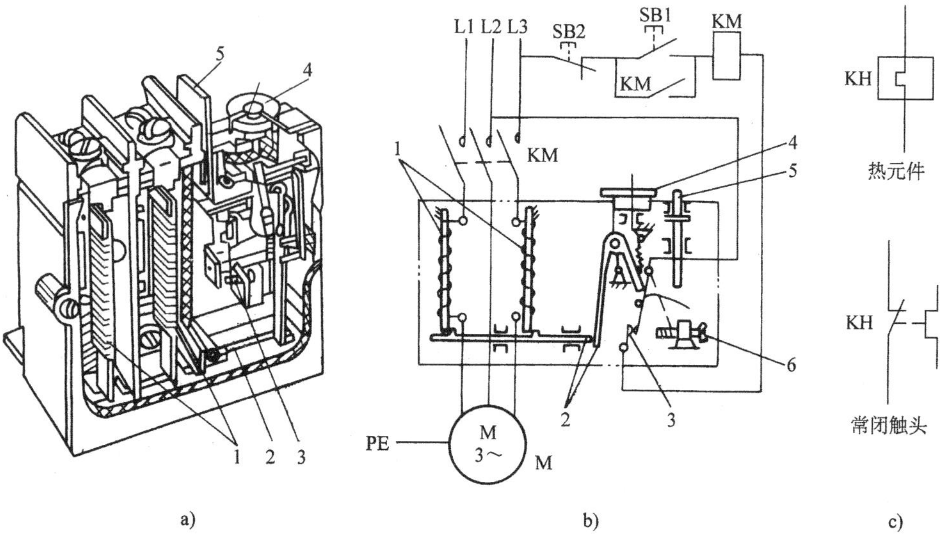

图 1-54　两极双金属片热继电器

a）结构　b）原理图　c）符号

1—热元件　2—传动机构　3—常闭触头　4—电流整定按钮　5—复位按钮　6—限位螺钉

热继电器的整定电流是指热继电器连续工作而不动作的最大电流，其大小可通过旋转电流整定旋钮来调节。超过整定电流，热继电器将在负载未达到其允许的过载极限之前动作。

热继电器在电路图中的符号如图 1-54c 所示。

实践证明，三相异步电动机的缺相运行是导致电动机过热烧毁的主要原因之一。对定子绕组接成Y形的电动机，普通两极或三极结构的热继电器均能实现断相保护。而定子绕组接成△形的电动机，必须采用三极带断相保护装置的热继电器，才能实现断相保护。

小提示

由于热继电器主双金属片受热膨胀的热惯性及传动机构传递信号的惰性，热继电器从电动机过载到触头动作需要一定的时间，也就是说，即使电动机严重过载甚至短路，热继电器也不会瞬时动作，因此热继电器不能作短路保护。但也正是这个热惯性和机械惰性，保证了热继电器在电动机启动或短时过载时不会动作，从而满足了电动机的运行要求。

想一想

熔断器和热继电器都是保护电器，两者能否相互代用？为什么？

2. 热继电器的型号含义及技术数据

常用 JR36 系列热继电器的型号含义如下：

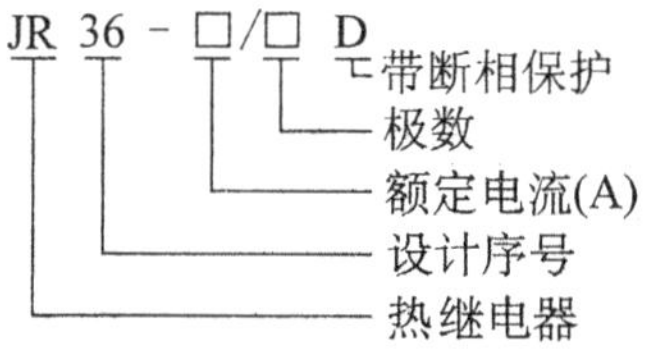

JR36 系列热继电器是在 JR16B 上改进设计的，是 JR16B 的替代产品，其外形尺寸和安装尺寸与 JR16B 系列完全一致，具有断相保护、温度补偿、自动与手动复位等功能，动作可靠，适用于交流 50 Hz、电压至 660 V（或 690 V）、电流 0.25~160 A 的电路中，对长期或间断长期工作的交流电动机作过载与断相保护。该产品可与 CJT1 系列接触器组成 QC36 型电磁启动器。

JR36 系列热继电器的主要技术数据见表 1-40。

表 1-40 JR36 系列热继电器的主要技术数据

JR36 系列热继电器	热继电器额定电流（A）	热元件等级	
		热元件额定电流（A）	电流调节范围（A）
JR36-20	20	0.35	0.25~0.35
		0.5	0.32~0.5
		0.72	0.45~0.72
		1.1	0.68~1.1
		1.6	1~1.6
		2.4	1.5~2.4
		3.5	2.2~3.5
		5	3.2~5
		7.2	4.5~7.2
		11	6.8~11
		16	10~16
		22	14~22
JR36-32	32	16	10~16
		22	14~22
		32	20~32
JR36-63	63	22	14~22
		32	20~32
		45	28~45
		63	40~63
JR36-160	160	63	40~63
		85	53~85
		120	75~120
		160	100~160

3．热继电器的选用

选择热继电器时，主要根据所保护电动机的额定电流来确定热继电器的规格和热元件的电流等级。

（1）根据电动机的额定电流选择热继电器的规格。一般应使热继电器的额定电流略大于电动机的额定电流。

（2）根据需要的整定电流值选择热元件的编号和电流等级。一般情况下，热元件的整定电流应为电动机额定电流的 0.95～1.05 倍。

（3）根据电动机定子绕组的连接方式选择热继电器的结构形式，即定子绕组作Y形连接的电动机选用普通三相结构的热继电器，而作△形连接的电动机选用三相结构带断相保护装置的热继电器。

例 1–2 某机床电动机的型号为 Y132M1–6，定子绕组为△接法，额定功率为 4 kW，额定电流为 9.4 A，额定电压为 380 V，要对该电动机进行过载保护，应如何选用热继电器的型号、规格？

解：根据电动机的额定电流值 9.4 A，查表 1–40 可知，应选择额定电流为 20 A 的热继电器，其整定电流可取电动机的额定电流 9.4 A，热元件额定电流等级选用 11 A，其调节范围为 6.8～11 A；由于电动机的定子绕组采用△接法，应选用带断相保护装置的热继电器。因此，应选用型号为 JR36–20 的热继电器，热元件额定电流选用 11 A。

4．热继电器的安装与使用

（1）热继电器必须按照产品说明书中规定的方式安装。安装处的环境温度应与电动机所处环境温度基本相同。当与其他电器安装在一起时，应注意将热继电器安装在其他电器的下方，以免其动作特性受到其他电器发热的影响。

（2）安装时，应清除触头表面尘污，以免因接触电阻过大或电路不通而影响热继电器的动作性能。

（3）热继电器出线端的连接导线，应按表 1–41 的规定选用。这是因为导线的粗细和材料将影响到热元件端接点传导到外部热量的多少。导线过细，轴向导热差，热继电器可能提前动作；反之，导线过粗，轴向导热快，热继电器可能滞后动作。

表 1–41　热继电器连接导线选用表

热继电器额定电流（A）	连接导线截面积（mm^2）	连接导线种类
10	2.5	单股铜芯塑料线
20	4	单股铜芯塑料线
60	16	多股铜芯橡胶线

（4）使用中的热继电器应定期通电校验。此外，当发生短路事故后，应检查热元件是否已发生永久变形。若已变形，则需通电校验。若因热元件变形或其他原因致使

动作不准确时，只能调整其可调部件，而绝不能弯折热元件。

（5）热继电器在出厂时均调整为手动复位方式，如果需要自动复位，只要将复位螺钉沿顺时针方向旋转 3~4 圈，并稍微拧紧即可。

（6）热继电器在使用中，应定期用布擦净尘埃和污垢，若发现双金属片上有锈斑，应用清洁棉布蘸汽油轻轻擦除，切忌用砂纸打磨。

5. 热继电器常见故障及处理方法

热继电器的常见故障及处理方法见表 1–42。

表 1–42 热继电器的常见故障及处理方法

故障现象	故障原因	维修方法
热元件烧断	负载侧短路，电流过大	排除故障，更换热继电器
	操作频率过高	更换合适型号的热继电器
热继电器不动作	热继电器的额定电流值选用不合适	按保护容量合理选用
	整定电流值偏大	合理调整整定电流值
	动作触头接触不良	消除触头接触不良因素
	热元件烧断或脱焊	更换热继电器
	动作机构卡阻	消除卡阻因素
	导板脱出	重新放入导板并调试
热继电器动作不稳定，时快时慢	热继电器内部机构某些部件松动	紧固松动部件
	在检修中弯折了双金属片	用两倍电流预试几次或将双金属片拆下来进行热处理（一般约 240 ℃）以去除内应力
	通电电流波动太大，或接线螺钉松动	检查电源电压或拧紧接线螺钉
热继电器动作太快	整定电流值偏小	合理调整整定电流值
	电动机启动时间过长	按启动时间要求，选择具有合适的可返回时间的热继电器或在启动过程中将热继电器短接
	连接导线太细	选用标准导线
	操作频率过高	更换合适型号的热继电器
	使用场合有强烈冲击和震动	采取防震动措施或选用带防冲击震动的热继电器
	可逆转换频繁	改用其他保护方式
	安装热继电器处与电动机处环境温差太大	按两地温差情况配置适当的热继电器
主电路不通	热元件烧断	更换热元件或热继电器
	接线螺钉松动或脱落	紧固接线螺钉
控制电路不通	触头烧坏或动触头片弹性消失	更换触头或簧片
	可调整式旋钮转到不合适的位置	调整旋钮或螺钉
	热继电器动作后未复位	按动复位按钮

四、速度继电器

速度继电器是反映转速和转向的继电器，其主要作用是以旋转速度的快慢为指令信号，与接触器配合实现对电动机的反接制动控制，因此也称为反接制动继电器。

机床控制线路中常用的速度继电器有JY1型和JFZ0型，图1–55所示为JY1型速度继电器。它是利用电磁感应原理工作的感应式速度继电器，具有结构简单、工作可靠、价格低廉等特点，广泛用于生产机械运动部件的速度控制和反接控制快速停车，如车床主轴、铣床主轴等。下面以JY1型速度继电器为例进行介绍。

图1–55 JY1型速度继电器

1. 速度继电器的结构和原理

（1）结构 JY1型速度继电器的结构如图1–56a所示，它主要由定子、转子、可动支架、触头及端盖组成。转子由永久磁铁制成，固定在转轴上；定子由硅钢片叠成并装有笼型短路绕组，能做小范围偏转；触头有两组，一组在转子正转时动作，另一组在反转时动作。

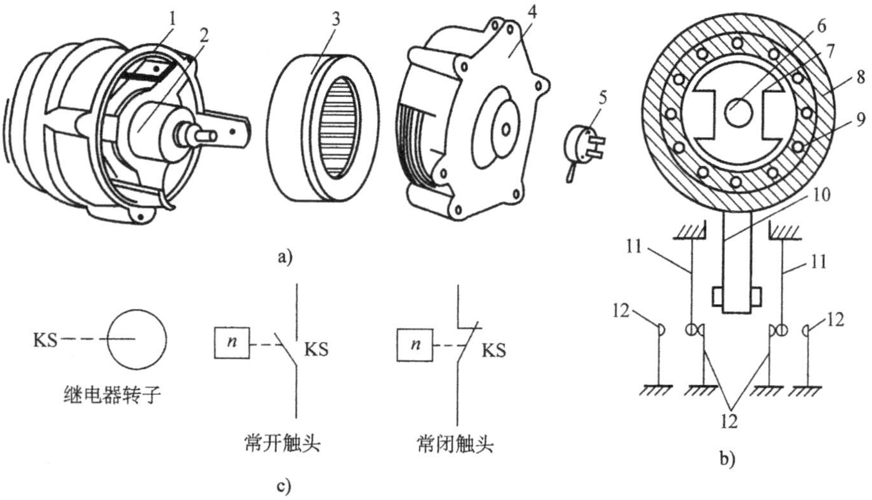

图1–56 JY1型速度继电器

a）结构 b）原理 c）符号

1—可动支架 2、7—转子 3、8—定子 4—端盖 5—连接头 6—电动机轴

9—定子绕组 10—胶木摆杆 11—簧片（动触头） 12—静触头

（2）原理 JY1型速度继电器的原理如图1–56b所示。使用时，速度继电器的转轴与电动机的转轴连接在一起。当电动机旋转时，速度继电器的转子随之旋转，在空间产生旋转磁场，旋转磁场在定子绕组上产生感应电动势及感应电流，感应电流又与旋转磁场相互作用而产生电磁转矩，使得定子以及与之相连的胶木摆杆偏转。当定子

偏转到一定角度时，胶木摆杆推动簧片，使继电器触头动作；当转子转速减小到接近零时，由于定子的电磁转矩减小，胶木摆杆恢复原状态，触头也随即复位。

速度继电器在电路图中的符号如图 1-56c 所示。

2. 速度继电器的型号含义及技术数据

速度继电器的动作转速一般不低于 100~300 r/min，复位转速约在 100 r/min 以下。常用的速度继电器中，JY1 型能在 3 000 r/min 以下可靠地工作。JFZ0 型的两组触头改用两个微动开关，使触头的动作速度不受定子偏转速度的影响，额定工作转速有 300~1 000 r/min（JFZ0–1 型）和 1 000~3 000 r/min（JFZ0–2 型）两种。

JFZ0 型速度继电器的型号含义如下：

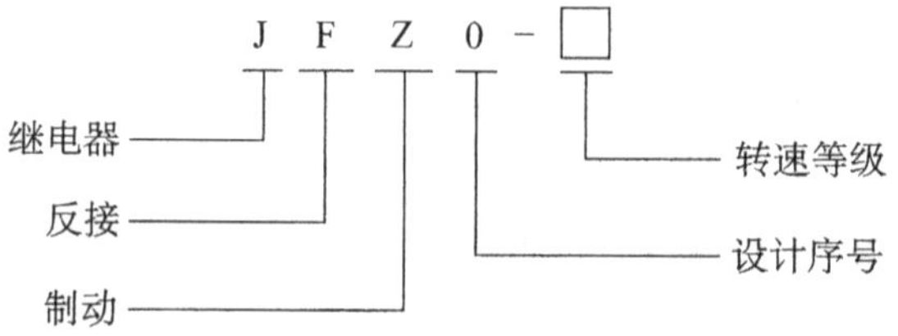

JY1 型和 JFZ0 型速度继电器的技术数据见表 1–43。

表 1–43 JY1 型和 JFZ0 型速度继电器的技术数据

型号	触头额定电压（V）	触头额定电流（A）	触头对数		额定工作转速（r/min）	允许操作频率（次 /h）
			正转动作	反转动作		
JY1	380	2	1 组转换触头	1 组转换触头	100~3 000	<30
JFZ0–1			1 常开、1 常闭	1 常开、1 常闭	300~1 000	
JFZ0–2			1 常开、1 常闭	1 常开、1 常闭	1 000~3 000	

3. 速度继电器的选用

速度继电器主要根据所需控制的转速大小、触头数量和电压、电流来选用。

4. 速度继电器的安装与使用

（1）速度继电器的转轴应与电动机同轴连接，且使两轴的中心线重合。速度继电器的轴可用联轴器与电动机的轴连接，如图 1–57 所示。

（2）安装接线时，应注意正反向触头不能接错，否则不能实现反接制动控制。

（3）金属外壳应可靠接地。

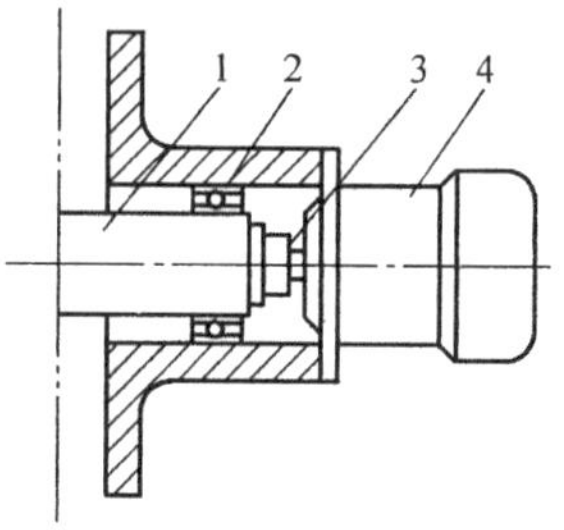

图 1–57 速度继电器的安装

1—电动机轴 2—电动机轴承 3—联轴器 4—速度继电器

5. 速度继电器的常见故障及处理方法

速度继电器的常见故障及处理方法见表 1–44。

表 1-44　速度继电器的常见故障及处理方法

故障现象	可能原因	处理方法
反接制动时速度继电器失效，电动机不制动	胶木摆杆断裂	更换胶木摆杆
	触头接触不良	清洗触头表面油污
	弹性动触片断裂或失去弹性	更换弹性动触片
	笼型绕组开路	更换笼型绕组
电动机不能正常制动	弹性动触片调整不当	重新调节调整螺钉：将调整螺钉向下旋，使弹性动触片弹性增大，速度较高时继电器才动作；或将调整螺钉向上旋，使弹性动触片弹性减小，速度较低时继电器才动作

五、压力继电器

压力继电器能根据压力源压力的变化情况决定触头的断开或闭合，以便对机械设备提供某种保护或控制。它经常用于机械设备的液压或气压控制系统中。常用的压力继电器有 YJ 系列、YT-126 系列和 TE52 系列等，图 1-58 所示是 YJ 系列压力继电器。

压力继电器的结构及原理如图 1-59a 所示，它主要由缓冲器、橡胶膜、顶杆、压缩弹簧、调节螺母和微动开关等组成。微动开关和顶杆的距离一般大于 0.2 mm。压力继电器装在油路（或气路、水路）的分支管路中。当管路压力超过整定值时，通过缓冲器和橡胶膜顶起顶杆，推动微动开关使其触头动作。当管路中的压力低于整定值时，顶杆脱离微动开关使其触头复位。压力继电器在电路图中的符号如图 1-59b 所示。

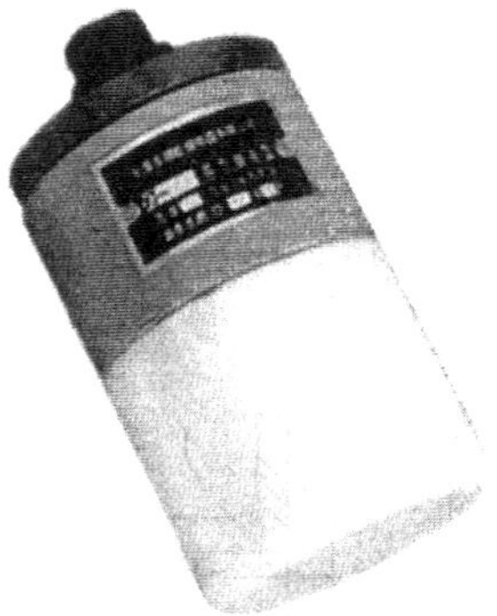

图 1-58　YJ 系列压力继电器

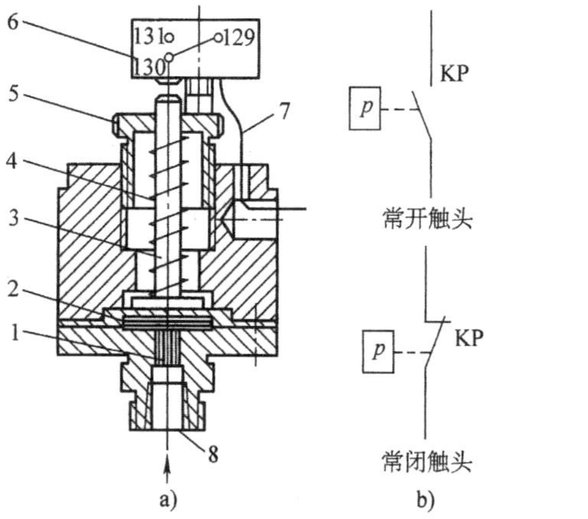

图 1-59　压力继电器

a）结构原理　b）符号

1—缓冲器　2—橡胶膜　3—顶杆　4—压缩弹簧

5—调节螺母　6—微动开关　7—导线　8—液压油入口

压力继电器的调整非常方便，只要放松或拧紧调节螺母即可改变控制压力。YJ 系列压力继电器的技术数据见表 1-45。

表 1-45　YJ 系列压力继电器的技术数据

型号	额定电压（V）	长期工作电流（A）	分断功率（V·A）	控制压力	
				最大控制压力（kPa）	最小控制压力（kPa）
YJ-0	交流 380	3	380	$6.079\,5\times10^2$	$2.026\,5\times10^2$
YJ-1				$2.026\,5\times10^2$	$1.013\,25\times10^2$

六、固态继电器

固态继电器又称为半导体继电器，是由半导体器件组成的继电器。它是一种无触头电子开关器件，利用分立元件、集成电路及微电子技术实现控制回路（输入端）与负载回路（输出端）之间的电隔离及信号耦合，没有任何可动部件和触头，具有相当于电磁继电器的功能。

固态继电器是一种四端组件，其中两个为输入端，两个为输出端。其产品封装方式有塑料封装、金属壳全密封封装、环氧树脂灌封及无定型封装等。固态继电器按使用场合可以分成交流型和直流型两大类，它们分别在交流或直流电源上作为负载的开关，不能混用。

固态继电器由输入电路、驱动电路和输出电路三部分组成，其结构原理框图如图 1-60 所示。其中直流型内部的开关元件是功率晶体管，交流型内部的开关元件是双向晶闸管。

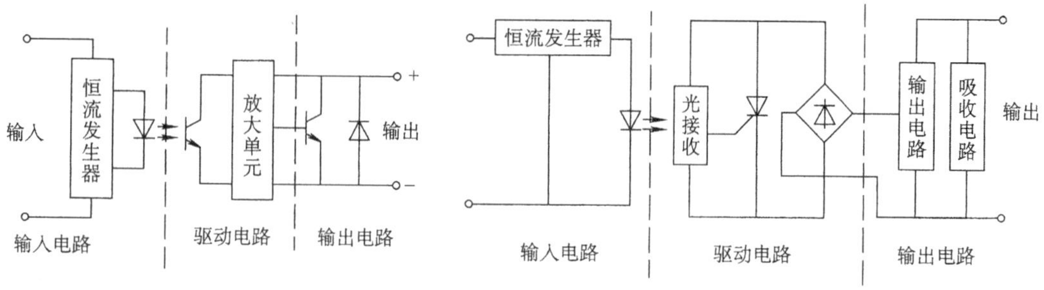

a)　　b)

图 1-60　固态继电器结构原理框图
a）直流固态继电器　b）交流固态继电器

图 1-61 所示为 JGX 系列固态继电器，其型号含义如下：

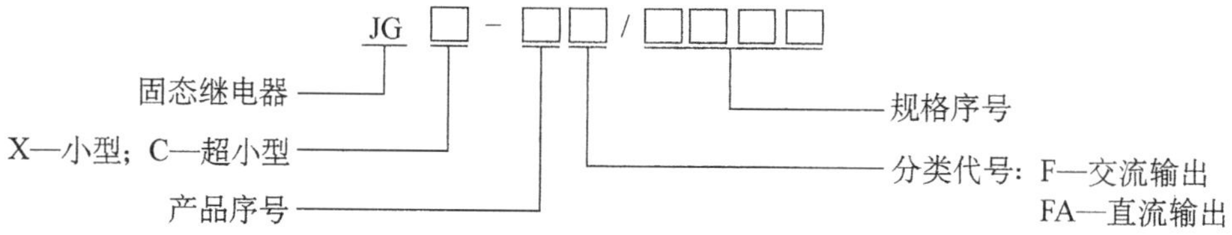

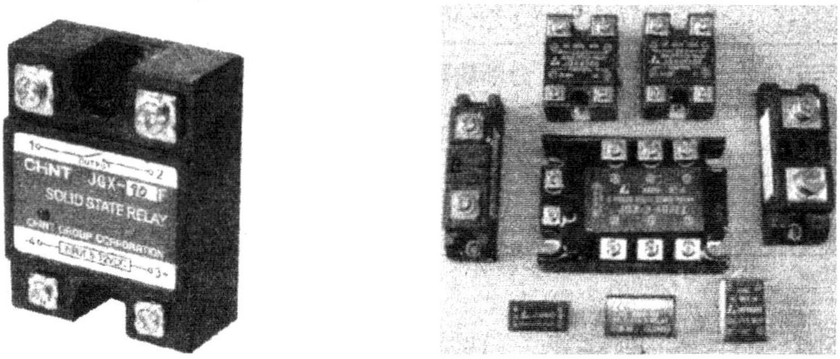

图 1-61　JGX 系列固态继电器

JGX 系列固态继电器的技术参数见表 1-46。

表 1-46　JGX 系列固态继电器的技术参数

型号	控制电压（直流）（V）	控制电流（直流）（mA）	输出电流（A）	输出电压（V）		断态漏电流（mA）	外形尺寸（mm×mm×mm）
				交流	直流		
JGX-1F/1FA	3~32	5~10	1	25~220	20~200	1~5	30.5×15×15.5
JGX-2F/2FA	3~32	5~10	2	25~380	20~200	1~5	33×25×14.5
JGX-3F/3FA	3~32	5~10	3	25~380	20~200	1~5	33×25×14.5
JGX-4F			4				42×25×11
JGX-5F/5FA			5				42×30×20
JGX-10F/10FA	3~32	5~10	10、20、40	25~380	20~200	1~5	57×44×23
JGX-11F	3~8	20	15	250	—	—	71×44×21
JGX-12F	3~8	20	2	250	—	5	31×20×18
JGX-50F	3~32	5~10	50	25~380	20~200	1~5	57×44×23
JGX-50FA	4~7	6	3	—	50	0.01	30×15×14.5
JGX-51FA	4~7	6	5	—	50	0.01	33×25×14.5
JGX-52FA	4~7	6	10	—	50	0.02	42×30×20
JGX-53FA	4~7	6	25	—	50	0.04	57×44×23
JGX-54FA	4~7	6	35	—	50	0.3	
JGX-55F	4~7	15	10	250	—	6	42×30×25
JGX-56F	4~7	40	1	250	—	6	40×30×18
JGX-60F	3~32	5~10	60	25~380	—	1~5	57×44×23
JGX-70F	3~32	5~10	70	25~380	—	1~5	57×44×23

固态继电器与电磁继电器相比，具有工作可靠、使用寿命长、抗干扰能力强、开关速度快、能与逻辑电路兼容、对外干扰小、使用方便等一系列优点，并可进一步扩展到传统电磁继电器无法应用的领域，如计算机和可编程控制器的输入输出接口、计算机外围和终端设备、机械控制、过程控制、遥控及保护系统等。在一些要求耐振、耐潮、耐腐蚀、防爆等特殊工作环境中以及要求高可靠的工作场合，固态继电器都较之传统的电磁继电器有着无可比拟的优越性。因此，固态继电器正得到越来越广泛的应用，在自动控制装置中，正在逐步取代电磁式继电器。

想一想

把学习的各种继电器认真地比较一下，从它们的名称上，能否知道它们的功能和原理？举例说明。

实训 1—5　常用继电器的识别

1. 工具及器材

（1）工具　电工常用工具。

（2）器材　JZ7 系列中间继电器，JT4 系列交流通用继电器，JS20 系列时间继电器，JR36、JRS2（3UA）系列热继电器，JY1 型速度继电器，YJ 系列压力继电器，JGX 系列固态继电器。

2. 实训过程

电器元件由指导教师根据实际情况在规定系列内选取，每系列取 2~4 种不同规格。

（1）在教师指导下，仔细观察不同类型、不同系列、不同规格的继电器，熟悉它们的外形、型号及主要技术参数的意义、结构、工作原理、接入电路的元器件及其接线柱等。

（2）根据指导教师给出的元件清单，从所给继电器中正确选出清单中的继电器。

（3）识别由指导教师从所给继电器中选取的、用胶布盖住型号并编号的 5~6 件继电器，根据实物写出它们的系列名称、型号、文字符号，画出图形符号，填入表 1-47 中，并简述各继电器的功能、主要参数和工作原理。

表 1–47　常用继电器的识别

序号	1	2	3	4	5	6
系列名称						
型号						
文字符号						
图形符号						
主要功能						
主要参数						
工作原理						

（4）将热继电器的动作值整定至规定值。

（5）检查热继电器的复位方式，并将它调整到手动复位方式。

（6）将时间继电器的动作值整定至规定值。

3. 注意事项

（1）训练过程中注意不得损坏继电器。

（2）JT4 系列电压继电器与电流继电器的外形和结构相似，但线圈不同，刻度值不同，应注意其区别。

（3）热继电器和时间继电器的整定值由指导教师根据继电器的规格在现场给出。

4. 评分标准

评分标准见表 1–48。

表 1–48　评分标准

<table>
<tr><th>项目</th><th>配分</th><th colspan="3">评分标准</th><th>扣分</th></tr>
<tr><td>继电器的识别</td><td>60 分</td><td colspan="3">（1）不能按清单选出继电器　每只扣 5 分
（2）写错或漏写名称、型号　每只扣 5 分
（3）写错或漏写符号　每项扣 5 分
（4）写错或漏写功能、参数、原理　每只扣 5 分</td><td></td></tr>
<tr><td>继电器的整定</td><td>40 分</td><td colspan="3">（1）不会整定热继电器的动作值　扣 10 分
（2）不会调节热继电器的复位方式　扣 10 分
（3）不会整定时间继电器的动作值　扣 10 分</td><td></td></tr>
<tr><td>安全文明生产</td><td colspan="4">违反安全文明生产规程　扣 5~40 分</td><td></td></tr>
<tr><td>定额时间</td><td colspan="4">50 min，每超时 5 min（不足 5 min 以 5 min 计）　扣 5 分</td><td></td></tr>
<tr><td>备注</td><td colspan="3">除定额时间外，各项目的最高扣分不得超过配分数</td><td>成绩</td><td></td></tr>
<tr><td>开始时间</td><td></td><td>结束时间</td><td></td><td>实际时间</td><td></td></tr>
</table>

实训 1—6 热继电器的校验

1. 工具、仪表及器材

（1）工具 螺钉旋具、电工刀、尖嘴钳等。

（2）仪表 交流电流表（5 A）、秒表。

（3）器材 见表 1–49。

表 1–49 器材明细表

代号	名称	型号规格	数量
KH	热继电器	JR36–20、热元件额定电流 16 A	1
TC1	接触式调压器	TDGC2–5/0.5	1
TC2	小型变压器	DG–5/0.5	1
QS	开启式负荷开关	HK1–30/2	1
TA	电流互感器	HL24、100 A/5 A	1
HL	指示灯	220 V、15 W	1
FU	熔断器	RL1–15/2	2
	控制板	500 mm × 400 mm × 20 mm	1
	连接导线	BVR 1.5 mm^2、BVR 4.0 mm^2	若干

2. 实训过程

（1）观察热继电器的结构和原理 将热继电器的后绝缘盖板卸下，仔细观察它的结构，指出其热元件、传动机构、电流整定装置、复位按钮及常闭触头的位置，叙述它们的作用以及热继电器的工作原理。

（2）热继电器的校验和调整 热继电器更换热元件后应进行校验和调整，方法如下：

1）按图 1–62 所示连接好校验电路。将接触式调压器的输出调到零位置。将热继电器置于手动复位状态，并将整定值旋钮置于额定值处。

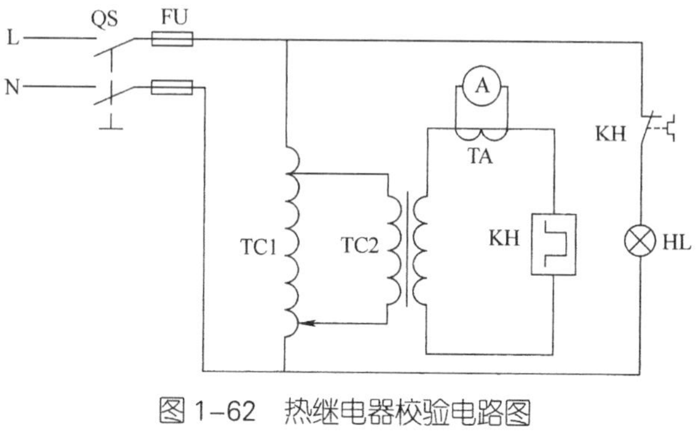

图 1–62 热继电器校验电路图

2）经指导教师审查同意后，合上电源开关 QS，指示灯 HL 亮。

3）将接触式调压器输出电压从零开始升高，使热继电器通过的电流升至额定值，1 h 内热继电器应不动作；若 1 h 内热继电器动作，则应将调节旋钮向整定值大的方向旋动。

4）接着将电流升至 1.2 倍额定电流，热继电器应在 20 min 内动作，指示灯 HL 熄灭；若在 20 min 内不动作，则应将调节旋钮向整定值小的方向旋动。

5）将电流降至零，待热继电器冷却并手动复位后，再调升电流至 1.5 倍额定值，热继电器应在 2 min 内动作。

6）再将电流降至零，待热继电器冷却并复位后，快速调升电流至 6 倍额定值，分断 QS 再随即合上，其动作时间应大于 5 s。

（3）复位方式的调整　热继电器出厂时，一般都调在手动复位。如果需要自动复位，可将复位调节螺钉顺时针旋进。自动复位时，应在热继电器动作后 5 min 内自动复位；手动复位时，在动作 2 min 后，按下手动复位按钮，热继电器应复位。

3. 注意事项

（1）校验时的环境温度应尽量接近工作环境温度，连接导线长度一般不应小于 0.6 m，连接导线的截面积应与使用时的实际情况相同。

（2）校验过程中电流变化较大，为使测量结果准确，校验时注意选择电流互感器的合适量程。

（3）通电校验时，必须将热继电器、电源开关等固定在校验板上，并由指导教师监护，以确保用电安全。

（4）电流互感器通电过程中，电流表回路不可开路，接线时应格外注意。

4. 评分标准

评分标准见表 1–50。

表 1–50　评分标准

项目	配分	评分标准			扣分
热继电器的结构	30 分	（1）不能指出热继电器各部件的位置　每个扣 4 分 （2）不能说出各部件的作用　每个扣 5 分			
热继电器校验	50 分	（1）不能根据图纸接线　扣 20 分 （2）互感器量程选择不当　扣 10 分 （3）操作步骤错误　每步扣 5 分 （4）电流表未调零或读数不准确　扣 10 分 （5）不会调整动作值　扣 10 分			
复位方式的调整	20 分	不会调整复位方式　扣 20 分			
安全文明生产	违反安全文明生产规程　扣 5~40 分				
定额时间	90 min，每超时 5 min（不足 5 min 以 5 min 计）　扣 5 分				
备注	除定额时间外各项最高扣分不得超过配分数			成绩	
开始时间		结束时间		实际时间	

巩固练习

1. 什么是继电器？它主要由哪几部分组成？各部分怎样配合工作？

2. 继电器按工作原理分为哪几类？

3. 中间继电器与交流接触器有什么异同？什么情况下可以用中间继电器代替接触器使用？

4. 如何选用中间继电器？

5. 什么是电流继电器？电流继电器分为哪几种？它们的触头在什么情况下闭合？什么情况下释放？

6. 什么是电压继电器？电压继电器分为哪几种？它们的触头在什么情况下闭合？什么情况下释放？

7. 什么是时间继电器？常用的时间继电器有哪几种？画出时间继电器的符号。

8. 什么是热继电器？两极双金属片热继电器主要由哪几部分组成？

9. 什么是热继电器的整定电流？能否调整？怎样调整？

10. 简述两极双金属片热继电器的工作原理。它的热元件和常闭触头如何接入电路中？

11. 如何选用热继电器？

12. 热继电器能否作短路保护？为什么？

13. 什么是速度继电器？其主要作用是什么？画出速度继电器的符号。

14. 什么是固态继电器？它有哪些优点？

第二单元
电动机的基本控制线路及其安装、调试与维修

在生产实践中，各种生产机械的工作性质和加工工艺的不同，使得它们对电动机的控制要求不同，需用的电器类型和数量不同，构成的控制线路也就不同，有的比较简单，有的则相当复杂。但任何复杂的控制线路也是由一些基本控制线路有机地组合起来的。电动机常见的基本控制线路有：点动控制线路、正转控制线路、正反转控制线路、位置控制线路、顺序控制线路、多地控制线路、降压启动控制线路、制动控制线路和调速控制线路等。本单元的任务就是学习电动机的基本控制线路。

课题 1　三相笼型异步电动机的手动正转控制线路

学习目标

掌握手动正转控制线路的构成、工作原理，并能正确熟练地进行安装、调试与维修。

一、手动正转控制线路的电路图及工作原理

正转控制线路只能控制电动机单向启动和停止，并带动生产机械的运动部件朝一个方向旋转或运动。手动正转控制线路是通过低压开关来控制电动机单向启动和停止的。在工厂中常被用来控制三相电风扇和砂轮机等设备。

图 2-1a 所示的砂轮机是用低压断路器来控制的。使用时，向上扳动低压断路器的开关，砂轮开始转动进行磨刀；使用完后，向下扳动断路器的开关，砂轮停转停止磨刀。当线路出现短路故障时，断路器会自动跳闸断开电路，起到短路保护作用。

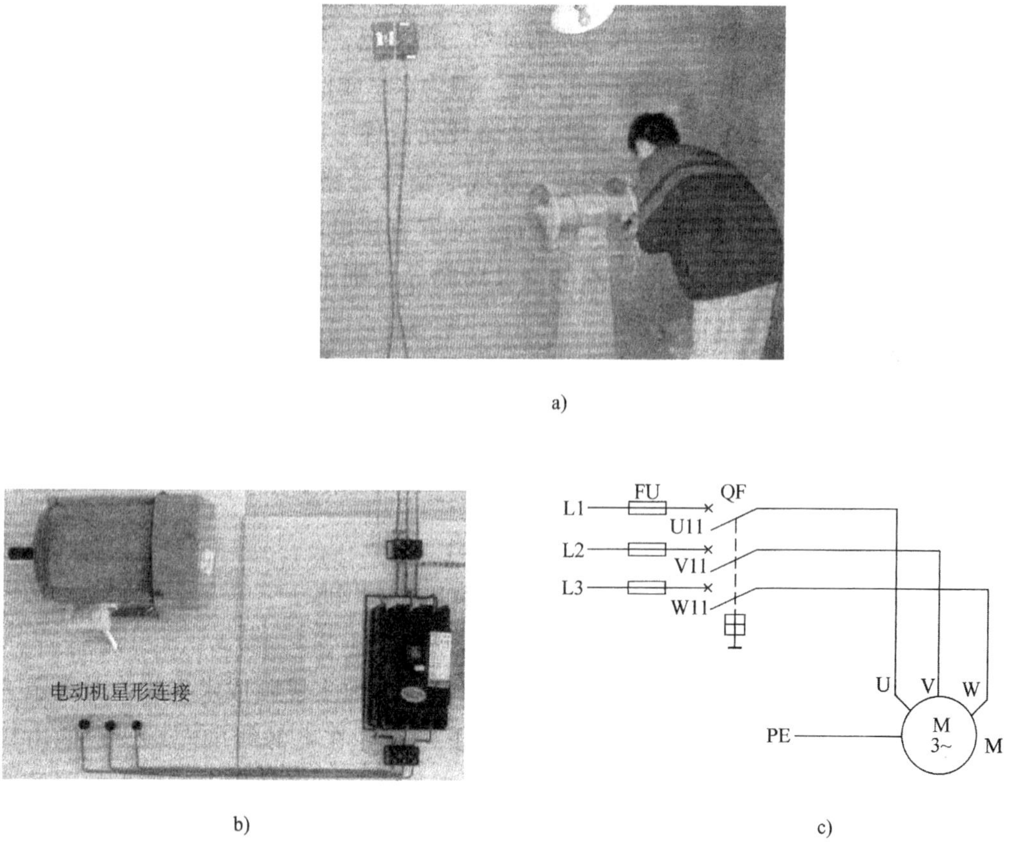

图 2-1　用低压断路器控制的手动正转控制线路

a）砂轮机　b）模拟盘　c）电路图

砂轮机的控制线路非常简单，砂轮机的控制和保护都是用低压断路器来实现的，所用电器元件少。尽管如此，若把砂轮机控制线路中使用的电气装置和器件的实际图形都画出来，也将是非常麻烦的。因此，人们就把这些电气装置和器件用电气图形符号表示出来，并在它们的旁边标上电器的文字符号，画出电路图来分析它们的作用、线路的构成和工作原理等。

电路图是根据生产机械运动形式对电气控制系统的要求，采用国家统一规定的电气图形符号和文字符号，按照电气设备和电器的工作顺序排列，详细表示电路、设备或成套装置的全部基本组成和连接关系的一种简图，它不涉及电器元件的结构尺寸、材料选用、安装位置和实际配线方法。常用电器、电机的图形符号与文字符号见附录，这些符号是电气工程技术的通用技术语言。

图 2–1b、c 所示分别为图 2–1a 控制线路的模拟盘和电路图。由图 2–1c 很容易看出砂轮机控制线路是由三相电源 L1、L2、L3，熔断器 FU，低压断路器 QF 和三相交流异步电动机 M 构成的。低压断路器集控制、保护于一身，电流从三相电源经熔断器、低压断路器流入电动机，电动机则带动砂轮机运转。

国家标准对图形符号的绘制尺寸没有作统一的规定，实际绘图时可按实际情况以便于理解的尺寸进行绘制，图形符号的布置一般为水平或垂直位置。

在电路图中，导线、电缆线、信号通路及元器件、设备的引线均称为连接线。绘制电气图时，连接线一般采用实线，无线电信号通路采用虚线，并且应尽量减少不必要的连接线，避免线条交叉和弯折。对有直接电联系的交叉导线的连接点，应用小黑圆点表示；无直接电联系的交叉跨越导线则不画小黑圆点，如图 2–2 所示。

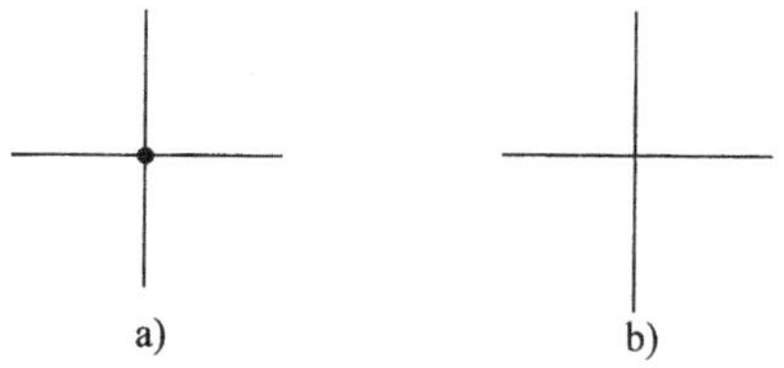

图 2–2　连接线的交叉连接与交叉跨越

a）交叉连接　b）交叉跨越

由图 2–1c 所示的电路图可以看出，电源电路用细实线画成水平线，对表示三相交流电源的相序符号 L1、L2、L3 自上而下依次标在电源线的左端。电能由三相交流电源引入控制线路。流过电动机的是工作电流，电流较大，称为控制线路的主电路，应垂直电源电路画出。电路图中的各个连接点用字母或数字编号，主电路从电源开始，经电源开关或熔断器的出线端按相序依次编号为 U11、V11、W11。单台三相交流电动机（或设备）的三根引出线，按相序依次编号为 U、V、W。

在分析各种控制线路的工作原理时，常使用文字符号和箭头，再配以少量的文字说明，来表达线路的工作原理。根据图 2–1c 所示的电路图，线路的工作原理可叙述为：

启动：合上断路器 QF →电动机 M 接通电源启动运转

停止：断开断路器 QF →电动机 M 脱离电源停止运转

用负荷开关和组合开关控制的手动正转控制线路的电路图如图 2–3 所示。在图 2–3 线路中，负荷开关和组合开关作接通、断开电源用，熔断器作短路保护用。线路的工作原理请自行分析。

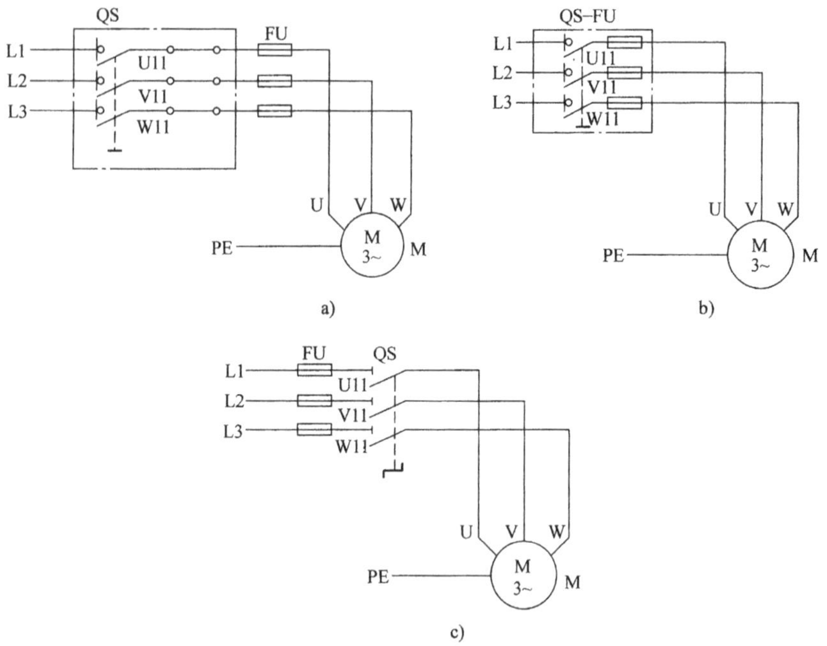

图 2–3 负荷开关和组合开关控制的手动正转控制线路电路图

a）用开启式负荷开关控制 b）用封闭式负荷开关控制 c）用组合开关控制

二、手动正转控制线路的布置图和接线图

布置图是根据电器元件在控制板上的实际安装位置，采用简化的外形符号（如正方形、矩形、圆形等）绘制的一种简图。它不表达各电器的具体结构、作用、接线情况以及工作原理，主要用于电器元件的布置和安装。图 2–4 所示为前述四个手动正转控制线路的布置图。

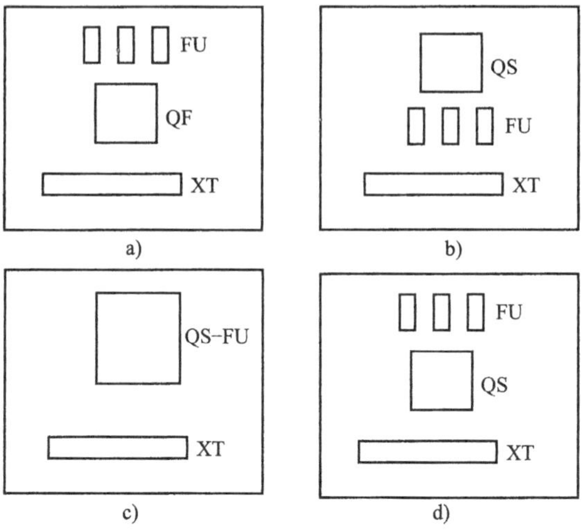

图 2–4 手动正转控制线路的布置图

a）用低压断路器控制 b）用开启式负荷开关控制 c）用封闭式负荷开关控制 d）用组合开关控制

接线图是根据电气设备和电器元件的实际位置及安装情况绘制的，它只用来表示电气设备和电器元件的位置、配线方式和接线方式，而不明显表示电气动作原理和电气元器件之间的控制关系。图 2-5 所示为前述四个手动正转控制线路的接线图。

在实际工作中，电路图、布置图和接线图要结合起来使用。

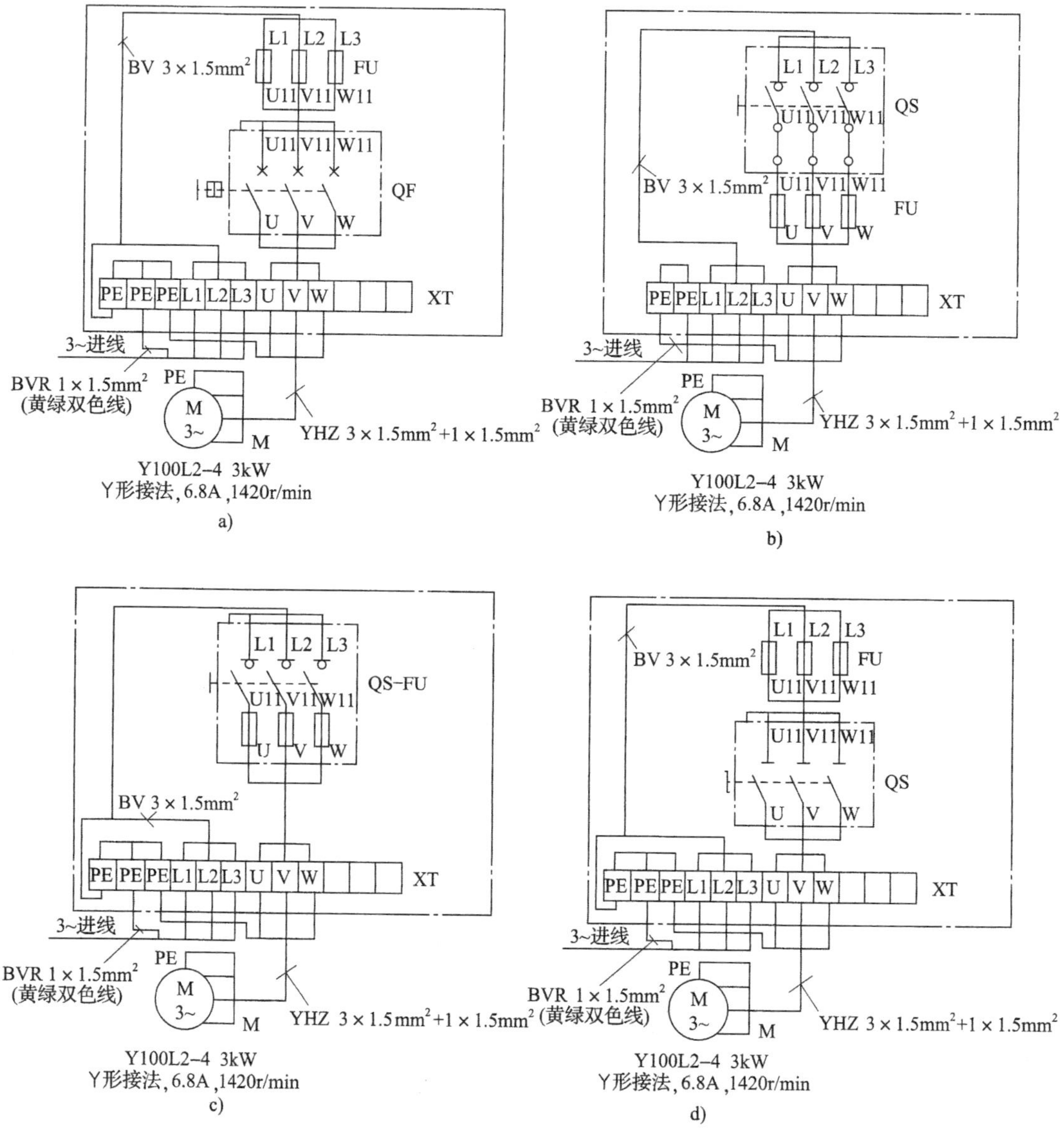

图 2-5　手动正转控制线路的接线图

a）用低压断路器控制　b）用开启式负荷开关控制

c）用封闭式负荷开关控制　d）用组合开关控制

实训 2—1　手动正转控制线路的安装与检修

1. 工具、仪表及器材

参照表 2-1 选配工具、仪表及器材，并检测质量是否合格。

表 2-1　工具、仪表及器材

工具	验电笔、螺钉旋具、尖嘴钳、斜口钳、剥线钳、电工刀等电工常用工具				
工具	冲击钻、弯管器、套螺纹扳手等线路安装工具				
仪表	ZC25-3 型兆欧表（500 V，0 ~ 500 MΩ）、MG3-1 型钳形电流表、MF47 型万用表				
器材	代号	名称	型号	规格	数量
器材	M	三相笼型异步电动机	Y100L2-4	3 kW、380 V、6.8 A、Y形接法、1 420 r/min	1
器材	QS	开启式负荷开关	HK1-30/3	三极、380 V、30 A、熔体直连	1
器材	QS	封闭式负荷开关	HH4-30/3	三极、380 V、30 A、配熔体 20 A	1
器材	QS	组合开关	HZ10-25/3	三极、380 V、25 A	1
器材	QF	低压断路器	DZ5-20/330	三极复式脱扣器、380 V、20 A、整定 10 A	1
器材	FU	螺旋式熔断器	RL1-60/20	500 V、60 A、配熔体 20 A	3
器材		控制板		500 mm × 400 mm × 20 mm	1
器材		动力电路线		BVR 1.5 mm^2（黑色）	若干
器材		接地线		BVR 1.5 mm^2（黄绿双色）	若干
器材		电线管、管夹		ϕ16 mm	若干
器材		木螺钉		ϕ5 mm × 60 mm	若干
器材		膨胀螺栓			若干
器材		紧固体和编码套管			若干

对工具、仪表及器材的质检要求包括：

（1）根据电动机规格检验选配的工具、仪表、器材等是否满足要求。

（2）电器元件外观应完整无损，附件、备件齐全。

（3）用万用表、兆欧表检测电器元件及电动机的技术数据是否符合要求。

2. 实训过程

（1）安装图 2-1 和图 2-3 所示四种手动正转控制线路　安装步骤及工艺要求见表 2-2。

表 2–2 安装步骤及工艺要求

序号	安装步骤	工艺要求
1	根据图 2–1c 和图 2–3 所示电路图绘制布置图（图 2–4）和接线图（图 2–5），并按要求在控制板上安装除电动机以外的电器元件	（1）按布置图和元件外形尺寸在控制板上画线，确定各电器的安装位置后安装电器元件，并贴上醒目的文字符号 （2）电器安装应牢固，布线应合理，要符合工艺要求 （3）在每根导线的两端剥去绝缘层后套上编码套管
2	根据电动机位置标画线路走向、电线管和控制板支持点的位置，做好敷设和支持准备	
3	敷设电线管并穿线	（1）电线管的施工应按工艺要求进行，整个管路应连成一体并进行可靠接地 （2）管内导线不得有接头，导线穿管时不要损伤绝缘层，导线穿好后管口应套上护圈
4	安装电动机和控制板	（1）控制开关必须安装在操作时能看到电动机的地方，以保证操作安全 （2）电动机在座墩或底座上的固定必须牢固。在紧固地脚螺栓时，必须按对角线均匀受力，依次交错逐步拧紧
5	连接控制开关至电动机的导线	
6	连接接地线	电动机和控制开关的金属外壳以及连成一体的线管，按规定要求必须接到保护接地专用端子上
7	检查安装质量，并进行绝缘电阻测量	用兆欧表检查线路的绝缘电阻的阻值，应不小于 1 MΩ
8	将三相电源接入控制开关	
9	经教师检查合格后进行通电试车	

开启式负荷开关控制的手动正转控制线路的安装过程如图 2–6 所示。

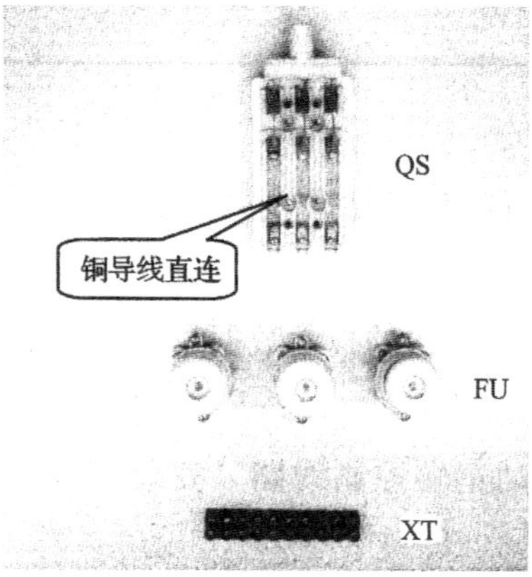

a)

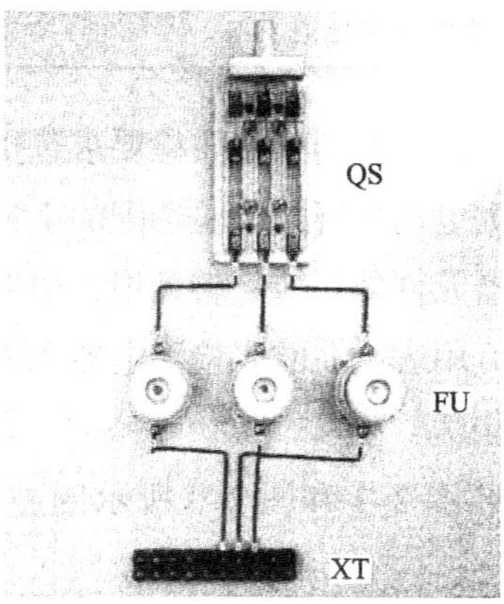

b)

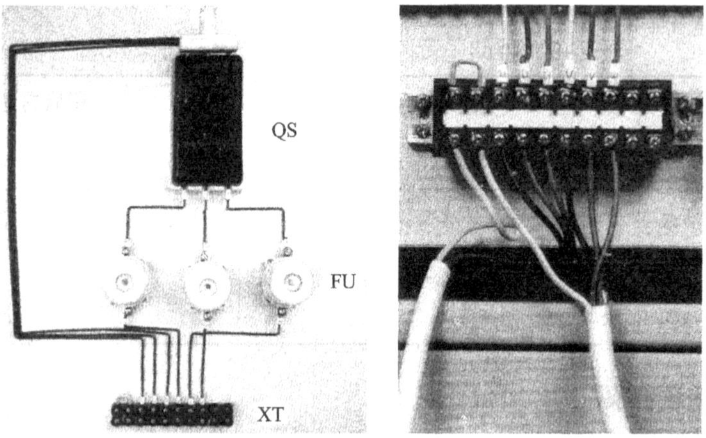

c)　　d)

图 2-6　开启式负荷开关控制的手动正转控制线路的安装
a）按布置图安装电器元件　b）、c）、d）按接线图布线

（2）检修手动正转控制线路　按照如图 2-7 所示检修流程检修低压断路器控制的手动正转控制线路。检修时，万用表的选择开关拨至交流电压 500 V 挡。

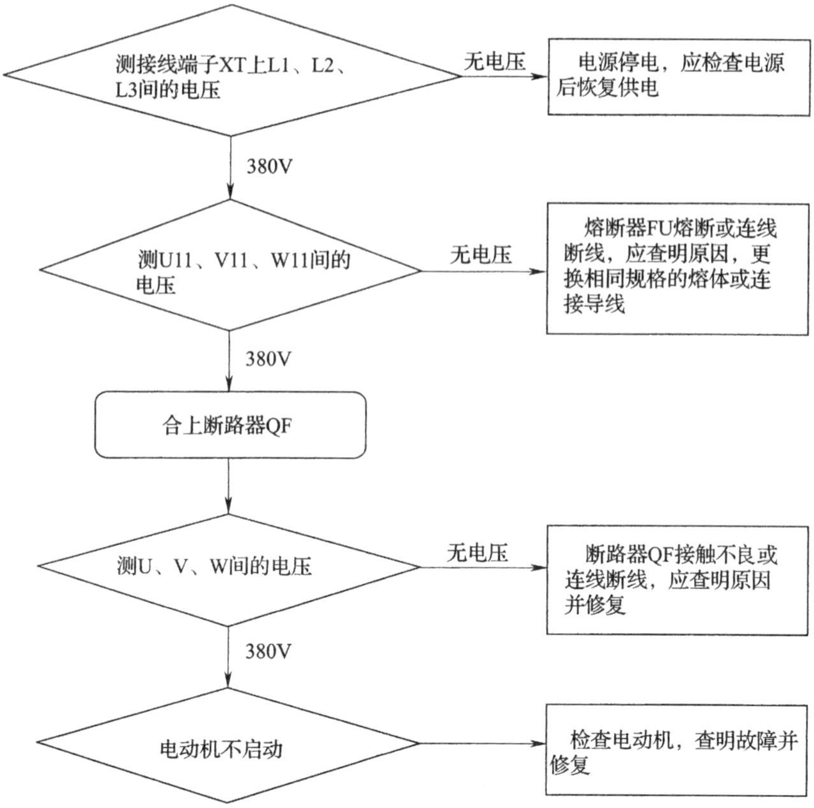

图 2-7　低压断路器控制的手动正转控制线路的检修流程

手动正转控制线路常见故障及维修方法见表 2–3。

表 2–3　手动正转控制线路常见故障及维修方法

常见故障	故障原因	维修方法
电动机不能启动或电动机缺相	熔断器熔体熔断	查明原因排除后更换熔体
	组合开关或断路器操作失控	拆装组合开关或断路器并修复
	负荷开关或组合开关动、静触头接触不良	对触头进行修整

3. 安装注意事项

（1）导线的数量应按敷设方式和管路长度来决定，线管的管径应根据导线的总截面来决定，导线的总截面不应大于线管有效截面的 40%。

（2）当控制开关远离电动机而看不到电动机的运转情况时，必须另设开车信号装置。

（3）电动机使用的电源电压和绕组的接法必须与铭牌上规定的相一致。

（4）接线时，必须先接负载端，后接电源端；先接接地线，后接三相电源相线。

（5）通电试车时，必须先空载点动后再连续运行。若空载运行正常，再接上负载运行；若发现异常情况，应立即断电检查。

（6）安装开启式负荷开关时，应将开关的熔体部分用导线直接连接，并在出线端另外加装熔断器作短路保护；安装组合开关和低压断路器时，则在电源进线侧加装熔断器。

4. 评分标准

评分标准见表 2–4。

表 2–4　评分标准

项目	配分	评分标准	扣分
装前检查	20 分	（1）电动机质量漏检　扣 10 分 （2）控制开关漏检或错检　每处扣 5 分	
安装	40 分	（1）电动机安装不符合要求： 地脚螺栓紧固程度不一或松动　扣 20 分 缺少弹簧垫圈、平垫圈、防震件　每个扣 5 分 （2）控制板或开关安装不符合要求： 位置不适当或松动　扣 20 分 紧固螺栓（或螺钉）松动　每个扣 5 分 （3）电线管支持不牢固或管口无护圈　扣 5 分 （4）导线穿管时损伤绝缘　扣 15 分	

续表

<table>
<tr><th>项目</th><th>配分</th><th colspan="3">评分标准</th><th>扣分</th></tr>
<tr><td>接线及试运行</td><td>30分</td><td colspan="3">（1）不会使用仪表或测量方法不正确 每个仪表扣5分
（2）各连接点松动或不符合要求 每个扣5分
（3）接线错误造成通电一次不成功 扣30分
（4）控制开关进、出线接错 扣15分
（5）电动机接线错误 扣20分
（6）接线程序错误 扣15分
（7）漏接接地线 扣20分</td><td></td></tr>
<tr><td>检修</td><td>10分</td><td colspan="3">（1）查不出故障 扣10分
（2）查出故障但不能排除 扣5分</td><td></td></tr>
<tr><td>安全文明生产</td><td colspan="4">违反安全文明生产规程 扣5～40分</td><td></td></tr>
<tr><td>定额时间</td><td colspan="4">6 h，每超时10 min（不足10 min以10 min计） 扣5分</td><td></td></tr>
<tr><td>备注</td><td colspan="3">除定额时间外，各项目的最高扣分不应超过配分数</td><td>成绩</td><td></td></tr>
<tr><td>开始时间</td><td></td><td>结束时间</td><td></td><td>实际时间</td><td></td></tr>
</table>

巩固练习

1. 什么是电路图？
2. 什么是布置图和接线图？
3. 电路图、布置图和接线图在功能上有什么区别？

课题2 三相笼型异步电动机的点动正转控制线路

学习目标

1. 掌握绘制、识读电路图、布置图和接线图的原则。

2. 掌握点动正转控制线路的构成、工作原理，并能正确熟练地进行安装。

一、点动正转控制线路

手动正转控制线路的优点是所用电器元件少，线路简单；缺点是操作劳动强度大，安全性差，且不便于实现远距离控制和自动控制。

图 2-8 所示为 CA6140 型车床，操作人员需要快速移动车床刀架时，只需按下按钮，刀架就能快速移动；松开按钮，刀架立即停止移动。刀架的快速移动采用的是一种点动控制线路，它是通过主令电器——按钮和自动控制电器——接触器来实现线路自动控制的。

按下按钮电动机就得电运转，松开按钮电动机就失电停转的控制方法，称为点动控制。

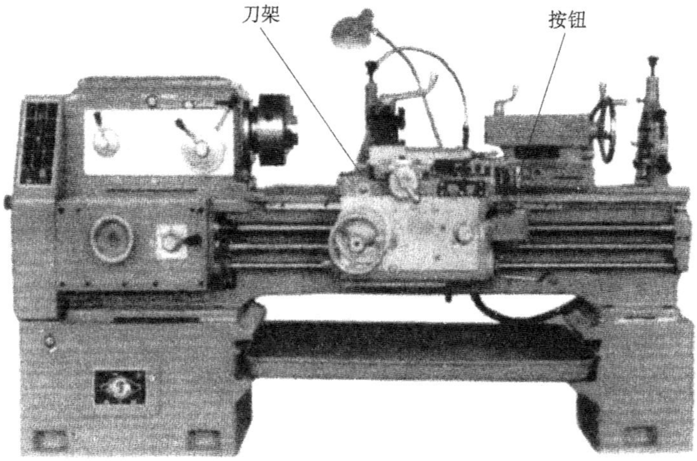

图 2-8　CA6140 型车床

图 2-9 所示为点动正转控制线路，它是用按钮、接触器来控制电动机运转的最简单的正转控制线路。

由图 2-9b 所示的电路图可以看出，三相交流电源 L1、L2、L3 与低压断路器 QF 组成电源电路；熔断器 FU1、接触器 KM 主触头和三相异步电动机 M 构成主电路；熔断器 FU2、启动按钮 SB 和接触器 KM 的线圈组成用于控制主电路工作状态的控制电路。显然，合上低压断路器 QF，电动机 M 并不能得电启动运转，只有再按下启动按钮 SB，使接触器 KM 线圈通电，KM 主触头闭合，才能使电动机 M 得电启动运转。若松开 SB，KM 线圈失电，其主触头断开复位，电动机 M 失电停转。可见，电动机的运转不再由低压开关手动直接控制，而由按钮、接触器配合实现自动控制。

在点动控制线路中，低压断路器 QF 作电源隔离开关；熔断器 FU1、FU2 分别作主电路、控制电路的短路保护；启动按钮 SB 控制接触器 KM 的线圈得电与失电；接触器 KM 的主触头控制电动机 M 的启动和停止。

a)

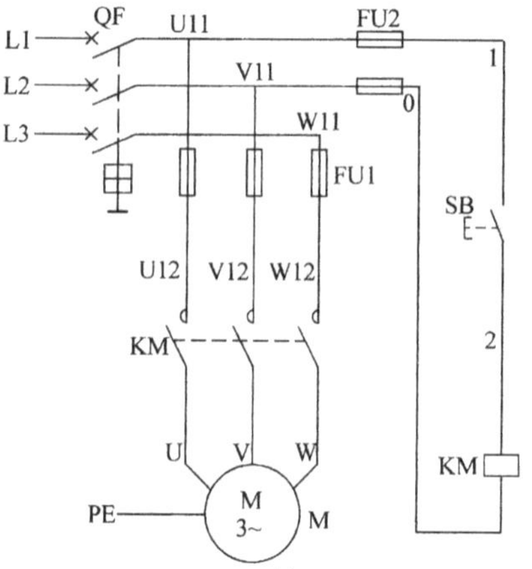

b)

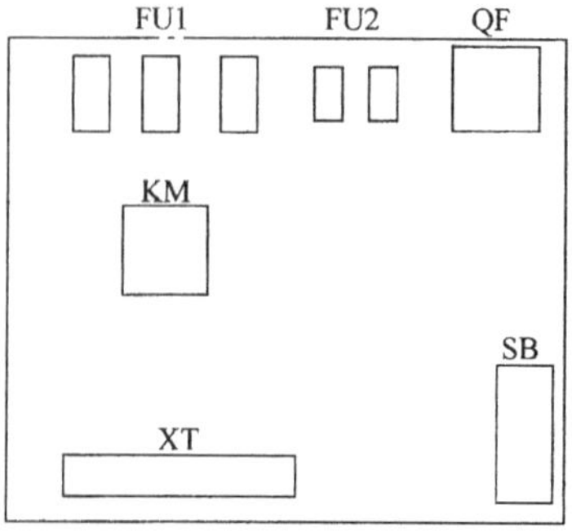

c)

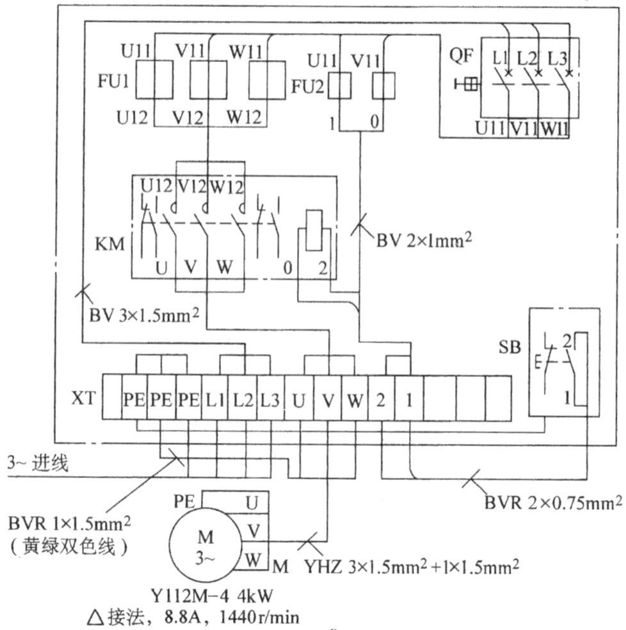

d)

图 2-9 点动正转控制线路

a）模拟配电盘 b）电路图 c）布置图 d）接线图

根据电路图，点动正转控制线路的工作原理可叙述为：

先合上电源开关 QF。

启动：按下 SB → KM 线圈得电→ KM 主触头闭合→电动机 M 启动运转

停止：松开 SB → KM 线圈失电→ KM 主触头断开→电动机 M 失电停转

停止使用时，断开电源开关 QF。

电动葫芦的起重电动机和车床拖板箱的快速移动电动机都采用点动控制方式。

二、绘制、识读电路图、布置图和接线图的原则

1. 电路图

电路图能充分表达电气设备和电器的用途、作用及线路的工作原理，是电气线路安装、调试和维修的理论依据。

绘制、识读电路图应遵循以下原则：

（1）电路图一般分电源电路、主电路和辅助电路三部分。

1）电源电路一般画成水平线，三相交流电源相序 L1、L2、L3 自上而下依次画出，若有中线 N 和保护地线 PE，则应依次画在相线之下。直流电源的“+”端在上、“−”端在下画出。电源开关要水平画出。

2）主电路是指受电的动力装置及控制、保护电器的支路等，是电源向负载提供电能的电路，它由主熔断器、接触器的主触头、热继电器的热元件以及电动机等组成。主电路在图纸上垂直于电源电路绘于电路图的左侧，由于通过的是电动机的工作电流，电流比较大，也可用粗实线表示。

3）辅助电路一般包括控制主电路工作状态的控制电路、显示主电路工作状态的指示电路、提供机床设备局部照明的照明电路等。一般由主令电器的触头、接触器的线圈和辅助触头、继电器的线圈和触头、仪表、指示灯及照明灯等组成。通常，辅助电路通过的电流较小，一般不超过 5 A。

辅助电路要跨接在两相电源之间，一般按照控制电路、指示电路和照明电路的顺序，用细实线依次垂直画在主电路的右侧，并且耗能元件（如接触器和继电器的线圈、指示灯、照明灯等）要画在电路图的下方，与下边电源线相连，而电器的触头要画在耗能元件与上边电源线之间。为读图方便，一般应按照自左至右、自上而下的排列来表示操作顺序。

想一想

试在图 2-9b 所示的电路图中，圈出电源电路、主电路和辅助电路。此图中有指示电路和照明电路吗？

（2）电路图中，电器元件不画实际的外形图，而应采用国家统一规定的电气图形

符号表示。同一电器的各元件不按它们的实际位置画在一起，而是按其在线路中所起的作用分别画在不同的电路中，但它们的动作是相互关联的，必须用同一文字符号标注。若同一电路图中，相同的电器较多时，需要在电器元件文字符号后面加注不同的数字以示区别。各电器的触头位置都按电路未通电或电器未受外力作用时的常态位置画出，分析原理时应从触头的常态位置出发。

想一想

仔细观察一下图 2-9b 所示电路图中，为什么把文字符号 KM 标在了两处？两个熔断器的文字符号为什么分别用 FU1 和 FU2 标注，而不都用 FU 标注呢？

（3）电路图采用电路编号法，即对电路中的各个连接点用字母或数字编号。

1）主电路在电源开关的出线端按相序依次编号为 U11、V11、W11。然后按从上至下、从左至右的顺序，每经过一个电器元件后，编号要递增，如 U12、V12、W12；U13、V13、W13 等。单台三相交流电动机（或设备）的三根引出线，按相序依次编号为 U、V、W。对于多台电动机引出线的编号，为了不致引起误解和混淆，可在字母前用不同的数字加以区别，如 1U、1V、1W，2U、2V、2W 等。

2）辅助电路编号按“等电位”原则，按从上至下、从左至右的顺序，用数字依次编号，每经过一个电器元件后，编号要依次递增。控制电路编号的起始数字必须是 1，其他辅助电路编号的起始数字依次递增 100，如照明电路编号从 101 开始；指示电路编号从 201 开始等。

2. 布置图

布置图中各电器的文字符号必须与电路图和接线图的标注相一致，图 2-9c 所示就是点动正转控制线路的布置图。

3. 接线图

接线图是电气施工的主要图样，主要用于安装接线、线路的检查和故障处理。图 2-9d 所示是点动正转控制线路的接线图。

绘制、识读接线图应遵循以下原则：

（1）接线图中一般应标出如下内容：电气设备和电器元件的相对位置、文字符号、端子号、导线号、导线类型、导线截面积、屏蔽和导线绞合等。

（2）所有的电气设备和电器元件都应按其所在的实际位置绘制在图纸上，且同一电器的各元件应根据其实际结构，使用与电路图相同的图形符号画在一起，并用点画线框上，其文字符号以及接线端子的编号应与电路图中的标注相一致，以便对照检查接线。

（3）接线图中的导线有单根导线、导线组（或线扎）、电缆等之分，可用连续线或中断线表示。凡导线走向相同的可以合并，用线束来表示，到达接线端子板或电器元件的连接点时再分别画出。另外，导线及管子的型号、根数和规格应标注清楚。

在实际工作中，电路图、布置图和接线图应结合起来使用。

三、电动机基本控制线路的一般安装步骤

电动机基本控制线路的安装，一般应按表 2–5 所列的步骤进行。

表 2–5　电动机基本控制线路的安装步骤

第一步	识读电路图，明确线路所用电器元件及其作用，熟悉线路的工作原理
第二步	根据电路图或元件明细表配齐电器元件，并进行质量检验
第三步	根据电器元件选配安装工具和控制板
第四步	根据电路图绘制布置图和接线图，然后按要求在控制板上安装除电动机以外的电器元件，并贴上醒目的文字符号
第五步	根据电动机容量选配主电路导线的截面。控制电路导线一般采用 BV 1 mm^2 的铜芯线（红色）；按钮线一般采用 BVR 0.75 mm^2 的铜芯线（红色）；接地线一般采用截面不小于 1.5 mm^2 的铜芯线（BVR 黄绿双色）
第六步	根据接线图布线，同时将剥去绝缘层的两端线头套上与电路图相一致编号的编码套管
第七步	安装电动机
第八步	连接电动机和所有电器元件金属外壳的保护接地线
第九步	连接电源、电动机等控制板外部的导线
第十步	自检
第十一步	交验
第十二步	通电试车

实训 2—2　点动正转控制线路的安装

1. 工具、仪表及器材

参照表 2–6 选配工具、仪表及器材，并检测质量是否合格。

表 2-6 工具、仪表及器材

工具	验电笔、螺钉旋具、尖嘴钳、斜口钳、剥线钳、电工刀等电工常用工具				
仪表	ZC25-3 型兆欧表（500 V，0 ~ 500 MΩ）、MG3-1 型钳形电流表、MF47 型万用表				
器材	代号	名称	型号	规格	数量
	M	三相笼型异步电动机	Y112M-4	4 kW、380 V、△接法、8.8 A、1 440 r/min	1
	QF	低压断路器	DZ5-20/330	三极复式脱扣器、380 V、20 A	1
	FU1	螺旋式熔断器	RL1-60/25	500 V、60 A、配熔体 25 A	3
	FU2	螺旋式熔断器	RL1-15/2	500 V、15 A、配熔体 2 A	2
	KM	交流接触器	CJT1-20	20 A、线圈电压 380 V	1
	SB	按钮	LA4-3H	保护式、钮数 3（代用）	1
	XT	端子板	TD-1515	15 A、15 节、660 V	1
		控制板		500 mm × 400 mm × 20 mm	1
		主电路线		BV 1.5 mm^2 和 BVR 1.5 mm^2（黑色）	若干
		控制电路线		BV 1 mm^2（红色）	若干
		按钮线		BVR 0.75 mm^2（红色）	若干
		接地线		BVR 1.5 mm^2（黄绿双色）	若干
		紧固体和编码套管			若干

2. 实训过程

安装步骤及工艺要求如下：

（1）安装电器元件　按图 2-9c 所示布置图在控制板上安装电器元件，并贴上醒目的文字符号，如图 2-10 所示。安装电器元件的工艺要求如下：

1）断路器、熔断器的受电端子应安装在控制板的外侧，并确保熔断器的受电端为底座的中心端。

2）各元件的安装位置应整齐、匀称，间距合理，便于元件的更换。

3）紧固各元件时，用力要均匀，紧固程度适当。在紧固熔断器、接触器等易碎元件时，应该用手按住元件一边轻轻摇动，一边用旋具轮换旋紧对角线上的螺钉，直到手摇不动后，再适当加固旋紧些即可。

（2）布线　按图 2-9d 所示接线图的走线方法，进行板前明线布线和套编码套管，如图 2-11 所示。布线的工艺要求如下：

1）布线通道要尽可能少，同路并行导线按主、控电路分类集中，单层密排，紧贴安装面布线。

2）同一平面的导线应高低一致或前后一致，不能交叉。非交叉不可时，该根导线应在接线端子引出时就水平架空跨越，且必须走线合理。

3）布线应横平竖直，分布均匀。变换走向时应垂直转向。

4）布线时严禁损伤线芯和导线绝缘。

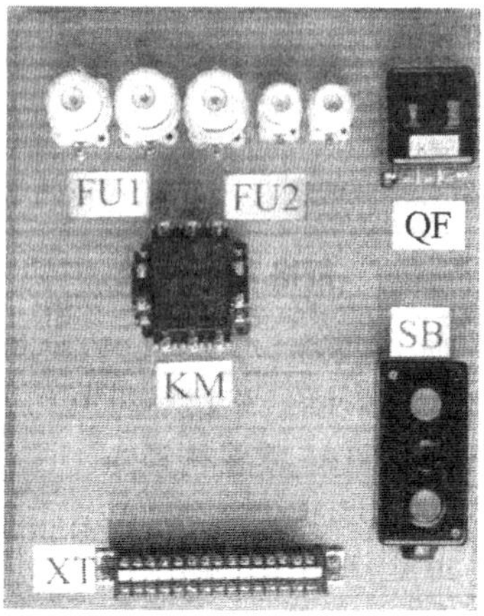

图 2-10　安装电器元件，贴上文字符号

图 2-11　板前明线布线和套编码套管

5）布线顺序一般以接触器为中心，按由里向外、由低至高、先控制电路、后主电路的顺序进行，以不妨碍后续布线为原则。

6）在每根剥去绝缘层导线的两端套上编码套管。所有从一个接线端子（或接线桩）到另一个接线端子（或接线桩）的导线必须连续，中间无接头。

7）导线与接线端子或接线桩连接时，不得压绝缘层、不反圈及不露铜过长。

8）同一元件、同一回路的不同连接点的导线间距离应保持一致。

9）一个电器元件接线端子上的连接导线不得多于两根，每节接线端子板上的连接导线一般只允许连接一根。

（3）检查布线　根据图 2-9b 所示电路图检查控制板布线的正确性。

（4）安装电动机

（5）连接　先连接电动机和按钮金属外壳的保护接地线，然后连接电源、电动机等控制板外部的导线，如图 2-12 所示。

（6）自检　自检的工艺要求：

1）按电路图或接线图从电源端开始，逐段核对接线及接线端子处线号是否正确，有无漏接、错接之处。检查导线连接点是否符合要求，压接是否牢固。同时注意连接点接触应良好，以避免带负载运转时产生闪弧现象。

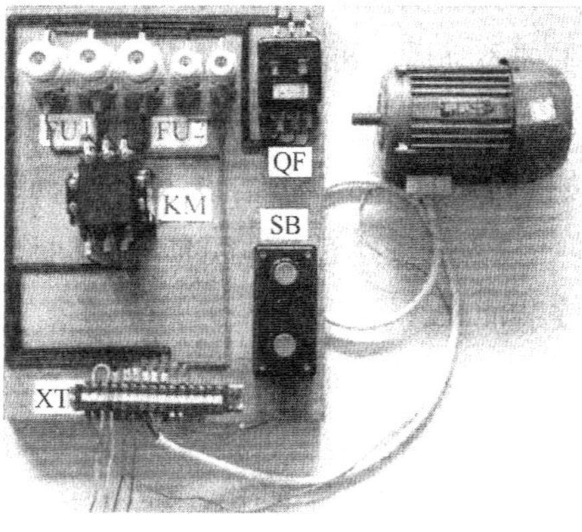

图 2-12　连线

2）用万用表检查线路的通断情况。检查时，应选用倍率适当的电阻挡，并进行校零，以防发生短路故障。对控制电路的检查（断开主电路），可将表笔分别搭在 U11、V11 线端上，读数应为“∞”。按下 SB 时，读数应为接

触器线圈的直流电阻值。然后断开控制电路，再检查主电路有无开路或短路现象，此时，可用手动来代替接触器通电进行检查。

3）用兆欧表检查线路的绝缘电阻的阻值，应不得小于 1 MΩ。

（7）交验

（8）通电试车　通电试车的工艺要求如下：

1）为保证人身安全，在通电试车时，要认真执行安全操作规程的有关规定，一人监护，一人操作。试车前，应检查与通电试车有关的电气设备是否有不安全的因素存在，若查出应立即整改，然后方能试车。

2）通电试车前，必须征得教师的同意，并由指导教师接通三相电源 L1、L2、L3，同时在现场监护。合上电源开关 QF 后，用验电笔检查熔断器出线端，氖管亮说明电源接通。按下 SB，观察接触器情况是否正常，是否符合线路功能要求，电器元件的动作是否灵活，有无卡阻及噪声过大等现象，电动机运行情况是否正常等。但不得对线路接线是否正确进行带电检查。观察过程中，若发现有异常现象，应立即停车。当电动机运转平稳后，用钳形电流表测量三相电流是否平衡。

3）以通电后第一次按下按钮时计算，统计试车成功次数。

4）出现故障后，应独立进行检修。若需带电检查时，必须有教师在现场监护。检修完毕后，如需要再次试车，也应有教师在现场监护，并做好时间记录。

5）通电试车完毕，停转，切断电源。先拆除三相电源线，再拆除电动机线。

3. 注意事项

（1）电动机及按钮的金属外壳必须可靠接地。按钮内接线时，用力不可过猛，以防螺钉打滑。接至电动机的导线，必须穿在导线通道内加以保护，或采用坚韧的四芯橡皮线或塑料护套线进行临时通电校验。

（2）电源进线应接在螺旋式熔断器的下接线座上，出线应接在上接线座上。

（3）安装完毕的控制线路板，必须经过认真检查后，才允许通电试车，以防止错接、漏接，造成不能正常运转或短路事故。

（4）训练应在规定的定额时间内完成。训练结束后，安装的控制板留用。

4. 评分标准

评分标准见表 2–7。

表 2–7　评分标准

项目	配分	评分标准	扣分
装前检查	5 分	电器元件漏检或错检　每处扣 1 分	
安装元件	15 分	（1）不按布置图安装　扣 15 分 （2）元件安装不牢固　每只扣 4 分 （3）元件安装不整齐、不匀称、不合理　每只扣 3 分 （4）损坏元件　扣 15 分	

续表

<table>
<tr><th>项目</th><th>配分</th><th colspan="4">评分标准</th><th>扣分</th></tr>
<tr><td>布线</td><td>40 分</td><td colspan="4">（1）不按电路图接线　扣 20 分
（2）布线不符合要求　每根扣 3 分
（3）连接点松动、露铜过长、反圈等　每个扣 1 分
（4）损伤导线绝缘层或线芯　每根扣 5 分
（5）编码套管套装不正确　每处扣 1 分
（6）漏接接地线　扣 10 分</td><td></td></tr>
<tr><td>通电试车</td><td>40 分</td><td colspan="4">（1）熔体规格选用不当　扣 10 分
（2）第一次试车不成功　扣 20 分
第二次试车不成功　扣 30 分
第三次试车不成功　扣 40 分</td><td></td></tr>
<tr><td>安全文明生产</td><td colspan="5">违反安全文明生产规程　扣 5 ~ 40 分</td><td></td></tr>
<tr><td>定额时间</td><td colspan="5">2.5 h，每超时 5 min（不足 5 min 以 5 min 计）　扣 5 分</td><td></td></tr>
<tr><td>备注</td><td colspan="4">除定额时间外，各项目的最高扣分不应超过配分数</td><td>成绩</td><td></td></tr>
<tr><td>开始时间</td><td colspan="2"></td><td>结束时间</td><td></td><td>实际时间</td><td></td></tr>
</table>

巩固练习

1. 什么是点动控制？分析判断题图 2-1 所示各控制电路能否实现点动控制？若不能，试分析说明原因，并加以改正。

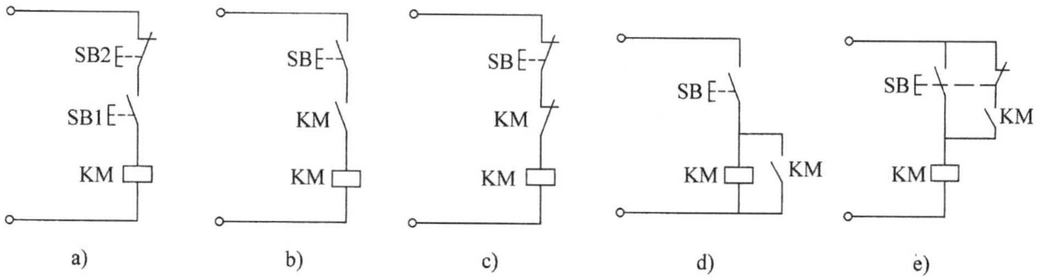

题图 2-1

2. 在电路图中，电源电路、主电路、控制电路、指示电路和照明电路一般怎样布局？

3. 电路图中，怎样辨别同一电器的不同元件？

4. 简述板前明线布线的工艺要求。

5. 简述电动机基本控制线路的一般安装步骤。

课题3 三相笼型异步电动机的自锁正转控制线路

学习目标

掌握接触器自锁正转控制线路的构成、工作原理，并能正确熟练地进行安装。

一、接触器自锁正转控制线路

比较图 2–13a 和图 2–9b 可知，线路的主电路相同，但控制电路不同。在图 2–13a 所示的控制电路中，串接了一个停止按钮 SB2，在启动按钮 SB1 的两端并接了接触器 KM 的一对辅助常开触头。

线路的工作原理如下：

先合上电源开关 QF。

启动：按下 SB1 ——→ KM 线圈得电 ——→ KM 主触头闭合 / KM 辅助常开触头闭合 ——→ 电动机 M 启动，连续运转

停止：按下 SB2 ——→ KM 线圈失电 ——→ KM 主触头分断 / KM 辅助常开触头分断 ——→ 电动机 M 失电停转

由以上分析可见，当松开启动按钮 SB1 后，SB1 的常开触头虽然恢复分断，但接触器 KM 的辅助常开触头闭合时已将 SB1 短接，使控制电路仍保持接通，接触器 KM 继续得电，电动机 M 实现了连续运转。

当启动按钮松开后，接触器通过自身的辅助常开触头使其线圈保持得电的作用称为自锁。与启动按钮并联起自锁作用的辅助常开触头称为自锁触头。图 2–13 所示的控制线路称为接触器自锁正转控制线路。

在按下停止按钮 SB2 切断控制电路时，接触器 KM 失电，其自锁触头已分断解除了自锁，而这时 SB1 也是分断的，所以当松开 SB2 其常闭触头恢复闭合后，接触器也不会自行得电，电动机也就不会自行重新启动运转。

例 2–1 如图 2–14 所示自锁正转控制电路，分析指出其中的错误及出现的现象，并加以改正。

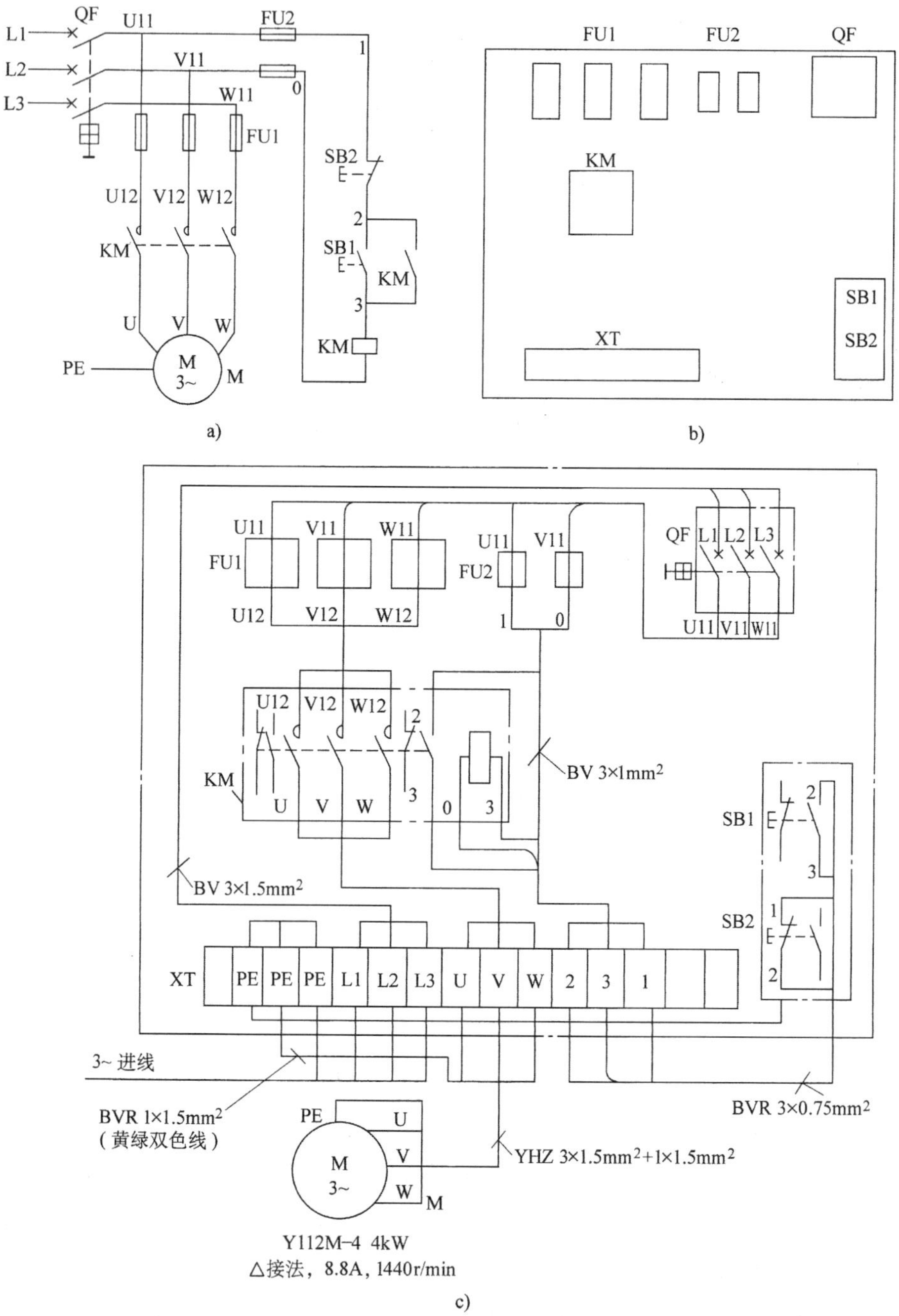

图 2-13　接触器自锁正转控制线路

a）电路图　b）布置图　c）接线图

解： 在图 2-14a 中，接触器 KM 的自锁触头不应该用辅助常闭触头。用辅助常闭触头不但失去了自锁作用，同时会使电路出现时通时断的现象。应把辅助常闭触头改换成辅助常开触头，使电路正常工作。

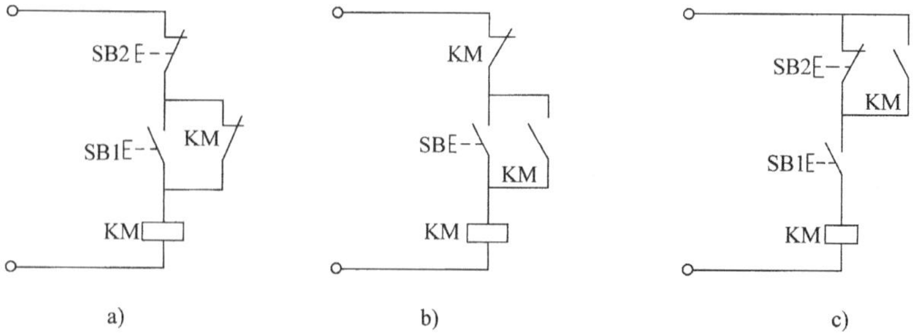

图 2–14 自锁正转控制电路

在图 2–14b 中，接触器 KM 的辅助常闭触头不能串接在电路中，否则，按下启动按钮 SB 后，会使电路出现时通时断的现象。应把 KM 的辅助常闭触头改换成停止按钮，使电路正常工作。

在图 2–14c 中，接触器 KM 的自锁触头不能并接在停止按钮 SB2 的两端，否则就失去了自锁作用，电路只能实现点动控制。应把自锁触头并接在启动按钮 SB1 两端。

接触器自锁控制线路不但能使电动机连续运转，而且还具有欠压和失压（或零压）保护作用。

1. 欠压保护

欠压是指线路电压低于电动机应加的额定电压。欠压保护是指当线路电压下降到某一数值时，电动机能自动脱离电源停转，避免电动机在欠压下运行的一种保护。

接触器自锁控制线路具有欠压保护作用。当线路电压下降到一定值（一般指低于额定电压的 85%）时，接触器线圈两端的电压也同样下降到此值，使接触器线圈磁通减弱，产生的电磁吸力减小。当电磁吸力减小到小于反作用弹簧的拉力时，动铁芯被迫释放，主触头和自锁触头同时分断，自动切断主电路和控制电路，电动机失电停转，起到了欠压保护的作用。

2. 失压（或零压）保护

失压保护是指电动机在正常运行中，由于外界某种原因引起突然断电时，能自动切断电动机电源；当重新供电时，保证电动机不能自行启动的一种保护。接触器自锁控制线路也可实现失压保护作用。接触器自锁触头和主触头在电源断电时已经分断，使控制电路和主电路都不能接通，所以在电源恢复供电时，电动机就不会自行启动运转，保证了人身和设备的安全。

二、具有过载保护的接触器自锁正转控制线路

在图 2–13 所示接触器自锁正转控制线路中，熔断器 FU1、FU2 分别作主电路和控制电路的短路保护用，接触器 KM 除控制电动机的启、停外，还作欠压和失压保护用。

图 2–15 所示线路在图 2–13 所示接触器自锁正转控制线路中增加了一只热继电器 KH，构成了具有过载保护的接触器自锁正转控制线路。该线路不但具有短路保护、

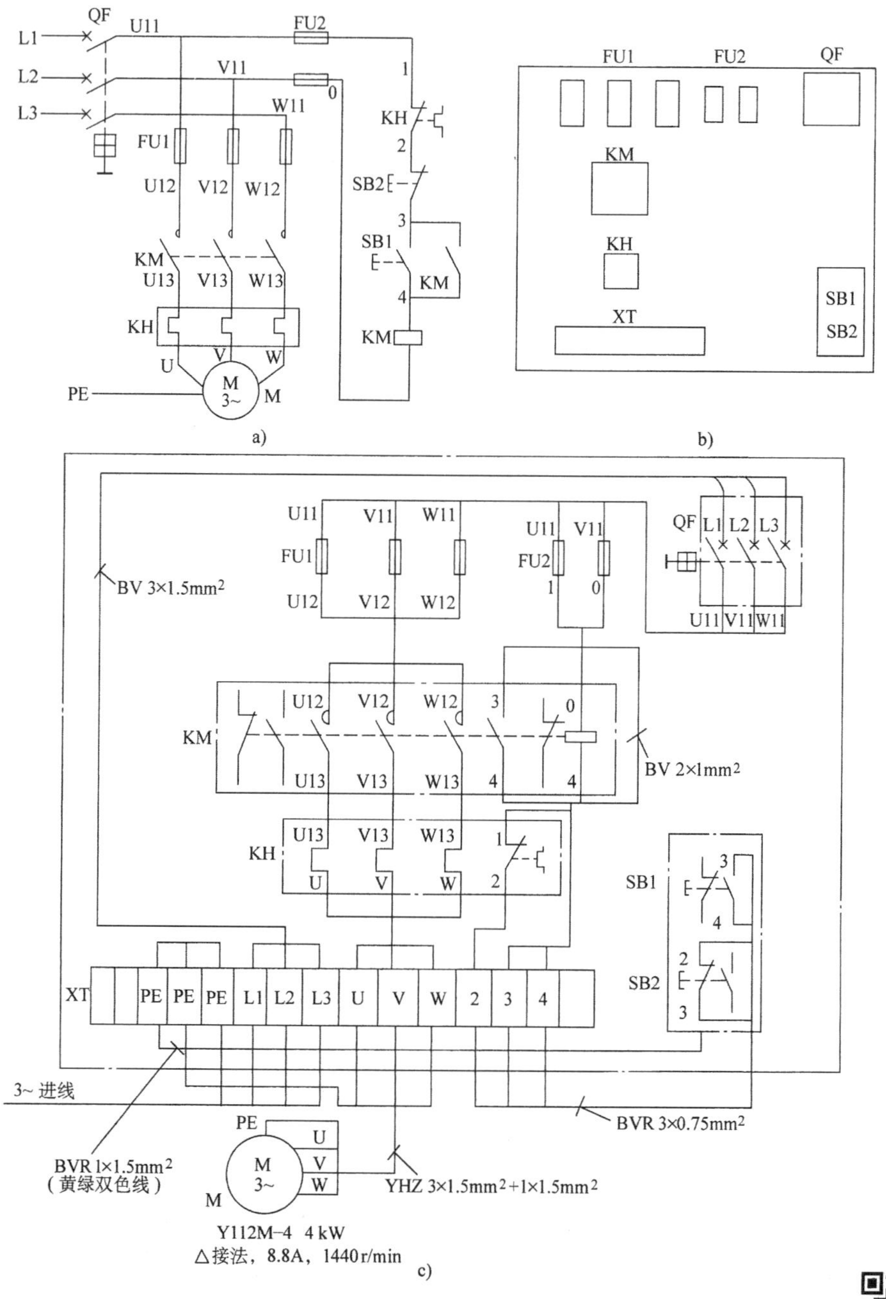

图 2-15　具有过载保护的接触器自锁正转控制线路

a）电路图　b）布置图　c）接线图

欠压和失压保护作用，而且具有过载保护作用，在生产实际中获得了广泛应用。

过载保护是指当电动机出现过载时，能自动切断电动机的电源，使电动机停转的一种保护。

电动机在运行的过程中，如果长期负载过大，或启动操作频繁，或者缺相运行，都可能使电动机定子绕组的电流增大，超过其额定值。而在这种情况下，熔断器往往并不熔断，从而引起定子绕组过热，使温度持续升高。若温度超过允许温升，就会造成绝缘损坏，缩短电动机的使用寿命，严重时甚至会烧毁电动机的定子绕组。因此，对电动机必须采取过载保护措施。

电动机控制线路中最常用的过载保护电器是热继电器，它的热元件串接在三相主电路中，常闭触头串接在控制电路中，如图 2–15 所示。若电动机在运行过程中，由于过载或其他原因使电流超过额定值，那么经过一定时间后，串接在主电路中的热元件因受热发生弯曲，通过传动机构使串接在控制电路中的常闭触头分断，切断控制电路，接触器 KM 线圈失电，其主触头和自锁触头分断，电动机 M 失电停转，达到过载保护的目的。

在照明、电加热等电路中，熔断器 FU 既可以作短路保护，也可以作过载保护。但对三相异步电动机控制线路来说，熔断器只能用作短路保护。这是因为三相异步电动机的启动电流很大（全压启动时的启动电流能达到额定电流的 4~7 倍），若用熔断器作过载保护，则选择的额定电流就应等于或稍大于电动机的额定电流，这样电动机在启动时，由于启动电流大大超过了熔断器的额定电流，使熔断器在很短的时间内熔断，造成电动机无法启动。所以熔断器只能作短路保护，熔体额定电流应取电动机额定电流的 1.5~2.5 倍。

热继电器在三相异步电动机控制线路中也只能作过载保护，不能用作短路保护。这是因为热继电器的热惯性大，即热继电器的双金属片受热膨胀弯曲需要一定时间。当电动机发生短路时，由于短路电流很大，热继电器还没来得及动作，供电线路和电源设备可能就已经损坏。而在电动机启动时，由于启动时间很短，热继电器还未动作，电动机已启动完毕。总之，热继电器和熔断器两者所起的作用不同，不能相互代替使用。

实训 2—3 接触器自锁正转控制线路的安装

1. 工具、仪表及器材

参照表 2–8 选配工具、仪表及器材，并检测质量是否合格。

表 2–8 工具、仪表及器材

工具	验电笔、螺钉旋具、尖嘴钳、斜口钳、剥线钳、电工刀等电工常用工具
仪表	ZC25–3 型兆欧表、MG3–1 型钳形电流表、MF47 型万用表

续表

	代号	名称	型号	规格	数量
	M	三相笼型异步电动机	Y112M–4	4 kW、380 V、△接法、8.8 A、1 440 r/min	1
	KH	热继电器	JR36–20	三极、20 A、热元件 11 A、整定电流 8.8 A	1
		点动正转控制板		500 mm × 400 mm × 20 mm	1
器材		主电路线		BV 1.5 mm^2（黑色）	若干
		控制电路线		BV 1 mm^2（红色）	若干
		按钮线		BVR 0.75 mm^2（红色）	若干
		接地线		BVR 1.5 mm^2（黄绿双色）	若干
		紧固体和编码套管			若干

2. 实训过程

（1）安装自锁正转控制线路　参照实训 2–2 中的工艺要求，根据图 2–13 所示接触器自锁正转控制线路，在已安装好的点动正转控制线路板上安装停止按钮 SB2 和接触器 KM 自锁触头，完成接触器自锁正转控制线路的安装，如图 2–16 所示。

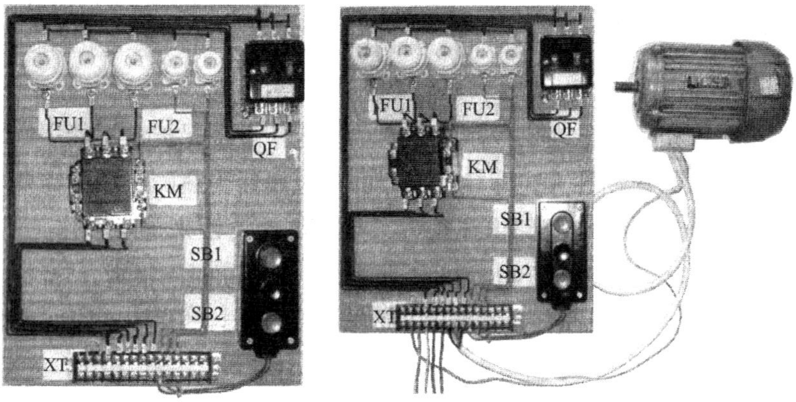

a)　　b)

图 2–16　接触器自锁正转控制线路板

a）安装 SB2 和 KM 自锁触头　b）接线

想一想

停止按钮 SB2 和接触器 KM 的自锁触头是怎样接入控制电路的?

（2）安装具有过载保护的接触器自锁正转控制线路　参照实训 2—2 中的工艺要求，根据图 2–15 所示的具有过载保护的接触器自锁正转控制线路，在已安装好的自锁正转控制线路板上加装热继电器 KH，完成具有过载保护的接触器自锁正转控制线路的安装。加装热继电器后的控制线路板分别如图 2–17a、b、c 所示。

3. 注意事项

（1）接触器 KM 的自锁触头应并接在启动按钮 SB1 两端，停止按钮 SB2 应串接在控制电路中；热继电器 KH 的热元件应串接在主电路中，它的常闭触头应串接在控制电路中。

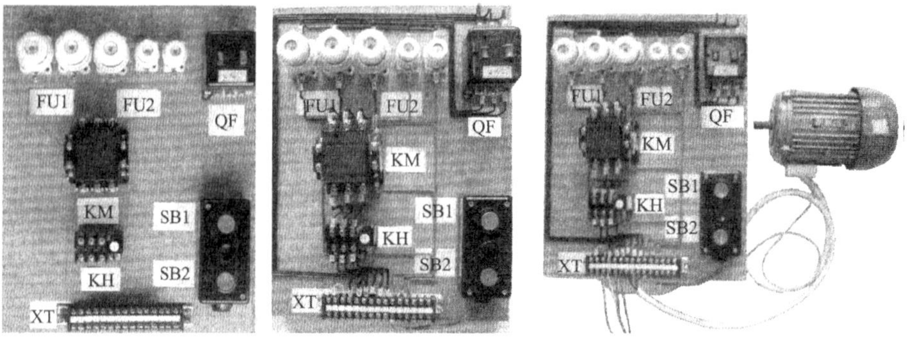

a)　　b)　　c)

图 2-17　具有过载保护的接触器自锁正转控制线路板
a）安装　b）布线　c）连接

（2）电源进线应接在螺旋式熔断器的下接线座上，出线则应接在上接线座上。

（3）按钮内接线时，用力不可过猛，以防螺钉打滑。

（4）电动机及按钮的金属外壳必须可靠接地。接至电动机的导线，必须穿在导线通道内加以保护，或采用坚韧的四芯橡皮线或塑料护套线进行临时通电校验。

（5）热继电器的整定电流应按电动机的额定电流自行调整，绝对不允许弯折双金属片。

（6）热继电器因电动机过载动作后，若需再次启动电动机，必须待热元件冷却并且热继电器复位后才可进行。

（7）编码套管套装要正确。

（8）启动电动机时，在按下启动按钮 SB1 的同时，手还必须按在停止按钮 SB2 上，以保证万一出现故障时，可立即按下 SB2 停车，防止事故扩大。

4. 评分标准

评分标准见表 2-9。

表 2-9　评分标准

项目	配分	评分标准		扣分
装前检查	5 分	电器元件漏检或错检	每处扣 1 分	
安装元件	15 分	（1）不按布置图安装 （2）元件安装不牢固 （3）元件安装不整齐、不匀称、不合理 （4）损坏元件	扣 15 分 每只扣 4 分 每只扣 3 分 扣 15 分	
布线	40 分	（1）不按电路图接线 （2）布线不符合要求 （3）连接点松动、露铜过长、反圈等 （4）损伤导线绝缘层或线芯 （5）编码套管套装不正确 （6）漏接接地线	扣 25 分 每根扣 3 分 每个扣 1 分 每根扣 5 分 每处扣 1 分 扣 10 分	

续表

<table>
<tr><th>项目</th><th>配分</th><th colspan="4">评分标准</th><th>扣分</th></tr>
<tr><td>通电试车</td><td>40 分</td><td colspan="4">（1）热继电器未整定或整定错误　扣 15 分
（2）熔体规格选用不当　扣 10 分
（3）第一次试车不成功　扣 20 分
第二次试车不成功　扣 30 分
第三次试车不成功　扣 40 分</td><td></td></tr>
<tr><td>安全文明生产</td><td colspan="5">违反安全文明生产规程　扣 5 ~ 40 分</td><td></td></tr>
<tr><td>定额时间</td><td colspan="5">3 h，每超时 5 min（不足 5 min 以 5 min 计）　扣 5 分</td><td></td></tr>
<tr><td>备注</td><td colspan="4">除定额时间外，各项目的最高扣分不应超过配分数</td><td>成绩</td><td></td></tr>
<tr><td>开始时间</td><td></td><td>结束时间</td><td colspan="2"></td><td>实际时间</td><td></td></tr>
</table>

巩固练习

1. 什么是自锁控制？分析判断题图 2–2 所示各控制电路能否实现自锁控制。若不能，试分析说明原因，并加以改正。

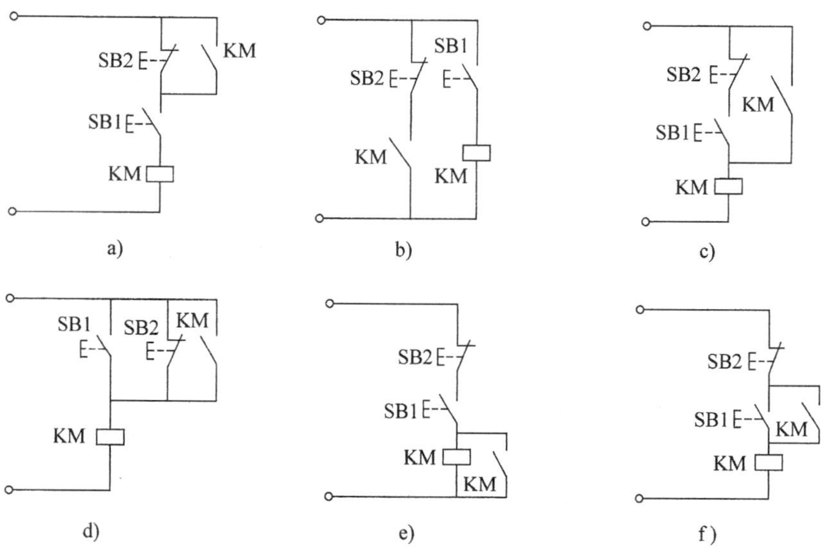

题图 2–2

2. 什么是欠压保护？什么是失压保护？为什么说接触器自锁控制线路具有欠压和失压保护作用？

3. 在题图 2–3 所示控制线路中，哪些地方画错了？将其改正过来，并按改正后的线路叙述其工作原理。

4. 什么是过载保护？为什么对电动机要采取过载保护？

5. 在电动机的控制线路中，短路保护和过载保护各由什么电器来实现？它们能否相互代替使用？为什么？

6. 分析题图 2–4 所示控制线路能否满足以下控制要求和保护要求：（1）能实现单向启动和停止；（2）具有短路、过载、欠压和失压保护。若线路不能满足以上要求，加以改正，并说明改正的原因。

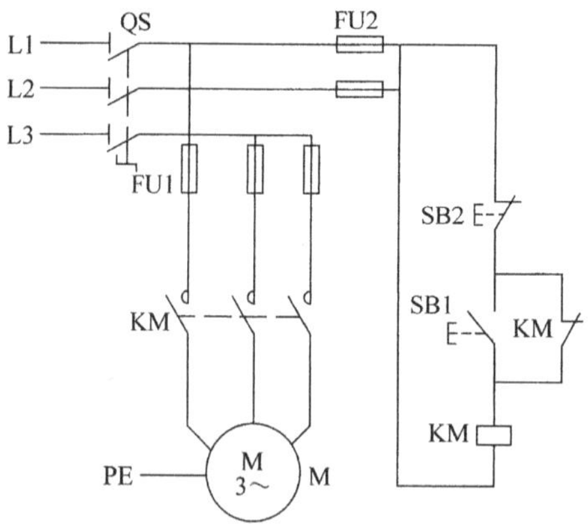

题图 2–3

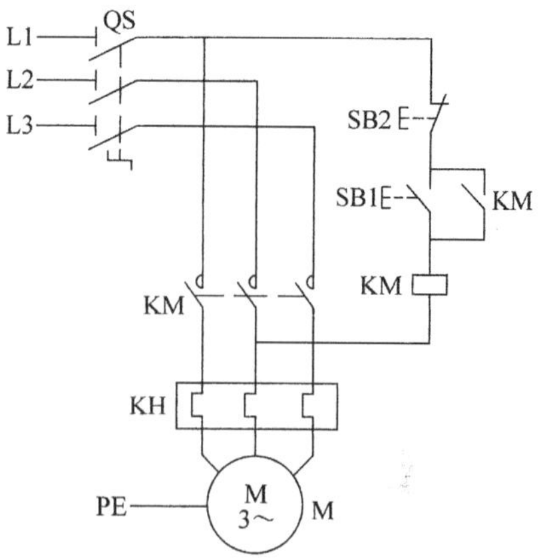

题图 2–4

7. 为某生产机械设计电动机的电气控制线路。要求能连续控制，并有短路、过载、失压和欠压保护作用。

课题 4　三相笼型异步电动机的连续与点动混合正转控制线路

学习目标

1. 掌握连续与点动混合正转控制线路的构成及工作原理，能正确选用安装和检修所用的工具、仪表及器材。

2. 能正确编写安装步骤和工艺要求，并进行正确安装。

3. 掌握电动机基本控制线路故障检修的一般步骤和方法，并能进行正确调试和检修。

一、连续与点动混合正转控制线路

机床设备在正常工作时，一般需要电动机处在连续运转状态。但在试车或调整刀具与工件的相对位置时，又需要电动机能点动控制，实现这种工艺要求的线路是连续与点动混合控制线路，如图 2–18 所示。

图 2–18a 所示线路是在具有过载保护的接触器自锁正转控制线路的基础上，把手动开关 SA 串接在自锁电路中。显然，当把 SA 闭合或打开时，就可实现电动机的连续或点动控制。

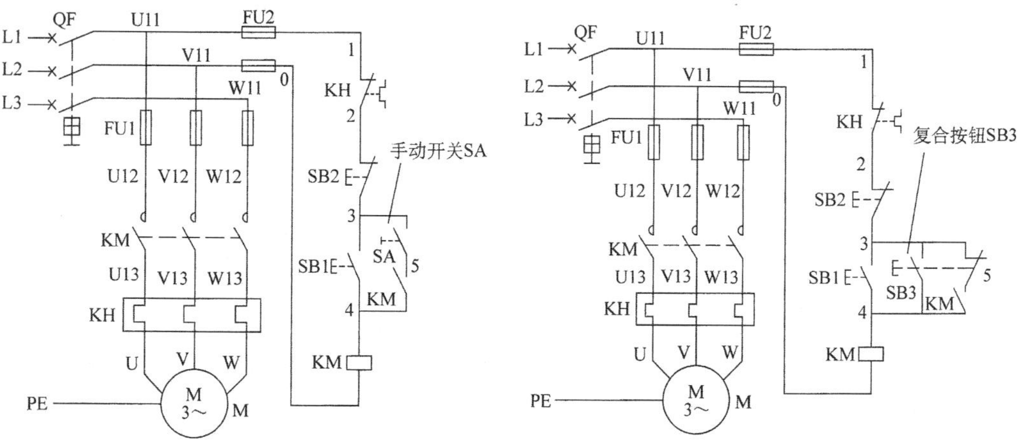

a)　　b)

图 2–18　连续与点动混合正转控制线路

a）串联手动开关 SA　b）并联复合按钮 SB3

图 2–18b 所示线路是在启动按钮 SB1 的两端并接一个复合按钮 SB3 来实现连续与点动混合正转控制的，SB3 的常闭触头应与 KM 自锁触头串接。线路的工作原理如下：

先合上电源开关 QF。

1. 连续控制

启动：按下SB1 → KM线圈得电 → KM自锁触头闭合自锁 / KM主触头闭合 → 电动机M启动连续运转

停止：按下SB2 → KM线圈失电 → KM自锁触头分断解除自锁 / KM主触头分断 → 电动机M失电停转

2. 点动控制

启动：按下SB3 → SB3常闭触头先分断，切断自锁电路 / SB3常开触头后闭合 → KM线圈得电 → KM自锁触头闭合 / KM主触头闭合 → M启动运转

停止：松开SB3—┬→SB3常开触头先恢复分断 ——→ KM线圈失电—┬→KM自锁触头分断
　　　　　　　　│　　　　　　　　　　　　　　　　　　　　　　└→KM主触头分断 → M停转
　　　　　　　　└→SB3常闭触头后恢复闭合(此时KM自锁触头已分断)

例 2–2 有人为某生产机械设计出既能点动又能连续运行，并具有短路和过载保护的电气控制线路，如图 2–19 所示。分析说明该线路能否正常工作。

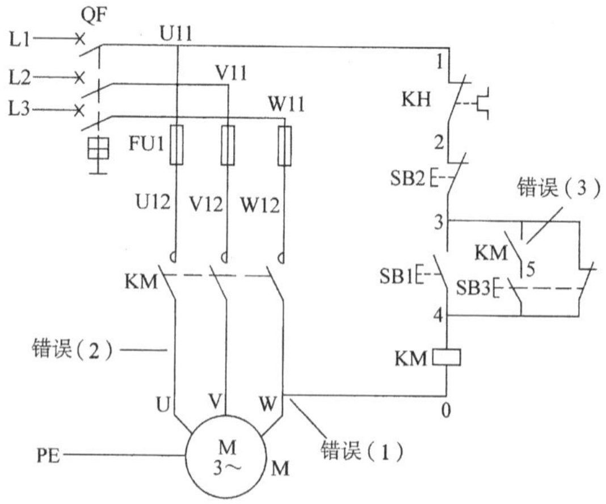

图 2–19 电气控制线路图

解： 该线路不能正常工作。因线路有以下三处错误：

（1）控制电路的电源线有一端接在接触器 KM 主触头的下方，这样即使按下启动按钮 SB1，由于主触头是断开的，控制电路也不会得电。因此，必须将控制电路的电源线改接到 KM 主触头的上方。

（2）控制电路中虽然串接了热继电器 KH 的常闭触头，但其热元件并未串接在主电路中，所以热继电器 KH 起不到过载保护作用。应把 KH 的热元件串接到主电路中。

（3）接触器 KM 的自锁触头与复合按钮 SB3 的常开触头串接，而 SB3 的常闭触头与启动按钮 SB1 并接，不但起不到自锁作用，还会造成电动机自行启动，达不到控制要求。应把 KM 自锁触头与 SB3 的常闭触头串接。

二、电动机基本控制线路故障检修的一般步骤和方法

1. 用试验法观察故障现象，初步判定故障范围

在不扩大故障范围、不损坏电气设备和机械设备的前提下，对线路进行通电试验，通过观察电气设备和电器元件的动作是否正常、各控制环节的动作程序是否符合要求，初步确定故障发生的大致部位或回路。

2. 用逻辑分析法缩小故障范围

根据电气控制线路的工作原理、控制环节的动作程序以及它们之间的联系，结合

故障现象做具体的分析，缩小故障范围，特别适用于对复杂线路的故障检查。

3. 用测量法确定故障点

利用电工工具和仪表对线路进行带电或断电测量，常用的方法有电压测量法和电阻测量法。

（1）电压测量法　测量检查时，首先把万用表的转换开关置于交流电压 500 V 的挡位上，然后按图 2-20 所示的方法进行测量。

接通电源，若按下启动按钮 SB1 时，接触器 KM 不吸合，则说明控制电路有故障。

检测时，在松开按钮 SB1 的条件下，先用万用表测量 0 和 1 两点之间的电压，若电压为 380 V，则说明控制电路的电源电压正常。然后把黑表笔接到 0 点上，红表笔依次接到 2、3 各点上，分别测量 0—2、0—3 两点间的电压；若电压均为 380 V，再把黑表笔接到 1 点上，红表笔接到 4 点上，测量出 1—4 两点间的电压。根据测量结果即可找出故障点，见表 2-10。表中符号“×”表示不需再测量。

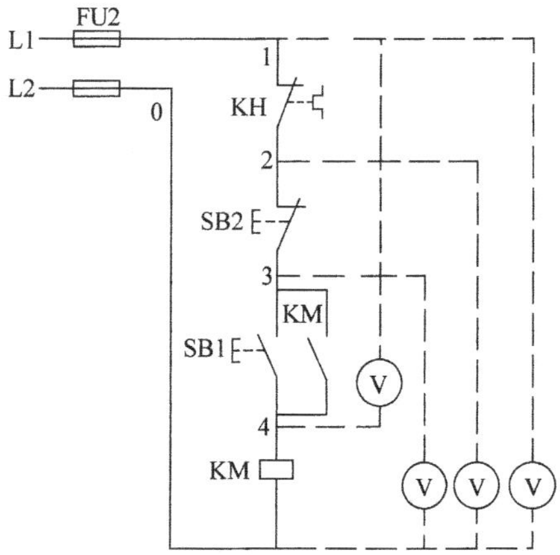

图 2-20　电压测量法

表 2-10　用电压测量法查找故障点

故障现象	0—2	0—3	1—4	故障点
按下 SB1 时，接触器 KM 不吸合	0	×	×	KH 常闭触头接触不良
	380 V	0	×	SB2 常闭触头接触不良
	380 V	380 V	0	KM 线圈断路
	380 V	380 V	380 V	SB1 接触不良

（2）电阻测量法　测量检查时，首先把万用表的转换开关置于倍率适当的电阻挡位上（一般选 $R\times 100\ \Omega$ 以上的挡位），然后按图 2-21 所示的方法进行测量。

接通电源，若按下启动按钮 SB1 时，接触器 KM 不吸合，则说明控制电路有故障。

检测时，首先切断电路的电源（这点与电压测量法不同），用万用表依次测量出 1—2、1—3、0—4 各两点间的电阻值。根据测量结果即可找出故障点，见表 2-11。

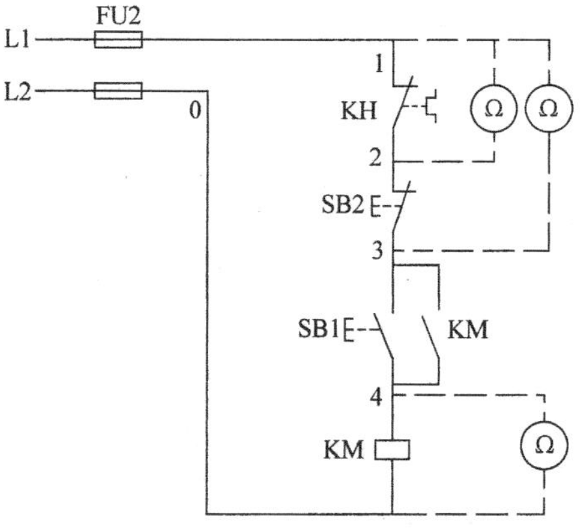

图 2-21　电阻测量法

表 2-11 用电阻测量法查找故障点

故障现象	1—2 之间电阻	1—3 之间电阻	0—4 之间电阻	故障点
按下 SB1 时，接触器 KM 不吸合	∞	×	×	KH 常闭触头接触不良
	0	∞	×	SB2 常闭触头接触不良
	0	0	∞	KM 线圈断路
	0	0	R	SB1 接触不良

注：R 为接触器 KM 线圈的电阻值。

以上是用测量法查找并确定控制电路的故障点，对于主电路的故障点，结合图 2-18b 说明如下：

首先测量接触器电源端的 U12—V12、U12—W12、W12—V12 之间的电压。若均为 380 V，说明 U12、V12、W12 三点至电源无故障，可进行第二步测量。否则，可再测量 U11—V11、U11—W11、W11—V11 顺次至 L1—L2、L2—L3、L3—L1 直到发现故障。

然后断开主电路电源，用万用表的电阻挡（一般选 $R\times 1\ \Omega$ 以上挡位）测量接触器负载端 U13—V13、U13—W13、W13—V13 之间的电阻，若电阻均较小（电动机定子绕组的直流电阻），说明 U13、V13、W13 三点至电动机无故障，可判断为接触器主触头有故障。否则，可再测量 U—V、U—W、W—V 到电动机接线端子处，直到发现故障。

4. 维修故障，排除故障后通电运行

根据故障点的不同情况，采用正确的维修方法排除故障。检修完毕，进行通电空载校验或局部空载校验。校验合格，通电正常运行。

小提示

在实际维修工作中，出现的故障不是千篇一律的，就是同一种故障现象，发生的部位也不一定相同。因此，采用以上的步骤和方法时，不能生搬硬套，而应按不同的情况灵活运用，妥善处理。

实训 2—4 连续与点动混合正转控制线路的安装与检修

1. 工具、仪表及器材

根据三相异步电动机 Y132M-4 的技术数据和图 2-18b 所示电路图，参考前面实训内容，选用工具、仪表及器材，并将表 2-12 和表 2-13 补全。

表 2–12　工具与仪表

工具	
仪表	

表 2–13　电器元件及部分电工器材明细表

代号	名称	型号	规格	数量
M	三相笼型异步电动机	Y132M–4	7.5 kW、380 V、15.4 A、△接法、1 440 r/min	1
QF	电源开关			
FU1	熔断器			
FU2	熔断器			
KM	交流接触器			
KH	热继电器			
SB1 ~ SB3	按钮			
XT	端子板			
	主电路导线			
	控制电路导线			
	按钮线			
	接地线			
	电动机引线			
	控制板			
	紧固体及编码套管			

2. 实训过程

（1）安装连续与点动混合正转控制线路　根据电动机基本控制线路的一般安装步骤，参照实训 2—2 中的工艺要求和注意事项，进行安装训练。

（2）检修连续与点动混合正转控制线路人为设置的两个故障

1）故障设置　在图 2–18b 所示线路的主电路和控制电路中，人为设置自然电气故障各一处。

2）故障检修步骤和方法　通电检查时，一般先查控制电路，后查主电路。下面以电动机 M 缺相运行为例，说明故障检修步骤和方法，见表 2–14。

3. 检修注意事项

（1）在排除故障的过程中，分析思路和排除方法要正确。

（2）用验电笔检测故障时，必须检查验电笔是否符合使用要求。

（3）不能随意更改线路或带电触摸电器元件。

表 2-14 故障检修步骤和方法

检修步骤	检修方法	
	控制电路	主电路
①用试验法观察故障现象	合上 QF，按下 SB1 或 SB3 时，KM 均不吸合	合上 QF，按下 SB1 或 SB3 时，M 转速极低甚至不转，并发出“嗡嗡”声，此时，应立即切断电源
②用逻辑分析法判定故障范围	由 KM 不吸合分析电路图，初步确定故障点可能在控制电路的公共支路上	根据故障现象分析线路，判定故障范围可能在电源电路和主电路上
③用测量法确定故障点	用电压测量法找到故障点为控制电路上 KH 常闭触头已分断	断开 QF，用验电笔检验主电路无电后，拆除 M 的负载线并恢复绝缘。再合上 QF，按下 SB1，用验电笔从上至下依次测试各连接点，查得 W13 段的导线开路
④根据故障点的情况，采取正确的检修方法排除故障	故障点是模拟 M 缺相运行导致 KH 常闭触头分断，故按下 KH 复位按钮后，控制电路即正常	重新接好 W13 处的连接点，或更换同规格的连接接触器输出端 W13 与热继电器受电端 W13 的导线
⑤检修完毕通电试车	切断电源，重新连好 M 的负载线，在教师同意并监护下，合上 QF，按下 SB1 或 SB3，观察并检测线路和电动机的运行情况，检验合格后电动机正常运行	

(4)仪表使用要正确，以避免引起错误判断。

(5)带电检修故障时，必须有教师在现场监护，确保用电安全。

(6)排除故障必须在规定的时间内完成。

4. 评分标准

评分标准见表 2-15。

表 2-15 评分标准

项目	配分	评分标准	扣分
选用工具、仪表及器材	15 分	(1) 工具、仪表少选或错选 每个扣 2 分 (2) 电器元件选错型号和规格 每个扣 4 分 (3) 选错元件数量或型号规格没有写全 每个扣 2 分	
装前检查	5 分	电器元件漏检或错检 每处扣 1 分	
安装布线	30 分	(1) 电器布置不合理 扣 5 分 (2) 元件安装不牢固 每只扣 4 分 (3) 元件安装不整齐、不匀称、不合理 扣 5 分	

续表

<table>
<tr><th>项目</th><th>配分</th><th colspan="3">评分标准</th><th>扣分</th></tr>
<tr><td>安装布线</td><td>30 分</td><td colspan="3">（4）损坏元件　扣 15 分
（5）不按电路图接线　扣 15 分
（6）布线不符合要求　每根扣 3 分
（7）连接点松动、露铜过长、反圈等　每个扣 1 分
（8）损伤导线绝缘层或线芯　每根扣 5 分
（9）漏装或套错编码套管　每个扣 1 分
（10）漏接接地线　扣 10 分</td><td></td></tr>
<tr><td>故障分析</td><td>10 分</td><td colspan="3">（1）故障分析、排除故障思路不正确　每个扣 5 分
（2）标错电路故障范围　每个扣 5 分</td><td></td></tr>
<tr><td>排除故障</td><td>20 分</td><td colspan="3">（1）停电不验电　扣 5 分
（2）工具及仪表使用不当　每次扣 4 分
（3）排除故障的顺序不对　扣 5 ~ 10 分
（4）不能查出故障点　每个扣 10 分
（5）查出故障点，但不能排除　每个故障扣 5 分
（6）产生新的故障：
不能排除　每个扣 20 分
已经排除　每个扣 10 分
（7）损坏电动机　扣 20 分
（8）损坏电器元件，或排除故障方法不正确
每只（次）扣 5 ~ 20 分</td><td></td></tr>
<tr><td>通电试车</td><td>20 分</td><td colspan="3">（1）热继电器未整定或整定错误　扣 10 分
（2）熔体规格选用不当　扣 5 分
（3）第一次试车不成功　扣 10 分
第二次试车不成功　扣 15 分
第三次试车不成功　扣 20 分</td><td></td></tr>
<tr><td>安全文明生产</td><td colspan="4">违反安全文明生产规程　扣 10 ~ 70 分</td><td></td></tr>
<tr><td>定额时间</td><td colspan="4">3 h，训练不允许超时，在修复故障过程中才允许超时，
每超 1 min　扣 5 分</td><td></td></tr>
<tr><td>备注</td><td colspan="3">除定额时间外，各项目的最高扣分不得超过配分数</td><td>成绩</td><td></td></tr>
<tr><td>开始时间</td><td></td><td>结束时间</td><td></td><td>实际时间</td><td></td></tr>
</table>

巩固练习

1. 为某生产机械设计电动机的电气控制线路。要求如下：（1）既能点动控制又能连续控制；（2）有短路、过载、失压和欠压保护作用。

2. 简述电动机基本控制线路故障检修的一般步骤和方法。

3. 什么是试验法？什么是逻辑分析法？

4. 什么是测量法？常用的有哪几种？

课题 5　三相笼型异步电动机的正反转控制线路

学习目标

1. 掌握倒顺开关正反转控制线路的构成和工作原理，并能正确完成线路的安装与检修。

2. 掌握接触器联锁正反转控制线路的构成和工作原理，并能正确完成线路的安装。

3. 掌握按钮和接触器双重联锁正反转控制线路的构成和工作原理，并能正确完成线路的安装与检修。

在实际生产中，机床工作台需要前进与后退；万能铣床的主轴需要正转与反转；起重机的吊钩需要上升与下降。而正转控制线路只能使电动机朝一个方向旋转，带动生产机械的运动部件朝一个方向运动，不能满足这一需求。要使生产机械运动部件能向正反两个方向运动，就要求电动机能实现正反转控制。

当改变通入电动机定子绕组的三相电源相序，即把接入电动机三相电源进线中的任意两相对调接线时，电动机就可以反转。下面介绍几种常用的正反转控制线路。

一、倒顺开关正反转控制线路

倒顺开关正反转控制线路如图 2-22 所示。万能铣床主轴电动机的正反转控制就是采用倒顺开关来实现的。

线路的工作原理如下：操作倒顺开关 QS，当手柄处于“停”位置时，QS 的动、静触头不接触，电路不通，电动机不转；当手柄扳至“顺”位置时，QS 的动触头和左边的静触头相接触，电路按 L1—U、L2—V、L3—W 接通，输入电动机定子绕组的电源电压相序为 L1—L2—L3，电动机正转；当手柄扳至“倒”位置时，QS 的动触头和右边的静触头相接触，电路按 L1—W、L2—V、L3—U 接通，输入电动机定子绕组的电源电压相序变为 L3—L2—L1，电动机反转。

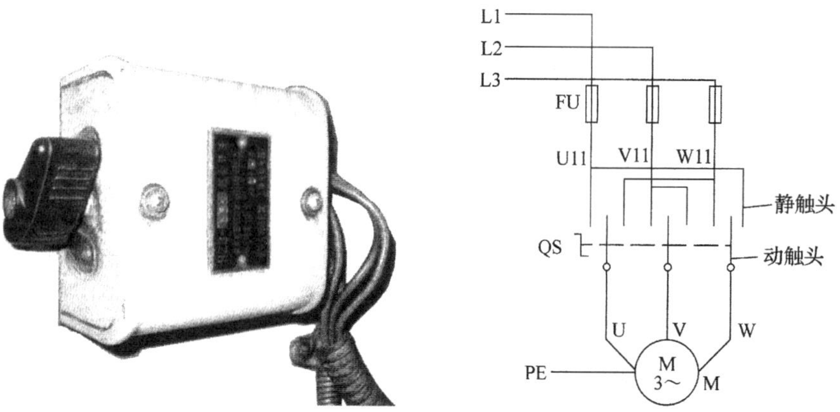

a)　　b)

图 2-22　倒顺开关正反转控制线路

a）某机床使用的 HZ3-131 倒顺开关　b）倒顺开关正反转控制电路图

小提示

当电动机处于正转状态时，要使它反转，应先把手柄扳到“停”的位置，使电动机先停转，然后再把手柄扳到“倒”的位置，使它反转。若直接把手柄由“顺”扳至“倒”的位置，电动机的定子绕组会因为电源突然反接而产生很大的反接电流，易使电动机定子绕组因过热而损坏。

二、接触器联锁正反转控制线路

倒顺开关正反转控制线路虽然使用电器较少，线路比较简单，但它是一种手动控制线路，在频繁换向时，操作人员劳动强度大，操作安全性差，所以这种线路一般用于控制额定电流 10 A、功率在 3 kW 及以下的小容量电动机。在实际生产中，更常用的是用按钮、接触器来控制电动机的正反转。

图 2-23 所示为接触器联锁正反转控制线路。线路中采用了两个接触器，即正转用的接触器 KM1 和反转用的接触器 KM2，它们分别由正转按钮 SB1 和反转按钮 SB2 控制。从主电路中可以看出，这两个接触器的主触头所接通的电源相序不同，KM1 按 L1—L2—L3 相序接线，KM2 则按 L3—L2—L1 相序接线。相应地控制电路有两条，一条是由按钮 SB1 和接触器 KM1 线圈等组成的正转控制电路；另一条是由按钮 SB2 和接触器 KM2 线圈等组成的反转控制电路。

必须指出，接触器 KM1 和 KM2 的主触头绝不允许同时闭合，否则将造成两相电源（L1 相和 L3 相）短路事故。为了避免两个接触器 KM1 和 KM2 同时得电动作，在正、反转控制电路中分别串接了对方接触器的一对辅助常闭触头。

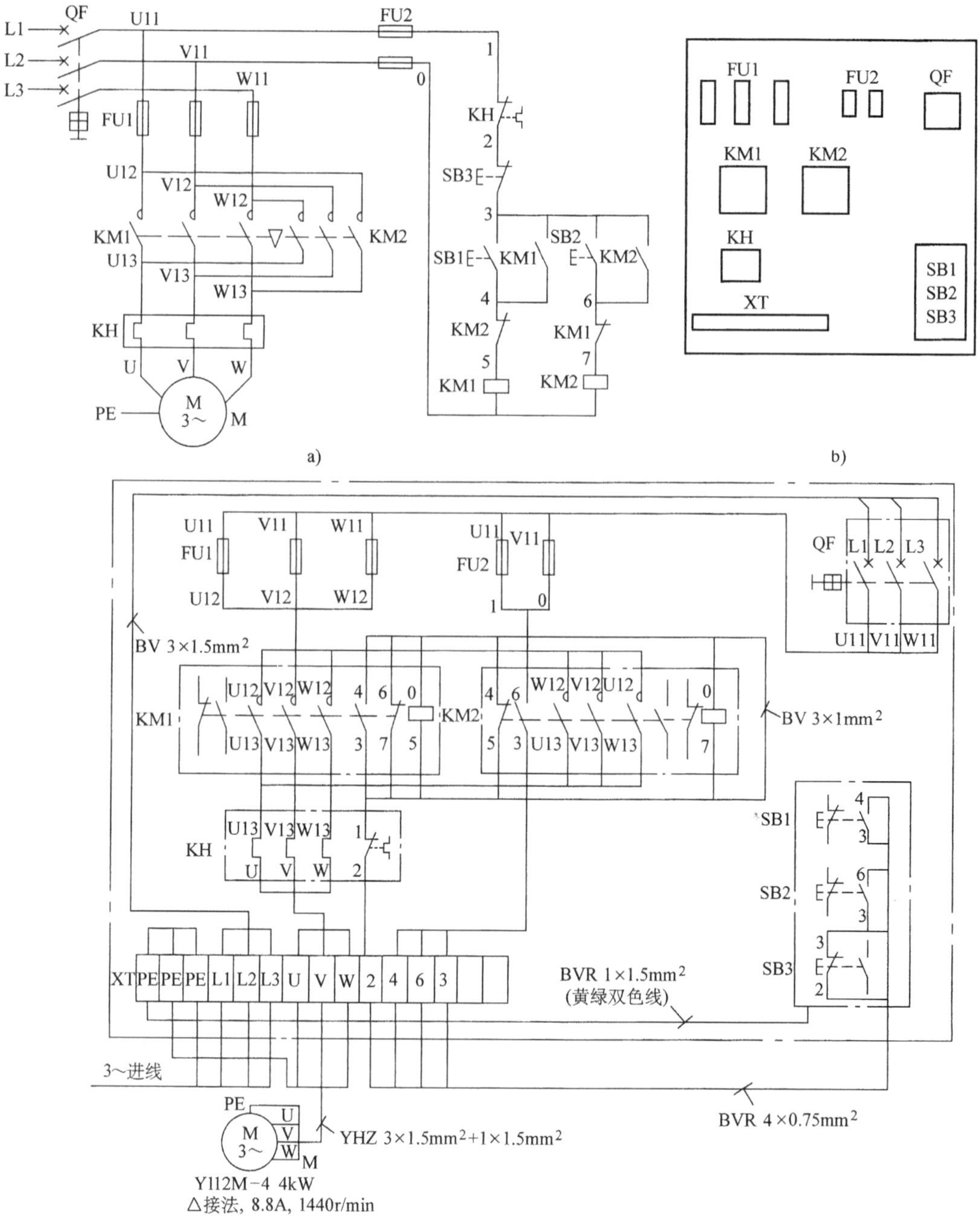

图 2–23 接触器联锁正反转控制线路

a）电路图 b）布置图 c）接线图

当一个接触器得电动作时，通过其辅助常闭触头使另一个接触器不能得电动作，接触器之间这种相互制约的作用称为接触器联锁（或互锁）。实现联锁作用的辅助常闭触头称为联锁触头（或互锁触头），联锁用符号“▽”表示。

在接触器联锁正反转控制线路中，电动机从正转变为反转时，必须先按下停止按钮后，才能按反转启动按钮，否则由于接触器的联锁作用，不能实现反转。因此线路工作安全可靠，但操作不便。线路工作原理请自行叙述。

三、接触器、按钮双重联锁正反转控制线路

如果把正转按钮 SB1 和反转按钮 SB2 换成两个复合按钮，并把两个复合按钮的常闭触头也串接在对方的控制电路中，构成如图 2–24 所示的按钮和接触器双重联锁正反转控制线路，就能克服接触器联锁正反转控制线路操作不便的缺点，使线路操作方便，工作安全可靠。

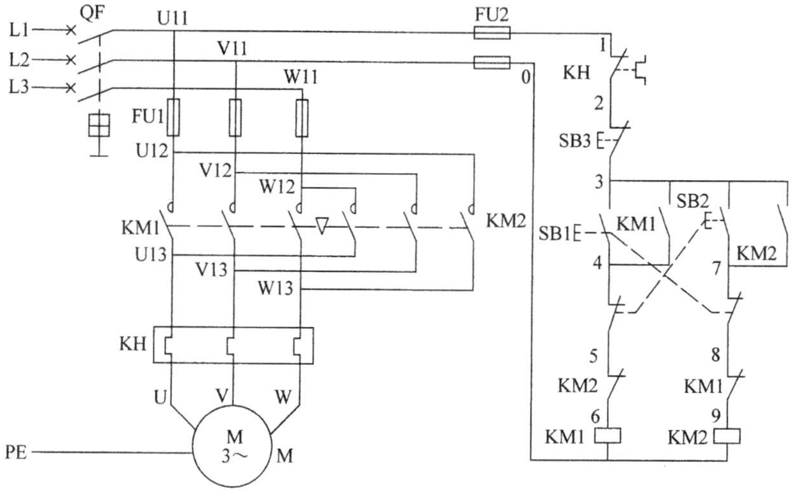

图 2–24　按钮和接触器双重联锁正反转控制线路

线路的工作原理如下：

先合上电源开关 QF。

1. 正转控制

按下SB1 → SB1常闭触头先分断对KM2联锁(切断反转控制电路)
按下SB1 → SB1常开触头后闭合 → KM1线圈得电 →

→ KM1自锁触头闭合自锁
→ KM1主触头闭合 → 电动机M启动连续正转
→ KM1联锁触头分断对KM2联锁

2. 反转控制

按下SB2 → SB2常闭触头先分断 → KM1线圈失电 → KM1自锁触头分断 / KM1主触头分断 → 电动机M失电
KM1线圈失电 → KM1联锁触头恢复闭合 →
按下SB2 → SB2常开触头后闭合 →

→KM2线圈得电 → KM2自锁触头闭合自锁 → KM2主触头闭合 → 电动机M启动连续反转；KM2联锁触头分断对KM1联锁(切断正转控制电路)

若要停止，按下 SB3，整个控制电路失电，主触头分断，电动机 M 失电停转。

例 2–3　几种正反转控制电路如图 2–25 所示。分析各电路能否正常工作。若不能正常工作，请找出原因，并改正过来。

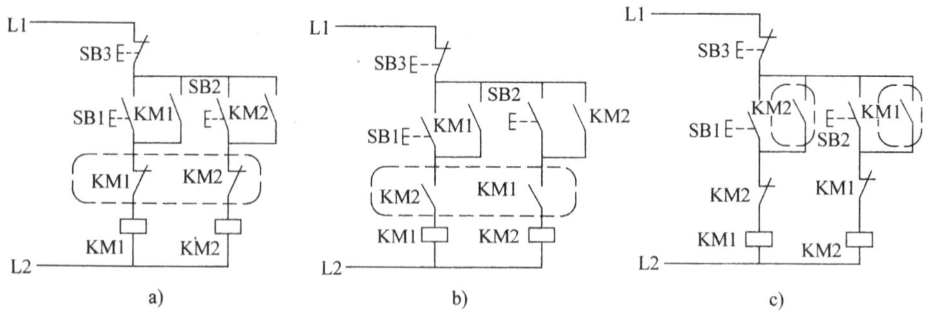

图 2–25　正反转控制电路

解：图 2–25a 所示电路不能正常工作。其原因是联锁触头不能用自身接触器的辅助常闭触头。这样不但起不到联锁作用，而且当按下启动按钮后，还会出现控制电路时通时断的现象。应把图中两对联锁触头换接。

图 2–25b 所示电路不能正常工作。其原因是联锁触头不能用辅助常开触头。这样即使按下启动按钮，接触器也不能得电动作。应把联锁触头换接成辅助常闭触头。

图 2–25c 所示电路只能实现点动正反转控制，不能连续工作。其原因是自锁触头用对方接触器的辅助常开触头起不到自锁作用。若要使线路能连续工作，应把图中两对自锁触头换接。

实训 2—5　正反转控制线路的安装与检修

1. 工具、仪表及器材

根据三相笼型异步电动机的技术数据及图 2–22 ~ 图 2–24 所示正反转控制线路，选用工具、仪表及器材，见表 2–16。

表 2-16　工具、仪表及器材

<table>
<tr><td>工具</td><td colspan="5">验电笔、螺钉旋具、钢丝钳、尖嘴钳、斜口钳、剥线钳、电工刀等</td></tr>
<tr><td>仪表</td><td colspan="5">ZC25-3 型兆欧表（500 V，0 ~ 500 MΩ）、MG3-1 型钳形电流表、MF47 型万用表</td></tr>
<tr><td rowspan="19">器材</td><td>代号</td><td>名称</td><td>型号</td><td>规　格</td><td>数量</td></tr>
<tr><td rowspan="2">M</td><td>三相笼型异步电动机</td><td>Y100L1-4Y</td><td>2.2 kW、380 V、5 A、Y接法、1 440 r/min（倒顺开关控制）</td><td>1</td></tr>
<tr><td>三相笼型异步电动机</td><td>Y112M-4</td><td>4 kW、380 V、8.8 A、△接法、1 440 r/min</td><td>1</td></tr>
<tr><td>QS</td><td>倒顺开关</td><td>HZ3-132</td><td>三极、500 V、10 A</td><td>1</td></tr>
<tr><td>QF</td><td>低压断路器</td><td>DZ5-20/330</td><td>三极复式脱扣器、380 V、20 A</td><td>1</td></tr>
<tr><td>FU</td><td>螺旋式熔断器</td><td>RL1-15/15</td><td>500 V、15 A、配熔体 15 A</td><td>1</td></tr>
<tr><td>FU1</td><td>螺旋式熔断器</td><td>RL1-60/25</td><td>500 V、60 A、配熔体 25 A</td><td>3</td></tr>
<tr><td>FU2</td><td>螺旋式熔断器</td><td>RL1-15/2</td><td>500 V、15 A、配熔体 2 A</td><td>2</td></tr>
<tr><td>KM1、KM2</td><td>交流接触器</td><td>CJ10-20</td><td>20 A、线圈电压 380 V</td><td>2</td></tr>
<tr><td>KH</td><td>热继电器</td><td>JR36-20</td><td>三极、20 A、热元件 11 A、整定电流 8.8 A</td><td>1</td></tr>
<tr><td>SB1~SB3</td><td>按钮</td><td>LA10-3H</td><td>保护式、380 V、5 A，钮数 3</td><td>1</td></tr>
<tr><td>XT</td><td>端子板</td><td>JX2-1015</td><td>380 V、10 A、15 节</td><td>1</td></tr>
<tr><td></td><td>主电路导线</td><td></td><td>BV 1.5 mm²（黑色）</td><td>若干</td></tr>
<tr><td></td><td>控制电路导线</td><td></td><td>BV 1 mm²（红色）</td><td>若干</td></tr>
<tr><td></td><td>按钮线</td><td></td><td>BVR 0.75 mm²（红色）</td><td>若干</td></tr>
<tr><td></td><td>接地线</td><td></td><td>BVR 1.5 mm²（黄绿双色）</td><td>若干</td></tr>
<tr><td></td><td>控制板</td><td></td><td>500 mm × 400 mm × 20 mm</td><td>1</td></tr>
<tr><td></td><td>紧固体及编码套管</td><td></td><td></td><td>若干</td></tr>
</table>

2. 实训过程

（1）安装与检修倒顺开关正反转控制线路　参照实训 2—1 制定安装步骤，并熟悉其工艺要求，经指导教师审查合格后，开始安装训练。安装注意事项如下：

1）电动机和倒顺开关的金属外壳等必须可靠接地，且必须将接地线接到倒顺开关指定的接地螺钉上，切忌接在开关的罩壳上。

2）倒顺开关的进出线接线切忌接错。接线时，应看清开关线端标记，保证标记为 L1、L2、L3 接电源，标记为 U、V、W 接电动机。否则会造成两相电源短路。

3）倒顺开关的操作顺序要正确。

4）若作为临时性装置安装，如将倒顺开关安装在墙上（属于半移动形式）时，接到电动机的引线可采用 BVR 1.5 mm^2（黑色）塑铜线或 YHZ 4 × 1.5 mm^2 橡胶电缆线，并采用金属软管保护；若将开关与电动机一起安装在同一金属结构件或支架上（属移动形式）时，开关的电源进线必须采用四脚插头和插座连接，并在插座前装熔断器或再加装隔离开关。可移动的引线必须完整无损，不得有接头，引线的长度一般不超过 2 m。

倒顺开关正反转控制线路常见故障及维修方法见表 2-17。

表 2-17　倒顺开关正反转控制线路常见故障及维修方法

常见故障	故障原因	维修方法
电动机不启动、电动机缺相	熔断器熔体熔断	查明原因，排除故障后更换熔体
	倒顺开关操作失控	修复或更换倒顺开关
	倒顺开关动、静触头接触不良	对触头进行修整

（2）安装接触器联锁正反转控制线路　参照实训 2—2 编写安装步骤，并熟悉安装工艺要求。经教师审查同意后，根据图 2-23 所示电路图完成接触器联锁正反转控制线路的安装。安装完成后的线路板如图 2-26 所示。安装注意事项如下：

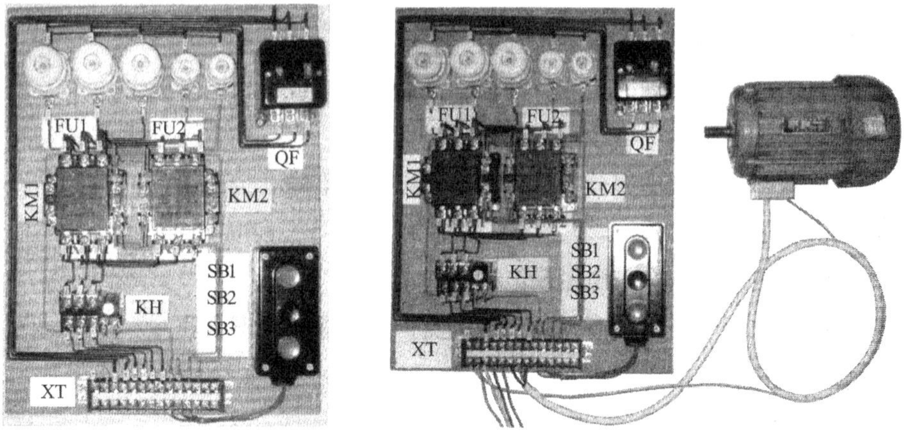

a)　　　　b)

图 2-26　接触器联锁正反转控制线路板

a）安装完成后的线路板　b）线路板接电动机

1）接触器联锁触头接线必须正确，否则将会造成主电路中两相电源短路事故。

2）通电试车时，应先合上 QF，再按下 SB1（或 SB2）及 SB3，看控制是否正常，并在按下 SB1 后再按下 SB2，观察有无联锁作用。

3）训练应在规定的定额时间内完成，同时要做到安全操作和文明生产。训练结束后，安装的控制板留用。

（3）安装双重联锁正反转控制线路

1）根据图 2-24 所示的电路图，将图 2-23c 改画成双重联锁正反转控制线路的接线图。

2）根据双重联锁正反转控制线路的电路图和接线图，将安装好的接触器联锁正反转控制线路板改装成双重联锁正反转控制线路板。通电试车时，注意体会该线路的优点。

（4）检修双重联锁正反转控制线路

1）故障设置　在控制电路或主电路中人为设置电气自然故障两处。

2）教师示范检修　教师进行示范检修时，注意观察并体会下述检修步骤及要求，直至故障排除。

①用试验法来观察故障现象。主要注意观察电动机的运行情况、接触器的动作情况和线路的工作情况等，如发现有异常情况，应马上断电检查。

②用逻辑分析法缩小故障范围，并在电路图上用虚线标出故障部位的最小范围。

③用测量法准确、迅速地找出故障点。

④根据故障点的不同情况，采取正确的修复方法，迅速排除故障。

⑤排除故障后通电试车。

3）学生检修　教师示范检修后，再由指导教师重新设置两个故障点，由学生进行检修。

4）检修注意事项

①要认真听取和仔细观察指导教师在示范过程中的讲解和检修操作。

②要熟练掌握电路图中各个环节的作用。

③在排除故障的过程中，分析思路和排除方法要正确。

④工具和仪表使用要正确。

⑤不能随意更改线路和带电触摸电器元件。

⑥带电检修故障时，必须有教师在现场监护，确保用电安全。

⑦检修必须在规定的时间内完成。

3. 评分标准

评分标准见表2–18。

表2–18　评分标准

项目	配分	评分标准		扣分
选用工具、仪表及器材	15分	（1）工具、仪表少选或错选 （2）电器元件选错型号和规格 （3）选错元件数量或型号规格没有写全	每个扣2分 每个扣4分 每个扣2分	
装前检查	5分	电器元件漏检或错检	每处扣1分	
安装布线	30分	（1）电动机安装不符合要求 （2）控制板安装不符合要求 1）电器布置不合理 2）元件安装不牢固 3）元件安装不整齐、不匀称、不合理 4）损坏元件 5）不按电路图接线	扣15分 扣5分 每只扣4分 每只扣3分 扣15分 扣15分	

续表

项目	配分	评分标准		扣分
安装布线	30分	6）布线不符合要求 7）连接点松动、露铜过长、反圈等 8）损伤导线绝缘层或线芯 9）漏装或套错编码套管 10）漏接接地线	每根扣3分 每个扣1分 每根扣5分 每个扣1分 扣10分	
故障分析	10分	（1）故障分析、排除故障思路不正确 （2）标错电路故障范围	每个扣5～10分 每个扣5分	
排除故障	20分	（1）停电不验电 （2）工具及仪表使用不当 （3）排除故障的顺序不对 （4）不能查出故障点 （5）查出故障点，但不能排除 （6）产生新的故障： 不能排除 已经排除 （7）损坏电动机 （8）损坏电器元件，或排除故障方法不正确	扣5分 扣5分 扣5分 每个扣10分 每个故障扣5分 每个扣10分 每个扣5分 扣20分 每只（次）扣5～20分	
通电试车	20分	（1）热继电器未整定或整定错误 （2）熔体规格选用不当 （3）第一次试车不成功 第二次试车不成功 第三次试车不成功	扣10分 扣5分 扣10分 扣15分 扣20分	
安全文明生产	违反安全文明生产规程		扣10～70分	
定额时间	8 h，训练不允许超时，在修复故障过程中才允许超时，每超1 min		扣5分	
备注	除定额时间外，各项目的最高扣分不得超过配分数		成绩	
开始时间		结束时间	实际时间	

巩固练习

1. 如何使电动机改变转向？

2. 用倒顺开关控制电动机正反转时，为什么不允许把手柄从“顺”的位置直接扳到“倒”的位置？

3. 题图2-5所示控制线路只能实现电动机的单向启动和停止。用接触器和按钮在图中填画出能使电动机反转的控制线路，并使线路具有接触器联锁保护作用。

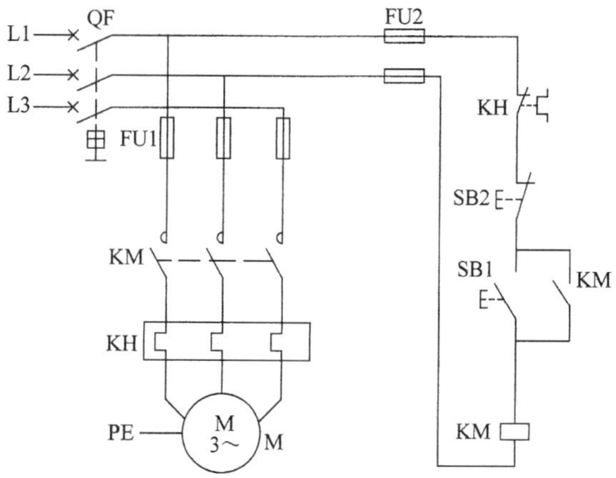

题图 2-5

4. 分析判断题图 2-6 所示主电路或控制电路能否实现正反转控制。若不能，说明其原因。

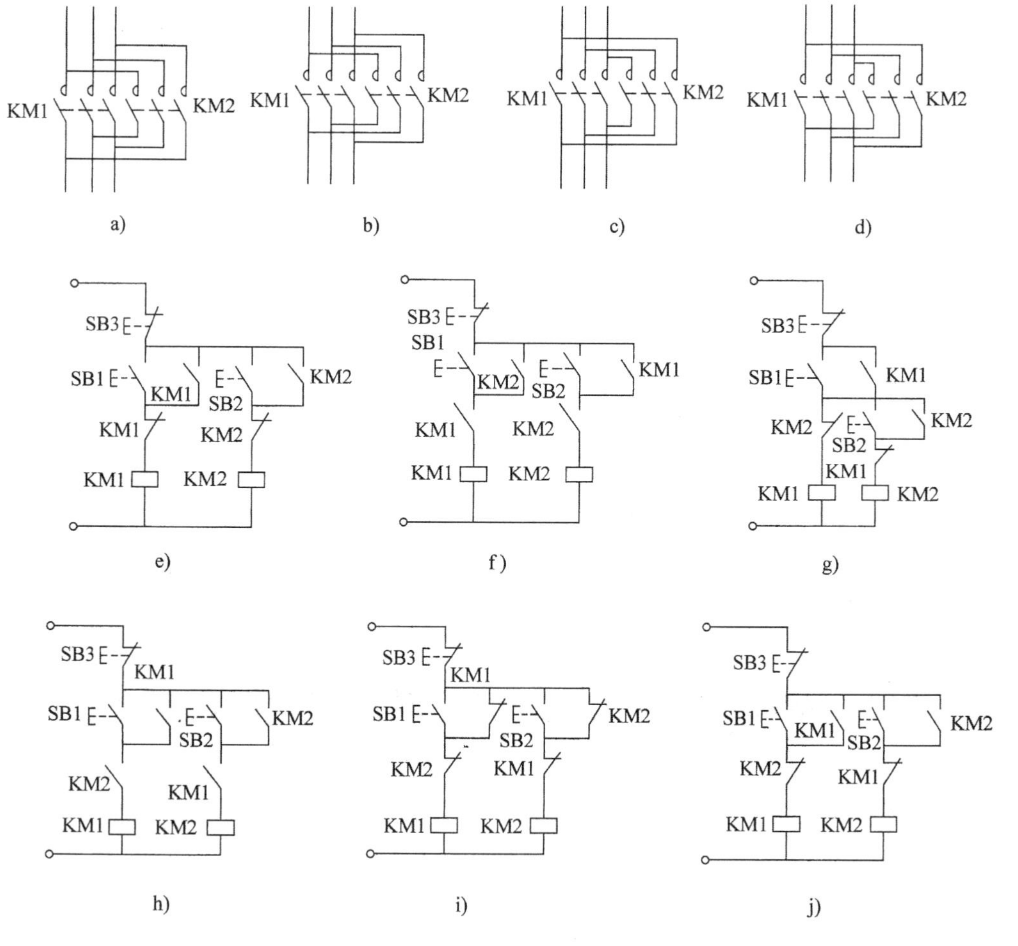

题图 2-6

5. 什么是联锁控制？在电动机正反转控制线路中为什么必须有联锁控制？指出题图 2–7 所示控制电路中哪些电器元件起联锁作用。各线路有什么优缺点？

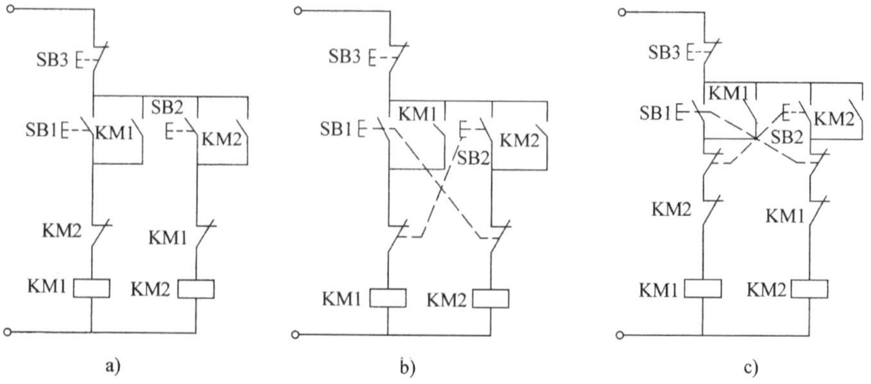

题图 2–7

6. 画出点动的双重联锁正反转控制线路的电路图。

7. 题图 2–8 所示为电动机正反转控制电路图，请检查图中哪些地方画错了，并加以改正，说明改正的原因。

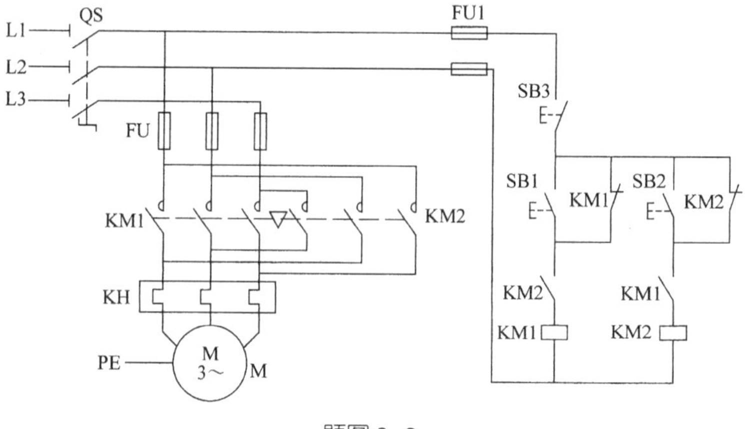

题图 2–8

8. 某车床有两台电动机，一台是主轴电动机，要求能正反转控制；另一台是冷却液泵电动机，只要求正转控制；两台电动机都要求有短路、过载、欠压和失压保护，设计满足要求的电路图。

课题 6　三相笼型异步电动机的位置控制与自动往返控制线路

学习目标

1. 掌握位置控制线路和自动往返控制线路的构成及工作原理。
2. 能正确完成工作台自动往返控制线路的安装与检修。

一、位置控制线路

想一想

图 2–27 所示是工厂车间里的行车常采用的位置控制电路图，与接触器联锁正反转控制电路图认真比较一下，两者有什么不同？试分析该线路的工作原理。

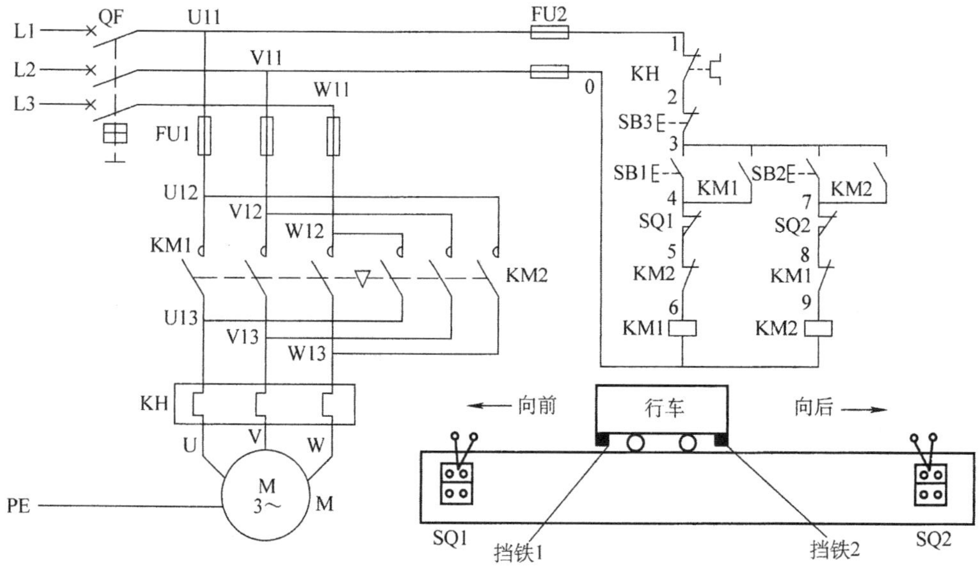

图 2–27　位置控制电路图

在生产过程中，一些生产机械运动部件的行程或位置要受到限制，如在摇臂钻床、万能铣床、镗床、桥式起重机及各种自动或半自动控制的机床设备中就经常遇到这种控制要求。

图 2-27 的右下角是行车运动示意图，在行车运行路线的两头终点处各安装一个行程开关 SQ1 和 SQ2，它们的常闭触头分别串接在正转控制电路和反转控制电路中。当安装在行车前后的挡铁 1 或挡铁 2 撞击行程开关的滚轮时，行程开关的常闭触头分断，切断控制电路，使行车自动停止。

利用生产机械运动部件上的挡铁与行程开关碰撞，使其触头动作来接通或断开电路，以实现对生产机械运动部件的位置或行程的自动控制的方法称为位置控制，又称行程控制或限位控制。实现这种控制要求所依靠的主要电器是行程开关。

图 2-27 所示位置控制线路的工作原理请参照接触器联锁正反转控制线路自行分析。行车的行程和位置可通过移动行程开关的安装位置来调节。

想一想

当图 2-27 中行车上的挡铁撞击行程开关使其停止向前运行后，按下启动按钮 SB1，线路能否接通使行车继续前进？为什么？

二、自动往返控制线路

在生产实际中，有些生产机械（如磨床）的工作台要求在一定行程内自动往返运动，以便实现对工件的连续加工，提高生产效率。这就需要电气控制线路能控制电动机实现自动换接正反转。

由行程开关控制的工作台自动往返控制线路如图 2-28a 所示。右下角是工作台自动往返运动的示意图。

为了使电动机的正反转控制与工作台的左右运动相配合，在控制线路中设置了四个行程开关 SQ1、SQ2、SQ3 和 SQ4，并把它们安装在工作台需限位的地方。其中 SQ1、SQ2 用来自动换接电动机正反转控制电路，实现工作台的自动往返；SQ3 和 SQ4 用作终端保护，以防止 SQ1、SQ2 失灵，工作台越过限定位置而造成事故。在工作台边的 T 形槽中装有两块挡铁，挡铁 1 只能和 SQ1、SQ3 相碰撞，挡铁 2 只能和 SQ2、SQ4 相碰撞。当工作台运动到所限位置时，挡铁碰撞行程开关，使其触头动作，自动换接电动机正反转控制电路，通过机械传动机构使工作台自动往返运动。工作台行程可通过移动挡铁位置来调节，拉开两块挡铁间的距离，行程变短，反之则变长。

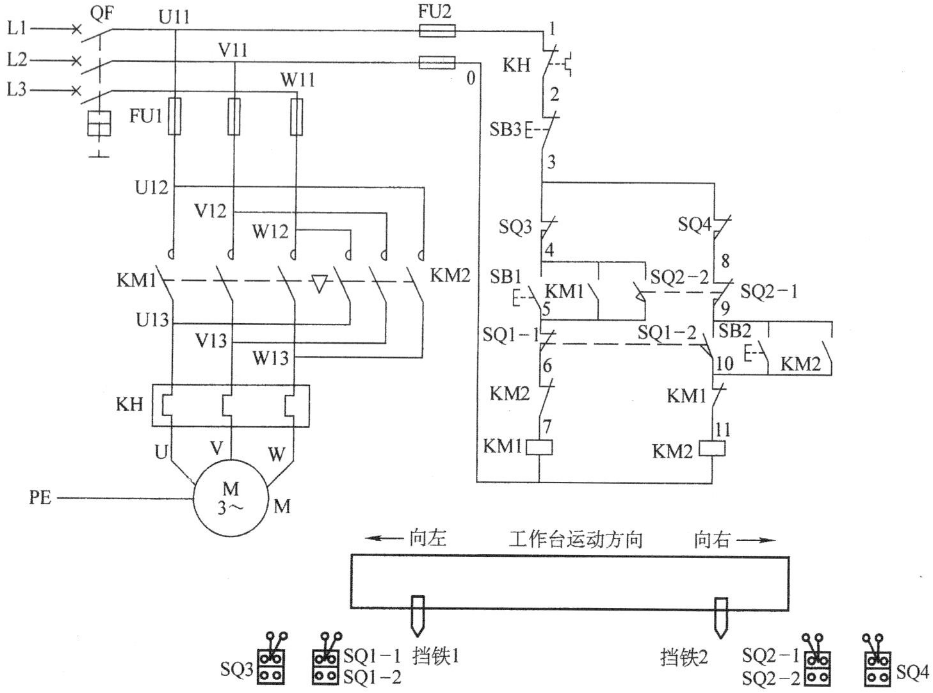

a)

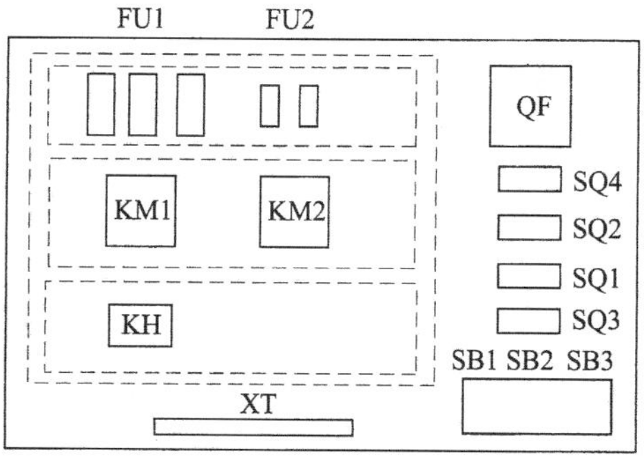

b)

图 2–28　工作台自动往返行程控制线路
a）电路图　b）布置图

线路的工作原理如下：

先合上电源开关 QF。

自动往返运动：

按下SB1 → KM1线圈得电 → KM1自锁触头闭合自锁 / KM1主触头闭合 / KM1联锁触头分断对KM2联锁；KM1自锁触头闭合自锁、KM1主触头闭合 → 电动机M正转 →

→ 工作台左移 → 至限定位置挡铁1撞击SQ1 →

→ SQ1-1先分断 → KM1线圈失电 → KM1自锁触头分断解除自锁
KM1主触头分断
KM1联锁触头恢复闭合
→ M停止正转，工作台停止左移
→ SQ1-2后闭合 →

→ KM2线圈得电 → KM2自锁触头闭合自锁
KM2主触头闭合
KM2联锁触头分断对KM1联锁
→ 电动机M反转 →

→ 工作台右移(SQ1触头复位) → 至限定位置挡铁2撞击SQ2 →

→ SQ2-1先分断 → KM2线圈失电 → KM2自锁触头分断解除自锁
KM2主触头分断
KM2联锁触头恢复闭合
→ M停止反转，工作台停止右移
→ SQ2-2后闭合 →

→ KM1线圈得电 → KM1自锁触头闭合自锁
KM1主触头闭合
KM1联锁触头分断对KM2联锁
→ 电动机M又正转 →

→ 工作台又左移(SQ2触头复位) → …，以后重复上述过程，工作台就在限定的行程内自动往返运动

停止：

按下SB3 → 整个控制电路失电 → KM1(或KM2)主触头分断 → 电动机M失电停转

这里 SB1、SB2 分别作为正转启动按钮和反转启动按钮，若启动时工作台在左端，则应按下 SB2 进行启动。

实训 2—6 工作台自动往返控制线路的安装与检修

1. 工具、仪表及器材

根据三相异步电动机 Y112M–4 的技术数据和图 2–28 所示工作台自动往返控制线

路，选用工具、仪表及器材见表 2–19。

表 2–19　工具、仪表及器材

工具	验电笔、螺钉旋具、钢丝钳、尖嘴钳、斜口钳、剥线钳、电工刀等				
仪表	ZC25–3 型兆欧表（500 V，0 ~ 500 MΩ）、MG3–1 型钳形电流表、MF47 型万用表				
器材	代号	名称	型号	规格	数量
	M	三相笼型异步电动机	Y112M–4	4 kW、380 V、8.8 A、△接法、1 440 r/min	1
	QF	低压断路器	DZ5–20/330	三极复式脱扣器，380 V，20 A	1
	FU1	熔断器	RL1–60/25	500 V、60 A、配熔体 25 A	3
	FU2	熔断器	RL1–15/2	500 V、15 A、配熔体 2 A	2
	KM1、KM2	交流接触器	CJ10–20	20 A、线圈电压 380 V	2
	KH	热继电器	JR36–20	三极、20 A、热元件 11 A、整定电流 8.8 A	1
	SQ1~SQ4	行程开关	JLXK1–111	单轮防护式	4
	SB1~SB3	按钮	LA10–3H	保护式、380 V、5 A、钮数 3	1
	XT	端子板	JD0–1020	380 V、10 A、20 节	若干
		主电路导线		BVR 1.5 mm^2（黑色）	若干
		控制电路导线		BVR 1 mm^2（红色）	若干
		按钮线		BVR 0.75 mm^2（红色）	若干
		接地线		BVR 1.5 mm^2（黄绿双色）	若干
		走线槽		25 mm × 25 mm	若干
		控制板		500 mm × 400 mm × 20 mm	1
		紧固体及编码套管			若干
		针形及叉形轧头			若干
		金属软管			若干

2. 实训过程

（1）安装训练

1）检验所选电器元件的质量。

2）在控制板上按平面布置图安装走线槽和所有电器元件，并贴上醒目的文字符号，如图 2–29 所示。安装走线槽时，应做到横平竖直、排列整齐匀称、安装牢固、便于走线。

3）按图 2–28a 所示电路图进行板前线槽配线，并在导线端部套编码套管和冷压接线头，如图 2–30 所示。板前线槽配线的工艺要求如下：

①所有导线的截面积等于或大于 0.5 mm^2 时，必须采用软线。考虑机械强度的原因，所用导线的最小截面积在控制箱外为 1 mm^2，在控制箱内为 0.75 mm^2。但对控制箱内通过很小电流的电路连线，如电子逻辑电路，可用 0.2 mm^2，并且可以采用硬线，但只能用于不移动又无振动的场合。

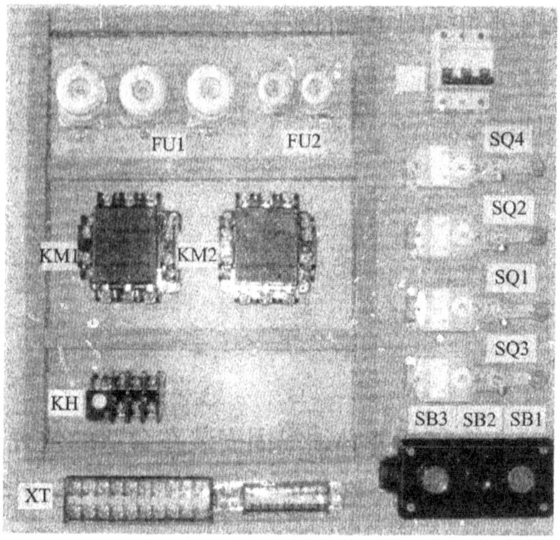

图 2-29 安装走线槽、元件，贴上文字符号

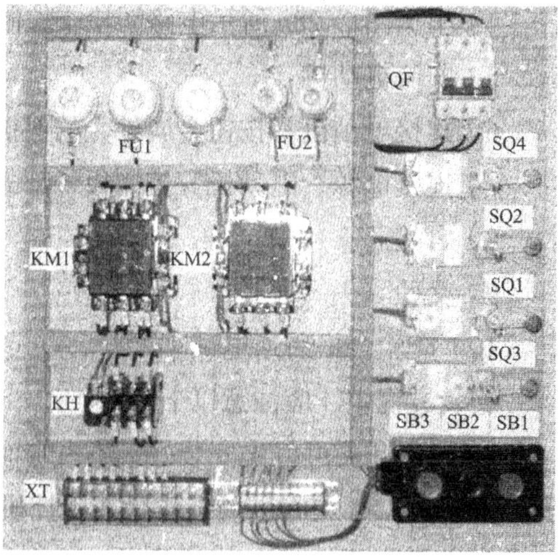

图 2-30 板前线槽配线，套编码套管和冷压接线头

②布线时，严禁损伤线芯和导线绝缘。

③各电器元件接线端子引出导线的走向以元件的水平中心线为界限。在水平中心线以上接线端子引出的导线，必须进入元件上面的走线槽；在水平中心线以下接线端子引出的导线，必须进入元件下面的走线槽。任何导线都不允许从水平方向进入走线槽内。

④各电器元件接线端子上引出或引入的导线，除间距很小或元件机械强度很差时允许直接架空敷设外，其他导线必须经过走线槽进行连接。

⑤进入走线槽内的导线要完全置于走线槽内，并应尽可能避免交叉，装线不要超过其容量的 70%，以便于能盖上线槽盖和以后的装配及维修。

⑥各电器元件与走线槽之间的外露导线，应合理走线，并尽可能做到横平竖直，垂直变换走向。同一个元件上位置一致的端子和同型号电器元件中位置一致的端子上引出或引入的导线，要敷设在同一平面上，并应做到高低一致或前后一致，不得交叉。

⑦所有接线端子、导线线头上都应套有与电路图上相应连接点线号一致的编码套管，并按线号进行连接，连接必须牢固，不得松动。

⑧在任何情况下，接线端子都必须与导线截面积和材料性质相适应。当接线端子不适合连接软线或不适合连接较小截面积的软线时，可以在导线端头穿上针形或叉形轧头并压紧。

⑨一般一个接线端子只能连接一根导线，如果采用专门设计的端子，可以连接两根或多根导线，但导线的连接方式必须是公认的、在工艺上成熟的，如夹紧、压接、焊接、绕接等，并应严格按照连接工艺的工序要求进行。

4）根据图 2–28a 所示电路图检查控制板内部布线的正确性。

5）安装电动机。

6）连接电动机和按钮金属外壳的保护接地线。

7）连接电源、电动机等控制板外部的导线。

8）自检。

9）交验。

10）交验合格后通电试车。

安装过程中，应注意以下问题：

1）行程开关可以先安装好，不占定额时间。行程开关必须牢固安装在合适的位置上。安装后，必须用手动工作台或受控机械进行试验，合格后才能使用。训练中，若无条件进行实际机械安装试验时，可将行程开关安装在控制板上方（或下方）两侧，进行手控模拟试验。

2）通电校验时，必须先手动操作行程开关，试验各行程控制和终端保护动作是否正常可靠。

想一想

通电校验时，在电动机正转（工作台向左运动）时，扳动行程开关 SQ1，电动机不反转，且继续正转，原因是什么？应如何处理？

3）走线槽安装后可不必拆卸，以供后面课题训练时使用。安装线槽的时间不计入定额时间内。

4）通电校验时，必须有指导教师在现场监护，学生应根据电路的控制要求独立进行校验，若出现故障也应自行排除。

5）安装训练应在规定的定额时间内完成，同时要做到安全操作和文明生产。

（2）检修训练

在图 2–28a 所示的主电路或控制电路中，人为设置电气自然故障两处。自编检修步骤，经指导教师审查合格后开始检修。检修注意事项如下：

1）检修前，要先掌握电路图中各个控制环节的作用和原理。

2）在检修过程中，严禁扩大和产生新的故障，否则要立即停止检修。

3）检修思路和方法要正确。

4）寻找故障现象时，不要漏检行程开关，并且严禁在行程开关 SQ3、SQ4 上设置故障。

5）带电检修故障时，必须有指导教师在现场监护，确保用电安全。

6）检修必须在定额时间内完成。

3. 评分标准

评分标准见表 2–20。

表 2-20 评分标准

项目	配分	评分标准		扣分
选用工具、仪表及器材	15 分	（1）工具、仪表少选或错选 （2）电器元件选错型号和规格 （3）选错元件数量或型号规格没有写全	每个扣 2 分 每个扣 4 分 每个扣 2 分	
装前检查	5 分	电器元件漏检或错检	每处扣 1 分	
安装布线	30 分	（1）电器布置不合理 （2）电器元件安装不牢固 （3）电器元件安装不整齐、不匀称、不合理 （4）损坏电器元件 （5）走线槽安装不符合要求 （6）不按电路图接线 （7）布线不符合要求 （8）连接点松动、露铜过长、反圈等 （9）损伤导线绝缘层或线芯 （10）漏装或套错编码套管 （11）漏接接地线	扣 5 分 每只扣 4 分 每只扣 3 分 扣 15 分 每处扣 2 分 扣 15 分 每根扣 3 分 每个扣 1 分 每根扣 5 分 每个扣 1 分 扣 10 分	
故障分析	10 分	（1）故障分析、排除故障思路不正确 （2）标错电路故障范围	每个扣 5 ~ 10 分 每个扣 5 分	
排除故障	20 分	（1）断电不验电 （2）工具及仪表使用不当 （3）排除故障的顺序不对 （4）不能查出故障点 （5）查出故障点，但不能排除 （6）产生新的故障： 不能排除 已经排除 （7）损坏电动机 （8）损坏电器元件，或排除故障方法不正确	扣 5 分 每次扣 5 分 扣 5 分 每个扣 10 分 每个故障扣 5 分 每个扣 10 分 每个扣 5 分 扣 20 分 每只（次）扣 5 ~ 20 分	
通电试车	20 分	（1）热继电器未整定或整定错误 （2）熔体规格选用不当 （3）第一次试车不成功 第二次试车不成功 第三次试车不成功	扣 5 分 扣 5 分 扣 10 分 扣 15 分 扣 20 分	
安全文明生产	违反安全文明生产规程		扣 10 ~ 70 分	
定额时间	4 h，训练不允许超时，若在修复故障过程中才允许超时，每超 1 min		扣 5 分	
备注	除定额时间外，各项目的最高扣分不得超过配分数		成绩	
开始时间		结束时间		实际时间	

巩固练习

1. 什么是位置控制？某工厂车间需用一行车，要求按题图 2-9 所示的示意图运动。画出满足要求的控制电路图。

2. 若使题图 2-9 所示示意图中的行车启动后自动往返运动，其控制电路图应如何设计？

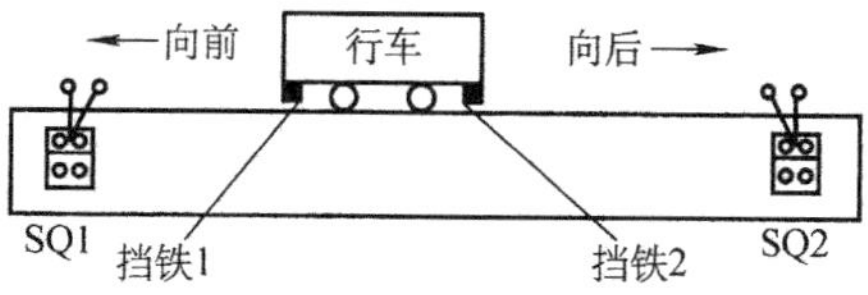

题图 2-9

3. 题图 2-10 所示为工作台自动往返行程控制线路的主电路，补画出控制电路，并说明四个行程开关的作用。

4. 简述板前线槽配线的工艺要求。

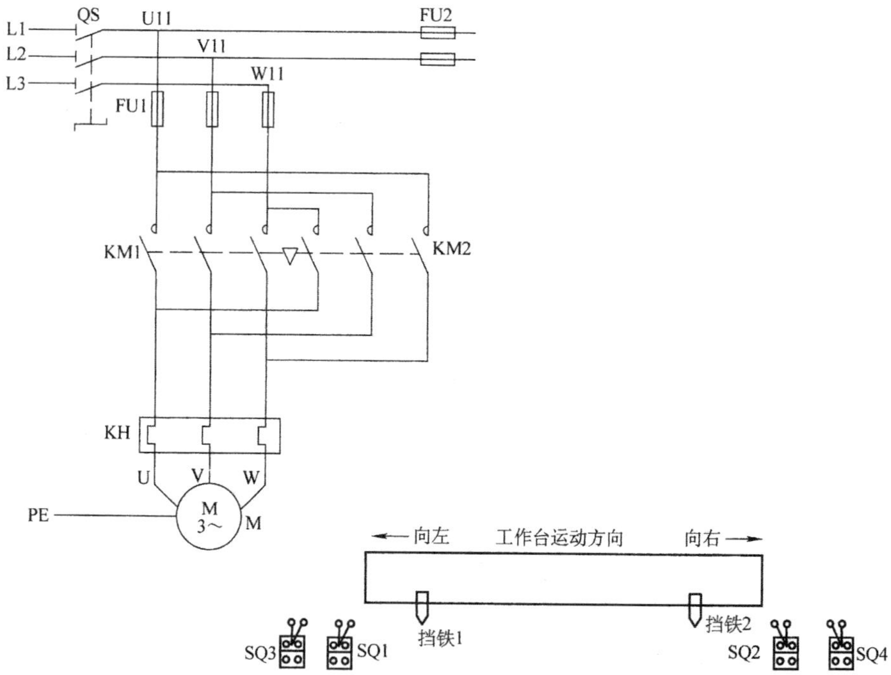

题图 2-10

课题 7　三相笼型异步电动机的顺序控制线路

学习目标

1. 掌握顺序控制线路的构成和工作原理。
2. 能正确安装两台电动机顺序启动逆序停止控制线路。

想一想

图 2-31 所示控制线路中的两台电动机能否同时启动运转？为什么？该线路能满足何种控制要求？

在装有多台电动机的生产机械上，各电动机所起的作用是不同的，有时需按一定的顺序启动或停止，才能保证操作过程的合理和工作的安全可靠。如在 X62W 型万能铣床上，要求主轴电动机启动后，进给电动机才能启动；M7120 型平面磨床则要求当砂轮电动机启动后，冷却泵电动机才能启动。

要求几台电动机的启动或停止必须按一定的先后顺序来完成的控制方式，称为电动机的顺序控制。

一、主电路实现顺序控制

图 2-31 所示是主电路实现电动机顺序控制的电路图。线路的特点是电动机 M2 的主电路接在 KM（或 KM1）主触头的下面。

在图 2-31a 所示控制线路中，电动机 M2 通过接插器 X 接在接触器 KM 主触头的下面，因此，只有当 KM 主触头闭合，电动机 M1 启动运转后，电动机 M2 才可能接通电源运转。M7120 型平面磨床的砂轮电动机和冷却泵电动机就采用了这种顺序控制线路。

在图 2-31b 所示控制线路中，电动机 M1 和 M2 分别通过接触器 KM1 和 KM2 来控制，接触器 KM2 的主触头接在接触器 KM1 主触头的下面，这样就保证了当 KM1 主触

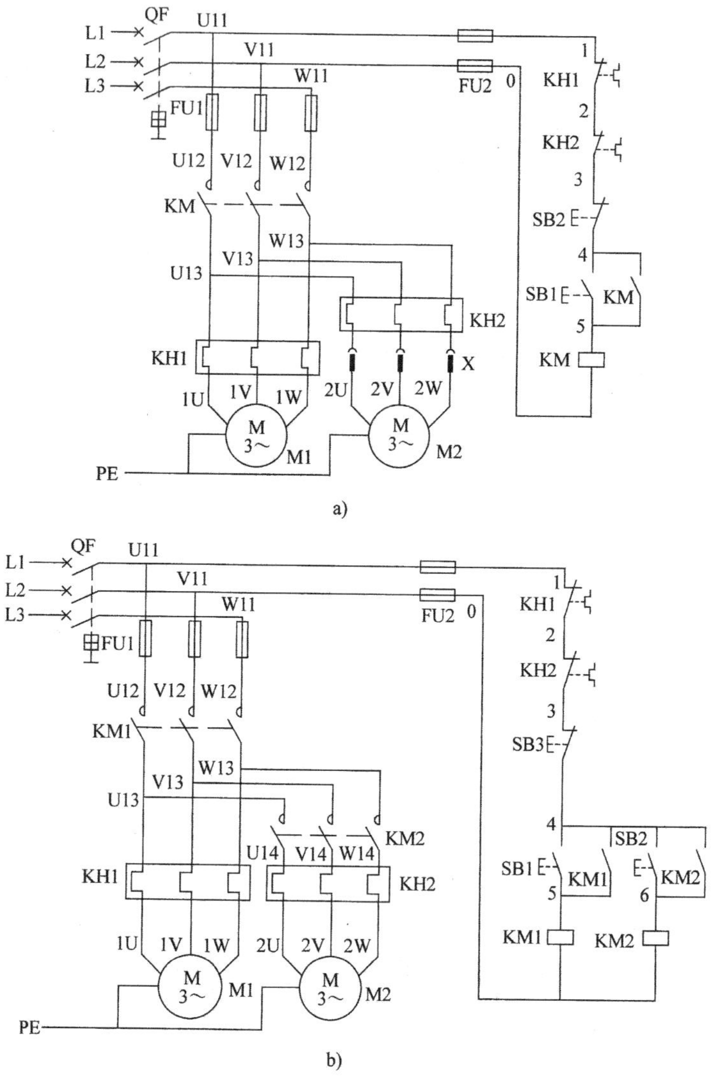

图 2–31　主电路实现电动机顺序控制的电路图

头闭合，电动机 M1 启动运转后，电动机 M2 才可能接通电源运转。线路的工作原理如下：

先合上电源开关 QF。

M1 启动后 M2 才能启动：

按下SB1 → KM1线圈得电 → KM1主触头闭合 → KM1自锁触头闭合自锁 → 电动机M1启动连续运转 → 再按下SB2 → KM2线圈得电 → KM2主触头闭合 → KM2自锁触头闭合自锁 → 电动机M2启动连续运转

M1、M2 同时停转：

按下SB3 ——→ 控制电路失电 ——→ KM1、KM2主触头分断 ——→ M1、M2同时停转

二、控制电路实现顺序控制

几种在控制电路实现电动机顺序控制的电路图如图 2-32 所示。

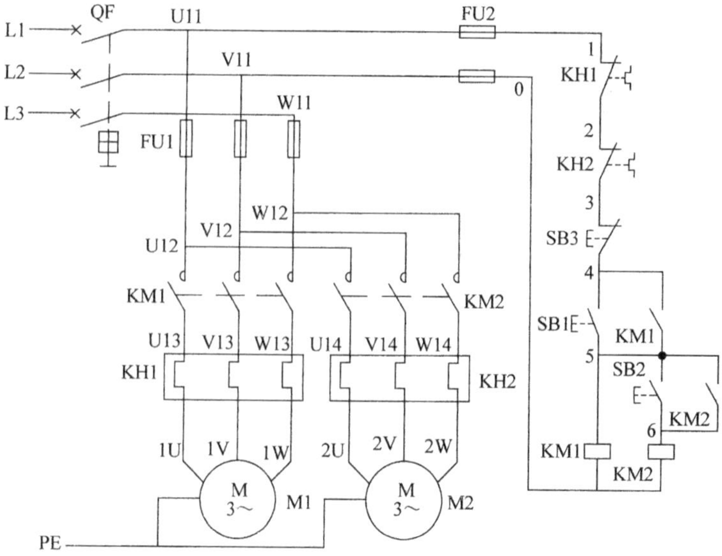

a)

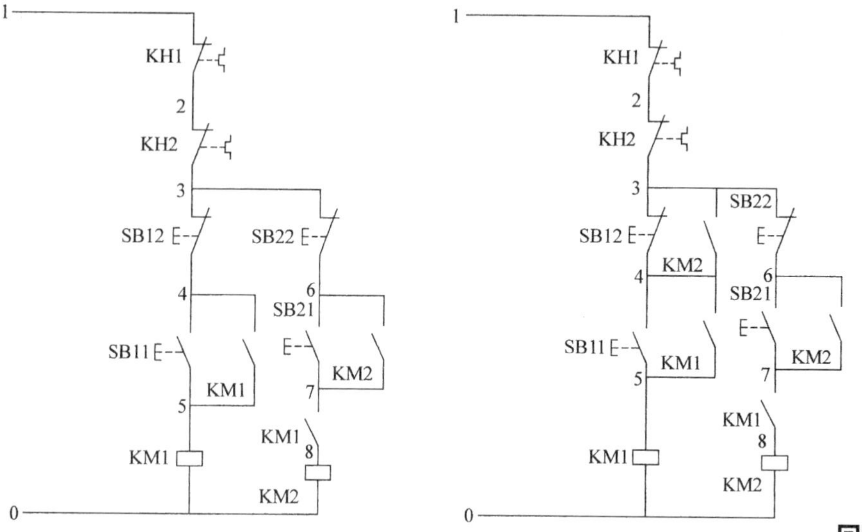

b)

c)

图 2-32　控制电路实现电动机顺序控制的电路图

图 2-32a 所示控制线路的特点是：电动机 M2 的控制电路先与接触器 KM1 的线圈并接后再与 KM1 的自锁触头串接，这样就保证了 M1 启动后，M2 才能启动的顺序控

制要求。线路的工作原理与图 2–31b 所示线路的工作原理相同。

如图 2–32b 所示控制线路的特点是：在电动机 M2 的控制电路中，串接了接触器 KM1 的辅助常开触头。显然，只要 M1 不启动，即使按下 SB21，由于 KM1 的辅助常开触头未闭合，KM2 线圈也不能得电，从而保证了 M1 启动后，M2 才能启动的控制要求。线路中停止按钮 SB12 控制两台电动机同时停止，SB22 控制 M2 的单独停止。

图 2–32c 所示控制线路是在图 2–32b 所示线路中的 SB12 的两端并接了接触器 KM2 的辅助常开触头，从而实现了 M1 启动后 M2 才能启动、M2 停止后 M1 才能停止的控制要求，即 M1、M2 是顺序启动，逆序停止。

例 2–4 图 2–33 所示是三条传送带运输机的示意图。对于这三条传送带运输机的电气要求是：

（1）启动顺序为 1 号、2 号、3 号，即顺序启动，以防止货物在带上堆积。

（2）停止顺序为 3 号、2 号、1 号，即逆序停止，以保证停车后带上不残存货物。

（3）当 1 号或 2 号出现故障停止时，3 号能随即停止，以免继续进料。

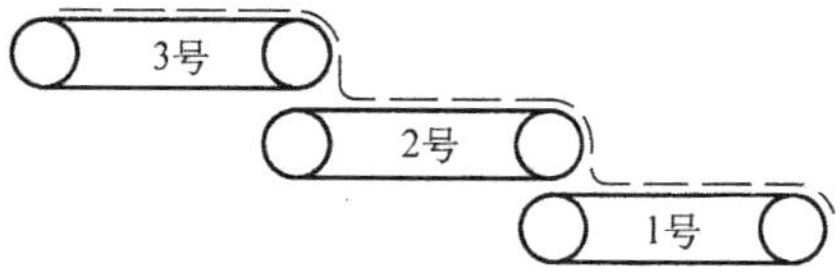

图 2–33 三条传送带运输机的示意图

画出三条传送带运输机的电路图，并叙述其工作原理。

解：能满足三条传送带运输机顺序启动、逆序停止控制要求的电路图如图 2–34 所示。三台电动机都用熔断器和热继电器作短路和过载保护，三台中任何一台出现过载故障，三台电动机都会停车。线路的工作原理请自行分析。

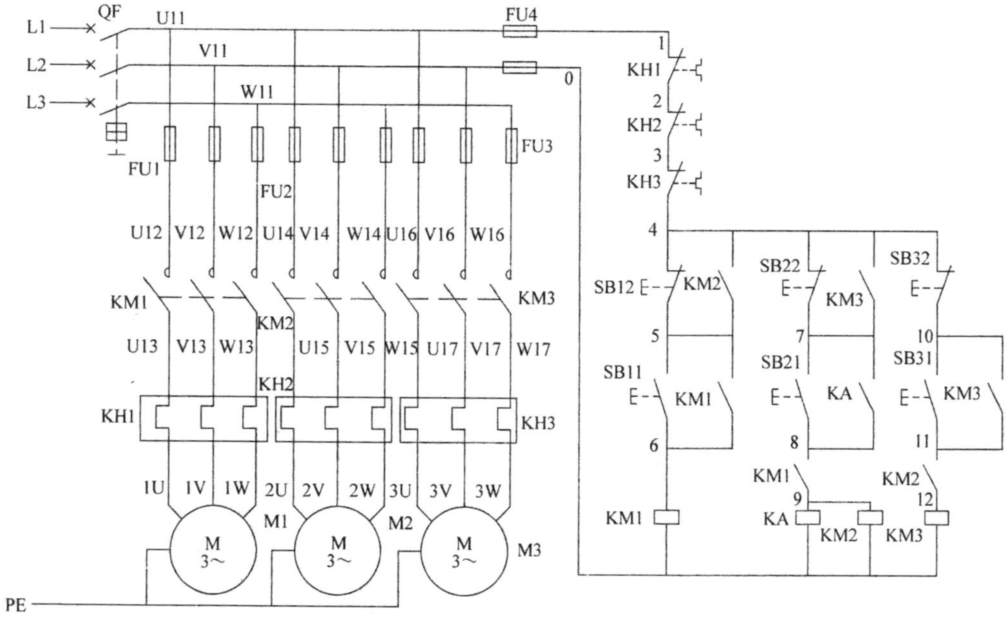

图 2–34 三条传送带运输机的电路

想一想

若让图 2-34 所示控制线路实现 M1（1 号）、M2（2 号）、M3（3 号）顺序启动，应依次按下哪几个按钮？若让 M3（3 号）、M2（2 号）、M1（1 号）逆序停止，又应依次按下哪几个按钮？

实训 2—7　两台电动机顺序启动逆序停止控制线路的安装

1. 工具、仪表及器材

工具、仪表及器材的选用见表 2-21。

表 2-21　工具、仪表及器材

工具	验电笔、螺钉旋具、钢丝钳、尖嘴钳、斜口钳、剥线钳、电工刀等				
仪表	ZC25-3 型兆欧表（500 V，0 ~ 500 MΩ）、MG3-1 型钳形电流表、MF47 型万用表				
器材	代号	名称	型号	规格	数量
	M1	三相笼型异步电动机	Y112M-4	4 kW、380 V、8.8 A、△接法、1 440 r/min	1
	M2	三相笼型异步电动机	Y90S-2	1.5 kW、380 V、3.4 A、Y接法、2 845 r/min	1
	QF	低压断路器	DZ5-20/330	三极复式脱扣器、380 V、20 A	1
	FU1	螺旋式熔断器	RL1-60/25	500 V、60 A、配熔体 25 A	3
	FU2	螺旋式熔断器	RL1-15/2	500 V、15 A、配熔体 2 A	2
	KM1	交流接触器	CJT1-20	20 A、线圈电压 380 V	1
	KM2	交流接触器	CJT1-10	10 A、线圈电压 380 V	1
	KH1	热继电器	JR36-20/3	三极、20 A、整定电流 8.8 A	1
	KH2	热继电器	JR36-20/3	三极、20 A、整定电流 3.4 A	1
	SB11、SB12	按钮	LA4-3H	保护式、钮数 3	1
	SB21、SB22	按钮	LA4-3H	保护式、钮数 3	1
	XT	端子板	JD0-1020	380 V 、10 A、20 节	1
		控制板		500 mm × 400 mm × 20 mm	1
		主电路导线		BVR 1.5 mm^2（黑色）	若干
		控制电路导线		BVR 1 mm^2（红色）	若干
		按钮线		BVR 0.75 mm^2（红色）	若干
		接地线		BVR 1.5 mm^2（黄绿双色）	若干
		走线槽		25 mm × 25 mm	若干
		紧固体及编码套管			若干
		针形及叉形轧头			若干
		金属软管			若干

2. 实训过程

参照实训 2—6 中的工艺要求进行安装。其安装步骤如下：

（1）按表 2–21 配齐所用工具、仪表和器材，并检验电器元件质量。

（2）根据图 2–32c 所示电路图（主电路如图 2–32a 所示），画出布置图。

（3）在控制板上按布置图安装走线槽和所有电器元件，并贴上醒目的文字符号。

（4）在控制板上按图 2–32c 所示电路图进行板前线槽布线，并在导线端部套编码套管和冷压接线头。

（5）安装电动机。

（6）连接电动机和电器元件金属外壳的保护接地线。

（7）连接控制板外部的导线。

（8）自检。

（9）交验检查无误后通电试车。

3. 注意事项

（1）通电试车前，应熟悉线路的操作顺序，即先合上电源开关 QF，然后按下 SB11 后再按下 SB21 顺序启动，按下 SB22 后再按下 SB12 逆序停止。

（2）通电试车时，注意观察电动机、各电器元件及线路各部分工作是否正常。若发现异常情况，必须立即切断电源开关 QF，而不是按下 SB12，因为此时停止按钮 SB12 可能已失去作用。

4. 评分标准

评分标准见表 2–22。

表 2–22 评分标准

项目	配分	评分标准	扣分
装前检查	15 分	（1）电动机质量检查 每漏一处扣 5 分 （2）电器元件漏检或错检 每处扣 1 分	
安装布线	45 分	（1）电器布置不合理 扣 5 分 （2）电器元件安装不牢固 每只扣 4 分 （3）电器元件安装不整齐、不匀称、不合理 每只扣 3 分 （4）损坏电器元件 扣 15 分 （5）走线槽安装不符合要求 每处扣 2 分 （6）不按电路图接线 扣 25 分 （7）布线不符合要求 每根扣 3 分 （8）连接点松动、露铜过长、压绝缘层、反圈等 每个扣 1 分 （9）损伤导线绝缘层或线芯 每根扣 5 分 （10）漏装或套错编码套管 每个扣 1 分 （11）漏接接地线 扣 10 分	

续表

项目	配分	评分标准			扣分
通电试车	40 分	（1）热继电器未整定或整定错误　每只扣 5 分 （2）熔体规格选用不当　扣 5 分 （3）第一次试车不成功　扣 10 分 第二次试车不成功　扣 20 分 第三次试车不成功　扣 40 分			
安全文明生产	（1）违反安全文明生产规程　扣 10 ~ 40 分 （2）乱线敷设　扣 10 分				
定额时间	3 h，每超时 5 min（不足 5 min 以 5 min 计）　扣 5 分				
备注	除定额时间外，各项目的最高扣分不得超过配分数			成绩	
开始时间		结束时间		实际时间	

巩固练习

1. 什么是顺序控制？常见的顺序控制有哪些？各举一例说明。

2. 分析题图 2-11 所示控制线路的工作原理，并说明该线路属于哪种顺序控制线路。

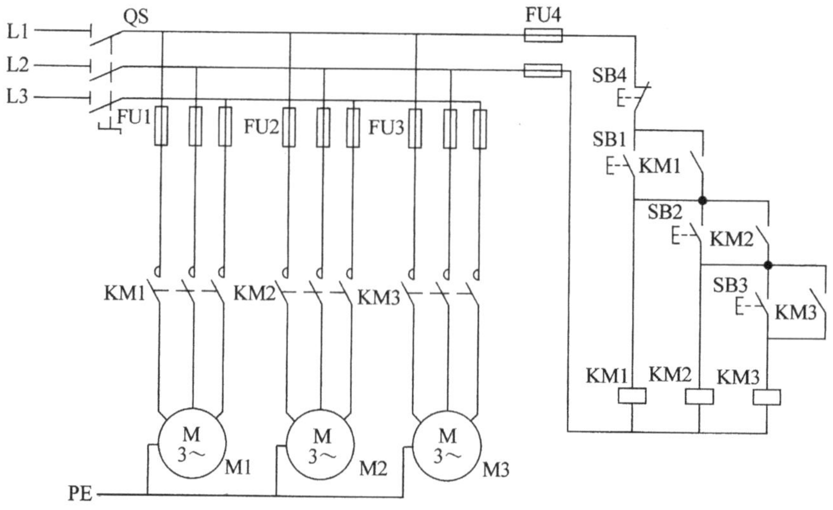

题图 2-11

3. 题图 2-12 所示是两种在控制电路实现电动机顺序控制的线路（主电路略），分析说明各线路有什么特点，能满足什么控制要求。

4. 题图 2-13 所示是两条传送带运输机的示意图。请按下述要求画出两条传送带运输机的控制电路图。

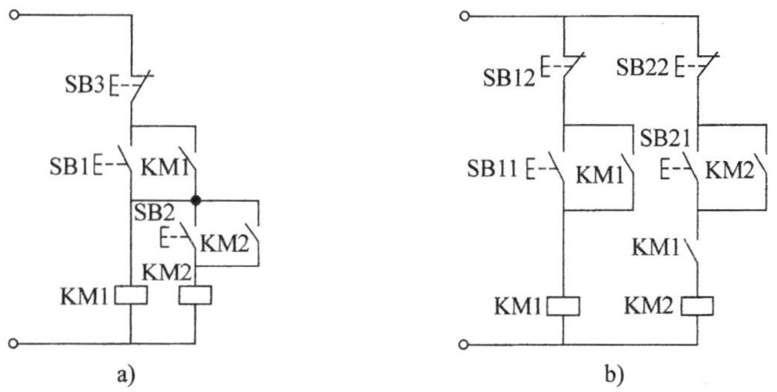

题图 2-12

（1）1 号启动后，2 号才能启动；

（2）1 号必须在 2 号停止后才能停止；

（3）具有短路、过载、欠压及失压保护。

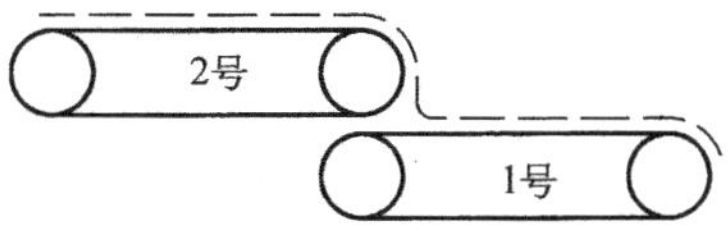

题图 2-13

课题 8　三相笼型异步电动机的多地控制线路

学习目标

能正确完成两地控制的具有过载保护的接触器自锁正转控制线路的安装与检修。

能在两地或多地控制同一台电动机的控制方式称为电动机的多地控制。

图 2-35 所示为两地控制的具有过载保护接触器自锁正转控制线路的电路图。其中 SB11、SB12 为安装在甲地的启动按钮和停止按钮；SB21、SB22 为安装在乙地的启动按钮和停止按钮。线路的特点是：两地的启动按钮 SB11、SB21 要并联接在一起，停止按钮 SB12、SB22 要串联接在一起。这样就可以分别在甲、乙两地启动和停止同一台电动机，达到操作方便的目的。

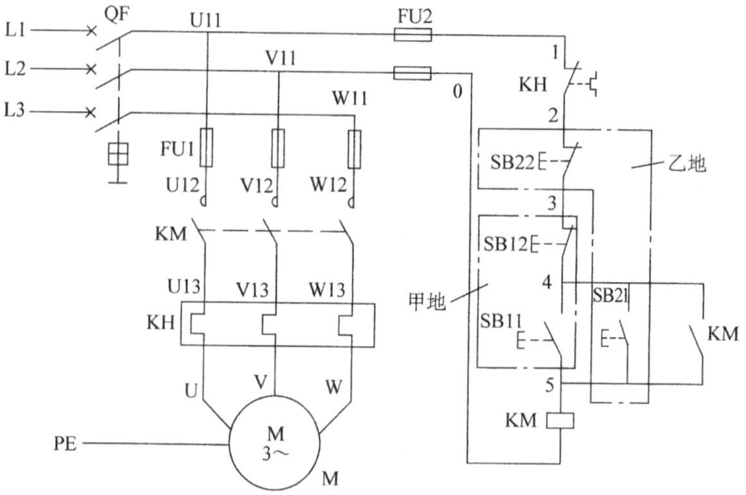

图 2-35 两地控制电路图

对三地或多地控制，只要把各地的启动按钮并接、停止按钮串接就可以实现。

实训 2—8 两地控制具有过载保护接触器自锁正转控制线路的安装与检修

1. 安装训练

根据图 2-35 所示电路图，画出布置图，然后参照实训 2—2、2—3、2—4 中的相关内容进行训练。

2. 检修训练

根据以下故障现象，同学之间相互设置故障点、查找故障点，并正确排除故障，把结果填入表 2-23。教师巡视指导并做好现场监护。

表 2-23 检修结果表

故障现象	故障点	排故方法
按下 SB11、SB21 电动机都不能启动		
电动机只能点动控制		
按下 SB11 电动机不启动，按下 SB21 能启动		

3. 评分标准

评分标准参照表 2–20。

巩固练习

1. 什么是电动机的多地控制？多地控制线路的接线特点是什么？
2. 画出能在两地控制同一台电动机正反转点动控制的电路图。

课题 9　三相笼型异步电动机的自耦变压器降压启动控制线路

学习目标

1. 了解定子绕组串接电阻降压启动控制线路的构成和工作原理。
2. 掌握自动控制补偿器降压启动控制线路的构成和工作原理，并能正确完成线路安装。

想一想

仔细回顾一下，前面学习的各种控制线路在启动时，加在电动机定子绕组上的电压是否等于电动机的额定电压？

启动时加在电动机定子绕组上的电压为电动机的额定电压，属于全压启动，也称直接启动。直接启动的优点是所用电气设备少，线路简单，维修量较小。但直接启动时的启动电流较大，一般为额定电流的 4~7 倍。在电源变压器容量不够大，而电动机功率较大的情况下，直接启动将导致电源变压器输出电压下降，不仅会减小电动机本身的启动转矩，而且会影响同一供电线路中其他电气设备的正常工作。因此，较大容量的电动机启动时，需要采用降压启动的方法。

通常规定：电源容量在 180 kV · A 以上，电动机容量在 7 kW 以下的三相异步电动机可采用直接启动。

判断一台电动机能否直接启动，还可以用下面的经验公式来确定：

$$\frac{I_{st}}{I_N} \leqslant \frac{3}{4} + \frac{S}{4P}$$

式中 I_{st}——电动机全压启动电流，A；

I_N——电动机额定电流，A；

S——电源变压器容量，kV·A；

P——电动机功率，kW。

凡不满足直接启动条件的，均须采用降压启动。

降压启动是指利用启动设备将电压适当降低后，加到电动机的定子绕组上进行启动，待电动机启动运转后，再使其电压恢复到额定电压正常运转。

由于电流随电压的降低而减小，所以降压启动达到了减小启动电流的目的。但是，由于电动机的转矩与电压的平方成正比，所以降压启动也将导致电动机的启动转矩大为降低。因此，降压启动需要在空载或轻载下进行。

常见的降压启动方法有定子绕组串接电阻降压启动、自耦变压器降压启动、Y-△降压启动、软启动器降压启动等。

一、定子绕组串接电阻降压启动控制线路

1. 手动控制线路

如图 2-36 所示线路的降压启动过程是：

先合上电源开关 QS1→电动机 M 串联电阻 R 进行降压启动 $\xrightarrow{\text{至电动机的转速升高到一定值时}}$ 合上 QS2→电阻 R 被开关 QS2 的触头短接→电动机全压正常运转

可见，定子绕组串接电阻降压启动的原理是在电动机启动时，把电阻串接在电动机定子绕组与电源之间，通过电阻的分压作用来降低定子绕组上的启动电压。待电动机启动后，再将电阻短接，使电动机在额定电压下正常运行。

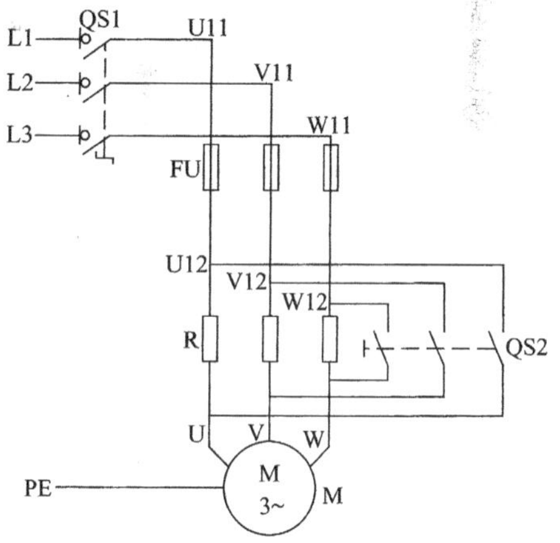

图 2-36 手动控制串联电阻降压启动电路图

2. 时间继电器自动控制线路

图 2-36 所示手动控制线路，电动机从降压启动到全压运行是通过操作开关 QS2 来实现的，工作既不方便也不可靠。因此，在实际应用中，常采用时间继电器来自动完成短接电阻的要求，实现自动控制。

图 2-37 所示是时间继电器自动控制定子绕组串接电阻降压启动的电路图，这个线路中用接触器 KM2 的主触头代替图 2-36 线路中的开关 QS2 来短接电阻 R，用时间

继电器 KT 来控制电动机从降压启动到全压运行的时间，从而实现了自动控制。线路工作原理如下：

降压启动：

先合上电源开关 QF

按下 SB1 → KM1 线圈得电 → KM1 自锁触头闭合自锁、KM1 主触头闭合 → 电动机 M 串联电阻 R 降压启动
　　　　　　　　　　　　→ KM1 辅助常开触头闭合 → KT 线圈得电 → 至转速上升到一定值时，KT 延时结束 → KT 常开触头闭合 → KM2 线圈得电 →

→ KM2 自锁触头闭合自锁、KM2 主触头闭合 → 电阻 R 被短接 → 电动机 M 全压运转
→ KM2 辅助常闭触头分断 → KM1、KT 线圈先后失电，其触头复位

停止时，按下 SB2 即可。

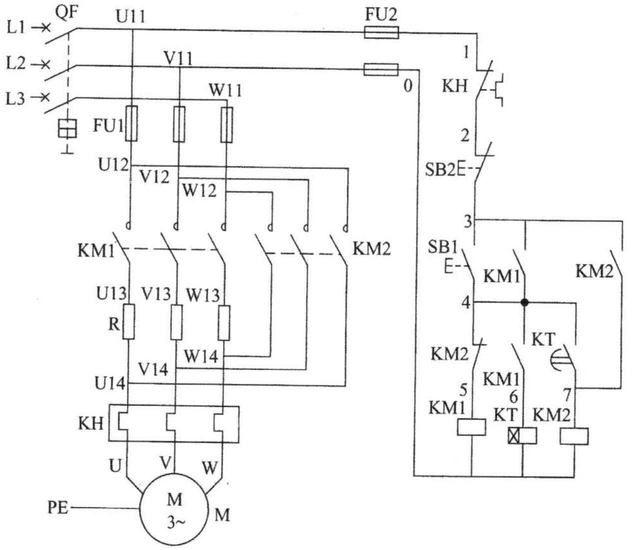

图 2-37　时间继电器自动控制定子绕组串接电阻降压启动电路图

由以上分析可见，只要调整好时间继电器 KT 触头的动作时间，电动机由降压启动过程切换成全压运行过程就能准确可靠地自动完成。

启动电阻 R 一般采用 ZX1、ZX2 系列铸铁电阻。铸铁电阻能够通过较大电流，功率大。启动电阻 R 的阻值可按下列近似公式确定：

$$R=190\times\frac{I_{st}-I'_{st}}{I_{st}I'_{st}}$$

式中 R——电动机每相串接的启动电阻值，Ω；

I_{st}——电动机全压启动电流，A，一般 I_{st}=（4 ~ 7）I_N，I_N 为电动机额定电流；

I'_{st}——串电阻后的启动电流，A，一般 I'_{st} =（2 ~ 3）I_N。

电阻功率可用公式 $P=I_N^2R$ 计算。由于启动电阻 R 仅在启动过程中接入，且启动时间很短，所以实际选用的电阻功率可比计算值减小 3 ~ 4 倍。

串电阻降压启动的缺点是减小了电动机的启动转矩，同时启动时在电阻上功率消耗也较大。如果启动频繁，则电阻的温度很高，对于精密的机床会产生一定的影响，因此，目前这种降压启动的方法在生产实际中的应用正在逐步减少。

例 2–5 一台三相笼型异步电动机，功率为 20 kW，额定电流为 38.4 A，电压为 380 V。各相应串联多大的启动电阻进行降压启动?

解：选取 $I_{st}=6I_N=6\times38.4\ \text{A}=230.4\ \text{A}$

$I'_{st}=2I_N=2\times38.4\ \text{A}=76.8\ \text{A}$

启动电阻阻值为：

$$R=190\times\frac{I_{st}-I'_{st}}{I_{st}I'_{st}}=190\times\frac{230.4-76.8}{230.4\times76.8}\ \Omega\approx1.65\ \Omega$$

启动电阻功率为：

$$P=\frac{1}{3}I_N^2R=\frac{1}{3}\times(38.4\ \text{A})^2\times1.65\ \Omega\approx811\ \text{W}$$

二、自耦变压器降压启动控制线路

图 2–38 所示是自耦变压器降压启动原理图。启动时，先合上电源开关 QS1，再将开关 QS2 扳向“启动”位置，此时电动机的定子绕组与变压器的二次侧相接，电动机进行降压启动。待电动机转速上升到一定值时，迅速将开关 QS2 从“启动”位置扳到“运行”位置，这时，电动机与自耦变压器脱离而直接与电源相接，在额定电压下正常运行。

可见，自耦变压器降压启动是在电动机启动时利用自耦变压器来降低加在电动机定子绕组上的启动电压。待电动机启动后，再使电动机与自耦变压器脱离，从而在全压下正常运行。

利用自耦变压器来进行降压的启动装置称为自耦减压启动器，其产品有手动式和自动式两种。

1. 手动自耦减压启动器

常用的手动自耦减压启动器有 QJD3 系列油浸式和 QJ10 系列空气式两种。

（1）QJD3 系列油浸式手动自耦减压启动器 其外形如图 2–39a 所示，主要由薄钢板制成的防护式外壳、自耦变压器、触头系统（触头浸在油中）、操作机构及保护系

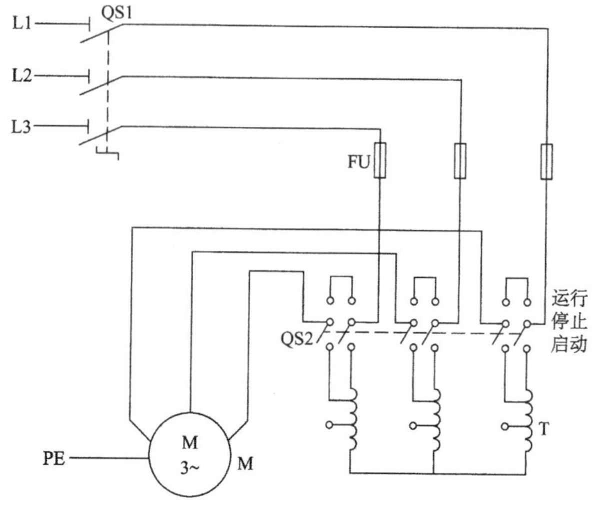

图 2-38　自耦变压器降压启动原理图

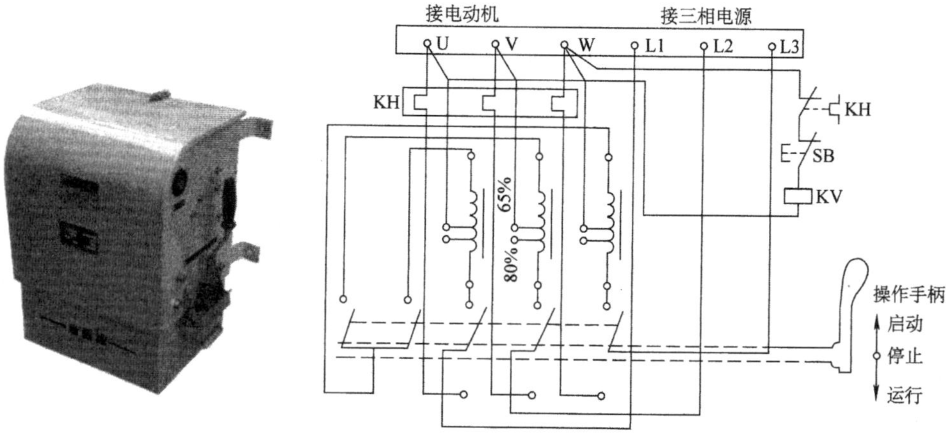

a)　　b)

图 2-39　QJD3 系列油浸式手动自耦减压启动器
a）外形　b）电路图

统五部分组成，具有过载和失压保护功能。适用于一般工业用交流 50 Hz 或 60 Hz、额定电压 380 V、功率 10 ~ 75 kW 的三相笼型异步电动机，作不频繁降压启动和停止用。型号及其含义如下：

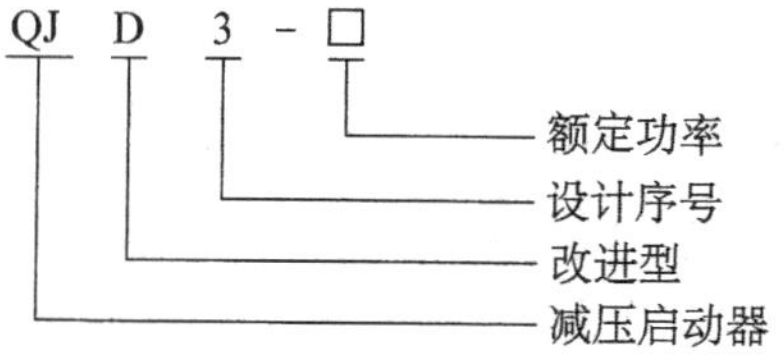

QJD3 系列油浸式手动自耦减压启动器的电路图如图 2-39b 所示，其动作原理如下：

当操作手柄扳到“停止”位置时，装在主轴上的动触头与上、下两排静触头都不接触，电动机处于断电停止状态。

当操作手柄向前推到“启动”位置时，装在主轴上的动触头与上面一排启动静触头接触，三相电源 L1、L2、L3 通过右边三个动、静触头接入自耦变压器，又经自耦变压器的三个 65%（或 80%）抽头接入电动机进行降压启动；左边两个动、静触头接触则把自耦变压器接成了Y形。

当电动机的转速上升到一定值时，将操作手柄向后迅速扳到“运行”位置，使右边三个动触头与下面一排的三个运行静触头接触，这时自耦变压器脱离，电动机与三相电源 L1、L2、L3 直接相接全压运行。

停止时，只要按下停止按钮 SB，失压脱扣器线圈 KV 失电，衔铁下落释放，通过机械操作机构使启动器掉闸，操作手柄便自动回到“停止”位置，电动机断电停转。

由于热继电器 KH 的常闭触头、停止按钮 SB、失压脱扣器线圈 KV 串接在 U、W 两相电源上，所以当出现电源电压不足、突然停电、电动机过载和停车等情况时都能使启动器掉闸，电动机断电停转。

启动器根据额定电压和额定功率，选定其触头额定电流及启动用自耦变压器等，其数据见表 2–24（对表中额定工作电流和热保护整定电流另有要求者除外）。

表 2–24 QJD3 系列油浸式手动自耦减压启动器数据

型号	额定工作电压（V）	控制的电动机功率（kW）	额定工作电流（A）	热保护额定电流（A）	最大启动时间（s）
QJD3–10	380	10	19	22	30
QJD3–14		14	26	32	
QJD3–17		17	33	45	40
QJD3–20		20	37	45	
QJD3–22		22	42	45	
QJD3–28		28	51	63	
QJD3–30		30	56	63	
QJD3–40		40	74	85	60
QJD3–45		45	86	120	
QJD3–55		55	104	160	
QJD3–75		75	125	160	

（2）QJ10 系列空气式手动自耦减压启动器　该系列启动器适用于交流 50 Hz、电压 380 V 及以下、容量 75 kW 及以下的三相笼型异步电动机，作不频繁降压启动和停止用。

在结构上，QJ10 系列启动器也是由箱体、自耦变压器、保护装置、触头系统和手柄操作机构五部分组成。它的触头系统有一组启动触头、一组中性触头和一组运行触头，其电路图如图 2–40 所示。

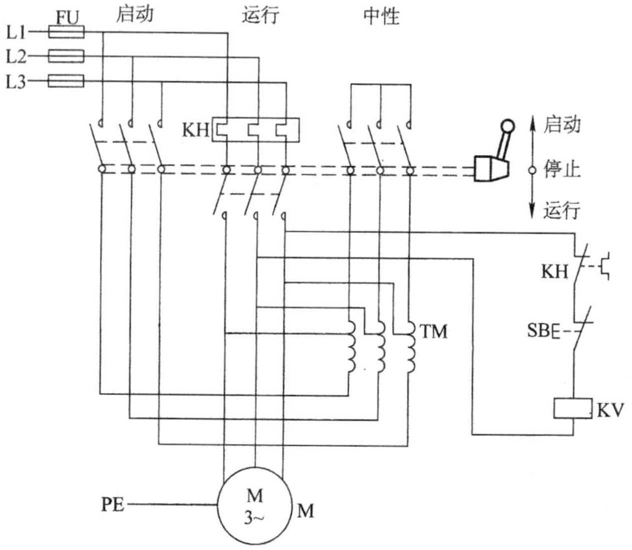

图 2–40　QJ10 系列空气式手动自耦减压启动器电路图

QJ10 系列启动器的动作原理如下：

当操作手柄扳到“停止”位置时，所有的动、静触头均断开，电动机处于断电停止状态；当操作手柄向前推到“启动”位置时，启动触头和中性触头同时闭合，三相电源经启动触头接入自耦变压器 TM，又经自耦变压器的三个抽头接入电动机进行降压启动，中性触头则把自耦变压器接成了Y形；当电动机的转速上升到一定值后，将操作手柄迅速扳到“运行”位置，启动触头和中性触头先同时断开，运行触头随后闭合，这时自耦变压器脱离，电动机与三相电源 L1、L2、L3 直接相接全压运行。停止时，按下 SB 即可。

2. XJ01 系列自耦减压启动箱

XJ01 系列自耦减压启动箱是我国生产的自耦变压器降压启动自动控制设备，广泛用于频率为 50 Hz、电压为 380 V、功率为 14 ~ 300 kW 的三相笼型异步电动机作不频繁的降压启动用。XJ01 系列自耦减压启动箱的外形及内部结构如图 2–41a 所示。

XJ01 系列自耦减压启动箱由自耦变压器、交流接触器、中间继电器、热继电器、时间继电器和按钮等电器元件组成。14 ~ 75 kW 的产品，采用自动控制方式；100 ~ 300 kW 的产品，具有手动和自动两种控制方式，由转换开关进行切换。时间继电器为可调式，在 5 ~ 120 s 内可以自由调节启动时间。自耦变压器备有额定电压 60% 和 80% 两挡抽头。启动箱具有过载和失压保护功能，最大启动时间为 2 min（包括一次或连续数次启动时间的总和），若启动时间超过 2 min，则启动后的冷却时间应不少于 4 h 才能再次启动。

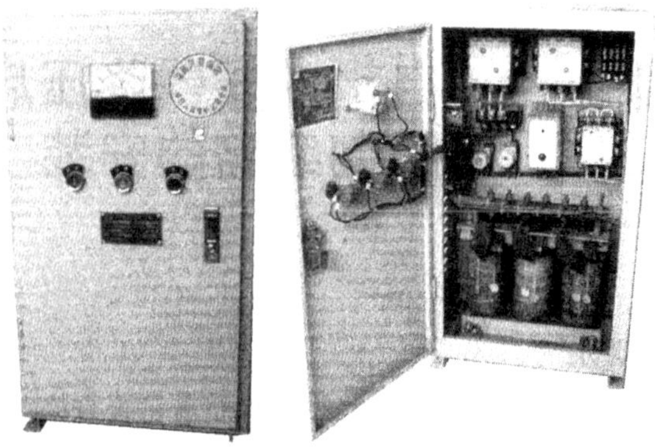

a）

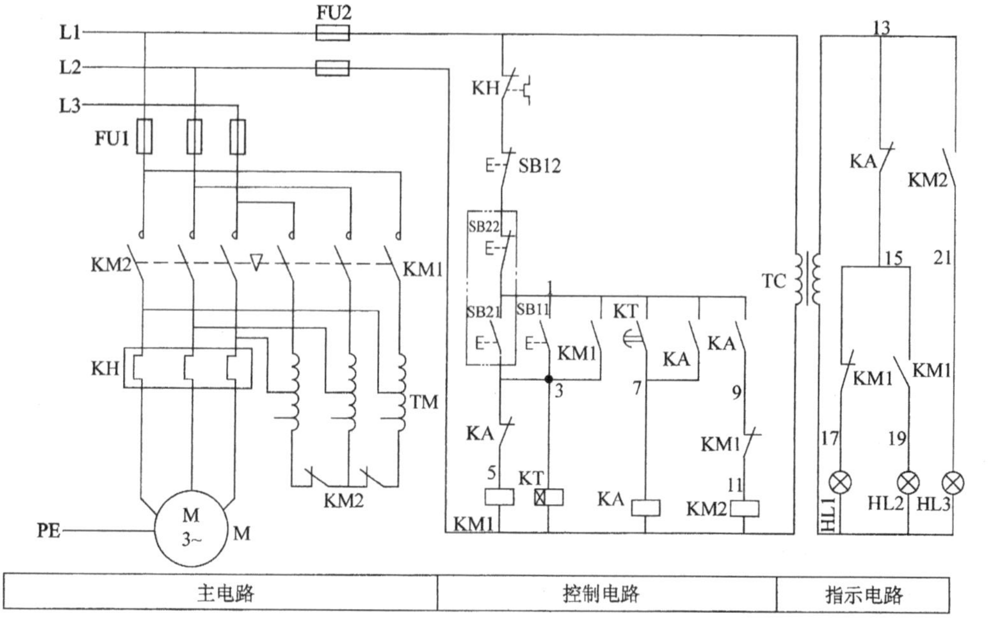

b）

图 2–41　XJ01 系列自耦减压启动箱
a）外形及内部结构　b）电路图

XJ01 系列自耦减压启动箱降压启动的电路图如图 2–41b 所示。虚线框内的按钮是异地控制按钮。整个控制线路分为主电路、控制电路和指示电路三部分。线路工作原理请自行分析。

实训 2—9　自耦变压器降压启动控制线路的安装

1. 工具、仪表及器材

参照表 2–25 选配工具、仪表及器材，并检测质量是否合格。

表 2–25　工具、仪表及器材

工具	验电笔、螺钉旋具、尖嘴钳、斜口钳、剥线钳、电工刀等				
仪表	兆欧表、钳形电流表、万用表				
器材	代号	名称	型号	规格	数量
	M	三相笼型异步电动机	Y132S–4	5.5 kW、380 V、11.6 A、△接法、1 440 r/min	1
	QS	电源开关	HZ10–25/3	三极、25 A	1
	FU1	熔断器	RL1–60/25	500 V、60 A、配熔体 25 A	3
	FU2	熔断器	RL1–15/2	500 V、15 A、配熔体 2 A	2
	KM1 ~ KM3	交流接触器	CJT1–20	20 A、线圈电压 380 V	3
	KT	时间继电器	JS7–2A	线圈电压 380 V、整定时间 3 s ± 1 s	1
	KH	热继电器	JR36B–20/3	三极、20 A、整定电流 11.6 A	1
	SB1、SB2	按钮	LA4–3H	保护式、380 V、5 A、钮数 3	1
	XT	端子板	TD–1515	660 V、15 A、15 节	1
	TM	自耦变压器	GTZ	定制抽头电压 65%U_N	1
		控制板		600 mm × 500 mm × 20 mm	1
		主电路导线		BVR 1.5 mm^2（黑色）	若干
		控制电路导线		BVR 1 mm^2（红色）	若干
		按钮线		BVR 0.75 mm^2（红色）	若干
		接地线		BVR 1.5 mm^2（黄绿双色）	若干
		走线槽		25 mm × 25 mm	若干
		紧固体及编码套管			若干

2. 实训过程

（1）完成图 2–42 所示自耦变压器降压启动控制线路电路图的补画工作，并标注电路编号。

（2）自编安装步骤和工艺要求，经教师审阅合格后进行安装训练。

3. 安装注意事项

（1）时间继电器和热继电器的整定值应在不通电时预先整定好，并在试车时校正。

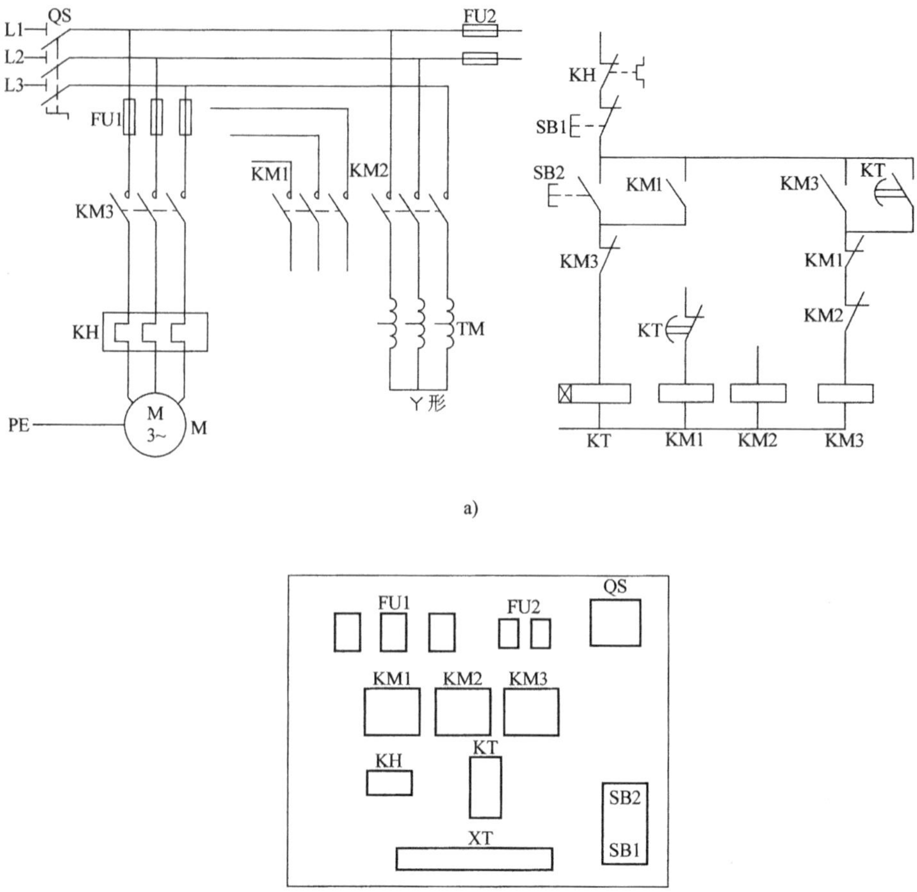

图 2-42 自耦变压器降压启动控制线路

a）电路图 b）布置图

（2）时间继电器的安装位置，必须使继电器在断电后，动铁芯释放时的运动方向垂直向下。

（3）电动机和自耦变压器的金属外壳及时间继电器的金属底板必须可靠接地，并应将接地线接到指定的接地螺钉上。

（4）自耦变压器要安装在箱体内，否则应采取遮护或隔离措施，并在进、出线的端子上进行绝缘处理，以防止发生触电事故。

（5）若无自耦变压器时，可采用两组灯箱分别代替电动机和自耦变压器进行模拟试验，其三相规格必须相同，如图 2-43 所示。

（6）布线时要注意电路中 KM2 与 KM3 的相序不能接错，否则会使电动机工作时的转向与启动时相反。

（7）通电试车时，必须有指导教师在现场监护，以确保用电安全。同时，要做到安全文明生产。

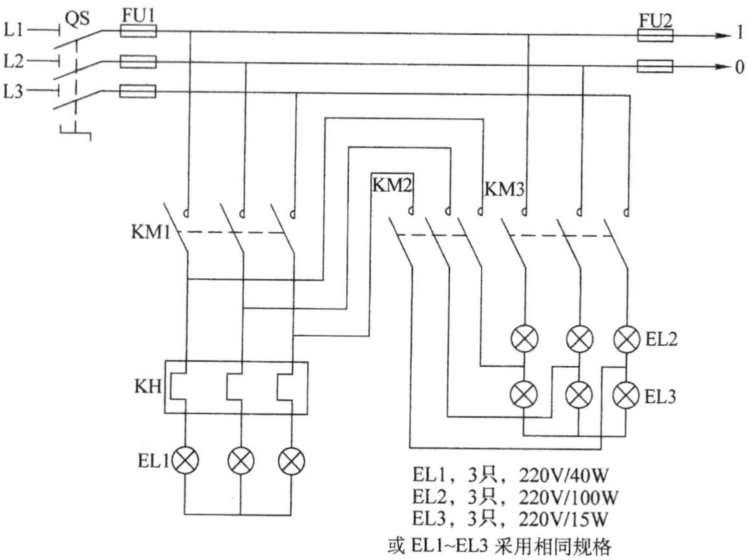

图 2-43　用灯箱进行模拟试验电路图

4. 评分标准

评分标准见表 2-26。

表 2-26　评分标准

项目	配分	评分标准	扣分
补画线路	20 分	（1）补画不正确　每处扣 2 分 （2）电路编号标注不正确　每处扣 1 分	
自编安装步骤和工艺要求	15 分	安装步骤和工艺要求不合理、不完善　扣 5 ~ 10 分	
装前检查	10 分	（1）电动机质量检查　每漏一处扣 3 分 （2）电器元件漏检或错检　每处扣 1 分	
安装元件	15 分	（1）元件布置不整齐、不匀称、不合理　每只扣 2 分 （2）元件安装不紧固　每只扣 3 分 （3）安装元件时漏装木螺钉　每只扣 1 分 （4）走线槽安装不符合要求　每处扣 1 分 （5）损坏元件　扣 15 分	
布线	20 分	（1）不按电路图接线　扣 15 分 （2）布线不符合要求　每根扣 3 分 （3）连接点松动、露铜过长、压绝缘层、反圈等　每个扣 1 分 （4）损伤导线绝缘层或线芯　每根扣 5 分 （5）漏套或错套编码套管　每处扣 2 分 （6）漏接接地线　扣 10 分	

续表

项目	配分	评分标准	扣分
通电试车	20 分	（1）整定值未整定或整定错误　每只扣 5 分 （2）熔体规格配错　扣 5 分 （3）第一次试车不成功　扣 10 分 第二次试车不成功　扣 15 分 第三次试车不成功　扣 20 分	
安全文明生产	（1）违反安全文明生产规程　扣 5 ～ 25 分 （2）乱线敷设　扣 10 分		
定额时间	3 h，每超时 5 min（不足 5 min 以 5 min 计）　扣 5 分		
备注	除定额时间外，各项目的最高扣分不应超过配分数	成绩	
开始时间		结束时间 |	实际时间 |

巩固练习

1. 什么是降压启动？常见的降压启动方法有哪几种？

2. 题图 2–14 所示为定子绕组串接电阻降压启动的两个主电路，比较分析，两个主电路的接线有何不同？在启动和工作过程中有何区别？

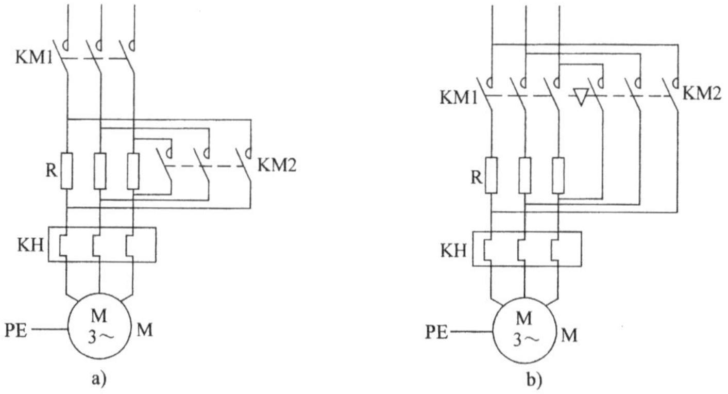

题图 2–14

3. 题图 2–15 所示为正反转串电阻降压启动控制电路图，分析叙述其工作原理。

4. 题图 2–16 能否正常实现串电阻降压启动？若不能，请说明原因并加以改进。

5. 某台三相笼型异步电动机，功率为 22 kW，额定电流为 44.3 A，电压为 380 V。各相应串联多大的启动电阻进行降压启动？

6. QJD3 系列油浸式手动自耦减压启动器主要由哪几部分组成？叙述 QJD3 系列油浸式手动自耦减压启动器保护装置的欠压和过载保护原理。

7. QJ10 系列空气式手动自耦减压启动器与 QJD3 系列油浸式手动自耦减压启动器有哪些相同点和不同点？

8. 分析叙述题图 2–17 所示控制线路的工作原理，并说明该线路有哪些优点。

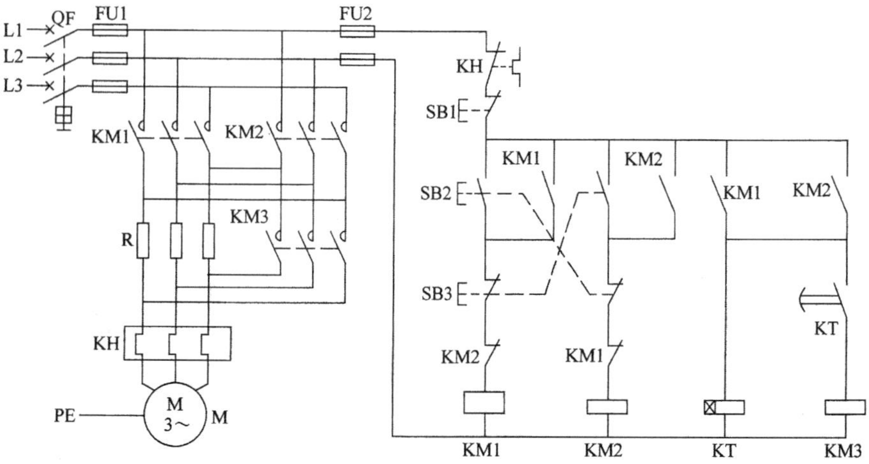

题图 2-15

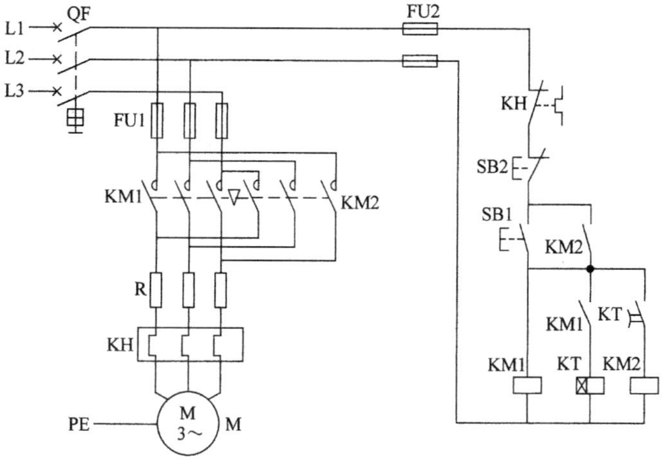

题图 2-16

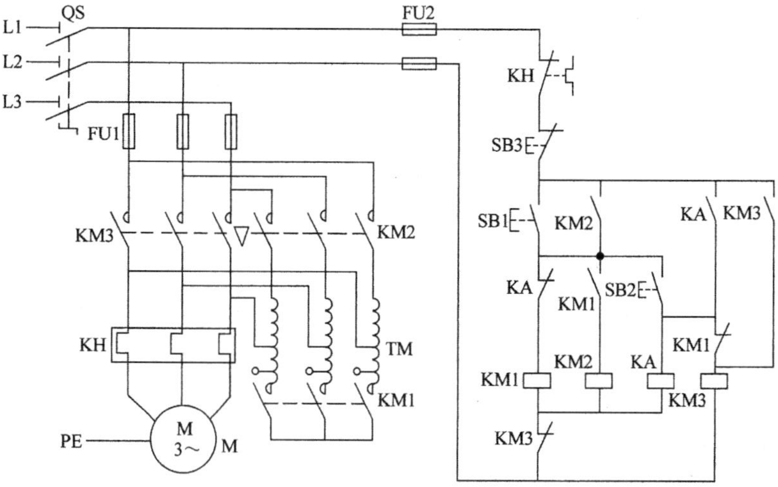

题图 2-17

课题 10 三相笼型异步电动机的 Y－△降压启动控制线路

学习目标

掌握 Y－△降压启动控制线路的构成和工作原理，并能正确安装与检修。

一、手动控制 Y－△降压启动控制线路

图 2–44 所示是双投开启式负荷开关手动控制 Y－△降压启动控制线路。线路的工作原理如下：启动时，先合上电源开关 QS1，然后把开启式负荷开关 QS2 扳到“启动”位置，电动机定子绕组便接成 Y 形降压启动；当电动机转速上升并接近额定值时，再将 QS2 扳到“运行”位置，电动机定子绕组改接成△形全压正常运行。

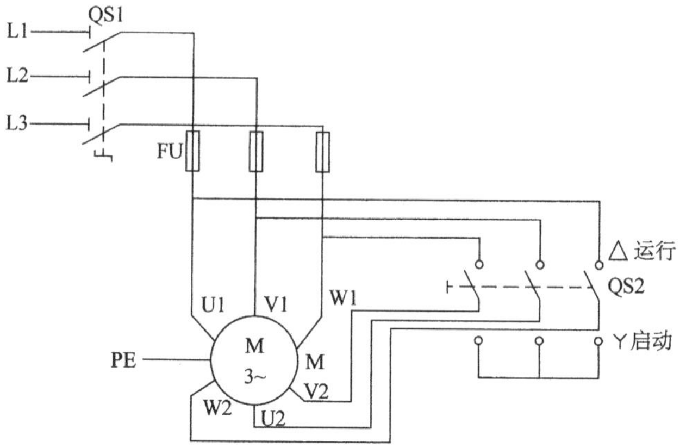

图 2–44 手动控制 Y－△降压启动控制线路

电动机启动时接成 Y 形，加在每相定子绕组上的启动电压只有△形接法的$\frac{1}{\sqrt{3}}$，启动电流为△形接法的$\frac{1}{3}$，启动转矩也只有△形接法的$\frac{1}{3}$。所以这种降压启动方法只适用于轻载或空载下启动。凡是在正常运行时定子绕组作△形连接的异步电动机，均可采用这种降压启动方法。

手动Y－△启动器专门作为手动Y－△降压启动用，有QX1和QX2系列，按控制电动机的容量分为13 kW和30 kW两种，启动器的正常操作频率为30次/h。

QX1型手动Y－△启动器的外形结构图、接线图和触头分合表如图2–45所示。启动器有启动（Y）、停止（0）和运行（△）三个位置，当手柄扳到“0”位置时，八对触头都分断，电动机脱离电源停转；当手柄扳到“Y”位置时，1、2、5、6、8触头闭合接通，3、4、7触头分断，定子绕组的末端W2、U2、V2通过触头5和6接成Y形，始端U1、V1、W1则分别通过触头1、8、2接入三相电源L1、L2、L3，电动机进行Y形降压启动；当电动机转速上升并接近额定转速时，将手柄扳到“△”位置，这时1、2、3、4、7、8触头闭合，5、6触头分断，定子绕组按U1→触头1→触头3→W2，V1→触头8→触头7→U2，W1→触头2→触头4→V2接成△形全压正常运转。

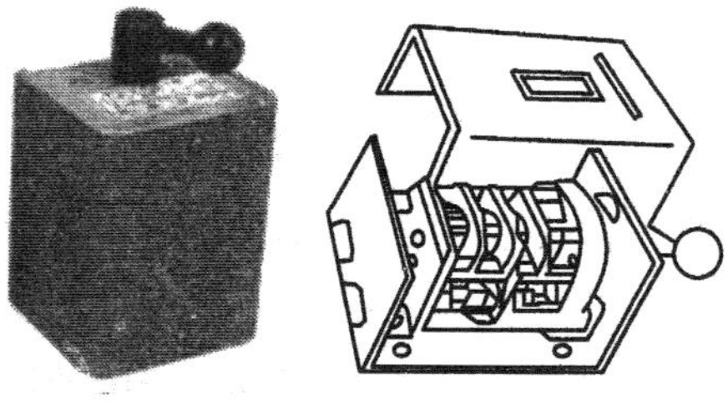

a)

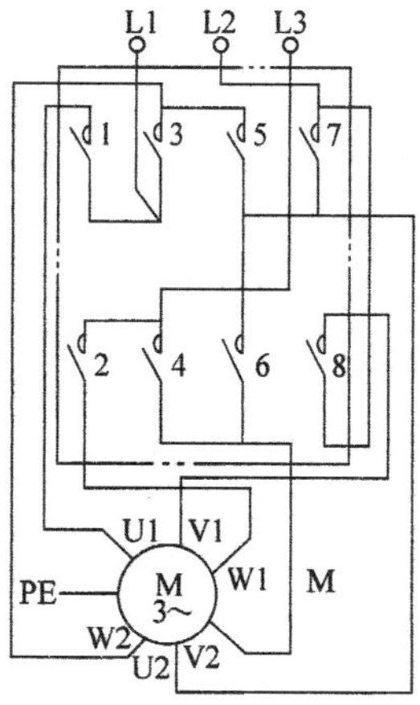

b)

接点	手柄位置		
	启动Y	停止0	运行△
1	×		×
2	×		×
3			×
4			×
5	×		
6	×		
7			×
8	×		×

注:×—接通

c)

图2–45　QX1型手动Y－△启动器

a）外形结构图　b）接线图　c）触头分合表

二、时间继电器自动控制Y－△降压启动控制线路

时间继电器自动控制Y－△降压启动控制线路如图2–46所示。该线路由三个接触器、一个热继电器、一个时间继电器和两个按钮组成。接触器KM作引入电源用，接

触器 KM_{Y}和 $KM_{\triangle}$分别作 Y 形降压启动用和△形运行用，时间继电器 KT 用作控制 Y 形降压启动时间和完成 Y－△自动切换，SB1 是启动按钮，SB2 是停止按钮，FU1 作主电路的短路保护，FU2 作控制电路的短路保护，KH 作过载保护。

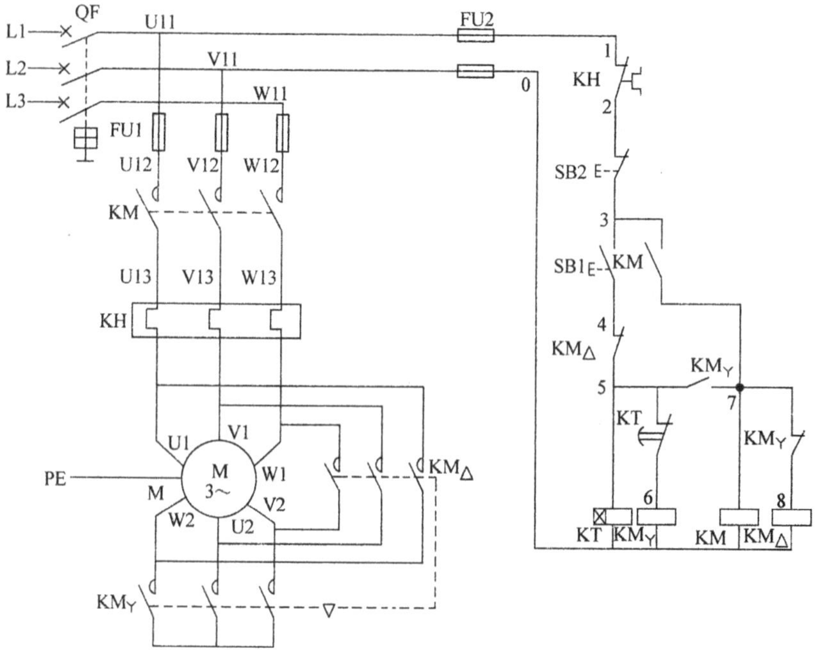

图 2-46 时间继电器自动控制 Y－△降压启动控制线路

线路的工作原理如下：

降压启动：

先合上电源开关 QF。

按下 SB1 → KM_{Y}线圈得电 →
- → KM_{Y}常开触头闭合 → KM 线圈得电 →
  - → KM自锁触头闭合自锁
  - → KM主触头闭合 ↘
- → KM_{Y} 主触头闭合 → 电动机M接成Y形降压启动
- → KM_{Y} 联锁触头分断对$KM_{\triangle}$联锁

按下 SB1 → KT线圈得电 —当M转速上升到一定值时，KT 延时结束→ KT 常闭触头分断 →

→ KM_{Y}线圈失电 →
- → KM_{Y}常开触头分断
- → KM_{Y}主触头分断，解除Y形连接
- → KM_{Y}联锁触头闭合 → $KM_{\triangle}$ 线圈得电 →

→$KM_{\triangle}$联锁触头分断→对KM_{Y}联锁
　　　　　　　　　　　　└→KT 线圈失电→KT 常闭触头瞬时闭合
→$KM_{\triangle}$主触头闭合→电动机M接成△形全压运行

停止时，按下 SB2 即可。

该线路中，接触器 KM_{Y} 得电以后，通过 KM_{Y} 的辅助常开触头使接触器 KM 得电动作，这样 KM_{Y} 的主触头是在无负载的条件下进行闭合的，故可延长接触器 KM_{Y} 主触头的使用寿命。

时间继电器自动控制 Y－△降压启动线路的定型产品有 QX3、QX4 两个系列，称为Y－△自动启动器，它们的主要技术数据见表 2–27。

表 2–27　Y－△自动启动器的技术数据

启动器型号	控制功率（kW）			配用热元件的额定电流（A）	延时调整范围（s）
	220 V	380 V	500 V		
QX3–13	7	13	13	11、16、22	4 ~ 16
QX3–30	17	30	30	32、45	4 ~ 16
QX4–17		17	13	15、19	11、13
QX4–30		30	22	25、34	15、17
QX4–55		55	44	45、61	20、24
QX4–75		75		85	30
QX4–125		125		100 ~ 160	14 ~ 60

QX3–13 型 Y－△自动启动器的外形、结构和电路图如图 2–47 所示。这种启动器主要由三个接触器 KM、KM_{Y}、$KM_{\triangle}$，一个热继电器 KH，一个通电延时型时间继电器 KT 和两个按钮 SB1、SB2 组成。线路工作原理请自行分析。

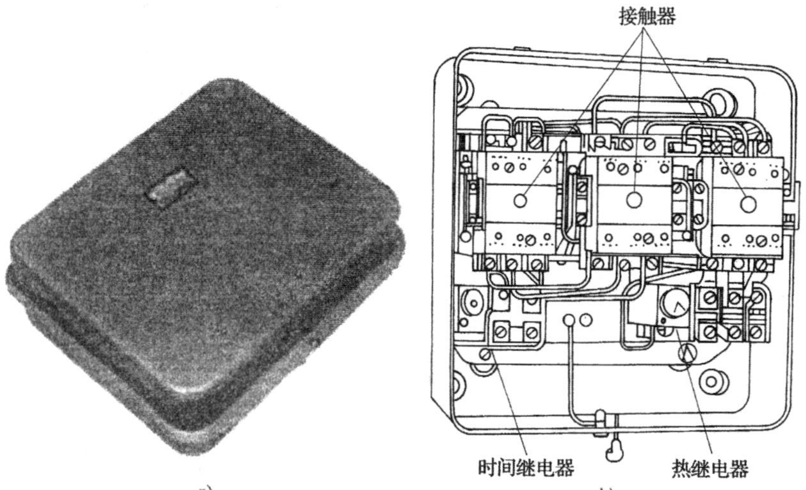

a)　　　　b)

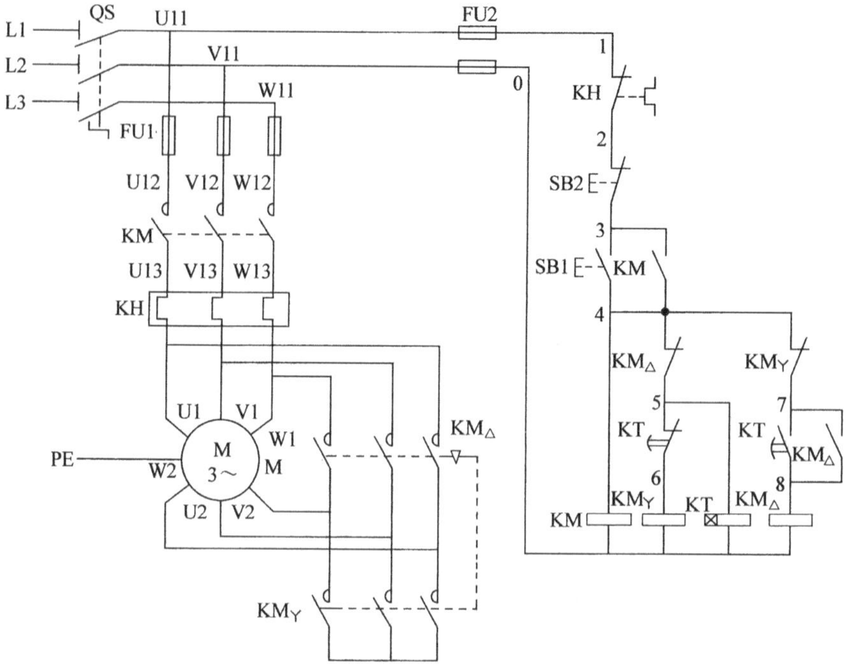

c)

图 2–47 QX3–13 型Y–△自动启动器

a)外形 b)结构 c)电路图

实训 2—10 时间继电器自动控制Y–△降压启动控制线路的安装与检修

1. 工具、仪表及器材

参照表 2–28 和图 2–46 所示电路图，选配工具、仪表及器材，并检测质量是否合格。

表 2–28 工具、仪表及器材

工具	验电笔、螺钉旋具、钢丝钳、尖嘴钳、斜口钳、剥线钳、电工刀等				
仪表	ZC25–3 型兆欧表（500 V，0~500 MΩ）、MG3–1 型钳形电流表、MF47 型万用表				
器材	代号	名称	型号	规格	数量
	M	三相笼型异步电动机	Y132M–4	7.5 kW、380 V、15.4 A、△接法、1 440 r/min	1
	QF	低压断路器	DZ47–60/3P D20A	三极复式脱扣器、400 V、额定电流 20 A	1

续表

	代号	名称	型号	规格	数量
器材	FU1	螺旋式熔断器	RL1-60/35	500 V、60 A、配熔体 35 A	3
	FU2	螺旋式熔断器	RL1-15/2	500 V、15 A、配熔体 2 A	2
	KM、$KM_{\triangle}$、KM_{Y}	交流接触器	CJT1-20	20 A、线圈电压 380 V	3
	KT	时间继电器	JS7-2A	线圈电压 380 V	1
	KH	热继电器	JR36B-20/3	三极、额定电流 20 A、整定电流 15.4 A	1
	SB1、SB2	按钮	LA10-3H	保护式、380 V、5 A、钮数 3	1
	XT	端子板	TD-1515	660 V、15 A、15 节	1
		控制板		600 mm × 500 mm × 20 mm	1
		主电路导线		BVR 2.5 mm^2（黑色）	若干
		控制电路导线		BVR 1 mm^2（红色）	若干
		按钮线		BVR 0.75 mm^2（红色）	若干
		接地线		BVR 2.5 mm^2（黄绿双色）	若干
		走线槽		20 mm × 25 mm	若干
		紧固体、针形及叉形轧头、金属软管、编码套管等			若干

2. 实训过程

参照实训 2—6 编写出安装和检修步骤，熟悉其工艺要求，经指导教师审阅合格后，进行训练。安装完成的线路如图 2-48 所示。

3. 安装注意事项

（1）用 Y-△降压启动控制的电动机，必须有 6 个出线端子，且定子绕组在△形接法时的额定电压等于三相电源的线电压。

（2）接线时，要保证电动机△形接法的正确性，即接触器主触头闭合时，应保证定子绕组的 U1 与 W2、V1 与 U2、W1 与 V2 相连接。

（3）接触器 KM_Y 的进线必须从三相定子绕组的末端引入，若误将其首端引入，则在 KM_Y 吸合时，会产生三相电源短路事故。

（4）控制板外部配线，必须按要求一律装在导线通道内，使导线有适当的机械保护，以防止液体、铁屑和灰尘的侵入。在训练时，可适当降低要求，但必须以能确保安全为条件，如采用多芯橡皮线或塑料护套软线。

（5）通电校验前，要再检查一下熔体规格

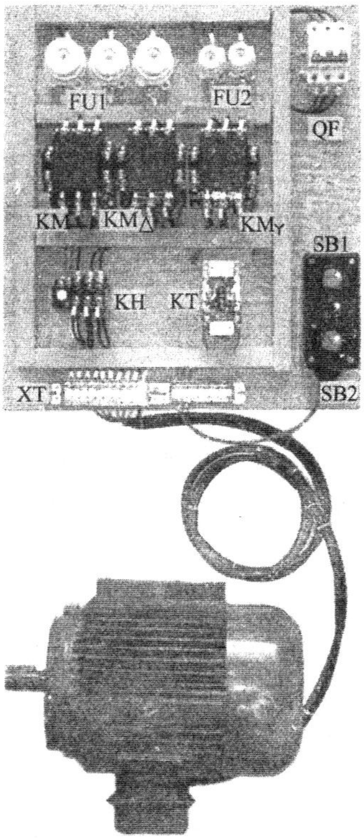

图 2-48　自动控制 Y-△降压启动控制线路模拟安装盘

及时间继电器、热继电器的各整定值是否符合要求。

（6）通电校验时，必须有指导教师在现场监护，应根据电路的控制要求独立进行校验，若出现故障也应自行排除。

（7）安装训练应在规定的定额时间内完成，同时要做到安全操作和文明生产。

4. 评分标准

评分标准见表 2-20。

巩固练习

1. 三相笼型异步电动机作 Y－△降压启动时，其启动电压、启动电流和启动转矩分别是正常工作时的多少倍？

2. 采用 Y－△降压启动控制的电动机共有几个出线端子？应怎样正确接线？

3. 题图 2-18 所示是 Y－△降压启动控制线路的电路图。图中哪些地方画错了？把错处改正过来，并按改正后的线路叙述工作原理。

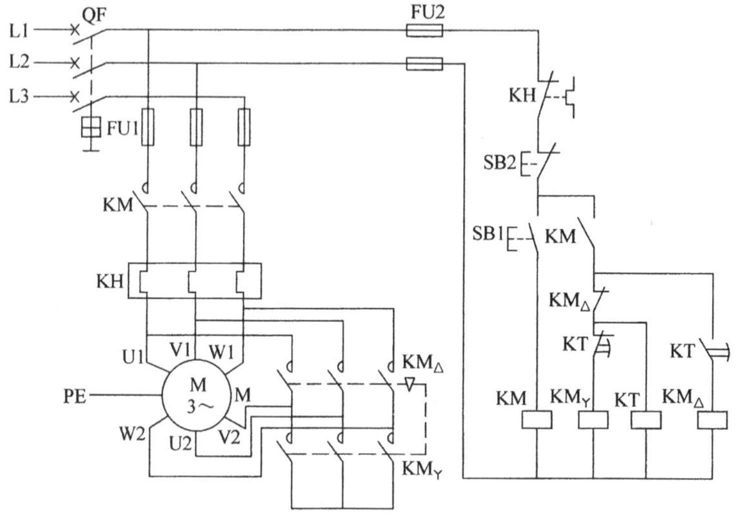

题图 2-18

4. 在时间继电器自动控制 Y－△降压启动线路中，接触器 KM_Y 的常开触头起什么作用？为什么这样设计？

5. 接触器 KM_Y 在主电路中的接线应注意什么问题？为什么？

6. 题图 2-19 所示控制线路可以实现以下控制要求：

（1）M1、M2 可以分别启动和停止。

（2）M1、M2 可以同时启动、同时停止。

（3）当一台电动机发生过载时，两台电动机能同时停止。

分析并叙述线路的工作原理。

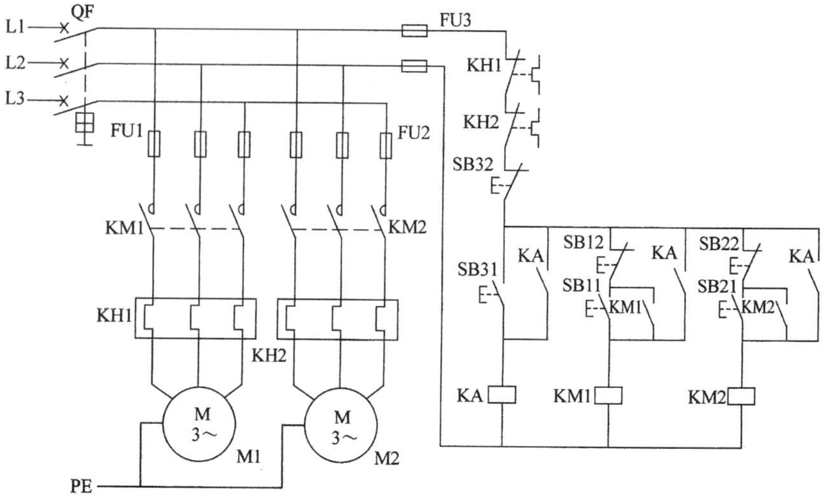

题图 2-19

课题 11　三相笼型异步电动机的软启动器降压启动控制线路

学习目标

1. 了解软启动器的主要结构、工作原理、工作特性和应用。
2. 掌握软启动器操作面板、电源输入端、电源输出端、控制端及日常维护。

前面课题中所述的降压启动方法，其共同特点是启动转矩固定不可调节，启动过程中存在较大的冲击电流，被拖动负载易受到较大的机械冲击。另外一旦出现电网电压波动，还易造成启动困难甚至使电动机堵转。而停止时由于都是瞬间断电，也会造成剧烈的电网电压波动和机械冲击。为此，人们研制了软启动器（Soft Starter）。它是一种集电动机软启动、软停车、轻载节能和多种保护功能于一体的新型电动机控制装置。

一、软启动器的主要结构和工作原理

目前市场上常见的软启动器主要有电子式、磁控式和自动液体电阻式等类型。

电子式软启动器多为晶闸管调压式，利用电力电子技术与自动控制技术（包括计算机技术），将强电和弱电结合起来，其主要结构是一组串接于电源与被控电动机之间的三相反并联晶闸管及其电子控制电路，利用晶闸管移相控制原理，控制三相反并联晶闸管的导通角，使被控电动机的输入电压按不同的要求而变化，从而实现不同的启动功能。启动时，使晶闸管的导通角从零开始逐渐前移，电动机的端电压从零开始，按预设函数关系逐渐上升，直至满足启动转矩而使电动机顺利启动，晶闸管全导通使电动机全压运行。可见，这种软启动器实际上是一个晶闸管交流调压器，通过改变晶闸管的触发角，就可调节晶闸管调压电路的输出电压。

磁控式软启动器是由利用磁放大器原理制造的串联在电源和电动机之间的三相饱和电抗器构成，启动时通过数字控制板调节磁放大器控制绕组的励磁电流，改变饱和电抗器的电抗值调节启动电压降，实现电动机软启动。

不论是晶闸管调压式软启动器还是磁控式软启动器，在启动时只能调节输出电压，以达到控制启动时的电压降、限制启动电流的目的。

自动液体电阻式软启动器适用于三相绕线型交流异步电动机的重载平滑软启动，其工作原理是：在被控绕线型电动机的转子回路中串入特殊配制的电解液作为电阻，并通过调整电解液的浓度及改变两极板间的距离，使串入电阻阻值在启动过程中始终满足电动机机械特性对串入电阻值的要求，从而使电动机在获得最大启动转矩及最小启动电流的情况下，转速均匀提升，平稳启动。启动结束，电气开关短接转子回路。

二、软启动器的工作特性

下面以电子式软启动器为例进行介绍。

在异步电动机的软启动过程中，软启动器是通过控制加到电动机上的平均电压来控制电动机的启动电流和转矩的，一般软启动器可以通过设定得到不同的启动特性，以满足不同负载特性的要求。

1. 斜坡恒流升压启动

斜坡恒流升压启动曲线如图 2–49 所示。这种启动方式是在晶闸管的移相电路中引入电动机电流反馈使电动机在启动过程中保持恒流，使启动平稳。

在电动机启动的初始阶段启动电流逐渐增加，当电流达到预先所设定的限流值后保持恒定，直至启动完毕。启动过程中，电流上升的速率可以根据电动机负载调整设定。斜坡陡，电流上升速率大，启动转矩大，启动时间短。当负载较轻或空载启动时，所需启动转矩较低，应使斜坡缓和一些，当电流达到预先所设定的限流点值后，再迅速增加转矩，完成启动。由于是以启动电流为设定值，当电网电压波动时，通过控制电路自动增大或减小晶闸管导通角，可以维持原设定值不变，保持启动电流恒定，不受电网电压波动的影响。这种软启动方式应用最多，尤其适用于风机和泵类负载的启动。

2. 脉冲阶跃启动

脉冲阶跃启动曲线如图 2–50 所示。在启动开始阶段，晶闸管在极短时间内以较大电流导通，经过一段时间后回落，再按原设定值线性上升，进入恒流启动状态。该启动方法适用于重载并需克服较大静摩擦的启动场合。

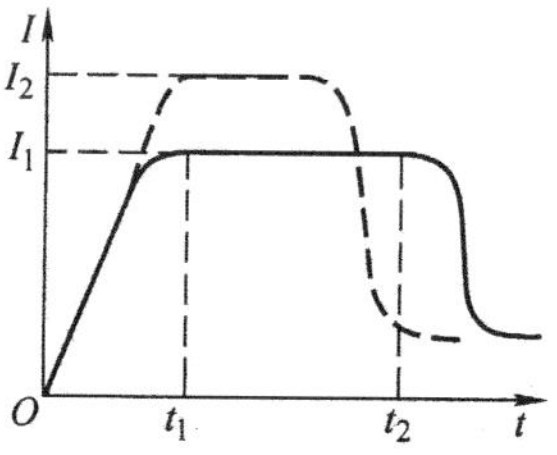

图 2–49　斜坡恒流升压启动曲线

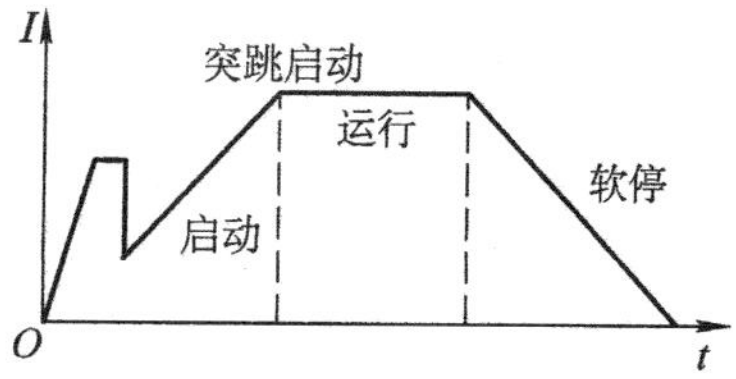

图 2–50　脉冲阶跃启动曲线

3. 减速软停控制

传统的停机控制方式都是通过瞬间断电完成的。但有许多应用场合不允许电动机瞬间关机。例如高层建筑和楼宇的水泵系统，如果瞬间停机，会产生巨大的“水锤”效应，使管道甚至水泵遭到损坏。为减少和防止“水锤”效应，需要电动机逐渐停机，采用软启动控制器的软停机就能满足这一要求。

减速软停控制在电动机需要停机时，不是立即切断电动机的电源，而是通过调节晶闸管的导通角，从全导通状态逐渐地减小，从而使电动机的端电压逐渐降低直至切断电源，此过程时间较长，故称为软停控制。减速软停控制曲线如图 2–50 所示。停车的时间根据实际需要可在 0 ～ 120 s 范围内调整。

4. 节能特性

软启动器可以根据电动机功率因数的高低，自动判断电动机的负载率，当电动机处于空载或负载率很低时，通过相位控制使晶闸管的导通角发生变化，从而改变输入电动机的功率，达到节能的目的。

5. 制动特性

当电动机需要快速停止时，软启动器具有能耗制动功能。能耗制动功能即当接到制动命令后，软启动器改变晶闸管的触发方式，使交流电转变为直流电，然后在关闭主电路后，立即将直流电压加到电动机定子绕组上，利用转子感应电流与静止磁场的作用达到制动的目的。

三、软启动器的应用

在工业自动化程度要求比较高的场合，为便于控制和应用，通常将软启动器、断路器和控制电路组成一个较完整的电动机控制中心，以实现电动机的软启动、软停车、故障保护、报警、自动控制等功能。控制中心同时具有运行和故障状态监视，接触器操作次数、电动机运行时间和触头弹跳监视，试验等辅助功能。另外还可以附加通信单元、图形显示操作单元和编程器单元等，也可直接与通信总线联网。

1. 软启动器与旁路接触器

软启动器可以实现软启动、软停车。但软启动器并不需要一直运行。集成的旁路接触器在电动机达到正常运行速度之后启用，将电动机连到线路上，这时软启动器就可以关闭了。图 2–51 所示电路中，在软启动器两端并联接触器 KM，当电动机软启动结束后，KM 闭合，工作电流将通过 KM 送至电动机。若要求电动机软停车，一旦发出停车信号，先将 KM 分断，然后再由软启动器对电动机进行软停车。该电路有如下优点：

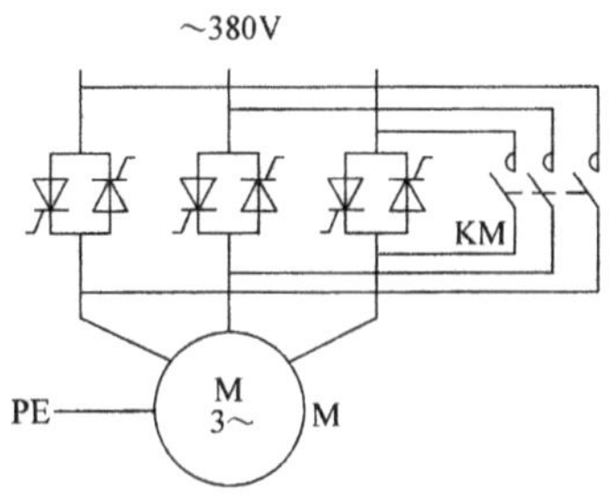

图 2–51 软启动器主电路原理图

（1）在电动机运行时可以避免软启动器产生的谐波。

（2）软启动器仅在启动和停车时工作，可以避免长期运行使晶闸管发热，延长了使用寿命。

（3）一旦软启动器发生故障，可由旁路接触器作为应急备用。

2. 单台软启动器启动多台电动机

一些工厂有多台电动机需要启动，此时最好每台电动机单独安装一台软启动器，这样既方便控制，又能充分发挥软启动器的故障检测等功能。但在一些情况下，也可用一台软启动器对多台电动机进行软启动，以节约资金投入。图 2–52 所示就是用一台软启动器分别控制两台电动机启动和停止的控制线路。

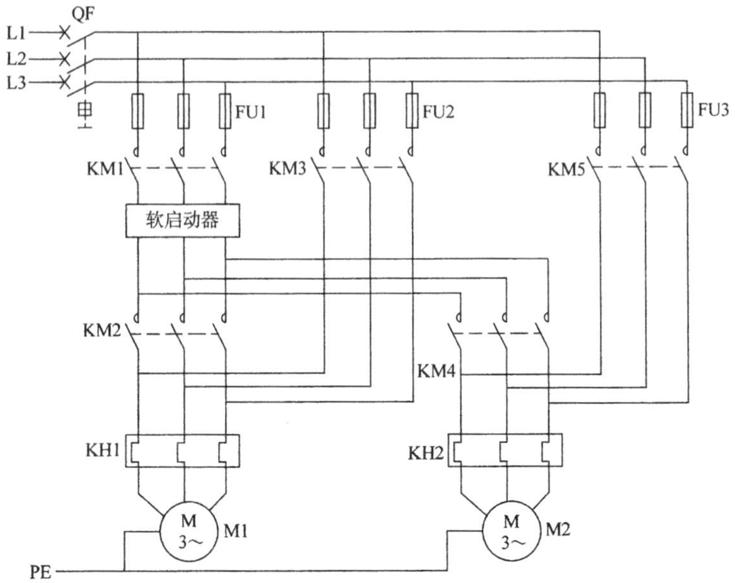

图 2–52 用一台软启动器分别控制两台电动机启动和停止的控制线路

实训 2—11　软启动器面板操作与外围主电路故障排除

1. 工具、仪表及器材

参照表 2-29 选配工具、仪表及器材，并进行质量检验。

表 2-29　工具、仪表及器材

工具	验电笔、螺钉旋具、钢丝钳、尖嘴钳、斜口钳、剥线钳、电工刀等				
仪表	ZC25-3 型兆欧表、MG3-1 型钳形电流表、MF47 型万用表				
器材	代号	名称	型号	规格	数量
	M	三相笼型异步电动机	Y132M-4	7.5 kW、380 V、15.4 A、△形接法、1 440 r/min	1
	QF	电源开关	DZ47-60/3P D20A	三极、380 V、额定电流 20 A	1
	KM	旁路接触器	CJX4-25	20 A、线圈电压 380 V	3
	CMC-L	软启动器	CMC-L008-3	额定电流 18 A、额定电压 380 V	1
	TA1	电流互感器		50 A/5 A	1
		一次线（铜线）		6 mm^2	若干

2. 实训过程

（1）熟悉软启动器的型号含义及使用条件　CMC-L 型软启动器的型号含义如下：

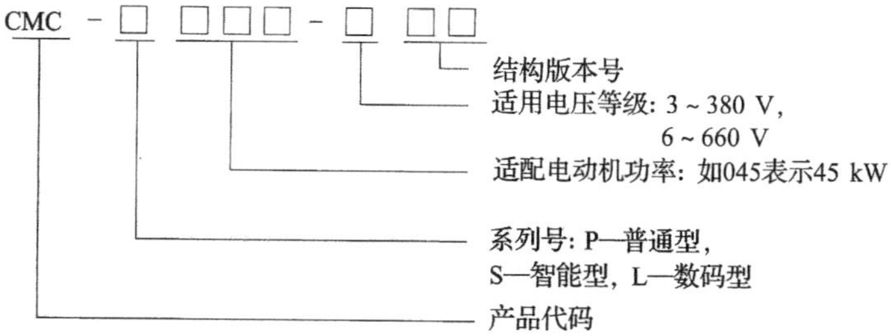

CMC-L 型软启动器的使用条件见表 2-30。

表 2-30　CMC-L 型软启动器的使用条件

控制电源	AC 110 ～ 220×（1+15%）V、50 Hz
三相电源	AC 380 V、AC 660 V、AC 1 140×（1±30%）V、50 Hz
标称电流	15 ～ 1 000 A，共 22 种额定值
适用电动机	一般笼型异步电动机
启动斜坡方式	限流启动、电压斜坡启动、电压斜坡 + 限流启动

续表

停机方式	自由停机、软停机
逻辑输入	阻抗 1.8 kΩ、电源 +15 V
启动频次	可做频繁或不频繁启动，建议每小时启动不超过 10 次
保护功能	断相、过流、短路、SCR 保护、过热等
防护等级	IP20
冷却方式	自然冷却或强迫风冷
安装方式	壁挂式（垂直安装）
环境条件	海拔超过 2 000 m，应相应降低容量使用 环境温度在 −25 ~ +45 ℃ 相对湿度不超过 95%［（20±5）℃］ 无易燃、易爆、腐蚀性气体，无导电尘埃，室内安装，通风良好，振动小

（2）熟悉软启动器的电路连接　CMC−L 型软启动器基本接线图如图 2−53 所示。

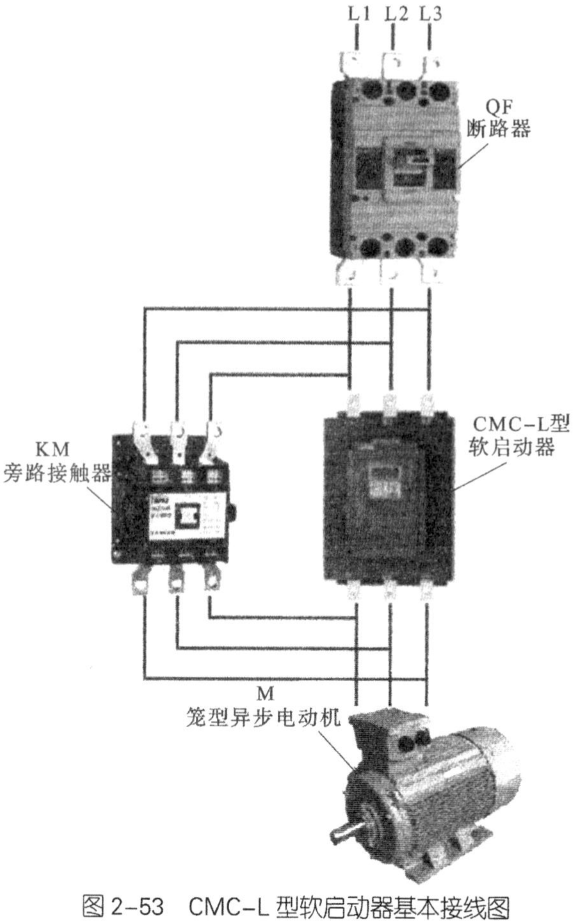

图 2−53　CMC−L 型软启动器基本接线图

CMC-L 型软启动器基本接线原理图如图 2-54 所示。

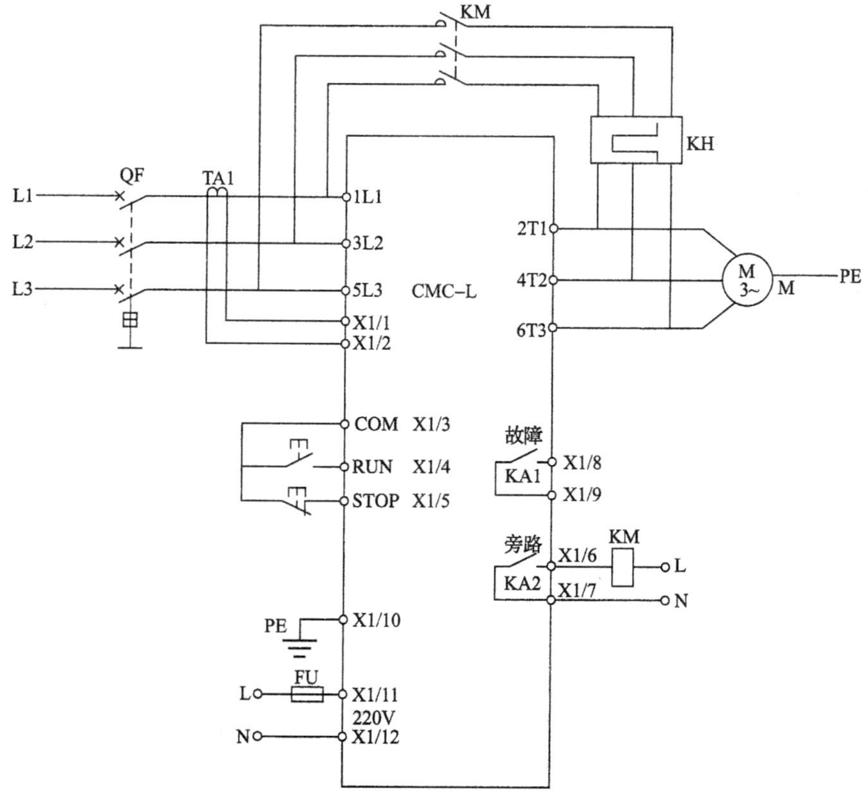

图 2-54 CMC-L 型软启动器基本接线原理图

软启动器主回路端子 1L1、3L2、5L3 接三相电源，2T1、4T2、6T3 接三相电动机。当采用旁路接触器时，可通过内置信号继电器 KA2 控制旁路接触器，如图 2-55 所示。

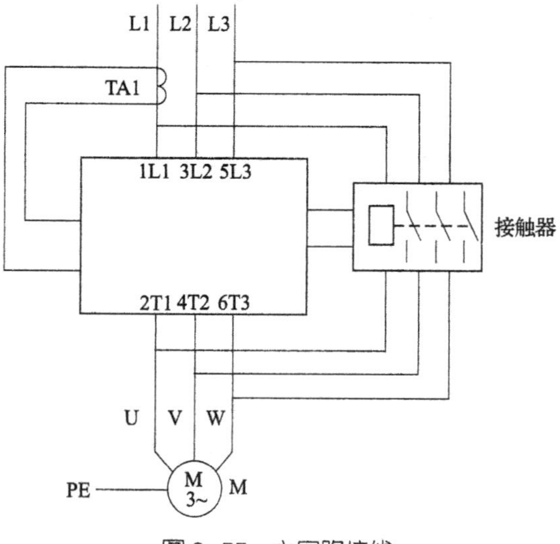

图 2-55 主回路接线

CMC–L 型软启动器有 12 个外接控制端子，为用户实现外部信号控制、远程控制及系统控制提供方便。控制回路端子接线如图 2–56 所示。控制回路端子说明见表 2–31。

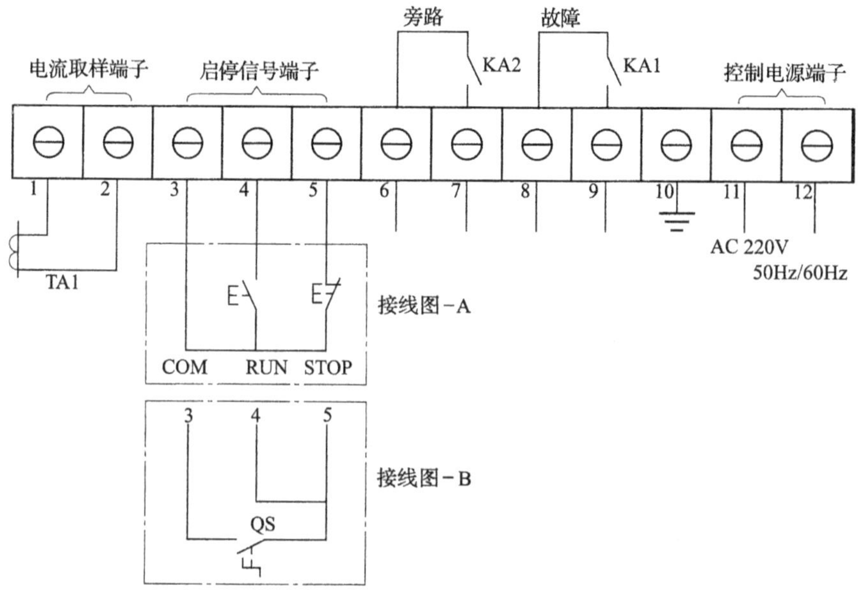

图 2–56　控制回路端子接线

表 2–31　控制回路端子说明

	端子序号	端子名称	说明	技术参数
输入端子	1	电流取样端子	接电流互感器	参考附件选用
	2			
	3	启停信号公共端子	启停控制电路有单节点和双节点两种接线方式	接线图–A 为双节点 接线图–B 为单节点
	4	启动信号端子		
	5	停止信号端子		
	11	控制电源端子	接控制电源	AC 220×（1±15%）V 50 Hz
	12			
输出端子	6	启动完成信号输出端子	KA2 闭合启动完成	无源节点
	7			
	8	故障输出端子	KA1 闭合故障输出	无源节点
	9			
	10	接地端子	接软启动器外壳	1.5 ~ 2.5 mm^2

CMC–L 型软启动器典型应用接线图如图 2–57 所示。

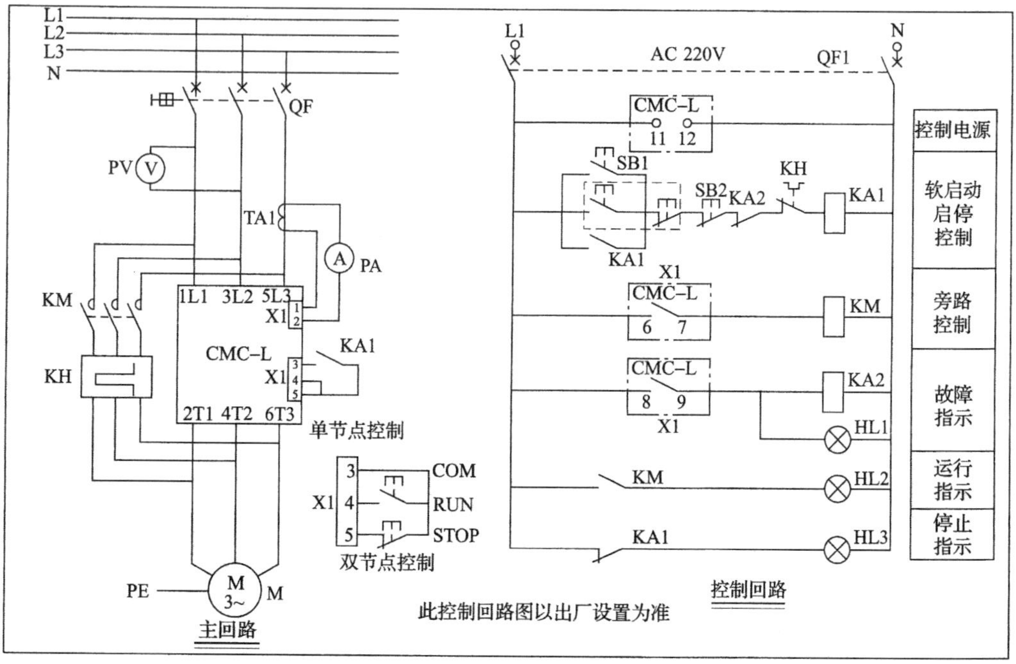

图 2–57　CMC–L 型软启动器典型应用接线图

小提示

（1）图 2–57 所示为单节点控制方式。节点闭合软启动器启动，节点打开软启动器停止。但要注意这种接线对 LED 面板启动操作无效。端子 3、4、5 启停信号是一个无源节点。

（2）PE 接地线应尽可能短，并接于软启动器旁最近的接地点。合适的接地点应位于安装板上紧靠软启动器处，安装板也应接地。

（3）电流互感器二次侧导线截面积不小于 2 mm^2。

（3）熟悉软启动器的控制模式　CMC–L 型软启动器的启动方式有限流启动、斜坡限流启动和电压斜坡启动，停机方式有软停机和自由停机。用户可根据负载不同及具体使用条件选择不同的启动方式和停机方式。软启 / 软停电压（电流）特性曲线如图 2–58 所示。

1）限流启动　使用限流软启动模式时，启动时间设置为零，软启动器得到启动指令后，其输出电压迅速增加，直至输出电流达到设定值 I_m，输出电流不再增大，电动机运转加速持续一段时间后电流开始下降，输出电压迅速增加，直至全压输出，启动过程完成。

2）斜坡限流启动　输出电压随设定的启动时间增加线性上升，同时输出电流以一定的速率增加，当启动电流增至 I_m 时，电流保持恒定，直至启动完成。

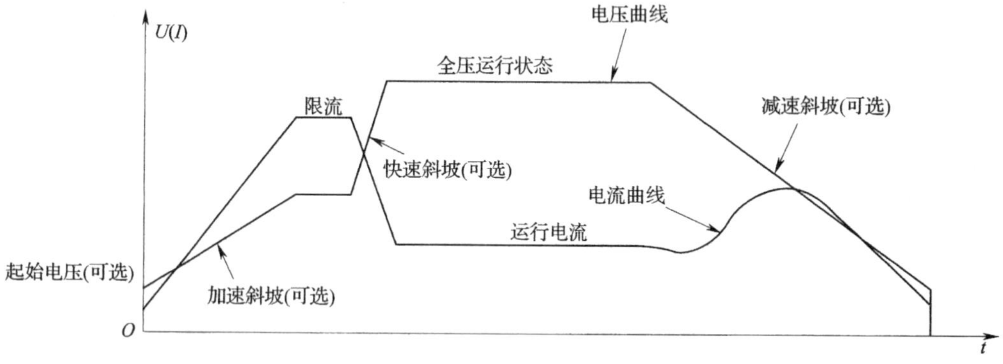

图 2–58 软启 / 软停电压（电流）特性曲线

3）电压斜坡启动 电压斜坡启动适用于大惯性负载，且对启动平稳性要求比较高的场合，可大大降低启动冲击及机械应力。

4）软停机 当停机时间设定不为零时，在全压状态下停机为软停机，在该方式下停机，软启动器首先断开旁路接触器，软启动器的输出电压按设定的停机时间降为零。

5）自由停机 当停机时间为零时为自由停机模式，软启动器接到停机指令后，首先封锁旁路接触器的控制继电器，并随即封锁主回路晶闸管的输出，电动机依负载惯性自由停机。

（4）熟悉软启动器的显示及操作 CMC–L 型软启动器采用数码显示式操作键盘，可实现参数设定、显示、修改以及故障显示、复位和启动、停机等控制。

CMC–L 型软启动器的面板示意图如图 2–59 所示。各按键功能说明见表 2–32。

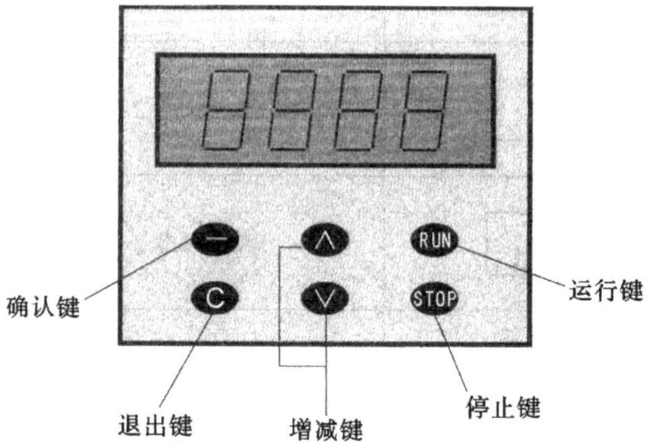

图 2–59 CMC–L 型软启动器的面板示意图

显示状态说明见表 2–33。

当软启动器通电后，即进入启动准备状态，屏幕显示 STOP ，此时按 — 键进入编程状态。软启动器在编程状态下可进行参数浏览和参数设定两种操作，当显示参数前两位处于闪烁状态时是参数浏览状态，后两位处于闪烁状态时是参数设定状态。

表 2-32　CMC-L 型软启动器的按键功能说明

符号	名称	功能说明
—	确认键	进入菜单项，确认需要修改数据的参数项
∧	递增键	参数项或数据的递增操作
∨	递减键	参数项或数据的递减操作
C	退出键	确认修改的参数或数据并退出参数项，退出参数菜单
RUN	运行键	键操作有效时，用于运行操作，并且端子排 X1 的 3、5 端子短接
STOP	停止键	键操作有效时，用于停止操作，故障状态下按下 STOP 键 4 s 以上可复位当前故障

表 2-33　CMC-L 型软启动器的显示状态说明

序号	显示符号	状态说明	备注
1	STOP	停止状态	设备处于停止状态
2	P020	编程状态	此时可浏览和设定参数
3	AUA┐	运行状态 1	设备处于软启动过程状态
4	AUA‾	运行状态 2	设备处于全压工作状态
5	AUA┘	运行状态 3	设备处于软停机状态
6	Err 1	故障状态	设备处于故障状态

在参数浏览状态下，按 ∧ 键或 ∨ 键可进行参数浏览；按 — 键进入参数设定状态，按 ∧ 键或 ∨ 键可进行参数设定及修改。按 C 键退出本级菜单并返回上一级菜单。

参数显示有四位，前两位是参数项，后两位是参数值。参数设定及操作说明见表 2-34。

表 2-34 参数设定及操作说明

序号	显示	参数说明	操作说明	出厂值
1	P020	起始电压 （10%～70%）U_e 16 级可调 设为 99% 时为全压启动	参数设定状态下，按 ∧ 键或 ∨ 键可修改起始电压大小	20%
2	P110	启动时间 0～60 s 16 级可调 选择 0 s 为电流限幅软启动	参数设定状态下，按 ∧ 键或 ∨ 键可修改启动时间	10
3	P200	停机时间 0～60 s 16 级可调 选择 0 s 为自由停机	参数设定状态下，按 ∧ 键或 ∨ 键可修改停机时间	0
4	P33.0	电流限幅倍数 （1.5～5）I_e 16 级可调	参数设定状态下，按 ∧ 键或 ∨ 键修改启动电流限幅倍数	3
5	P4 1.5	运行过流保护 （1.5～5）I_e 8 级可调	参数设定状态下，按 ∧ 键或 ∨ 键修改运行过流保护值	1.5
6	P500	未定义参数		
7	P6 2	控制选择 0—接线端子控制 1—操作键盘控制 2—键盘、端子同时控制	参数设定状态下，按 ∧ 键或 ∨ 键选择控制方式	2
8	P7 0	SCR 保护选择 0—允许 SCR 保护 1—禁止 SCR 保护	参数设定状态下，按 ∧ 键或 ∨ 键选择是否用晶闸管保护	0
9	P800	双斜坡启动 0—双斜坡启动无效 非 0—双斜坡启动有效 设定值为第一次启动时间（范围为 0～60 s）	参数设定状态下，按 ∧ 键或 ∨ 键选择是否用双斜坡启动	0

注：在停止状态下参数设定有效。

小提示

启动时间的长短可决定在什么时间内将启动转矩升高到最终转矩。当启动时间较长时，就会在电动机启动过程中产生较小的加速转矩。这样就可实现较长时间的电动机软加速，应适当选择启动时间的长短，使电动机能够进行软加速，直到达到其额定转速为止。如设定的加速时间比电动机加速到额定转速所需的时间短，就会在一定时间内将转矩限制在所设置的极限转矩内。因此，这里的启动时间表示转速变化的速率，并不完全等同于电动机正常的启动时间。

（5）熟悉软启动器的故障检测与排除

1）故障分析　当软启动器保护功能动作时，软启动器立即停机，显示屏显示当前故障。用户可根据故障内容进行故障分析。显示 Err3 表示机器处于故障状态，后缀数字表示故障号。CMC–L 型软启动器故障代码见表 2–35。

表 2–35　CMC–L 型软启动器故障代码

显示	状态说明	排除方法
STOP	软启动器处于待机状态	1. 检查旁路接触器是否卡在闭合位置上 2. 检查各晶闸管是否被击穿或损坏
	给出启动信号但电动机无反应	1. 检查端子 3、4、5 是否接通 2. 检查控制电路连接是否正确，控制开关是否正常 3. 检查控制电源电压是否过低
无显示		1. 检查端子 11 和 12 是否接通 2. 检查控制电源是否正常
Err1	电动机启动时缺相	检查三相电源各相电压，判断是否缺相并予以排除
Err2	晶闸管温度过高	1. 检查软启动器安装环境是否通风良好且垂直安装 2. 检查软启动器是否被阳光直射 3. 检查散热器是否过热或过热保护开关是否断开 4. 降低启动频次 5. 检查控制电源电压是否过低
Err3	启动失败故障	1. 逐一检查各项工作参数设定值，核实设置的参数值与电动机实际参数是否匹配 2. 启动失败（80 s 未完成启动），检查限流倍数是否设定过小或核对互感器变比是否正确

续表

显示	状态说明	排除方法
Err4	软启动器输入与输出端短路	1. 检查旁路接触器是否卡在闭合位置上 2. 检查晶闸管是否被击穿或损坏
	电动机连接线开路（P7 设置为 0）	1. 检查软启动器输出端与电动机是否正确且可靠连接 2. 判断电动机内部是否开路 3. 检查晶闸管是否损坏或被击穿 4. 检查进线是否缺相
Err5	限流功能失效	1. 检查电流互感器是否接到端子 1、2 上 2. 查看限流保护设置是否正确 3. 检查电流互感器变化是否与电动机相匹配
	电动机运行过流	1. 检查软启动器输出端连接是否有短路现象 2. 检查电动机是否过载或者短路 3. 检查电动机电路是否缺相 4. 检查电流互感器变化是否与电动机相匹配

2）故障排除　故障具有记忆性，故在故障排除后，通过按键 STOP（长按 4 s 以上）进行复位，使软启动器恢复到启动准备状态。

（6）熟悉软启动器的日常维护

1）除尘　如果灰尘太多，将降低软启动器的绝缘等级，可能使软启动器不能正常工作。可用清洁干燥毛刷轻轻刷去灰尘或用压缩空气吹去灰尘。

2）除露　如果结露，将降低软启动器的绝缘等级，可能使软启动器不能正常工作。可用电吹风或电炉吹干，也可用配电间去湿。

3）定期检查元器件是否完好，是否能够正常工作。

4）检查软启动器的冷却通道，确保不被污物和灰尘堵塞。

小提示

维护及检查必须在切断软启动器进线侧所有电源后进行。

巩固练习

1. 目前常见的软启动器主要有哪几种类型?
2. 简述电子式软启动器的主要结构和工作原理。
3. 简述磁控式软启动器和自动液体电阻式软启动器的工作原理。

4. 写出 CMC-L 型软启动器的型号含义。

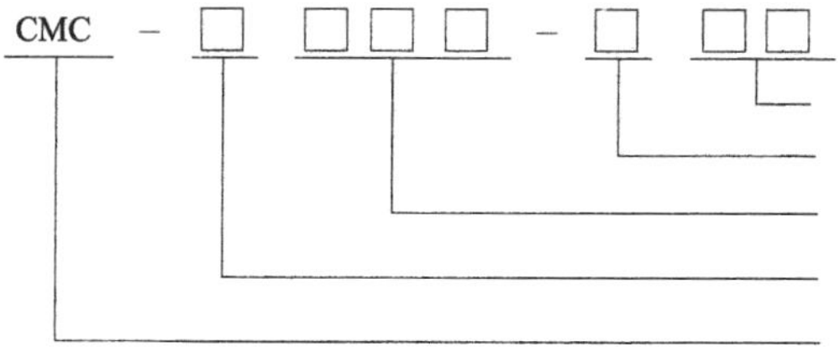

5. 标出 CMC-L 型软启动器面板各按键的名称，并说明各按键的功能。

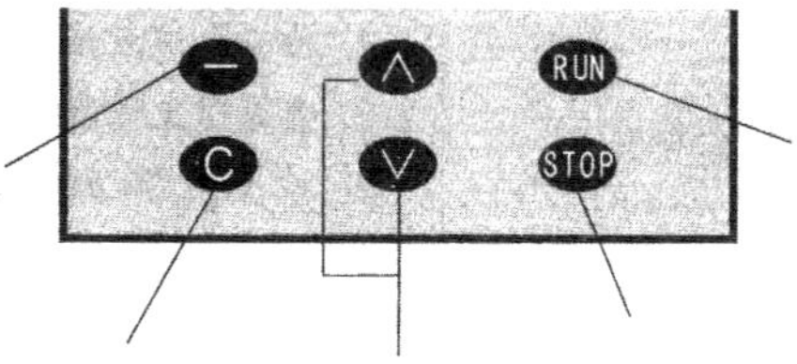

6. 说出 CMC-L 型软启动器面板显示以下符号时，设备所处的状态。

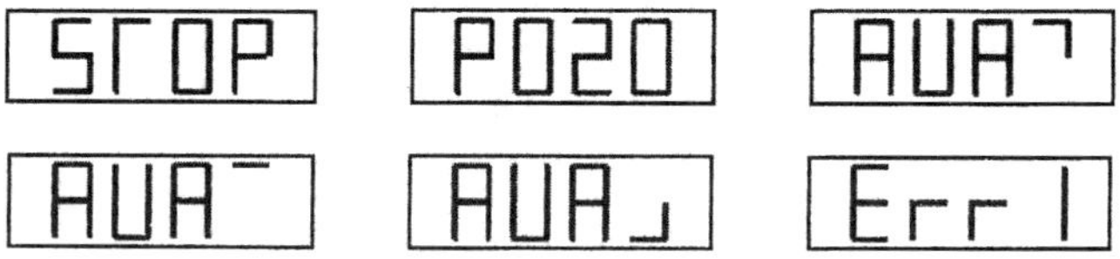

7. 怎样对 CMC-L 型软启动器进行日常维护?

课题 12　三相笼型异步电动机的机械制动控制线路

学习目标

掌握电磁抱闸制动器的结构和工作原理，能正确安装电磁抱闸制动器断电制动控制线路。

电动机断开电源以后，由于惯性不会马上停止转动，而是需要转动一段时间才会完全停下来。这种情况对于某些生产机械是不适宜的。如起重机的吊钩需要准确定位、万能铣床要求立即停转等。为满足生产机械的这种要求，就需要对电动机进行制动。

所谓制动，就是给电动机一个与转动方向相反的转矩使它迅速停转（或限制其转速）。制动的方法一般有两类：机械制动和电力制动。

利用机械装置使电动机断开电源后迅速停转的方法称为机械制动。机械制动常用的方法有电磁抱闸制动器制动和电磁离合器制动两种。两者的制动原理类似，控制线路也基本相同。

一、电磁抱闸制动器制动

1．电磁抱闸制动器的组成及配用

图 2-60 所示为常用的 MZD1 系列交流制动电磁铁与 TJ2 系列闸瓦制动器的外形，它们配合使用共同组成电磁抱闸制动器，其结构和符号如图 2-61 所示。TJ2 系列闸瓦制动器与 MZD1 系列交流制动电磁铁的配用见表 2-36。

a)　　b)

图 2-60　制动电磁铁与闸瓦制动器

a）MZD1 系列交流制动电磁铁　b）TJ2 系列闸瓦制动器

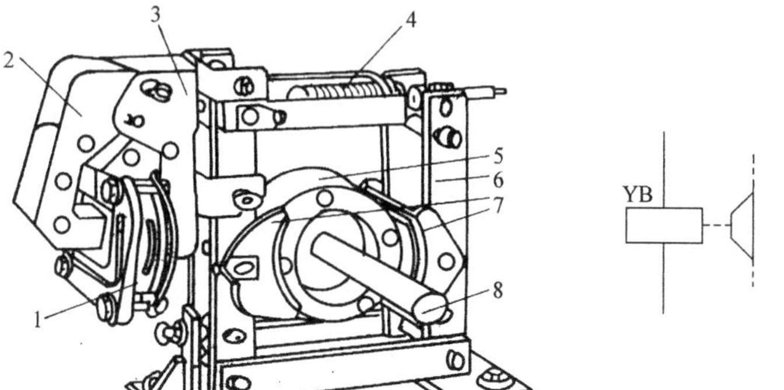

a)　　b)

图 2-61　电磁抱闸制动器

a）结构　b）符号

1—线圈　2—衔铁　3—铁芯　4—弹簧　5—闸轮　6—杠杆　7—闸瓦　8—轴

表 2–36　TJ2 系列闸瓦制动器与 MZD1 系列交流制动电磁铁的配用表

制动器型号	制动力矩（N·m）		闸瓦退距（mm）正常 / 最大	调整杆行程（mm）开始 / 最大	电磁铁型号	电磁铁转矩（N·m）	
	通电持续率为 25% 和 40%	通电持续率为 100%				通电持续率为 25% 和 40%	通电持续率为 100%
TJ2–100	20	10	0.4/0.6	2/3	MZD1–100	5.5	3
TJ2–200	160	80	0.5/0.8	2.5/3.8	MZD1–200	40	20
TJ2–300	500	200	0.7/1	3/4.4	MZD1–300	100	40

制动器和电磁铁的型号及其含义分别如下：

TJ 2 – □ / □
- TJ：交流制动器
- 2：设计序号
- □：制动轮直径（mm）
- □：配用电磁铁型号

M Z D 1 – □
- M：电磁铁
- Z：制动
- D：单相
- 1：设计序号
- □：匹配制动器的制动轮直径（mm）

制动电磁铁由铁芯、衔铁和线圈三部分组成。闸瓦制动器包括闸轮、闸瓦、杠杆和弹簧等部分。电磁抱闸制动器分为断电制动型和通电制动型两种。断电制动型的工作原理是：当制动电磁铁的线圈得电时，制动器的闸瓦与闸轮分开，无制动作用；当线圈失电时，制动器的闸瓦紧紧抱住闸轮制动。通电制动型的工作原理是：当制动电磁铁的线圈得电时，闸瓦紧紧抱住闸轮制动；当线圈失电时，制动器的闸瓦与闸轮分开，无制动作用。

2. 电磁抱闸制动器断电制动控制线路

电磁抱闸制动器断电制动控制线路如图 2–62 所示。线路工作原理如下：

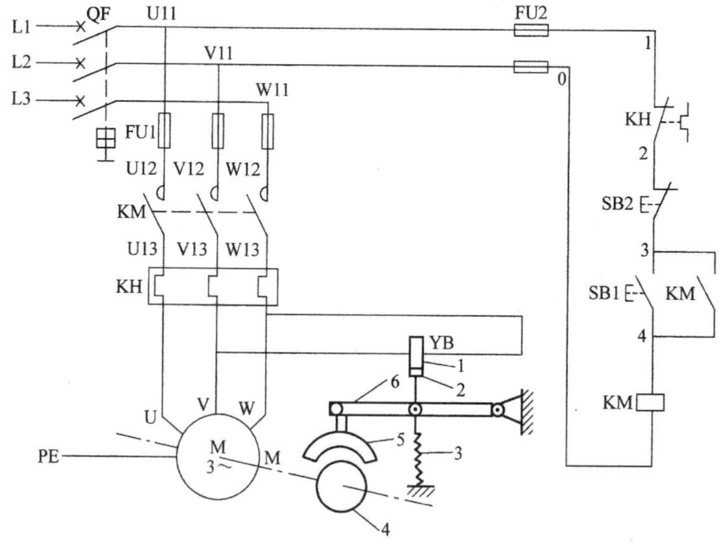

图 2–62　电磁抱闸制动器断电制动控制线路

1—线圈　2—衔铁　3—弹簧　4—闸轮　5—闸瓦　6—杠杆

启动运转：先合上电源开关 QF。按下启动按钮 SB1，接触器 KM 线圈得电，其自锁触头和主触头闭合，电动机 M 接通电源，同时电磁抱闸制动器 YB 线圈得电，衔铁与铁芯吸合，衔铁克服弹簧拉力，迫使制动杠杆向上移动，从而使制动器的闸瓦与闸轮分开，电动机正常运转。

制动停转：按下停止按钮 SB2，接触器 KM 线圈失电，其自锁触头和主触头分断，电动机 M 失电，同时电磁抱闸制动器 YB 线圈也失电，衔铁与铁芯分开，在弹簧拉力的作用下，制动器的闸瓦紧紧抱住闸轮，使电动机被迅速制动而停转。

电磁抱闸制动器断电制动在起重机械上被广泛采用。其优点是能够准确定位，同时可防止电动机突然断电时重物自行坠落。但由于电磁抱闸制动器线圈耗电时间与电动机一样长，因此不够经济。另外，由于电磁抱闸制动器在切断电源后的制动作用，使手动调整工件很困难。

3. 电磁抱闸制动器通电制动控制线路

对要求电动机制动后能调整工件位置的机床设备，可采用通电制动控制线路，如图 2-63 所示。这种通电制动与上述断电制动方法稍有不同。当电动机得电运转时，电磁抱闸制动器线圈断电，闸瓦与闸轮分开，无制动作用；当电动机失电需停转时，电磁抱闸制动器线圈得电，使闸瓦紧紧抱住闸轮制动；当电动机处于停转常态时，线圈也无电，闸瓦与闸轮分开，这样操作人员可以用手扳动主轴进行调整工件、对刀等操作。

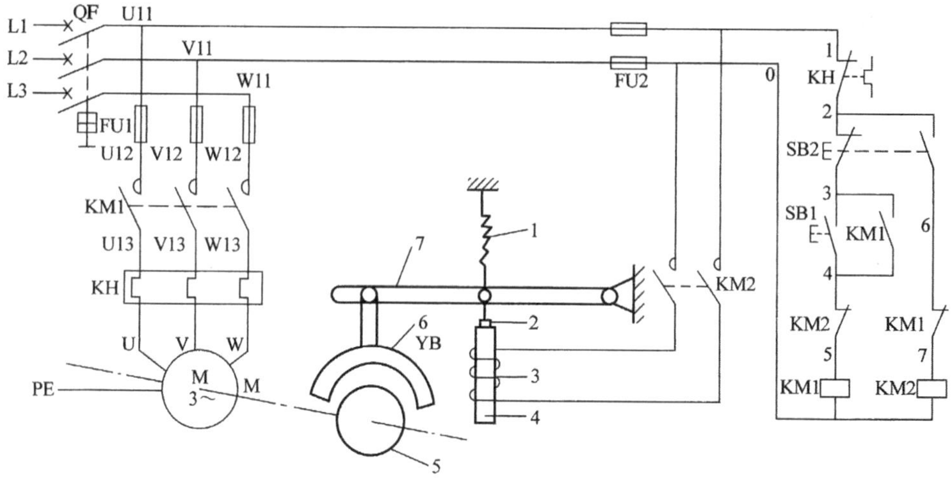

图 2-63　电磁抱闸制动器通电制动控制线路

1—弹簧　2—衔铁　3—线圈　4—铁芯　5—闸轮　6—闸瓦　7—杠杆

想一想

试分析图 2-63 所示线路的工作原理。

二、电磁离合器制动

电磁离合器制动原理和电磁抱闸制动器的制动原理类似，其主要区别是电磁离合器利用了动、静摩擦片之间产生足够大的摩擦力而实现制动。电动葫芦的绳轮常采用这种制动方法。断电制动型电磁离合器如图 2-64 所示。

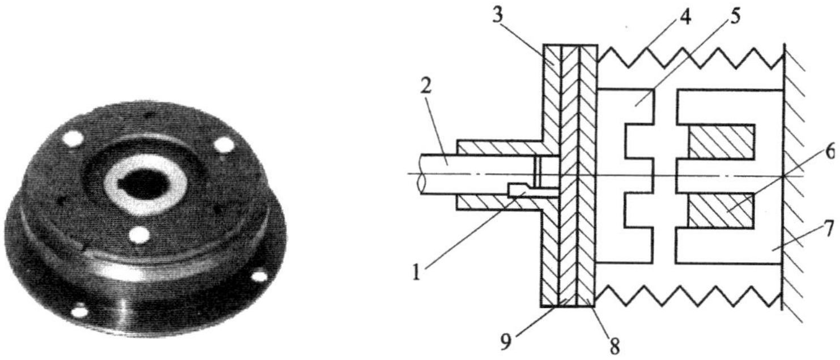

a)　　b)

图 2-64　断电制动型电磁离合器

a）外形图　b）结构示意图

1—键　2—绳轮轴　3—法兰　4—制动弹簧

5—动铁芯　6—励磁线圈　7—静铁芯　8—静摩擦片　9—动摩擦片

1. 电磁离合器结构

电磁离合器主要由制动电磁铁（包括动铁芯、静铁芯和励磁线圈）、静摩擦片、动摩擦片以及制动弹簧等组成。电磁铁的静铁芯靠导向轴（图 2-64 中未画出）连接在电动葫芦本体上，动铁芯与静摩擦片固定在一起，并只能做轴向移动而不能绕轴转动。动摩擦片通过连接法兰与绳轮轴（与电动机共轴）由键固定在一起，可随电动机一起转动。

2. 电磁离合器制动原理

电动机静止时，励磁线圈无电，制动弹簧将静摩擦片紧紧地压在动摩擦片上，此时电动机通过绳轮轴被制动。当电动机通电运转时，励磁线圈也同时得电，电磁铁的动铁芯被静铁芯吸合，使静摩擦片与动摩擦片分开，于是，动摩擦片连同绳轮轴在电动机的带动下正常启动运转。当电动机切断电源时，励磁线圈也同时失电，制动弹簧立即将静摩擦片连同动铁芯推向转动着的动摩擦片，强大的弹簧张力迫使动、静摩擦片之间产生足够大的摩擦力，使电动机断电后立即受到制动停转。电磁离合器的制动控制线路与图 2-62 所示线路基本相同，请自行画出并进行分析。

实训 2—12　电磁抱闸制动器断电制动控制线路的安装

1. 工具、仪表及器材

参照表 2-37 和图 2-62 所示电路图，选配工具、仪表及器材，并检测质量是否合格。

表 2-37　工具、仪表及器材

工具	验电笔、螺钉旋具、钢丝钳、尖嘴钳、斜口钳、剥线钳、电工刀等电工常用工具				
仪表	ZC25-3 型兆欧表（500 V，0 ~ 500 MΩ）、MG3-1 型钳形电流表、MF47 型万用表				
器材	代号	名称	型号	规格	数量
	M	三相笼型异步电动机	Y112M-4	4 kW、380 V、8.8 A、△接法、1 440 r/min	1
	QF	低压断路器	DZ5-20/330	三极复式脱扣器、380 V、20 A	1
	FU1	螺旋式熔断器	RL1-60/25	500 V、60 A、配熔体 25 A	3
	FU2	螺旋式熔断器	RL1-15/2	500 V、15 A、配熔体 2 A	2
	KM	交流接触器	CJT1-20	20 A、线圈电压 380 V	1
	KH	热继电器	JR36-20	三极、20 A、热元件 11 A、整定电流 8.8 A	1
	SB1、SB2	按钮	LA4-3H	保护式、钮数 3（代用）	1
	YB	电磁抱闸制动器	TJ2-200	配 MZD1-200 制动电磁铁	1
	XT	端子板	TD-1515	660 V、15 A、15 节	1
		控制板		500 mm × 400 mm × 20 mm	1
		主电路线		BVR 1.5 mm^2（黑色）	若干
		控制电路线		BVR 1 mm^2（红色）	若干
		按钮线		BVR 0.75 mm^2（红色）	若干
		接地线		BVR 1.5 mm^2（黄绿双色）	若干
		走线槽		25 mm × 25 mm	若干
		紧固体、针形及叉形轧头、金属软管和编码套管等			若干

2. 实训过程

自编安装步骤，熟悉安装工艺要求。经指导教师审查合格后进行安装训练。

3. 注意事项

（1）电磁抱闸制动器必须与电动机一起安装在固定的底座或座墩上，其地脚螺栓必须拧紧，并且要有防松措施。

（2）电磁抱闸制动器安装后，必须在切断电源的情况下先粗调，然后在通电试车时再微调。粗调时以在断电状态下用外力转不动电动机的转轴，而当用外力将制动电磁铁吸合后，电动机转轴能自由转动为合格；微调时以在通电带负载运行状态下，电动机转动自如，闸瓦与闸轮不摩擦、不过热，断电时又能立即制动为合格。

（3）通电试车时，必须有指导教师在现场监护，同时要做到安全文明生产。

4. 评分标准

评分标准见表 2–38。

表 2–38 评分标准

项目	配分	评分标准			扣分
选用工具、仪表及器材	15 分	（1）工具、仪表少选或错选 每个扣 2 分 （2）电器元件选错 每只扣 2 分 （3）选用的元件型号、规格不全 每只扣 2 分			
装前检查	5 分	电器元件漏检或错检 每处扣 1 分			
安装元件	20 分	（1）电磁抱闸制动器安装不牢固、松动 扣 10 分 （2）地脚螺栓未拧紧或无防松措施 每只扣 10 分 （3）抱闸机构与制动闸轮不在同一平面，或不同心 扣 10 分 （4）电器元件安装不牢固 每只扣 5 分 （5）电器元件安装不整齐、不匀称、不合理 每只扣 3 分 （6）损坏电器元件 扣 5 ~ 10 分			
布线	20 分	（1）不按电路图接线 扣 20 分 （2）布线不符合要求 每根扣 3 分 （3）连接点松动、露铜过长、反圈等 每个扣 1 分 （4）损伤导线绝缘层或线芯 每根扣 5 分 （5）漏装或套错编码套管 每个扣 1 分 （6）漏接接地线 扣 10 分			
调整与试车	40 分	（1）不会调整电磁抱闸制动器 扣 30 分 （2）制动器调整不符合要求 扣 20 分 （3）热继电器未整定或整定错误 扣 5 分 （4）熔体规格选用不当 扣 5 分 （5）第一次试车不成功 扣 10 分 第二次试车不成功 扣 20 分 第三次试车不成功 扣 40 分			
安全文明生产	违反安全文明生产规程 扣 5 ~ 40 分				
定额时间	5 h，每超时 5 min（不足 5 min 以 5 min 计） 扣 5 分				
备注	除定额时间外，各项目的最高扣分不得超过配分数			成绩	
开始时间		结束时间		实际时间	

巩固练习

1. 什么是制动？制动的方法有哪两类？

2. 什么是机械制动？常用的机械制动方法有哪两种？

3. 简述电磁抱闸制动器的主要结构，画出其电气符号。
4. 电磁抱闸制动器分为哪两种类型？简述其制动原理。
5. 电磁离合器主要由哪几部分组成？简述其制动原理。
6. 断电制动型电磁抱闸制动器安装后如何调试才算合格？

课题 13 三相笼型异步电动机的反接制动控制线路

学习目标

了解反接制动的制动原理，掌握单向启动反接制动控制线路的构成和工作原理，能正确安装与检修。

使电动机在切断电源停转的过程中，产生一个和电动机实际旋转方向相反的电磁力矩（制动力矩），迫使电动机迅速制动停转的方法称为电力制动。电力制动常用的方法有反接制动、能耗制动、电容制动和再生发电制动等。本课题介绍反接制动。

一、反接制动原理

在图 2-65a 所示电路中，当 QS 向上投合时，电动机定子绕组电源电压相序为 L1—L2—L3，电动机将沿旋转磁场方向（图 2-65b 中顺时针方向），以小于磁场转速 n_1 的转速 n 正常运转。

当电动机需要停转时，拉下开关 QS，使电动机先脱离电源（此时转子由于惯性仍按原方向旋转）。随后，将开关 QS 迅速向下投合，由于 L1、L2 两相电源线对调，电动机定子绕组电源电压相序变为 L2—L1—L3，旋转磁场反转（图 2-65b 中的逆时针方向），此时转子将以 n_1+n 的相对转速沿原转动方向切割旋转磁场，在转子绕组中产生感应电流，用右手定则判断出其方向如图 2-65b 所示。而转子绕组一旦产生电流，又受到旋转磁场的作用，产生电磁转矩，其方向可用左手定则判断出来，如图 2-65b 所示。可见，此转矩方向与电动机的转动方向相反，使电动机受制动迅速停转。

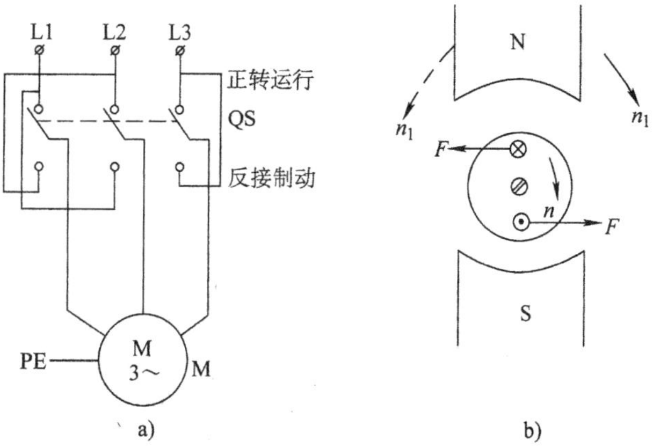

图 2-65　反接制动原理图

反接制动是依靠改变电动机定子绕组的电源相序来产生制动力矩，迫使电动机迅速停转的。

当电动机转速接近零值时，应立即切断电动机电源，否则电动机将反转。为此，在反接制动设施中，为保证电动机的转速被制动到接近零值时，能迅速切断电源，防止反向启动，常利用速度继电器来自动地及时切断电源。

二、单向启动反接制动控制线路

图 2-66 所示线路的主电路和正反转控制线路的主电路相同，只是在反接制动时增加了三个限流电阻 R。线路中 KM1 为正转运行接触器，KM2 为反接制动接触器，KS 为速度继电器，其轴与电动机轴相连（图 2-66 中用点画线表示）。

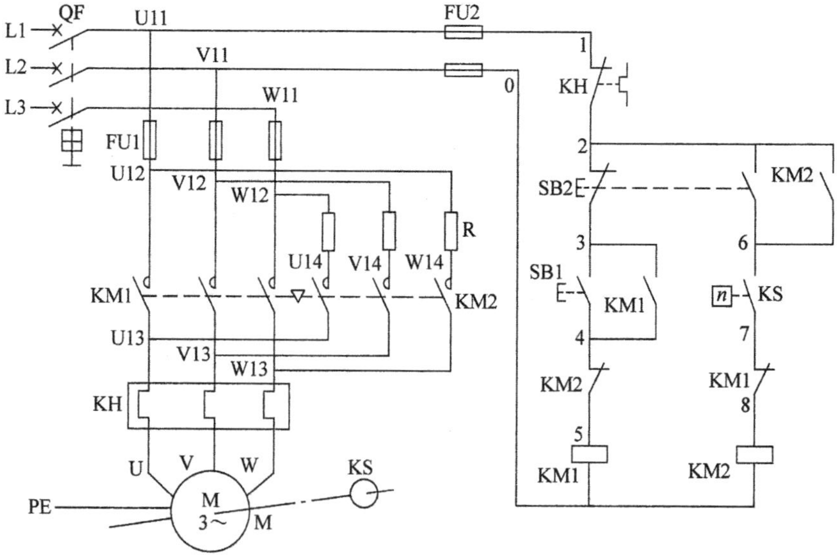

图 2-66　单向启动反接制动控制电路图

线路的工作原理如下：

先合上电源开关 QF。

单向启动：

按下 SB1 → KM1 线圈得电 →
- → KM1 自锁触头闭合自锁 → 电动机 M 启动运转 →
- → KM1 主触头闭合 ↗（同上）
- → KM1 联锁触头分断对 KM2 联锁

→ 至电动机转速上升到一定值（150 r/min 左右）时 → KS 常开触头闭合为制动做准备

反接制动：

按下 SB2 →
- → SB2 常闭触头先分断 → KM1 线圈失电 →
  - → KM1 自锁触头分断解除自锁
  - → KM1 主触头分断，M 暂时失电
  - → KM1 联锁触头闭合 →
- → SB2 常开触头后闭合 ↗（同上）

→ KM2 线圈得电 →
- → KM2 联锁触头分断对 KM1 联锁
- → KM2 自锁触头闭合自锁
- → KM2 主触头闭合 → 电动机 M 串接电阻 R 反接制动 →

→ 至电动机转速下降到一定值 (100 r/min 左右) 时 → KS 常开触头分断 →

→ KM2 线圈失电 →
- → KM2 联锁触头闭合解除对KM1联锁
- → KM2 自锁触头分断解除自锁
- → KM2 主触头分断 → 电动机 M 脱离电源停转，反接制动结束

反接制动时，由于旋转磁场与转子的相对转速 n_1+n 很高，故转子绕组中感应电流很大，致使定子绕组中的电流很大，一般为电动机额定电流的 10 倍左右。因此，反接制动适用于 10 kW 以下小容量电动机的制动，并且对 4.5 kW 以上的电动机进行反接制动时，需在定子绕组回路中串入限流电阻 R，以限制反接制动电流。限流电阻 R 的大小可参考下述经验计算公式进行估算。

在电源电压 380 V 时，若要使反接制动电流等于电动机直接启动时启动电流的$\frac{1}{2}$，即$\frac{1}{2}I_{st}$，则三相电路每相应串入的电阻 R（Ω）值可取为：

$$R \approx 1.5 \times \frac{220}{I_{st}}$$

若要使反接制动电流等于启动电流 I_{st}，则每相应串入的电阻 R'（Ω）值可取为：

$$R' \approx 1.3 \times \frac{220}{I_{st}}$$

如果反接制动时，只在电源两相中串接电阻，则电阻值应加大，分别取上述电阻值的 1.5 倍。

反接制动的优点是制动力强，制动迅速；缺点是制动准确性差，制动过程中冲击强烈，易损坏传动零件，制动能量消耗大，不宜经常制动。因此，反接制动一般适用于制动要求迅速、系统惯性较大、不经常启动与制动的场合，如铣床、镗床、中型车床等主轴的制动控制。

实训 2—13 单向启动反接制动控制线路的安装与检修

1. 工具、仪表及器材

参照表 2-39 和图 2-66 所示电路图，选配工具、仪表及器材，并检测质量是否合格。

表 2-39 工具、仪表及器材

工具	验电笔、螺钉旋具、钢丝钳、尖嘴钳、斜口钳、剥线钳、电工刀等电工常用工具				
仪表	ZC25-3 型兆欧表（500 V，0 ~ 500 MΩ）、MG3-1 型钳形电流表、MF47 型万用表				
器材	代号	名称	型号	规格	数量
	M	三相笼型异步电动机	Y112M-4	4 kW、380 V、8.8 A、△接法、1 440 r/min	1
	QF	低压断路器	DZ5-20/330	三极复式脱扣器、380 V、20 A	1
	FU1	螺旋式熔断器	RL1-60/25	500 V、60 A、配熔体额定电流 25 A	3
	FU2	螺旋式熔断器	RL1-15/4	500 V、15 A、配熔体额定电流 4 A	2
	KM1、KM2	交流接触器	CJT1-20	20 A、线圈电压 380 V	2
	KH	热继电器	JR36-20	三极、20 A、热元件 11 A、整定电流 8.8 A	1
	KS	速度继电器	JY1		1
	SB1、SB2	按钮	LA4-3H	保护式、380 V、5 A、钮数 3	1
	XT	端子板	JD0-1020	380 V 、10 A、20 节	1
		控制板		600 mm × 500 mm × 20 mm	1
		走线槽		25 mm × 25 mm	若干
		主电路导线		BVR 1.5 mm²（黑色）	若干
		控制电路导线		BVR 1 mm²（红色）	若干
		按钮线		BVR 0.75 mm²（红色）	若干
		接地线		BVR 1.5 mm²（黄绿双色）	若干
		紧固体、针形及叉形轧头、金属软管和编码套管等			若干

注：本线路所用电动机功率小于 4.5 kW，反接制动时不需要串入限流电阻。

2. 实训过程

（1）安装训练　根据图 2-66 画出布置图，编写安装步骤，熟悉安装工艺要求。经指导教师审查合格后进行安装。安装注意事项如下：

1）安装速度继电器前，要弄清楚其结构，辨明常开触头的接线端。

2）速度继电器可以预先安装好，不计入定额时间。安装时，采用速度继电器的连接头与电动机转轴直接连接的方法，并使两轴中心线重合。

3）通电试车时，若制动不正常，可检查速度继电器是否符合规定要求。若需调节速度继电器的调整螺钉时，必须切断电源，以防止出现相对地短路事故。

4）速度继电器动作值和返回值的调整，应先认真观察教师示范，经允许后再自己调整。

5）制动操作不宜过于频繁。

6）通电试车时，必须有指导教师在现场监护，同时做到安全文明生产。

（2）检修训练　在主电路或控制电路中，人为设置电气自然故障两处。自编检修步骤，经指导教师审查合格后开始检修。

3. 评分标准

评分标准见实训 2—6 中表 2-20。

想一想

在已安装好的控制板上，能否加装一只中间继电器 KA（型号 JZ7-44，额定电流 5 A，吸引线圈电压 380 V），使之改装成如图 2-67 所示的控制线路？叙述线路的工作原理。

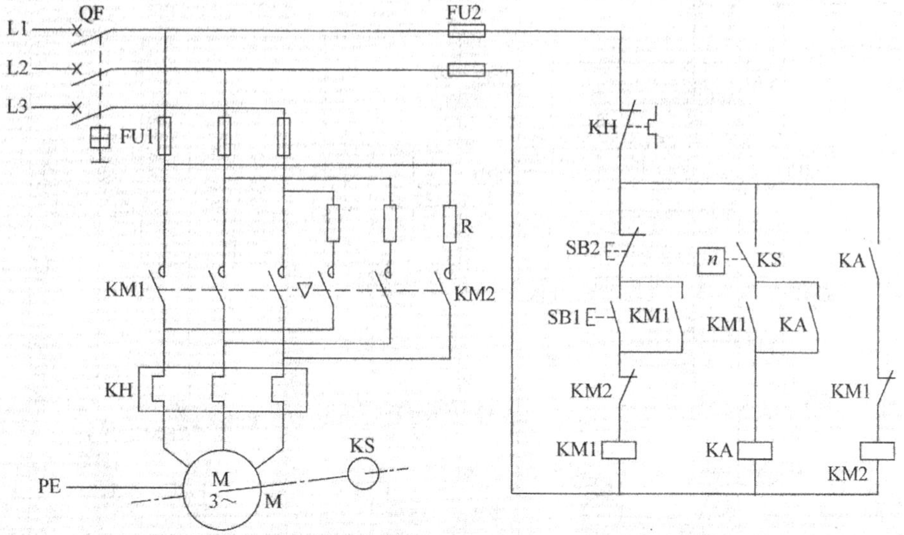

图 2-67　单向启动反接制动控制电路图

巩固练习

1. 什么是电力制动？电力制动的方法有哪几种？简述反接制动的制动原理。

2. 分析题图 2–20 所示单向启动反接制动控制线路在控制电路上有什么不同，并叙述题图 2–20b 的工作原理。

3. 题图 2–21 是三相电动机双向启动反接制动控制线路，分析 KM1、KM2、KM3、KA1、KA2、KA3、KA4、KS–1 和 KS–2 的主要作用，叙述线路的工作原理。

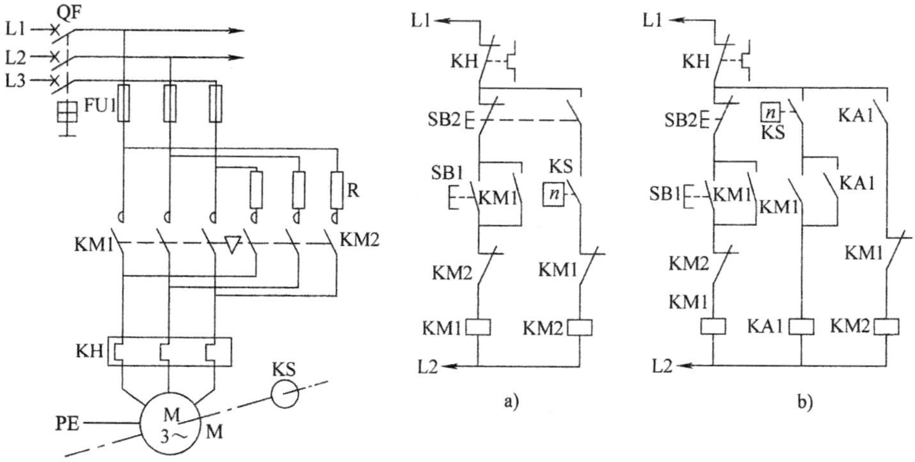

题图 2–20

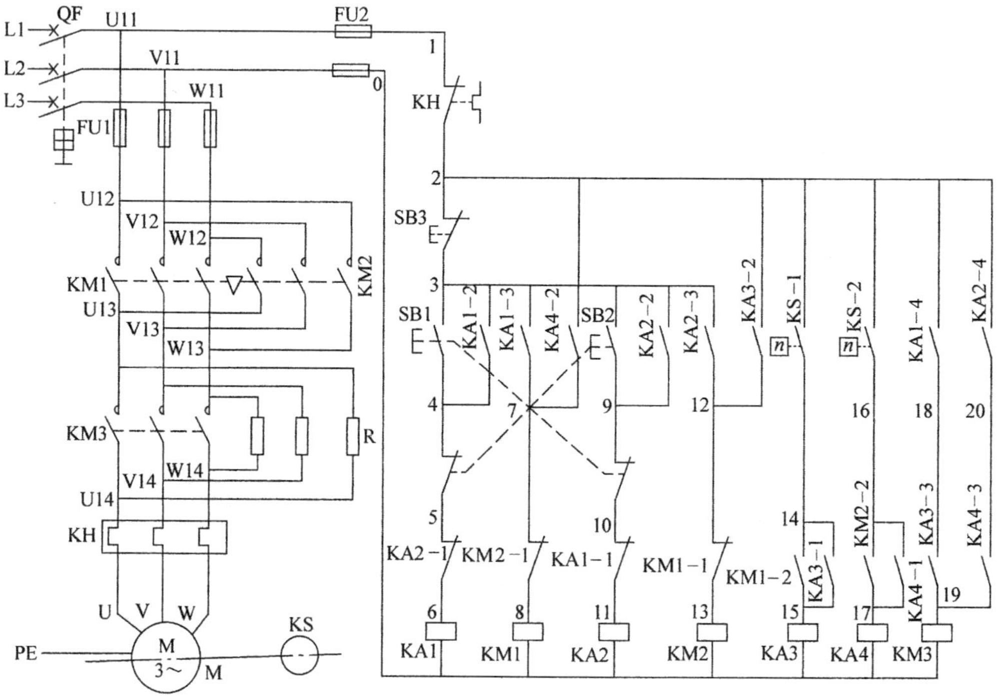

题图 2–21

课题 14 三相笼型异步电动机的能耗制动控制线路

学习目标

了解能耗制动原理，掌握单向启动能耗制动控制线路的构成和工作原理，并能正确安装与检修。

一、能耗制动原理

在图 2–68 所示电路中，断开电源开关 QS1，切断电动机的交流电源后，这时转子仍沿原方向惯性运转；随后立即合上开关 QS2，并将 QS1 向下合闸，电动机 V、W 两相定子绕组通入直流电，使定子中产生一个恒定的静止磁场，这样做惯性运转的转子因切割磁感线而在转子绕组中产生感应电流，其方向用右手定则判断，如图 2–68b 所示。转子绕组中一旦产生了感应电流，又立即受到静止磁场的作用，产生电磁转矩，用左手定则判断可知，此转矩的方向正好与电动机的转向相反，使电动机受制动迅速停转。

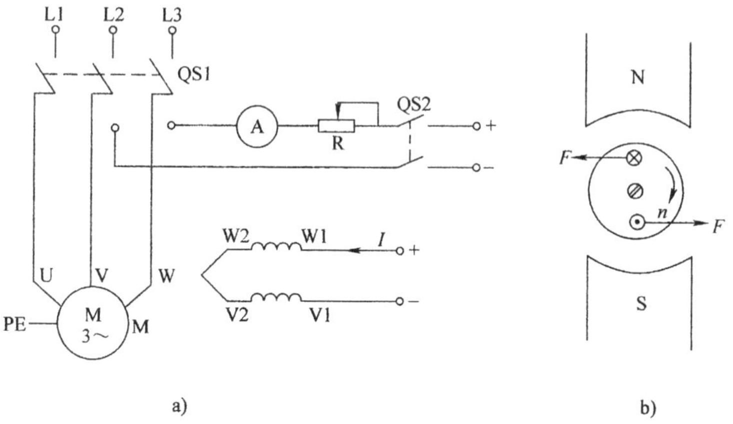

图 2–68 能耗制动原理图

由以上分析可知，这种制动方法是在电动机切断交流电源后，通过立即在定子绕组的任意两相中通入直流电，以消耗转子惯性运转的动能来进行制动的，所以称为能耗制动，又称动能制动。

二、单向启动能耗制动自动控制线路

1. 无变压器单相半波整流单向启动能耗制动自动控制线路

无变压器单相半波整流单向启动能耗制动自动控制线路如图 2–69 所示，线路采用单相半波整流器作为直流电源，所用附加设备较少，线路简单，成本低，常用于 10 kW 以下小容量电动机，且对制动要求不高的场合。

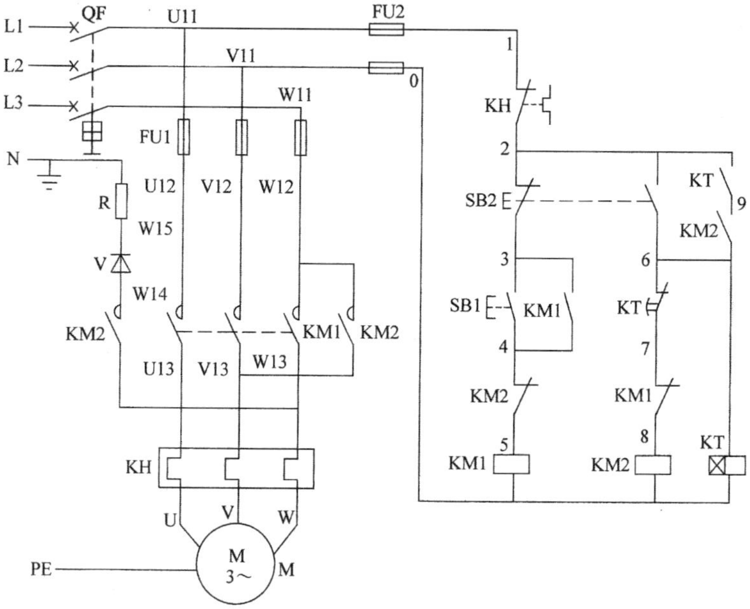

图 2–69　无变压器单相半波整流单向启动能耗制动自动控制线路

线路的工作原理如下：

先合上电源开关 QF。

单向启动运转：

按下 SB1 → KM1 线圈得电 →
- → KM1 自锁触头闭合自锁 ┐
- → KM1 主触头闭合 ┘→ 电动机 M 启动运转
- → KM1 联锁触头分断对 KM2 联锁

能耗制动停转：

按下 SB2 →
- → SB2 常闭触头先分断 → KM1 线圈失电 →
  - → KM1 自锁触头分断解除自锁
  - → KM1 主触头分断，M 暂时失电
  - → KM1 联锁触头闭合 ┐
- → SB2 常开触头后闭合 ┘→

→ KM2 线圈得电 → KM2 联锁触头分断对 KM1 联锁
　　　　　　　　→ KM2 主触头闭合 → M 接入直流电能耗制动
　　　　　　　　→ KM2 自锁触头闭合自锁
→ KT 线圈得电 → KT 常开触头瞬时闭合自锁
　　　　　　　→ KT 延时断开的常闭触头分断 → KM2 线圈失电 → KM2 联锁触头恢复闭合解除联锁
　　　　　　　　　　　　　　　　　　　　　　　　　　　→ KM2 主触头分断 → 电动机 M 切断直流电源并停转，能耗制动结束
　　　　　　　　　　　　　　　　　　　　　　　　　　　→ KM2 自锁触头分断 → KT 线圈失电 → KT 触头瞬时复位

图 2-69 中 KT 常开触头的作用是：当 KT 出现线圈断线或机械卡住等故障时，按下 SB2 后能使电动机制动后脱离直流电源。

2. 有变压器单相桥式整流单向启动能耗制动自动控制线路

对于 10 kW 以上容量的电动机，多采用有变压器单相桥式整流单向启动能耗制动自动控制线路，如图 2-70 所示。其中直流电源由单相桥式整流器 VC 供给，TC 是整流变压器，电阻 R 用来调节直流电流，从而调节制动强度，整流变压器一次侧与整流器的直流侧同时进行切换，有利于提高触头的使用寿命。

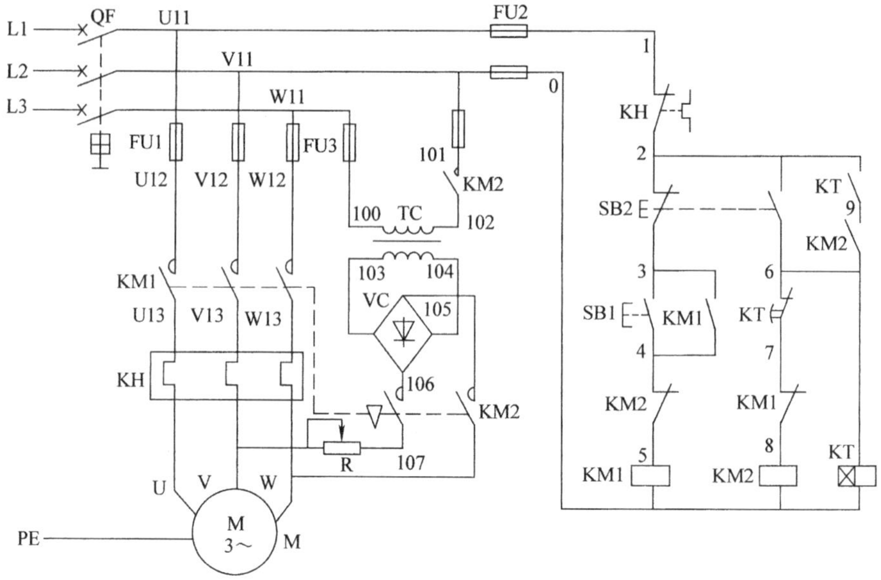

图 2-70　有变压器单相桥式整流单向启动能耗制动自动控制线路

想一想

比较图 2-70 和图 2-69 所示的两种线路，它们有哪些相同点和不同点？试分析图 2-70 所示线路的工作原理。

能耗制动的优点是制动准确、平稳，且能量消耗较小；缺点是需要附加直流电源装置，设备费用较高，制动力较弱，在低速时制动力矩小。因此，能耗制动一般用于要求制动准确、平稳的场合，如磨床、立式铣床等的控制线路中。

3. 能耗制动所需直流电源

一般用以下方法估算能耗制动所需的直流电源，以常用的单相桥式整流电路为例，其具体步骤是：

（1）首先测量出电动机三根进线中任意两根之间的电阻值 R（Ω）。

（2）测量出电动机的进线空载电流 I_0（A）。

（3）能耗制动所需的直流电流 I_L（A）$=KI_0$，所需的直流电压 U_L（V）$=I_LR$。其中，系数 K 一般取 3.5 ~ 4。若考虑到电动机定子绕组的发热情况，并使电动机达到比较满意的制动效果，对转速高、惯性大的传动装置可取其上限。

（4）单相桥式整流电源变压器二次绕组电压和电流有效值分别为：

$$U_2=\frac{U_L}{0.9}\ (\text{V})$$

$$I_2=\frac{I_L}{0.9}\ (\text{A})$$

变压器计算容量为：

$$S=U_2I_2\ (\text{V·A})$$

如果制动不频繁，可取变压器实际容量为：

$$S'=\left(\frac{1}{3}\sim\frac{1}{4}\right)S$$

（5）可调电阻 $R\approx 2\ \Omega$，电阻功率 $P_R=I_L^2R$，实际选用时，电阻功率的值也可适当选小一些。

实训 2—14　有变压器单相桥式整流单向启动能耗制动控制线路的安装与检修

1. 工具、仪表及器材

参照表 2–40 和图 2–70 所示电路图，选配工具、仪表及器材，并检测质量是否合格。

2. 实训过程

（1）安装训练　根据图 2–70 所示电路图画出布置图，编写安装步骤，熟悉安装工艺要求。经指导教师审查合格后进行安装。安装注意事项如下：

表 2–40 工具、仪表及器材

工具	验电笔、螺钉旋具、尖嘴钳、斜口钳、剥线钳、电工刀等				
仪表	ZC25–3 型兆欧表、MG3–1 型钳形电流表、MF47 型万用表				
器材	代号	名称	型号	规格	数量
	M	三相笼型异步电动机	Y112M–4	4 kW、380 V、8.8 A、△接法、1 440 r/min	1
	QF	低压断路器	DZ5–20/330	三极复式脱扣器、380 V、20 A	1
	FU1	螺旋式熔断器	RL1–60/25	500 V、60 A、配熔体 25 A	3
	FU2	螺旋式熔断器	RL1–15/4	500 V、15 A、配熔体 4 A	2
	KM1、KM2	交流接触器	CJ10–20	20 A、线圈电压 380 V	2
	KH	热继电器	JR36–20/3	三极、20 A、整定电流 8.8 A	1
	KT	时间继电器	JS7–2A	线圈电压 380 V	1
	SB1、SB2	按钮	LA10–3H	保护式、380 V、5 A、钮数 3	1
	VC	整流二极管	2CZ30	30 A、600 V	4
	TC	整流变压器	BK–50	50 V·A、380 V/36 V	1
	XT	端子板	JD0–1020	10 A、20 节、380 V	1
	R	电阻	ZG11–75A	75W	1
		控制板		600 mm × 500 mm × 20 mm	1
		主电路导线		BVR 1.5 mm^2（黑色）	若干
		控制电路导线		BVR 1 mm^2（红色）	若干
		按钮线		BVR 0.75 mm^2（红色）	若干
		接地线		BVR 1.5 mm^2（黄绿双色）	若干
		走线槽		25 mm × 25 mm	若干
		紧固体、针形及叉形轧头、金属软管、编码套管等			若干

1）时间继电器的整定时间不要调得太长，以免制动时间过长引起定子绕组发热。

2）整流二极管要配装散热器和固装散热器支架。

3）制动电阻要安装在控制板外面。

4）进行制动时，停止按钮 SB2 要按到底。

5）通电试车时，必须有指导教师在现场监护，同时要做到安全操作、文明生产。

（2）检修训练　在主电路或控制电路中，人为设置电气自然故障两处。自编检修步骤及注意事项，经教师审查合格后进行检修训练。

3. 评分标准

评分标准见实训 2—6 中表 2–20。

知识拓展

电力制动除反接制动和能耗制动外，还有电容制动和再生发电制动。扫描二维码，了解电容制动和再生发电制动的相关知识。

巩固练习

1. 题图 2–22 所示为有变压器单相桥式整流单向启动能耗制动控制线路的电路图。分析线路哪些地方画错了，请改正后叙述工作原理。

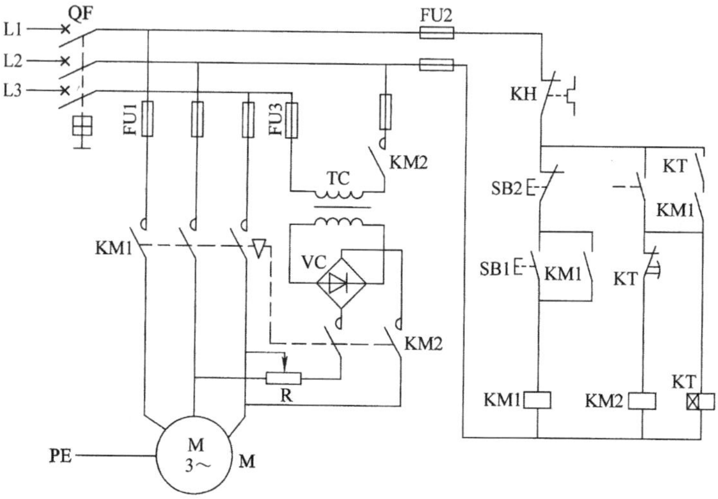

题图 2–22

2. 设计画出有变压器单相桥式整流双向启动能耗制动自动控制的电路图。

3. 以常用单相桥式整流电路为例，说明估算能耗制动所需直流电源的步骤。

课题 15　双速异步电动机的控制线路

学习目标

掌握双速异步电动机控制线路的构成和工作原理，并能正确安装与检修。

由三相异步电动机的转速公式 $n=(1-s)\frac{60f_1}{p}$ 可知，改变异步电动机转速可通过三种方法来实现：一是改变电源频率 f_1；二是改变转差率 s；三是改变磁极对数 p。

改变异步电动机的磁极对数调速的方法称为变极调速。变极调速是通过改变定子绕组的连接方式来实现的，它是有级调速，且只适用于笼型异步电动机。磁极对数可改变的电动机称为多速电动机。常见的多速电动机有双速、三速、四速等几种类型。本课题只介绍双速异步电动机的控制线路。

一、双速异步电动机定子绕组的连接

双速异步电动机定子绕组的△/YY 接线图如图 2–71 所示。图中，三相定子绕组接成△形，由三个连接点接出三个出线端 U1、V1、W1，从每相绕组的中点各接出一个出线端 U2、V2、W2，这样定子绕组共有 6 个出线端。通过改变这 6 个出线端与电源的连接方式，就可以得到两种不同的转速。

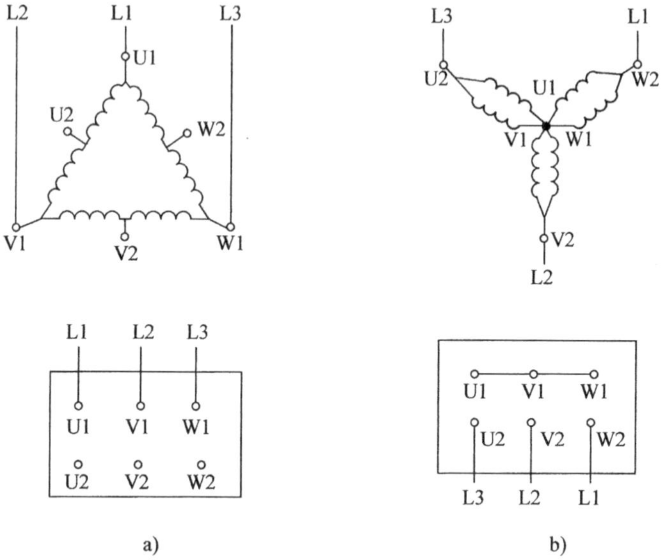

图 2–71 双速异步电动机三相定子绕组△/YY 接线图

a）低速—△接法（4 极） b）高速—YY 接法（2 极）

电动机低速工作时，就把三相电源分别接在出线端 U1、V1、W1 上，另外三个出线端 U2、V2、W2 空着不接，如图 2–71a 所示，此时电动机定子绕组接成△形，磁极为 4 极，同步转速为 1 500 r/min。

电动机高速工作时，要把三个出线端 U1、V1、W1 并接在一起，三相电源分别接到另外三个出线端 U2、V2、W2 上，如图 2–71b 所示，这时电动机定子绕组接成 YY 形，磁极为 2 极，同步转速为 3 000 r/min。可见，双速异步电动机高速运转时的转速是低速运转时转速的两倍。

值得注意的是，双速异步电动机定子绕组从一种接法改变为另一种接法时，必须把电源相序反接，以保证电动机的旋转方向不变。

二、双速电动机的控制线路

1. 接触器控制双速电动机的控制线路

接触器控制双速电动机的电路如图 2–72 所示。

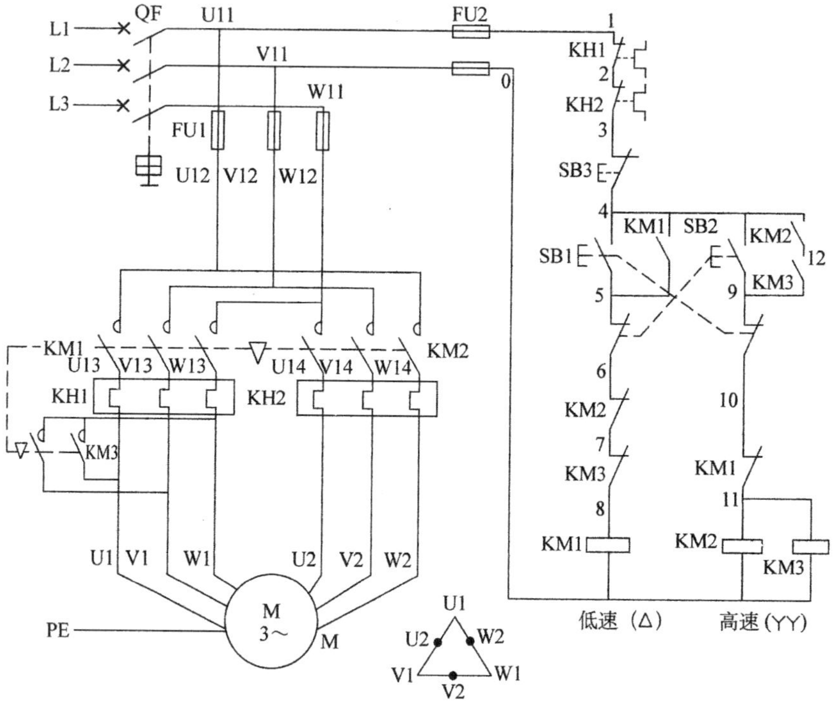

图 2–72　接触器控制双速电动机的电路

想一想

若使图 2–72 所示双速电动机低速运转，应按下哪个按钮？高速运转呢？叙述线路的工作原理。

2. 时间继电器控制双速电动机的控制线路

用时间继电器控制双速电动机低速启动高速运转的电路图如图 2–73 所示。时间继电器 KT 控制电动机△形启动时间和△－YY 的自动换接运转。

线路的工作原理如下：

先合上电源开关 QF。

△形低速启动运转：

按下 SB1 ─┬→ SB1 常闭触头先分断
　　　　　└→ SB1 常开触头后闭合 ──→ KM1 线圈得电 ──→

→ KM1 自锁触头闭合自锁
→ KM1 主触头闭合 → 电动机 M 接成△形低速启动运转
→ KM1 两对辅助常闭触头分断对 KM2、KM3 联锁

YY形高速运转：

按下 SB2 → KT 线圈得电 → KT－1 常开触头瞬时闭合自锁 —经 KT 整定时间→

→ KT－2 先分断 → KM1 线圈失电 → KM1 常开触头均分断
→ KM1 常闭触头恢复闭合 →
→ KT－3 后闭合

→ KM2、KM3 线圈得电 → KM2、KM3 主触头闭合 → 电动机 M 接成YY形高速运转
→ KM2、KM3 联锁触头分断对 KM1 联锁

停止时，按下 SB3 即可。若电动机只需高速运转，可直接按下 SB2，则电动机△形低速启动后，YY 形高速运转。

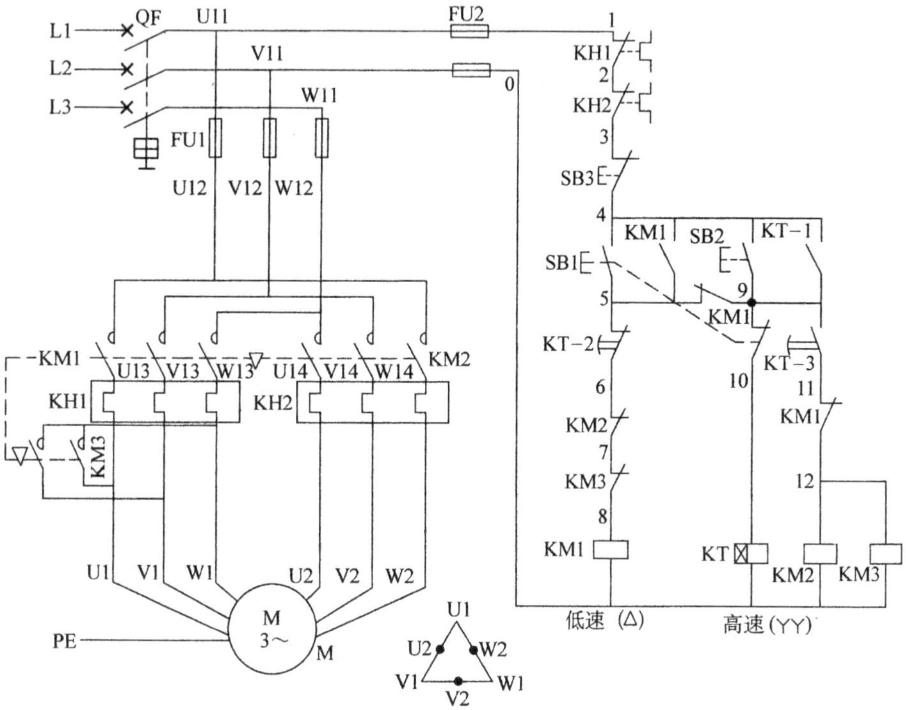

图 2－73　时间继电器控制双速电动机的电路

实训 2—15　时间继电器控制双速电动机控制线路的安装与检修

1. 工具、仪表及器材

参照表 2-41 和图 2-73 所示电路图，选配工具、仪表及器材，并检测质量是否合格。

表 2-41　工具、仪表及器材

工具	验电笔、螺钉旋具、钢丝钳、尖嘴钳、斜口钳、剥线钳、电工刀等电工常用工具				
仪表	ZC25-3 型兆欧表（500V，0 ~ 500 MΩ）、MG3-1 型钳形电流表、MF47 型万用表、转速表				
器材	代号	名称	型号	规格	数量
	M	三相笼型异步电动机	YD112M-4/2	3.3 kW/4 kW、380 V、7.4 A/8.6 A、△/YY 接法、1 440 r/min 或 2 890 r/min	1
	QF	低压断路器	DZ5-20/330	三极复式脱扣器、380 V、20 A	1
	FU1	熔断器	RL1-60/25	500 V、60 A、配熔体 25 A	3
	FU2	熔断器	RL1-15/4	500 V、15 A、配熔体 4 A	2
	KM1 ~ KM3	交流接触器	CJ10-20	20 A、线圈电压 380 V	3
	KH1	热继电器	JR36-20/3	三极、20 A、整定电流 7.4 A	1
	KH2	热继电器	JR36-20/3	三极、20 A、整定电流 8.6 A	1
	KT	时间继电器	JS7-2A	线圈电压 380 V	1
	SB1 ~ SB3	按钮	LA10-3H	保护式、380 V、5 A、钮数 3	3
	XT	端子板	JD0-1020	380 V、10 A、20 节	1
		控制板		600 mm × 500 mm × 20 mm	1
		主电路导线		BVR 1.5 mm^2（黑色）	若干
		控制电路导线		BVR 1 mm^2（红色）	若干
		按钮线		BVR 0.75 mm^2（红色）	若干
		接地线		BVR 1.5 mm^2（黄绿双色）	若干
		走线槽		25 mm × 25 mm	若干
		紧固体、针形及叉形轧头、金属软管、编码套管等			若干

2. 实训过程

（1）安装训练　自编安装步骤并熟悉其工艺要求，经指导教师审查合格后，开始安装训练。安装注意事项如下：

1）接线时，注意主电路中接触器 KM1、KM2 在两种转速下电源相序的改变，不能接错，否则，两种转速下电动机的转向相反，换向时将产生很大的冲击电流。

2）控制双速电动机△形接法的接触器 KM1 和 YY 形接法的 KM2 的主触头不能对换接线，否则不但无法实现双速控制要求，而且会在 YY 形运转时造成电源短路事故。

3）检查热继电器 KH1、KH2 的整定电流及其在主电路中的接线不能接错。

4）通电试车前，要复验一下电动机的接线是否正确，并测试绝缘电阻是否符合要求。

5）通电试车时，必须有指导教师在现场监护，并用转速表测量电动机的转速。

（2）检修训练　在控制电路或主电路中人为设置电气自然故障两处，自编检修步骤，经教师审阅合格后进行检修。检修过程中应注意：

1）检修前，要认真阅读电路图，掌握线路的构成、工作原理及接线方式。

2）在排除故障的过程中，故障分析、故障排除的思路和方法要正确。

3）工具和仪表使用要正确。

4）不能随意更改线路和带电触摸电器元件。

5）带电检修故障时，必须有指导教师在现场监护，确保用电安全，同时做到文明生产。

3. 评分标准

评分标准见实训 2—6 中表 2-20。

巩固练习

1. 三相异步电动机的调速方法有哪三种？笼型异步电动机的变极调速是如何实现的？

2. 双速电动机的定子绕组共有几个出线端？分别画出双速电动机在低、高速时定子绕组的接线图。

3. 现有一双速电动机，按下述要求设计控制线路：

（1）分别用两个按钮操作电动机的高速启动与低速启动，用一个总停止按钮操作电动机停止。

（2）启动高速时，应先接成低速，然后经延时后再换接到高速。

（3）有短路保护和过载保护。

课题 16　三相绕线转子异步电动机的控制线路

学习目标

1. 掌握三相绕线转子异步电动机控制线路的构成和工作原理。
2. 能正确安装与检修凸轮控制器控制线路。

图 2–74 所示是三相绕线转子异步电动机的外形和符号，它可以通过滑环在转子绕组中串接电阻来改善电动机的机械特性，从而达到减小启动电流、增大启动转矩以及调节转速的目的。在要求启动转矩较大且有一定调速要求的场合，如起重机、卷扬机等，常常采用三相绕线转子异步电动机拖动。三相绕线转子异步电动机常用的控制线路有转子绕组串接电阻启动控制线路、转子绕组串接频敏变阻器启动控制线路和凸轮控制器控制线路。

a)　　b)

图 2–74　三相绕线转子异步电动机
a）外形　b）符号

一、转子绕组串接电阻启动控制线路

1. 转子串接三相电阻启动原理

启动时，在转子回路串入作Y形连接、分级切换的三相启动电阻器，以减小启动电流、增加启动转矩。随着电动机转速的升高，逐级减小可变电阻。启动完毕后，切除可变电阻器，转子绕组被直接短接，使电动机在额定状态下运行。

电动机转子绕组中串接的外加电阻在每段切除前和切除后，三相电阻始终是对称的，称为三相对称电阻器，如图 2-75a 所示。启动过程依次切除 R1、R2、R3，最后全部电阻被切除。

若启动时串入的全部三相电阻是不对称的，且每段切除后三相仍不对称，则称为三相不对称电阻器，如图 2-75b 所示。启动过程依次切除 R1、R2、R3、R4，最后全部电阻被切除。

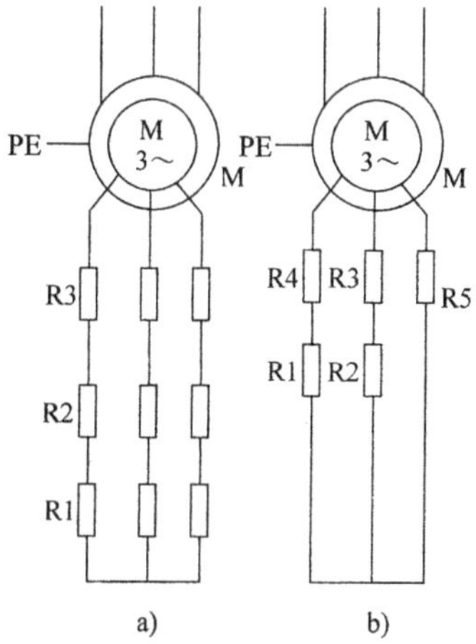

图 2-75　转子串接三相电阻

a）转子串接三相对称电阻器

b）转子串接三相不对称电阻器

2. 按钮操作控制线路

按钮操作转子绕组串接电阻启动控制线路如图 2-76 所示。线路的工作原理较简单，请自行分析。该线路的缺点是操作不便，工作的安全性和可靠性较差，所以在生产实际中常采用时间继电器自动控制线路。

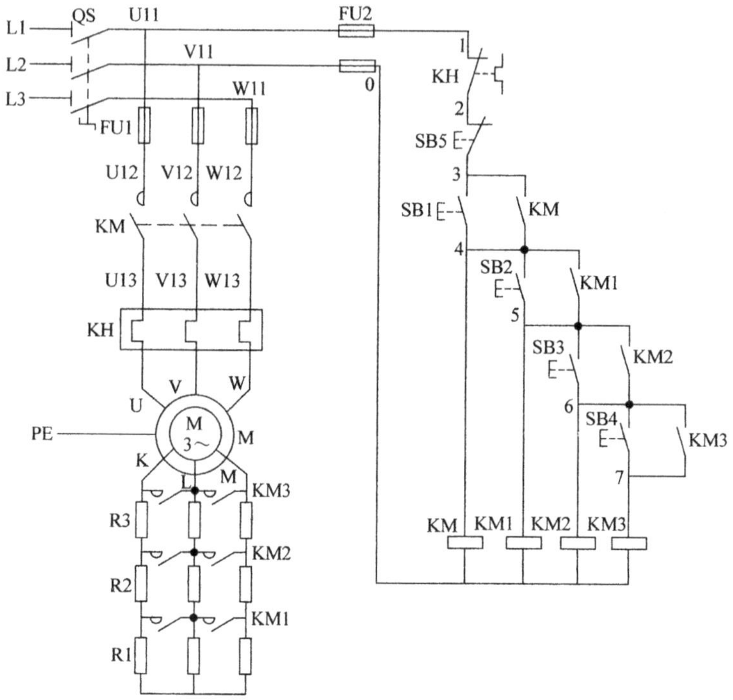

图 2-76　按钮操作转子绕组串接电阻启动控制线路

3. 时间继电器自动控制线路

时间继电器自动控制短接启动电阻的控制线路如图 2-77 所示。该线路利用三个时间继电器 KT1、KT2、KT3 和三个接触器 KM1、KM2、KM3 的相互配合来依次自动切除转子绕组中的三级电阻。

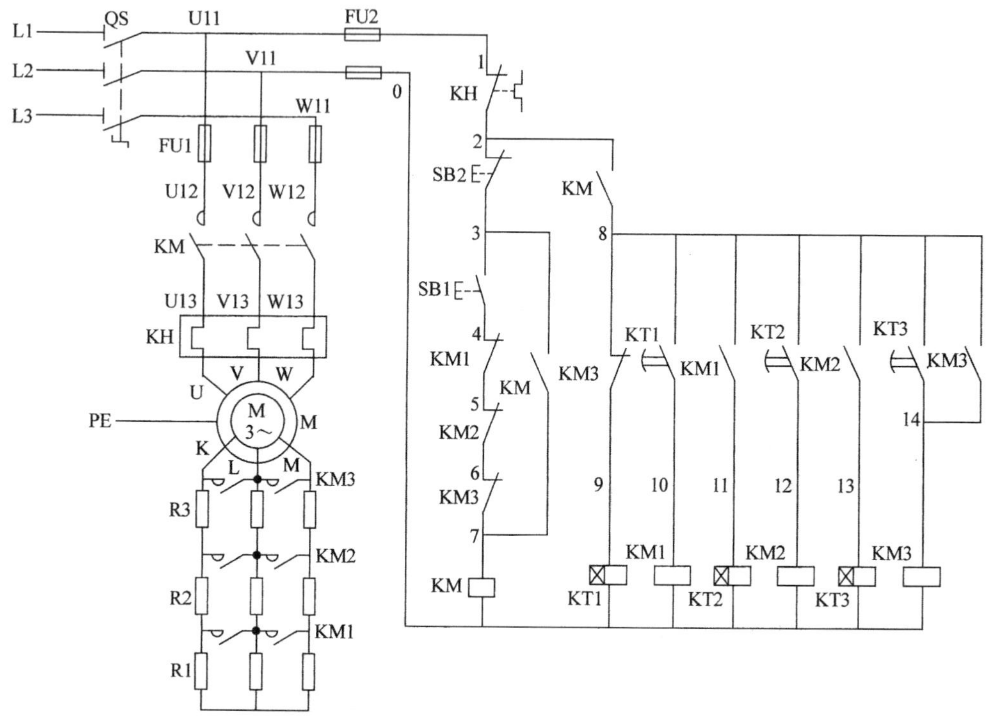

图 2–77　时间继电器自动控制短接启动电阻的控制线路

线路的工作原理如下：

合上电源开关 QS。

按下 SB1 → KM 线圈得电 →
- KM 自锁触头闭合自锁 → 电动机 M 串接全部电阻启动
- KM 主触头闭合 ↗
- KM 辅助常开触头闭合 → KT1 线圈得电 —经 KT1 整定时间→

→ KT1 常开触头闭合 → KM1 线圈得电 →
- KM1 主触头闭合，切除第一组电阻 R1，电动机串接 R2、R3 两组电阻继续启动
- KM1 辅助常开触头闭合 → KT2 线圈得电 →
- KM1 辅助常闭触头分断

—经 KT2 整定时间→ KT2 常开触头闭合 → KM2 线圈得电 →
- KM2 主触头闭合，切除第二组电阻 R2，电动机串接第三组电阻 R3 继续启动
- KM2 辅助常开触头闭合 →
- KM2 辅助常闭触头分断

→ KT3 线圈得电 —经 KT3 整定时间→ KT3 常开触头闭合 → KM3 线圈得电 →
- KM3 自锁触头闭合自锁
- KM3 主触头闭合，切除第三组电阻 R3，电动机 M 启动结束，正常运转
- KM3 辅助常闭触头（8—9）分断 → KT1、KM1、KT2 、KM2、KT3 依次断电释放，触头复位
- KM3 辅助常闭触头（6—7）分断

停止时，按下 SB2 即可。

为保证电动机只有在转子绕组串入全部外加电阻的条件下才能启动，将接触器 KM1、KM2、KM3 的辅助常闭触头与启动按钮 SB1 串接，这样，如果接触器 KM1、KM2、KM3 中的任何一个因触头熔焊或机械故障而不能正常释放时，即使按下启动按钮 SB1，控制电路也不会得电，电动机就不会接通电源启动运转。

4. 电流继电器自动控制线路

绕线转子异步电动机刚启动时转子电流较大，随着电动机转速的增大，转子电流逐渐减小，根据这一特性，可以利用电流继电器自动控制接触器来逐级切除转子回路的电阻。

电流继电器自动控制转子绕组串接电阻启动控制线路如图 2–78 所示。三个过电流继电器 KA1、KA2 和 KA3 的线圈串接在转子回路中，它们的吸合电流都一样，但释放电流不同，KA1 最大，KA2 次之，KA3 最小，从而能根据转子电流的变化，控制接触器 KM1、KM2、KM3 依次动作，逐级切除启动电阻。

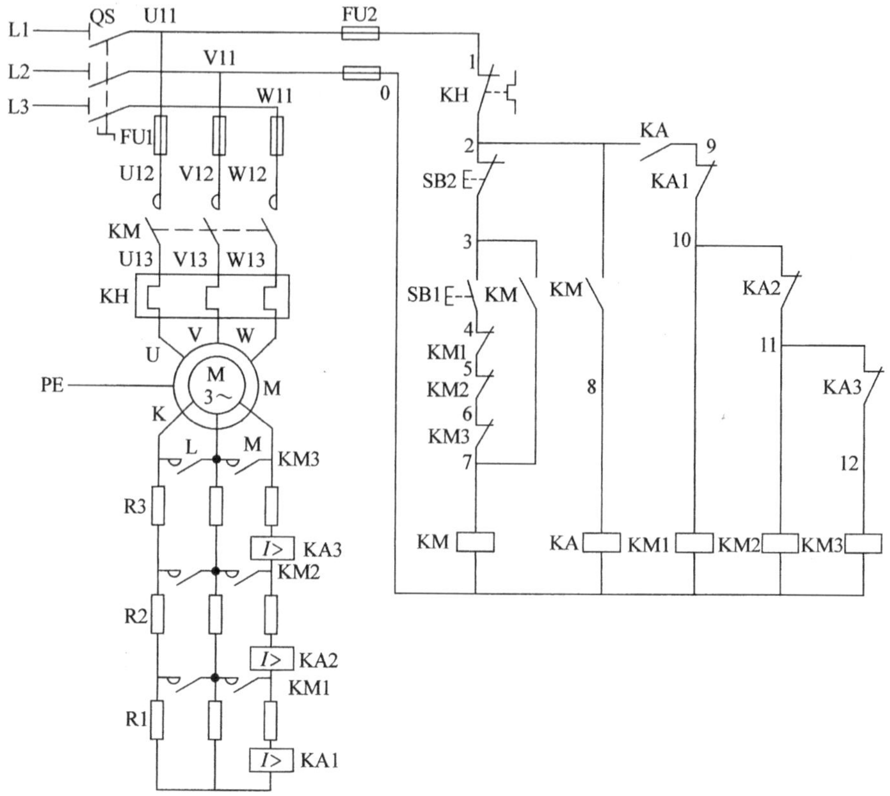

图 2–78　电流继电器自动控制转子绕组串接电阻启动控制线路

线路的工作原理如下：

合上电源开关 QS。

按下 SB1 → KM 线圈得电 → KM 主触头闭合、KM 自锁触头闭合 → 电动机 M 串接全部电阻启动
　　　　　　　　　　　 → KM 辅助常开触头闭合 → KA 线圈得电 → KA 常开触头闭合，为 KM1、KM2、KM3 得电做准备

由于电动机 M 启动时转子电流较大，三个过电流继电器 KA1、KA2 和 KA3 均吸合，它们接在控制电路中的常闭触头均断开，使接触器 KM1、KM2、KM3 的线圈都不能得电，接在转子电路中的常开主触头都处于断开状态，启动电阻被全部串接在转子绕组中。随着电动机转速的升高，转子电流逐渐减小，当减小至 KA1 的释放电流时，KA1 首先释放，其常闭触头恢复闭合，接触器 KM1 得电，其主触头闭合，切除第一组电阻 R1。当 R1 被切除后，转子电流重新增大，但随着电动机转速的继续升高，转子电流又会减小，待减小至 KA2 的释放电流时，KA2 释放，接触器 KM2 动作，切除第二组电阻 R2，如此继续下去，直至全部电阻被切除，电动机启动完毕，进入正常运转状态。

中间继电器 KA 的作用是保证电动机在转子电路中接入全部电阻的情况下开始启动。因为电动机开始启动时，转子电流从零增大到最大值需要一定的时间，这样有可能电流继电器 KA1、KA2 和 KA3 还未动作，接触器 KM1、KM2、KM3 就已经吸合而把电阻 R1、R2、R3 短接，造成电动机直接启动。接入 KA 后，启动时由 KA 的常开触头断开 KM1、KM2、KM3 线圈的通电回路，保证了启动时转子回路串入全部电阻。

二、转子绕组串接频敏变阻器启动控制线路

绕线转子异步电动机采用转子绕组串电阻的方法启动，要想获得良好的启动特性，一般需要将启动电阻分为多级，这样所用的电器较多，控制线路复杂，设备投资大，维修不便，并且在逐级切除电阻的过程中，会产生一定的机械冲击。因此，在工矿企业中对于不频繁启动的设备，广泛采用频敏变阻器代替启动电阻来控制绕线转子异步电动机的启动。

1. 频敏变阻器

频敏变阻器是一种阻抗值随频率明显变化、静止的无触头电磁元件。它实质上是一个铁芯损耗非常大的三相电抗器。在电动机启动时，将频敏变阻器串接在转子绕组中，由于频敏变阻器的等效阻抗随转子电流频率的减小而减小，从而达到自动变阻的目的。因此，只需用一级频敏变阻器就可以平稳地把电动机启动起来。启动完毕短接切除频敏变阻器。

用频敏变阻器启动绕线转子异步电动机的优点是：启动性能好，无电流和机械冲击，结构简单，价格低廉，使用维护方便。但由于功率因数较低，启动转矩较小，一般不宜用于重载启动的场合。

常用的频敏变阻器有 BP1、BP2、BP3、BP4 和 BP6 等系列，图 2–79a 所示是 BP1 系列的外形。频敏变阻器在电路图中的符号如图 2–79b 所示。频敏变阻器大致的适用场合见表 2–42。

a)　　b)

图 2–79　频敏变阻器

a）BP1 系列外形　b）符号

表 2–42　频敏变阻器大致的适用场合

负载特性			轻载	重载
适用频敏变阻器系列	频繁程度	偶尔	BP1、BP2、BP4	BP4G、BP6
		频繁	BP1、BP2、BP3	

频敏变阻器主要由铁芯和绕组两部分组成。它的上、下铁芯用四根拉紧螺栓固定，拧开螺栓上的螺母，可以在上、下铁芯之间增减非磁性垫片，以调整空气隙长度。出厂时上、下铁芯间的空气隙为零。

频敏变阻器的绕组备有四个抽头，一个抽头在绕组背面，标号为 N；另外三个抽头在绕组的正面，标号分别为 1、2、3。抽头 1—N 之间为 100% 匝数，2—N 之间为 85% 匝数，3—N 之间为 71% 匝数。出厂时三组绕组均接在 85% 匝数抽头处，并接成Y形。

频敏变阻器系列应根据电动机所拖动生产机械的启动负载特性和操作频繁程度来选择，再按电动机功率选择其规格。

在安装和使用时，频敏变阻器应牢固地固定在基座上，当基座为铁磁物质时应在中间垫放 10 mm 以上的非磁性垫片，以防影响频敏变阻器的特性。连接线应按电动机转子额定电流选用相应截面的电缆线。同时，频敏变阻器还应可靠接地。

在使用前，应先测量频敏变阻器对地绝缘电阻，其值应不小于 1 MΩ，否则必须先进行烘干处理后方可使用。使用时，若发现启动转矩或启动电流过大或过小，应按下述方法调整频敏变阻器的匝数和气隙。

（1）启动电流和启动转矩过大、启动过快时，应换接抽头，使匝数增加，以减小启动电流和启动转矩。

（2）启动电流和启动转矩过小、启动太慢时，应换接抽头，使匝数减少，以增大启动电流和启动转矩。

（3）如果刚启动时，启动转矩偏大，有机械冲击现象，而启动完毕后，稳定转速又偏低，这时可在上下铁芯间增加气隙。可拧开变阻器两面上的四个拉紧螺栓的螺母，在上、下铁芯之间增加非磁性垫片。增加气隙可使启动电流略微增加，启动转矩稍有减小，而启动完毕时的转矩稍有增大，从而使稳定转速得以提高。

2. 转子绕组串接频敏变阻器启动控制线路

转子绕组串接频敏变阻器启动控制线路如图2–80所示，线路的工作原理如下：

先合上电源开关QS。

按下SB1 → KM1线圈得电 → KM1主触头闭合、KM1自锁触头闭合自锁 → 电动机M串接RF启动

按下SB1 → KT线圈得电 —经KT整定时间→ KT延时闭合的常开触头闭合 →

→ KM2线圈得电 → KM2自锁触头闭合自锁

→ KM2主触头闭合 → 短接切除频敏变阻器RF，M启动结束，正常运行

→ KM2辅助常闭触头分断 → KT线圈失电 → KT延时闭合的常开触头瞬时复位

停止时，按下SB2即可。

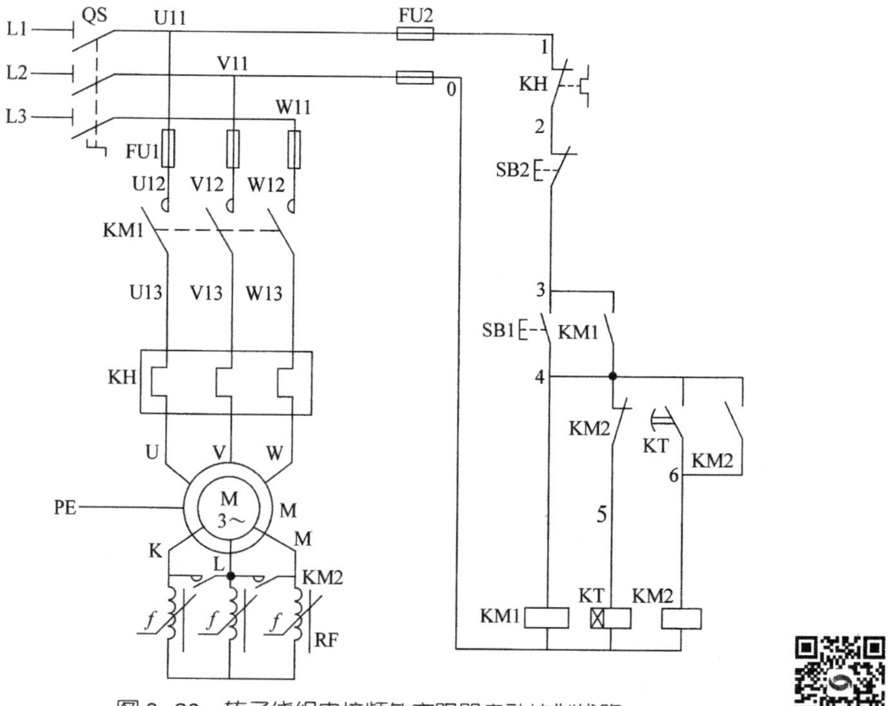

图2–80　转子绕组串接频敏变阻器启动控制线路

三、凸轮控制器控制线路

中、小容量绕线转子异步电动机的启动、调速及正反转控制常常采用凸轮控制器来实现，以简化操作，如桥式起重机上大部分采用这种控制线路。

1．凸轮控制器

（1）凸轮控制器的功能　凸轮控制器是利用凸轮来操作动触头动作的控制器，主要用于控制容量不大于 30 kW 的中小型绕线转子异步电动机的启动、调速和换向。它在桥式起重机等设备中有着广泛的应用。

常用的凸轮控制器有 KTJ1、KTJ15、KT10、KT14 及 KT15 等系列，图 2–81 所示是 KT10、KT14 及 KT15 系列的外形图。下面以 KTJ1 系列为例介绍。

a)　　b)　　c)

图 2–81　凸轮控制器

a）KT10 系列　b）KT14 系列　c）KT15 系列

（2）凸轮控制器的结构原理、符号及型号含义　KTJ1 系列凸轮控制器的外形和结构如图 2–82 所示。它主要由手轮（或手柄）、触头系统、转轴、凸轮和外壳等部分组成。其触头系统共有 12 对触头，9 对常开，3 对常闭。其中，4 对常开触头接在主电路中，用于控制电动机的正反转，配有石棉水泥制成的灭弧罩。其余 8 对触头用于控制电路中，不带灭弧罩。

凸轮控制器的动触头 7 与凸轮 12 固定在转轴 11 上，每个凸轮控制一个触头。转动手轮 1，凸轮 12 随转轴 11 转动。当凸轮的凸起部分顶住滚轮 10 时，动触头 7 与静触头 6 分开；当凸轮的凹处与滚轮相碰时，动触头受到触头压力弹簧 8 的作用压在静触头上，动、静触头闭合。在方轴上叠装形状不同的凸轮片，可使各个触头按预定的顺序闭合或断开，从而实现不同的控制目的。

凸轮控制器的触头分合情况通常用触头分合表来表示。KTJ1–50/1 型凸轮控制器的触头分合表如图 2–83 所示。图中的上面两行表示手轮的 11 个位置，左侧表示凸轮控制器的 12 对触头。各触头在手轮处于某一位置时的接通状态用符号“×”标记，无此符号表示触头是分断的。

a)

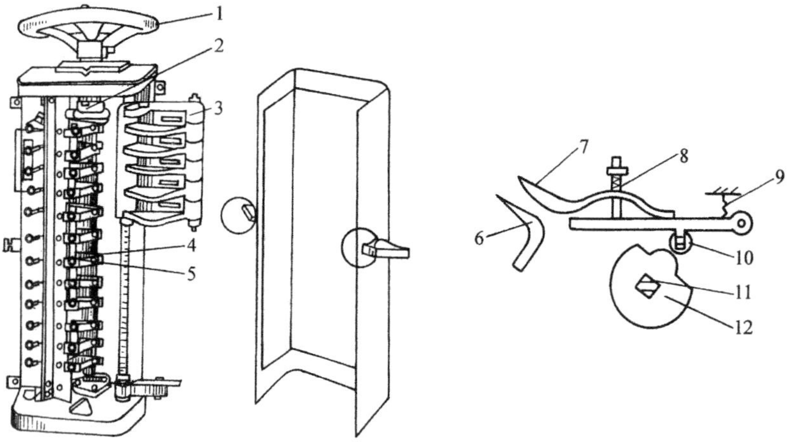

b)

图 2-82　KTJ1 系列凸轮控制器

a）外形　b）结构

1—手轮　2、11—转轴　3—灭弧罩　4、7—动触头

5、6—静触头　8—触头压力弹簧　9—弹簧　10—滚轮　12—凸轮

凸轮控制器的型号及含义如下：

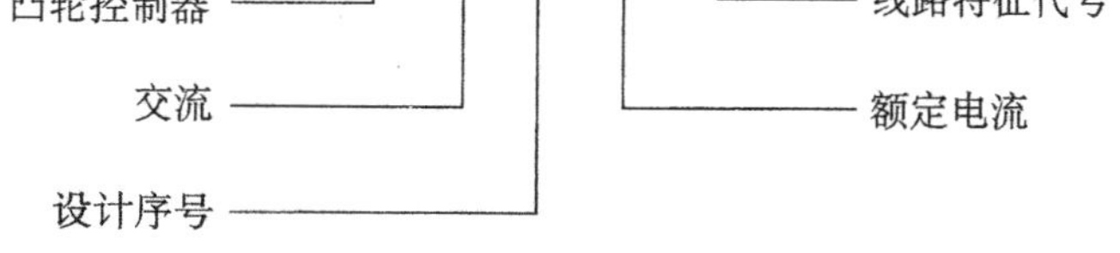

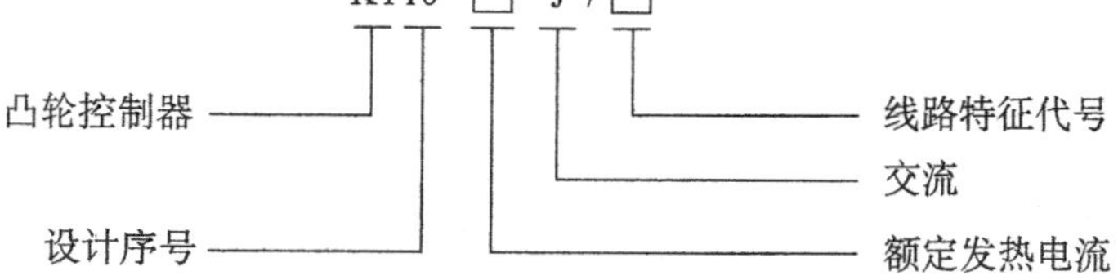

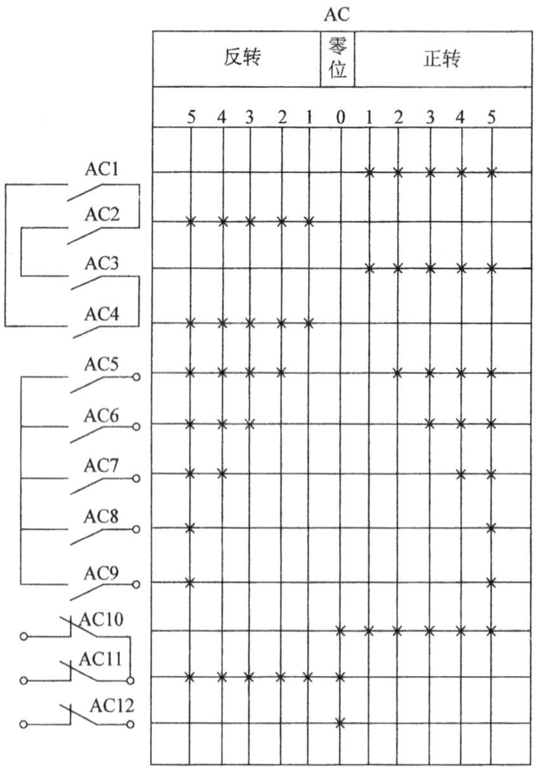

图 2-83　KTJ1-50/1 型凸轮控制器的触头分合表

（3）凸轮控制器的选用　凸轮控制器主要根据所控制电动机的容量、额定电压、额定电流、工作制和控制位置数目等来选择。

KTJ1 系列凸轮控制器的技术数据见表 2-43。

表 2-43　KTJ1 系列凸轮控制器的技术数据

型号	位置数		额定电流（A）		额定控制功率（kW）		每小时操作次数不高于	质量（kg）
	向前（上升）	向后（下降）	长期工作制	通电持续率在 40% 以下的工作制	220 V	380 V		
KTJ1-50/1	5	5	50	75	16	16	600	28
KTJ1-50/2	5	5	50	75	*	*		26
KTJ1-50/3	1	1	50	75	11	11		28
KTJ1-50/4	5	5	50	75	11	11		23
KTJ1-50/5	5	5	50	75	2×11	2×11		28
KTJ1-50/6	5	5	50	75	11	11		32
KTJ1-80/1	6	6	80	120	22	30		38
KTJ1-80/3	6	6	80	120	22	30		38
KTJ1-150/1	7	7	150	225	60	100		—

注：* 表示无定子电路触头，其最大功率由定子电路中的接触器容量决定。

（4）凸轮控制器的安装与使用

1）凸轮控制器在安装前应检查外壳及零件有无损坏，并清除内部灰尘。

2）安装前应操作凸轮控制器手轮不少于5次，检查有无卡轧现象。检查触头的分合顺序是否符合触头分合表要求，每一对触头是否动作可靠。

3）凸轮控制器必须牢固可靠地用安装螺钉固定在墙壁或支架上，其金属外壳上的接地螺钉必须与接地线可靠连接。

4）应按照触头分合表或电路图的要求接线，经复查确认无误后才能通电。

5）凸轮控制器安装结束后，应进行空载试验。启动时，若手轮转到“2”位置后电动机仍未转动，则应停止启动检查线路。

6）启动操作时，手轮不能转动太快，应逐级启动，防止电动机的启动电流过大。停止使用时，应将手轮准确地停在零位。

（5）凸轮控制器的常见故障及处理方法　凸轮控制器的常见故障及处理方法见表2–44。

表2–44　凸轮控制器的常见故障及处理方法

故障现象	可能原因	处理方法
主电路中常开主触头间短路	灭弧罩破裂	更换灭弧罩
	触头间绝缘损坏	更换凸轮控制器
	手轮转动过快	降低手轮转动速度
触头过热使触头支持件烧焦	触头接触不良	修整触头
	触头压力变小	调整或更换触头压力弹簧
	触头上连接螺钉松动	旋紧螺钉
	触头容量过小	更换控制器
触头熔焊	触头压力弹簧脱落或断裂	更换触头压力弹簧
	触头脱落或磨光	更换触头
操作时有卡轧现象及噪声	滚动轴承损坏	更换轴承
	异物嵌入凸轮鼓或触头	清除异物

2. 凸轮控制器控制线路

绕线转子异步电动机凸轮控制器控制线路如图2–84a所示。图中组合开关QS作为电源引入开关；熔断器FU1、FU2分别作为主电路和控制电路的短路保护；接触器KM控制电动机电源的通断，同时起欠压和失压保护作用；行程开关SQ1、SQ2

分别作电动机正反转时工作机构的限位保护；过电流继电器 KA1、KA2 作电动机的过载保护；R 是电阻器；凸轮控制器 AC 有 12 对触头，其分合状态如图 2–84b 所示。其中最上面 4 对配有灭弧罩的常开触头 AC1 ~ AC4 接在主电路中用于控制电动机正反转；中间 5 对常开触头 AC5 ~ AC9 与转子电阻 R 相接，用来逐级切换电阻以控制电动机的启动和调速；最下面的 3 对常闭触头 AC10 ~ AC12 用作零位保护。

线路的工作原理如下。

（1）启动准备　将凸轮控制器 AC 的手轮置于“0”位后，合上电源开关 QS，这时 AC 最下面的 3 对触头 AC10 ~ AC12 闭合，为控制电路的接通做准备。按下 SB1，接触器 KM 得电自锁，为电动机的启动做准备。

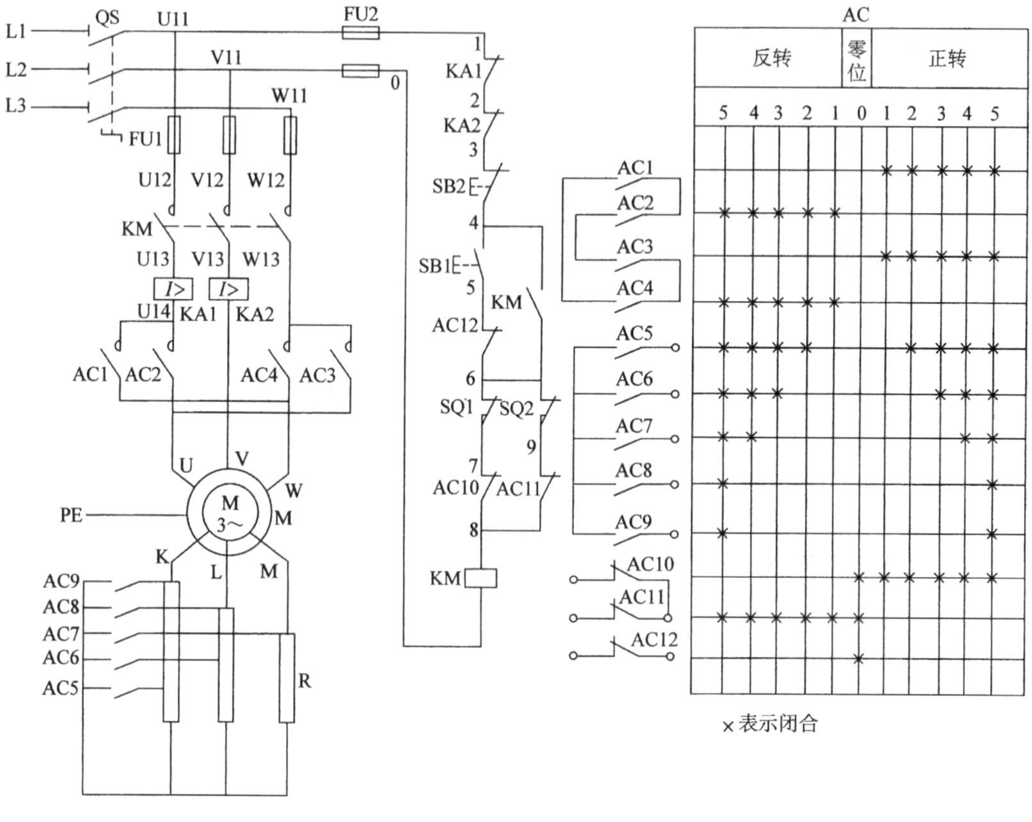

a)　　　b)

图 2–84　绕线转子异步电动机凸轮控制器控制线路

a）电路图　b）触头分合表

（2）正转控制　将凸轮控制器 AC 的手轮从“0”位转到正转“1”位置，这时触头 AC10 仍闭合，保持控制电路接通；触头 AC1、AC3 闭合，电动机 M 接通三相电源正转启动，此时由于 AC 的触头 AC5 ~ AC9 均断开，转子绕组串接全部电阻 R 启动，所以启动电流较小，启动转矩也较小。如果电动机此时负载较重，则不能启动，但可起到消除传动齿轮间隙和拉紧钢丝绳的作用。

当 AC 手轮从正转“1”位转到“2”位时，触头 AC10、AC1、AC3 仍闭合，AC5 闭合，把电阻器 R 上的一级电阻短接切除，电动机转矩增加，正转加速。同理，当 AC 手轮依次转到正转“3”和“4”位置时，触头 AC10、AC1、AC3、AC5 仍闭合，AC6、AC7 先后闭合，把电阻器 R 上的两级电阻相继短接，电动机 M 继续加速正转。当手轮转到“5”位置时，AC5 ~ AC9 五对触头全部闭合，转子回路电阻被全部切除，电动机启动完毕进入正常运转。

停止时，将 AC 手轮扳回零位即可。

（3）反转控制　当将 AC 手轮扳到反转“1”~“5”位置时，触头 AC2、AC4 闭合，接入电动机的三相电源相序改变，电动机将反转。反转的控制过程与正转相似，请自行分析。

凸轮控制器最下面的三对触头 AC10 ~ AC12 只有当手轮置于零位时才全部闭合，而手轮在其余各挡位置时都只有一对触头闭合（AC10 或 AC11），而其余两对断开。从而保证了只有手轮置于“0”位时，按下启动按钮 SB1 才能使接触器 KM 线圈得电动作，然后通过凸轮控制器 AC 使电动机进行逐级启动，避免了电动机在转子回路不串启动电阻的情况下直接启动，同时也防止了由于误按 SB1 使电动机突然快速运转而产生的意外事故。

实训 2—16　三相绕线转子异步电动机凸轮控制器控制线路的安装与检修

1. 工具、仪表及器材

参照表 2-45 选配工具、仪表及器材，并进行质量检验。

表 2-45　工具、仪表及器材

工具	验电笔、螺钉旋具、钢丝钳、尖嘴钳、斜口钳、剥线钳、电工刀等电工常用工具
仪表	ZC25-3 型兆欧表（500 V，0 ~ 500 MΩ）、MG3-1 型钳形电流表、MF47 型万用表、转速表

续表

	代号	名称	型号	规格	数量
器材	M	三相绕线转子异步电动机	YZR–132MA–6	2.2 kW	1
	QS	组合开关	HZ10–25/3	380 V、25 A、三极	1
	FU1	螺旋式熔断器	RL1–60/25	500 V、60 A、配熔体 25 A	3
	FU2	螺旋式熔断器	RL1–15/2	500 V、15 A、配熔体 2 A	2
	KM	交流接触器	CJ10–20	20 A、线圈电压 380 V	1
	KA1、KA2	过电流继电器	JL14–11J	线圈额定电流 10 A、电压 380 V	2
	SB1、SB2	按钮	LA10–3H	保护式、380 V、5 A、钮数 3	2
	AC	凸轮控制器	KTJ1–50/2	50 A、380 V	1
	R	启动电阻器	2K1–12–6/1		3
	SQ1、SQ2	行程开关	LX19–212	380 V、5 A，内侧双轮	2
	XT	端子板	TD–1515	660 V 、15 A、15 节	1
		控制板		600 mm × 500 mm × 20 mm	1
		主电路导线		BVR 2.5 mm^2（黑色）	若干
		控制电路导线		BVR 1.5 mm^2（红色）	若干
		按钮线		BVR 0.75 mm^2（红色）	若干
		接地线		BVR 2.5 mm^2（黄绿双色）	若干
		走线槽		25 mm × 25 mm	若干
		紧固体、针形及叉形轧头、金属软管、编码套管等			若干

2. 实训过程

（1）安装训练

1）线路安装　安装工艺要求可参照实训 2—6，安装步骤如下：

①按图 2–84a 所示电路图画出布置图，在控制板上安装除电动机、凸轮控制器、启动电阻和行程开关以外的电器元件，并贴上醒目的文字符号。

②在控制板外安装电动机、凸轮控制器、启动电阻和行程开关等电器元件。

③根据电路图在控制板上进行板前线槽布线和套编码套管。

④可靠连接电动机、凸轮控制器等各电器元件的保护接地线。

⑤连接电动机等控制板外部的导线。

⑥自检。

⑦交验。

⑧合格后通电试车。

2）安装注意事项

①在安装凸轮控制器前，应转动其手轮，检查运动系统是否灵活，触头分合顺序

是否与触头分合表相符，有无缺件等。

②凸轮控制器必须牢靠地安装在墙壁或支架上。

③在进行凸轮控制器接线时，要先熟悉其结构和各触头的作用，看清凸轮控制器内连接线的接线方式，然后按图 2-84a 所示电路图进行正确接线。接线后，必须盖上灭弧罩。

④通电试车的操作顺序是，将 AC 的手轮置于“0”位→合上电源开关 QS→按下启动按钮 SB1 使 KM 吸合→将 AC 的手轮依次转到正转“1”～“5”挡的位置并分别测量电动机的转速→将 AC 的手轮从正转“5”挡逐渐恢复到“0”位→将 AC 的手轮依次转到反转“1”～“5”挡的位置并分别测量电动机的转速→将 AC 的手轮从反转“5”挡逐渐恢复到“0”位→按下停止按钮 SB2→切断电源开关 QS。

⑤通电试车前电流继电器的整定值应调整合适。通电试车最好带负载进行，否则手轮在不同挡位时所测得的转速可能无明显差别。

⑥启动操作时，手轮转动不能太快，应逐级启动，且级与级之间应经过一定的时间间隔（约 1 s），以防电动机的冲击电流超过过电流继电器的动作值。

⑦通电试车必须在指导教师的监护下进行，并做到安全文明生产。

（2）检修训练

1）故障检修　在控制电路或主电路中人为设置电气故障两处，自行检修。其检修步骤及要求是：

①用通电试验法观察故障现象。合上电源开关 QS，按规定的顺序操作，注意观察电动机的运转情况，凸轮控制器的动作、各电器元件及线路的工作是否满足控制要求。操作过程中若发现异常现象，应立即断电检查。

②根据观察到的故障现象结合电路图和触头分合表分析故障范围，并在电路图上用虚线标出故障部位的最小范围。

③用测量法准确迅速地找出故障点并采取正确的方法迅速排除故障。

④通电试车，确认故障是否排除。

2）检修注意事项

①要注意当接触器 KM 线圈已通电吸合但凸轮控制器 AC 手柄处于“0”位时，主电路中只采用了凸轮控制器的两对触头进行控制，因此电动机不启动，但定子绕组已处于带电状态。

②检修过程中严禁扩大和产生新的故障，否则要立即停车检修。

③检修思路和方法要正确，检修必须在定额时间内完成。

④带电检修时，必须有指导教师在现场监护，并确保用电安全。

3. 评分标准

评分标准见表 2-46。

表 2-46 评分标准

项目	配分	评分标准		扣分
装前检查	5 分	电器元件漏检或错检	每处扣 1 分	
安装元件	10 分	（1）不按布置图安装 （2）元件安装不牢固 （3）元件安装不整齐、不匀称、不合理 （4）损坏元件	扣 5 分 每只扣 3 分 每只扣 3 分 扣 10 分	
布线	25 分	（1）不按电路图接线 （2）布线不符合要求 （3）连接点松动、露铜过长、反圈等 （4）损伤导线绝缘层或线芯 （5）编码套管套装不正确 （6）不会接凸轮控制器 （7）漏接接地线	扣 20 分 每根扣 3 分 每个扣 1 分 每根扣 5 分 每处扣 1 分 扣 20 分 扣 10 分	
通电试车	20 分	（1）过电流继电器调整不当 （2）熔体规格选用不当 （3）操作顺序错误 （4）第一次试车不成功 第二次试车不成功 第三次试车不成功	扣 5 分 主、控电路各扣 3 分 每次扣 10 分 扣 5 分 扣 10 分 扣 20 分	
故障检修	40 分	（1）检修思路不正确 （2）标错故障电路范围 （3）工具及仪表使用不当 （4）不能查出故障 （5）查出故障点但不能排除 （6）产生新的故障点 不能排除 已经排除 （7）损坏电动机 （8）损坏电器元件 （9）排故方法不正确 （10）排故后通电试车不成功	扣 3 ~ 5 分 每个扣 5 分 每次扣 3 分 每个扣 15 分 每个扣 10 分 每个扣 20 分 每个扣 10 分 扣 40 分 每只扣 5 ~ 10 分 每次扣 3 ~ 5 分 扣 40 分	
安全文明生产	违反安全文明生产规程		扣 5 ~ 40 分	
定额时间	6 h，每超时 5 min（不足 5 min 以 5 min 计）		扣 5 分	
备注	除定额时间外，各项目的最高扣分不应超过配分数		成绩	
开始时间		结束时间		实际时间

巩固练习

1. 绕线转子异步电动机有哪些主要特点？适用于什么场合？

2. 题图 2-23 所示为绕线转子异步电动机转子回路串电阻启动控制线路的主电路，补画出时间继电器自动控制的控制电路，并叙述其工作原理。

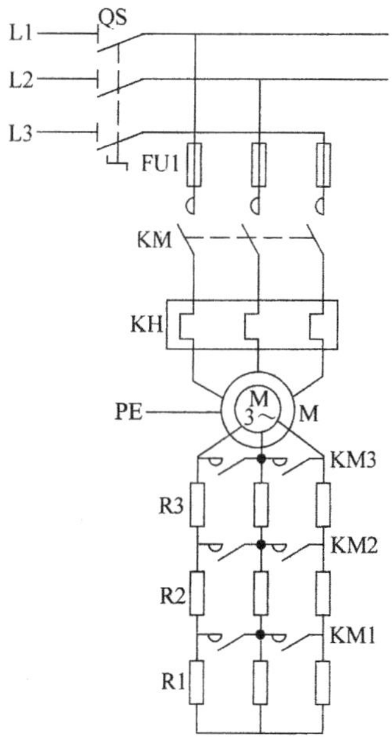

题图 2-23

3. 把题图 2-24 所示绕线转子异步电动机电流继电器控制的启动控制线路补画完整，并说明该线路中中间继电器 KA 的作用。

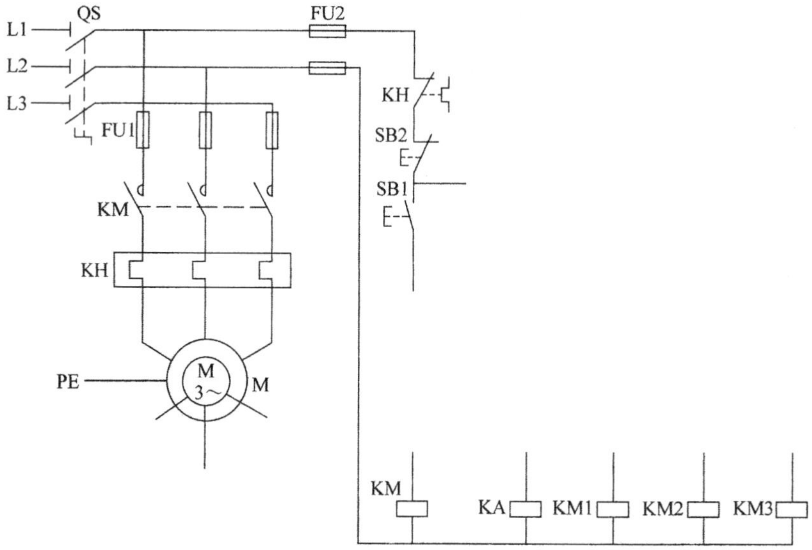

题图 2-24

4. 参照图 2-84，简述用凸轮控制器控制绕线转子异步电动机反转的控制过程。

5. 凸轮控制器控制线路中如何实现零位保护?

6. 用凸轮控制器控制绕线转子异步电动机时，通电试车的操作顺序是什么?

知识拓展

三相同步电动机常用于拖动恒速旋转的大型机械，如空气压缩机、球磨机、离心式水泵等。同步电动机的控制与异步电动机相似，不同之处是同步电动机的转子绕组需要直流励磁，故必须设有励磁电源及其控制电路。

扫描二维码，了解三相同步电动机的启动和制动控制线路的相关知识。

课题 17 并励直流电动机的启动控制线路

学习目标

掌握并励直流电动机启动控制线路的构成和工作原理，并能完成线路的安装与调试。

交流电动机和直流电动机使用的电源不同，交流电动机采用交流电源，而直流电动机使用直流电源。与交流电动机相比，直流电动机具有启动转矩大、调速范围广、调速精度高、能够实现无级平滑调速以及可以频繁启动等一系列优点，故对需要在大范围内实现无级平滑调速，或需要大启动转矩的生产机械，常用直流电动机来拖动。如高精度金属切削机床、轧钢机、造纸机、龙门刨床、电力机车等生产机械，如图 2-85 所示。

直流电动机按照主磁极绕组与电枢绕组接线方式的不同，可以分为他励式和自励式两种，自励式又可分为并励、串励和复励等几种。图 2-86 所示是并励直流电动机。

并励直流电动机励磁绕组与电枢绕组并联，并可通过调节电阻 RP 的大小来调节励磁电流。它的特点是励磁绕组匝数多，导线截面较小，励磁电流只占电枢电流的一小部分。如图 2-86b 所示为并励直流电动机的内部接线图。

图 2–85　直流电动机拖动的某些生产机械

a）高精度金属切削机床　b）轧钢机　c）造纸机　d）龙门刨床

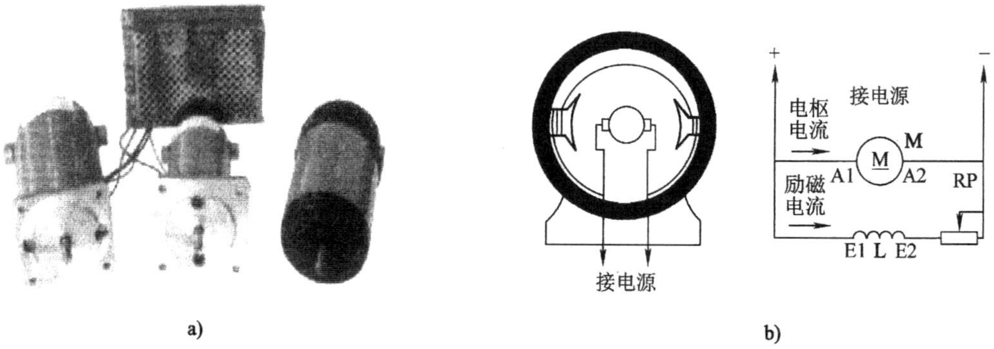

图 2–86　并励直流电动机

a）外形图　b）内部接线图

想一想

交流电动机在启动时为避免过大启动电流会采用降压启动等措施，那么直流电动机是否也存在这样的问题？

直流电动机常用的启动方法有两种：一是电枢回路串联电阻启动；二是降低电源电压启动。对并励直流电动机常采用的是电枢回路串联电阻启动。

一、手动启动控制线路

BQ3 直流电动机启动变阻器用于小容量而电压不超过 220 V 的直流电动机启动。它主要由电阻元件、调节转换装置和外壳三大部分组成。其外形如图 2-87 所示。

并励直流电动机手动启动控制电路如图 2-88 所示。线路四个接线端 L_+、E1、A1 和 L_- 分别与电源正极、励磁绕组、电枢绕组和电源负极相连。手轮 8 附有衔铁 9 和恢复弹簧 10，弧形铜条 7 的一端直接与励磁电路接通，同时经过全部启动电阻与电枢绕组接通。

图 2-87 BQ3 直流电动机启动变阻器外形图

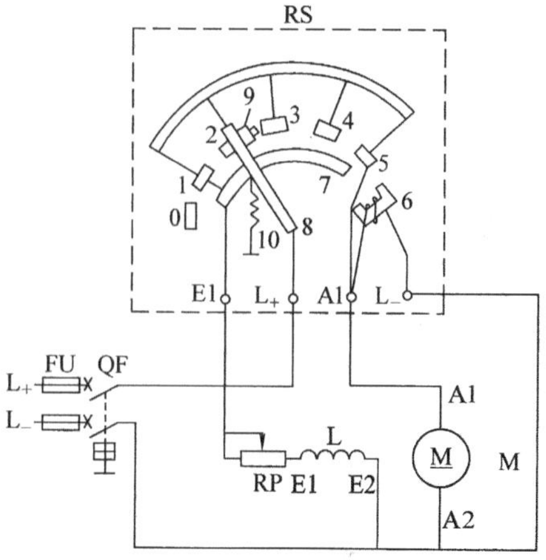

图 2-88 并励直流电动机手动启动控制电路

0 ~ 5—分段静触头 6—电磁铁 7— 弧形铜条

8—手轮 9—衔铁 10—恢复弹簧

在启动之前，启动变阻器的手轮置于 0 位，然后合上电源开关 QF，慢慢转动手轮 8，使手轮从 0 位转到静触头 1，接通励磁绕组电路，同时将变阻器 RS 的全部启动电阻接入电枢电路，电动机开始启动旋转。随着转速的升高，手轮依次转到静触头 2、3、4 等位置，使启动电阻逐级切除，当手轮转到最后一个静触头 5 时，电磁铁 6 吸住手轮衔铁 9，此时启动电阻器全部切除，直流电动机启动完毕，进入正常运转。

当电动机停止工作切断电源时，电磁铁 6 由于线圈断电吸力消失，在恢复弹簧 10 的作用下，手轮自动返回 0 位，以备下次启动。电磁铁 6 还具有失压和欠压保护作用。

由于并励电动机的励磁绕组具有很大的电感，所以当手轮回复到 0 位时，励磁绕组会因突然断电而产生很大的自感电动势，可能会击穿绕组的绝缘材料，在手轮和铜条间还会产生火花，将动触头烧坏。因此，为了防止发生这些现象，应将弧形铜条 7 与静触头 1 相连，在手轮回到 0 位时，使励磁绕组、电枢绕组和启动电阻组成一闭合回路，作为励磁绕组断电时的放电回路。

启动时，为了获得较大的启动转矩，应短接励磁电路的外接电阻 RP，使励磁电流最大。

二、电枢回路串电阻二级启动控制线路

图 2–89 所示是并励直流电动机电枢回路串电阻二级启动控制线路。其中 KA1 为欠电流继电器，作为励磁绕组的失磁保护，以免励磁绕组因断线或接触不良引起“飞车”事故；KA2 为过电流继电器，对电动机进行过载和短路保护；电阻 R 为电动机停转时励磁绕组的放电电阻；V 为续流二极管，使励磁绕组正常工作时电阻 R 上没有电流流入。

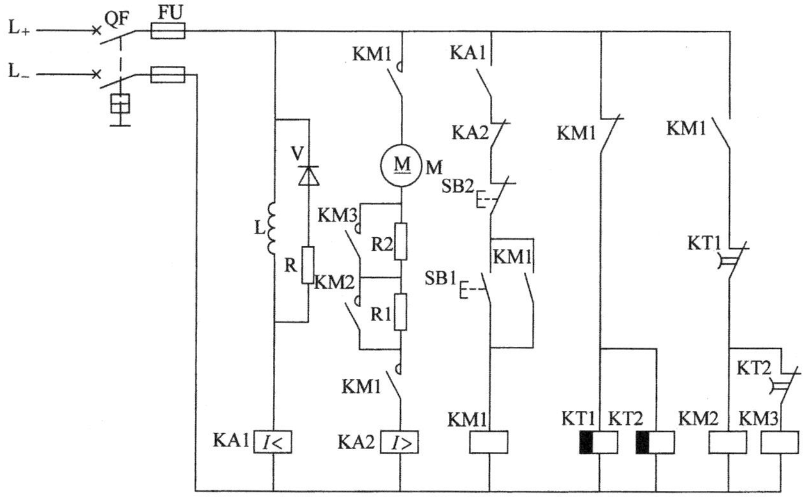

图 2–89　并励直流电动机电枢回路串电阻二级启动控制线路

线路的工作原理如下：

合上断路器 QF ─┬→励磁绕组 L 得电励磁
　├→欠电流继电器 KA1 线圈得电 ──→ KA1 常开触头闭合为启动做准备
　└→时间继电器 KT1、KT2 线圈得电→KT1、KT2 延时闭合的常闭触头瞬时断开 →

──→ 接触器 KM2、KM3 线圈处于断电状态，以保证电阻 R1、R2 全部串入电枢回路启动

按下 SB1 ──→ KM1 线圈得电 ─┬→ KM1 辅助常开触头闭合，为 KM2、KM3 得电做准备
　├→ KM1 主触头闭合 ──────────→ 电动机 M 串 R1 和 R2 启动
　├→ KM1 自锁触头闭合自锁 ──┘
　└→ KM1 辅助常闭触头分断 ──→ KT1、KT2 线圈失电 ──→

→经 KT1 整定时间，KT1 常闭触头恢复闭合 ──→ KM2 线圈得电 ──→ KM2 主触头闭合短接 R1 ──→

→电动机 M 串接 R2 继续启动 ──→经 KT2 整定时间，KT2 常闭触头恢复闭合──→KM3 线圈得电──→

──→ KM3 主触头闭合短接电阻 R2 ──→ 电动机 M 启动结束进入正常运转

停止时，按下SB2即可。

小提示

并励直流电动机启动时，励磁绕组两端电压必须保证为额定电压，否则即使启动电流很大，启动转矩也可能很小，甚至仍不能启动。

实训 2—17 并励直流电动机手动启动控制线路的安装与调试

1. 工具、仪表及器材

按表 2–47 选配工具、仪表及器材，并进行质量检验。

表 2–47 工具、仪表及器材

工具	电工常用工具				
仪表	MF47 型万用表、ZC25–3 型兆欧表、636 转速表、MG20（或 MG21）型电磁系钳形电流表				
器材	代号	名称	型号	规格	数量
	M	直流电动机	Z4–100–1	他励式、1.5 kW、160 V、13.4 A、955 r/min	1
	QF	断路器	DZ5–20/230	2 极、220 V、20 A、整定电流 13.4 A	1
	FU	熔断器	RL1–60/30	60 A、配熔体 30 A	2
	RS	启动变阻器	BQ3		1
	RP	调速变阻器	BC1–300	300 W、0 ~ 200 Ω	1
	XT	端子板	JD0–2520	380 V、25 A、20 节	1
		导线		BVR 1.5 mm^2	若干
		控制板		500 mm × 400 mm × 20 mm	1

2. 实训过程

线路的安装方法及步骤如下：

（1）根据图 2–88 所示电路图，牢固安装各电器元件，并进行正确布线。电源开关及启动变阻器的安装位置要接近电动机和被拖动的机械，以便在控制时能看到电动机和被拖动机械的运行情况。

（2）自检。安装完毕的控制线路板必须经过认真检查以后，才允许通电试车，以防止错接、漏接，造成不能正常工作或短路事故。

（3）检查无误后通电试车。其操作顺序是：

1）合上电源开关 QF 前，让启动变阻器 RS 的手轮置于最左端的 0 位，RP 的阻值调到零。

2）合上电源开关 QF。慢慢转动启动变阻器手轮 8，使手轮从 0 位逐步转至 5 位，逐级切除启动电阻。在每切除一级电阻后要停留数秒钟，用转速表测量其转速并填入表 2–48。用钳形电流表测量电枢电流，以观察电流的变化情况。

表 2–48　测量结果

手轮位置	1	2	3	4	5
转速（r/min）					

3）调节变阻器 RP，在逐渐增大其阻值时，要注意测量电动机转速，其转速不能超过电动机的弱磁转速 2 000 r/min。测量结果填入表 2–49。

表 2–49　测量结果

测量次数	1	2	3	4	5
转速（r/min）					

4）停转时，切断电源开关 QF，将调速变阻器 RP 的阻值调到零，并检查启动变阻器 RS 是否自动返回起始位置。

3. 注意事项

（1）通电试车前，要认真检查励磁回路的接线，必须保证连接可靠，以防止电动机运行时出现因励磁回路断路失磁引起“飞车”事故。

（2）启动时，应使变阻器 RP 短接，使电动机在满磁情况下启动；启动变阻器 RS 要逐级切换，不可越级切换或一扳到底。

（3）直流电源若采用单相桥式整流器供电时，必须外接 15 mH 的电抗器。

（4）通电试车时，必须有指导教师在现场监护，同时做到安全文明生产。如遇异常情况，应立即断开电源开关 QF。

（5）变阻器安装在有剧烈振动或强烈颠簸以及垂直方向倾斜 5° 以上的地方时，可能引起失压保护的误动作。

4. 评分标准

评分标准见表 2–50。

表 2-50 评分标准

项目	配分	评分标准	扣分
装前检查	10 分	（1）电动机质量检查 每漏一处扣 5 分 （2）电器元件漏检或错检 每处扣 1 分	
安装	20 分	（1）电动机安装不符合要求： 松动 扣 15 分 地脚螺栓未拧紧 每只扣 10 分 （2）其他元件安装不紧固 每只扣 5 分 （3）安装位置不符合要求 扣 10 分 （4）损坏元件 扣 10 ~ 20 分	
布线	30 分	（1）不按电路图接线 扣 20 分 （2）连接点不符合要求 每个扣 4 分 （3）布线不符合要求 每根扣 4 分 （4）损伤导线绝缘或线芯 扣 10 分 （5）不会接直流电动机或启动变阻器 扣 30 分	
通电试车	40 分	（1）操作顺序不对 每一次扣 10 分 （2）第一次试车不成功 扣 20 分 第二次试车不成功 扣 30 分 第三次试车不成功 扣 40 分	
安全文明生产	违反安全文明生产规程 扣 5 ~ 40 分		
定额时间	3 h，每超时 10 min（不足 10 min 以 10 min 计） 扣 5 分		
备注	除定额时间外，各项内容的最高扣分不得超过配分数	成绩	
开始时间		结束时间	实际时间

巩固练习

1. 直流电动机常用的启动方法有哪两种？并励直流电动机常采用哪种方法启动？

2. 直流电动机在启动和运行时，为什么不能将励磁断开？

3. “飞车”是什么意思？怎样防止“飞车”事故的发生？

课题 18　并励直流电动机的正反转和制动控制线路

学习目标

掌握并励直流电动机正反转和制动控制线路的构成与工作原理，能完成线路的安装、调试与检修。

一、正反转控制线路

直流电动机实现反转有电枢绕组反接法和励磁绕组反接法两种方法。由于励磁绕组匝数多，电感大，在进行反接时因电流突变，会产生很大的自感电动势，危及电动机及电器的绝缘安全。同时励磁绕组在断开时，由于失磁造成很大电枢电流，易引起“飞车”事故，因此一般采用电枢绕组反接法。在将电枢绕组反接的同时必须连同换向极绕组一起反接，以达到改善换向的目的。图 2-90 所示为并励直流电动机电枢反接法正反转控制线路。

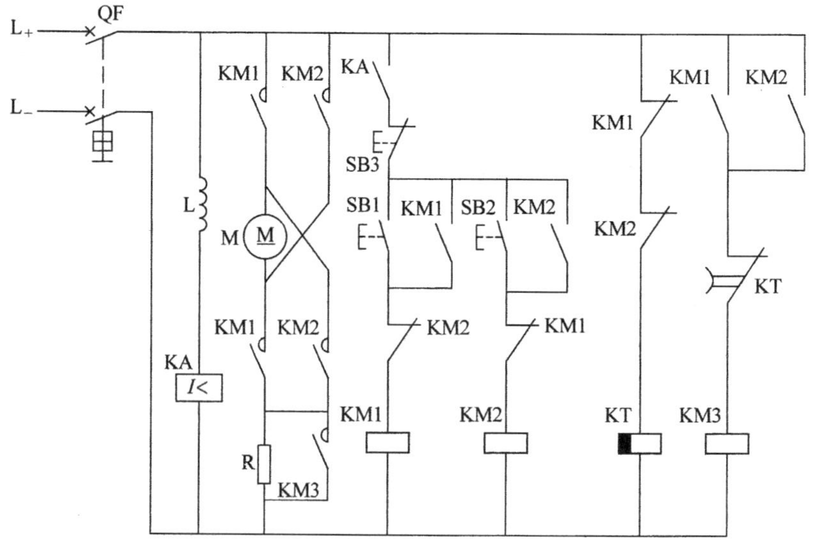

图 2-90　并励直流电动机电枢反接法正反转控制线路

线路工作原理如下：

先合上断路器 QF →
- → 励磁绕组 L 得电励磁
- → 欠电流继电器 KA 得电 → KA 常开触头闭合
- → 时间继电器 KT 线圈得电 → KT 常闭触头瞬时分断 →

→ 接触器 KM3 处于失电状态 → 为下面电动机 M 串接电阻 R 启动做好准备

然后按下正转启动按钮 SB1（或反转启动按钮 SB2）→ KM1（或 KM2）线圈得电 →
- → KM1（或 KM2）辅助常开触头闭合，为 KM3 得电做好准备
- → KM1（或 KM2）主触头闭合 → 电动机 M 串接电阻 R 正转（或反转）启动
- → KM1（或 KM2）自锁触头闭合自锁 ↗
- → KM1（或 KM2）辅助常闭触头分断 → KT 线圈失电 —经过 KT 整定时间→
- → KM1（或 KM2）联锁触头分断，对 KM2（或 KM1）联锁

→ KT 常闭触头恢复闭合 → KM3 线圈得电 → KM3 主触头闭合 → 电阻 R 被短接 →

→ 电动机 M 进入正常运转

停止时，按下 SB3 即可。

二、制动控制线路

想一想

三相异步电动机的制动方法有哪几种？怎样实现直流电动机的制动控制？

与交流电动机一样，直流电动机在工作中也需要制动，其制动方法与交流电动机相似，分为机械制动和电力制动两大类。机械制动常用的方法是电磁抱闸制动，电力制动常用的方法有能耗制动、反接制动和再生发电制动三种。由于电力制动具有制动力矩大、操作方便、无噪声等优点，所以在直流电力拖动中应用广泛。下面主要介绍三种电力制动的控制线路。

1．能耗制动控制线路

能耗制动是指保持直流电动机的励磁电流不变，将电枢绕组的电源切除后，立即使其与制动电阻连接成闭合回路，电枢凭惯性处于发电运行状态，将动能转化为电能并消耗在电枢回路中，同时获得制动力矩，迫使电动机迅速停转。

图 2–91 所示为并励直流电动机单向启动能耗制动控制电路。其线路的工作原理如下：

串电阻单向启动运转：

合上电源开关 QF，按下启动按钮 SB1，电动机 M 接通电源进行串电阻二级启动运转。其详细控制过程请参照前面讲述的并励直流电动机电枢回路串电阻二级启动自行分析。

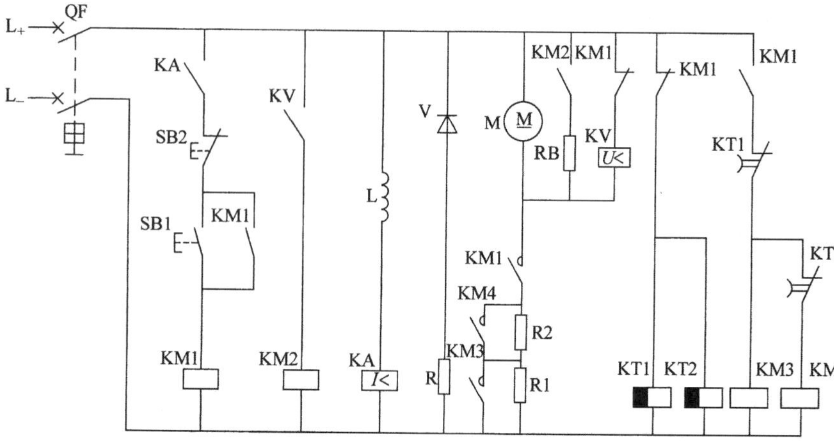

图 2–91　并励直流电动机单向启动能耗制动控制电路

能耗制动停转：

按下 SB2 ⟶ KM1 线圈失电 ⟶
- ⟶ KM1 辅助常开触头分断 ⟶ KM3、KM4 失电，触头复位
- ⟶ KM1 主触头分断 ⟶ 电枢回路断电
- ⟶ KM1 自锁触头分断解除自锁
- ⟶ KM1 两对辅助常闭触头恢复闭合 ⟶
  - ⟶ KT1、KT2 线圈得电 ⟶ KT1、KT2 常闭触头瞬时分断
  - ⟶ 由于惯性运转的电枢切割磁感线而在电枢绕组中产生感应电动势 ⟶ 使并接在电枢两端的欠电压继电器 KV 的线圈得电 ⟶ KV 常开触头闭合 ⟶ KM2 线圈得电 ⟶ KM2 常开触头闭合 ⟶ 制动电阻RB 接入电枢回路进行能耗制动 ⟶ 当电动机转速减小到一定值时，电枢绕组的感应电动势也随之减小到很小 ⟶ 使欠电压继电器 KV 释放 ⟶ KV 触头复位 ⟶ KM2 断电释放，断开制动回路，能耗制动完毕

图 2–91 中的电阻 R 为电动机能耗制动停转时励磁绕组的放电电阻，V 为续流二极管。

2. 反接制动控制线路

直流电动机的反接制动，通常是通过改变电枢两端电压极性或改变励磁电流的方向来改变电磁转矩的方向，形成制动力矩，从而迫使电动机迅速停转。

小提示

> 并励直流电动机的反接制动通常是采用电枢绕组反接法，即将正在运行的电动机的电枢绕组突然反接来实现的。采用此方法进行反接制动时，值得注意两点：一是电枢绕组突然反接时，电枢电流过大，易使换向器和电刷产生强烈的火花，对电动机的换向不利，故一定要在电枢回路中串入外加电阻，以限制电枢电流，所取外加电阻的大小近似等于电枢的电阻值；二是当电动机的转速接近于零时，应及时、准确、可靠地断开电枢回路的电源，以防止电动机反转。

直流电动机反接制动的原理与反转基本相同，所不同的是反接制动过程至转速为零时即结束。图 2–92 所示为并励直流电动机双向启动反接制动控制线路。

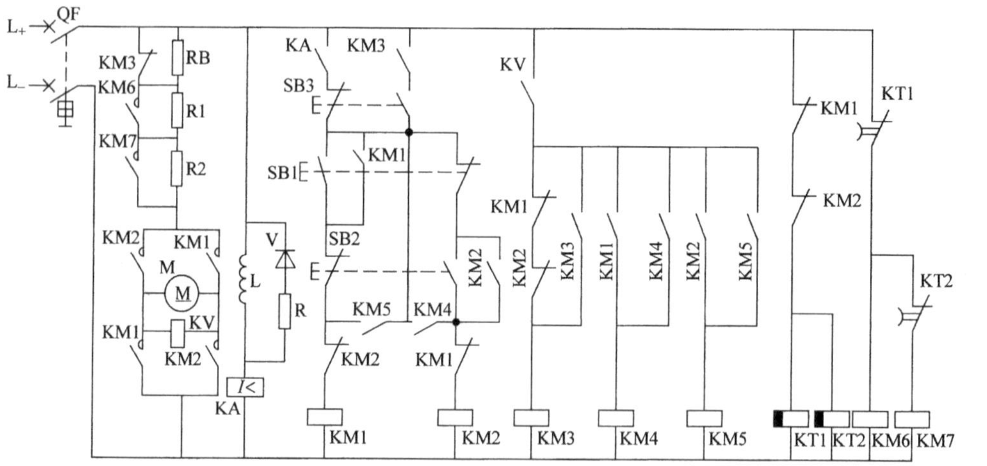

图 2-92 并励直流电动机双向启动反接制动控制线路

线路工作原理如下：

正向启动运转：

合上断路器 QF →
- → 励磁绕组 L 得电励磁
- → 欠电流继电器 KA 线圈得电 → KA 常开触头闭合，为启动做准备
- → 时间继电器 KT1、KT2 线圈得电 → KT1、KT2 常闭触头瞬时断开 →

→ 接触器 KM6、KM7 线圈处于断电状态，为下面电阻 R1、R2 全部串入电枢回路启动做准备

按下 SB1 →
- → SB1 常闭触头先分断对 KM2 联锁
- → SB1 常开触头后闭合 → KM1 线圈得电 →
  - → KM1 主触头闭合 → ①
  - → KM1 自锁触头闭合自锁 → ①
  - → KM1 的 3 对辅助常闭触头分断 → ②
  - → KM1 辅助常开触头闭合，为 KM4 得电做好准备

① → 电动机 M 串 R1 和 R2 启动

② →
- → 对 KM2、KM3 联锁
- → KT1、KT2 线圈失电 → 经 KT1、KT2 整定时间 → KT1 和 KT2 常闭触头先后闭合 →

→ KM6、KM7 线圈先后得电 → KM6、KM7 主触头先后闭合 → 逐级切除电阻 R1 和 R2 →

→ 电动机 M 启动结束进入正常运转

反接制动准备：

电动机刚启动时，电枢中反电动势 E_a=0，电压继电器 KV 不动作，接触器 KM3、KM4、KM5 均处于断电状态；随着电动机转速升高建立 E_a 后，KV 得电动作，其常开触头闭合，接触器 KM4 得电动作，为电动机的反接制动做好了准备

反接制动停转：

按下 SB3 →
- → SB3 常闭触头先分断 → KM1 线圈失电 → KM1 主触头分断。此时电动机仍惯性运动，E_a 仍较高，KV 仍保持得电，故KM3得电动作 →
- → SB3 常开触头后闭合 → KM2 线圈得电 → KM2 的主触头闭合 →

→ 电动机的电枢绕组串入电阻反接制动 → 待转速接近于零时，$E_a \approx 0$ →

→ KV 断电释放 → KM3、KM4 和 KM2 也断电释放，反接制动完毕

关于反向启动及反向反接制动的工作原理请自行分析，在此不再赘述。

3．再生发电制动

再生发电制动只适用于电动机的转速大于空载转速 n_0 的场合。这时电枢产生的反电动势 E_a 大于电源电压 U，电枢电流改变方向，电动机处于发电制动状态，将拖动系统中的机械能转化为电能反馈回电网，并产生制动力矩以限制电动机的转速。串励直流电动机采用再生发电制动时，必须先将串励改为他励，以保证电动机的磁通不随 I_a 的变化而变化。

实训 2—18　并励直流电动机正反转及能耗制动控制线路的安装、调试与检修

1．工具、仪表及器材

按表 2–51 选配工具、仪表及器材，并进行质量检验。

表 2–51　工具、仪表及器材

工具	电工常用工具				
仪表	MF47 型万用表、ZC25–3 型兆欧表、636 转速表、MG20（或 MG21）型电磁系钳形电流表				
器材	**代号**	**名称**	**型号**	**规格**	**数量**
	M	Z 型并励直流电动机	Z200/20–220	200 W、220 V、I_N=1.1 A、I_{fN}=0.24 A、2 000 r/min	1
	QF	低压断路器	DZ5–20/220	2 极、220 V、20 A、整定电流 1.1 A	1
	KM1 ~ KM3	直流接触器	CZ0–40/20	2 常开 2 常闭、线圈功率 22 W	3
	KT	时间继电器	JS7–3A	线圈电压 220 V、延时范围 0.4 ~ 60 s	1
	KA	欠电流继电器	JL14–21ZQ	I_N=1.5 A	1
	SB1 ~ SB3	按钮	LA19–11A	额定电流为 5 A	3
	R	启动电阻器		100 Ω、1.2 A	1
		端子板	JD0–1020	380 V、10 A、20 节	1
		导线		BVR 1.5 mm^2	若干
		控制板		500 mm × 400 mm × 20 mm	1

2．实训过程

（1）安装训练

1）安装方法及步骤

①按表 2–51 配齐所用的电器元件，并检查元件质量。

②根据图 2–90 所示电路图绘出布置图，然后在控制板上合理布置和牢固安装各电器元件，并贴上醒目的文字符号。

③在控制板上根据图 2–90 所示电路图进行正确布线和套编码套管。

④安装直流电动机。

⑤连接控制板外部的导线。

⑥自检。

⑦检查无误后通电试车。具体操作步骤是：首先，将启动变阻器 R 的阻值调到最大位置，合上电源开关 QF，按下正转启动按钮 SB1，用钳形电流表测量电枢绕组和励磁绕组的电流，观察其大小的变化；同时观察并记下电动机的转向，待转速稳定后，用转速表测其转速。然后按下 SB3 停车，并记下无制动停车所用时间 t_1；然后，按下反转启动按钮 SB2，用钳形电流表测量电枢绕组和励磁绕组的电流，观察其大小的变化；同时观察并记下电动机的转向，与前次观察比较是否两者方向相反。如果二者方向相同应切断电源并检查接触器 KM1、KM2 主触头的接线正确与否，改正后重新通电试车。

⑧增加一只欠电压继电器 KV 和制动电阻 RB，参照图 2–91 所示电路图，把正反转控制线路板改装成能耗制动控制线路板，检查无误后通电试车。具体操作步骤是：首先，合上电源开关 QF，按下启动按钮 SB1，待电动机启动转速稳定后，用转速表测其转速；然后，按下 SB2，电动机进行能耗制动，记下能耗制动所用时间 t_2，并与无制动所用时间 t_1 比较，求出时间差 $\Delta t=t_1-t_2$。

2）安装注意事项

①通电试车前要认真检查接线是否正确、牢靠，特别是励磁绕组的接线；各电器动作是否正常，有无卡阻现象；欠电流继电器、时间继电器以及欠电压继电器的整定值是否满足要求。

②对电动机无制动停车所用时间 t_1 和能耗制动停车所用时间 t_2 的比较，必须保证电动机的转速在两种情况下基本相同时开始计时。

③制动电阻 RB 的值，可按下式估算：

$$R_B=\frac{E_a}{I_N}-R_a\approx\frac{U_N}{I_N}-R_a$$

式中 I_N——电动机额定电流，A；

R_a——电动机电枢回路电阻，Ω；

U_N——电动机额定电压，V。

④若遇异常情况，应立即断开电源停车检查。若带电检查，必须有指导教师在现场监护。

⑤训练应在规定的定额时间内完成，做到安全文明生产。

（2）检修训练

1）故障设置　在控制电路或主电路中人为设置电气自然故障两处。

2）教师示范检修　教师进行示范检修时，可把下述检修步骤及要求贯穿其中，直至故障排除。用试验法来观察故障现象→用逻辑分析法缩小故障范围并在电路图上用虚线标出故障部位的最小范围→用测量法正确迅速地找出故障点→正确修复并迅速排除故障点→排除故障后通电试车。

3）学生检修训练　教师示范检修后，再由指导教师重新设置两个故障点，让学生进行检修训练。在学生检修的过程中，教师要巡回进行启发性指导。

4）检修注意事项

①要认真听取和仔细观察指导教师在示范过程中的讲解及检修操作。

②要熟练掌握电路图中各个环节的作用。

③故障分析、排除故障的思路和方法要正确。

④工具和仪表使用要正确。

⑤不能随意更改线路和带电触摸电器元件。

⑥带电检修故障时，必须有指导教师在现场监护，并要确保用电安全。

⑦检修必须在规定的时间内完成。

3. 评分标准

评分标准见表 2–52。

表 2–52　评分标准

项目	配分	评分标准		扣分
选用工具、仪表及器材	10 分	（1）工具、仪表少选或错选 （2）电器元件选错型号和规格	每个扣 2 分 每个扣 2 分	
装前检查	10 分	电器元件漏检或错检	每处扣 1 分	
安装布线	30 分	（1）电动机安装不符合要求 （2）电器布置不合理 （3）元件安装不符合要求 （4）损坏元件 （5）不按电路图接线 （6）布线不符合要求 （7）连接点松动、露铜过长、反圈等 （8）损伤导线绝缘层或线芯 （9）漏装或套错编码套管	扣 15 分 扣 5 分 每只扣 4 分 每只扣 10 ~ 15 分 扣 15 分 每根扣 3 分 每个扣 1 分 每根扣 5 分 每个扣 1 分	
故障分析	10 分	（1）故障分析、排除故障思路不正确 （2）标错电路故障范围	每个扣 5 ~ 10 分 每个扣 5 分	

续表

项目	配分	评分标准		扣分
排除故障	20分	（1）停电不验电 扣5分 （2）工具及仪表使用不当 每次扣5分 （3）排除故障的顺序不对 扣5～10分 （4）不能查出故障点 每个扣10分 （5）查出故障点，但不能排除 每个故障扣5分 （6）产生新的故障： 不能排除 每个扣10分 已经排除 每个扣5分 （7）损坏电动机 扣20分 （8）损坏电器元件或排故方法不正确 每只（次）扣5～20分		
通电试车	20分	（1）操作顺序不对 每一次扣10分 （2）继电器未整定或整定错 每只扣5分 （3）第一次试车不成功 扣10分 第二次试车不成功 扣15分 第三次试车不成功 扣20分		
安全文明生产	违反安全文明生产规程 扣10～70分			
定额时间	6 h，训练不允许超时，在修复故障过程中才允许超时，每超10 min 扣5分			
备注	除定额时间外，各项目的最高扣分不得超过配分数		成绩	
开始时间		结束时间		实际时间	

巩固练习

1. 使直流电动机反转有哪两种方法？并励直流电动机反转常采用哪种方法？为什么？

2. 直流电动机的电力制动常用哪三种方法？如何实现能耗制动和反接制动？

3. 并励直流电动机采用反接制动时应注意哪些问题？

课题 19　并励直流电动机的调速控制线路

学习目标

掌握并励直流电动机的调速方法及其原理。

由直流电动机的转速公式 $n=\frac{U-I_aR_a}{C_e\Phi}$ 可知，直流电动机的调速可通过电枢回路串电阻、改变主磁通和改变电枢电压三种方法来实现。

一、电枢回路串电阻调速

图 2–93 所示为并励直流电动机电枢回路串接电阻调速原理图。这种调速方法是通过在直流电动机的电枢回路中串接调速变阻器来实现的。

调速原理如下：当电枢回路串接调速变阻器 RP 后，电动机的转速变为 $n=\frac{U-I_a(R_a+R_P)}{C_e\Phi}$，当电源电压 U 及主磁通 Φ 保持不变、增大 R_P 时，则电阻压降 $I_a(R_a+R_P)$ 将增加，使电动机的转速 n 下降；反之则转速上升。

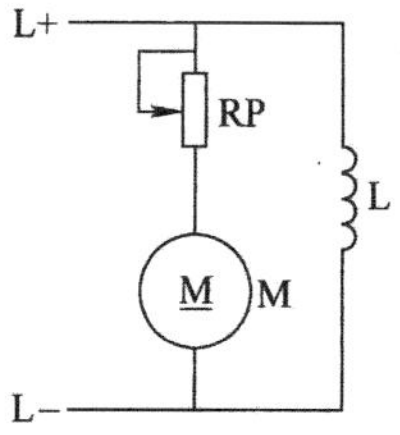

图 2–93　并励直流电动机电枢回路串接电阻调速原理图

电枢回路串电阻调速只能使电动机的转速在额定转速以下范围内调节，故其调速范围较窄，一般为 1.5∶1。另外这种调速稳定性也较差，能量损耗较大。但由于这种调速方法所用的设备简单，操作较方便，所以在短期工作、容量较小且机械特性硬度要求不太高的场合使用广泛。如蓄电池搬运车、无轨电车、吊车等生产机械上仍广泛采用此种方法调速。

二、改变主磁通调速

图 2–94 所示为并励直流电动机改变主磁通调速原理图。这种调速方法通过调节调速电阻器 RP，来改变励磁电流 I_f 的大小，从而改变主磁通 Φ 的大小，实现电动机

的调速。

值得一提的是，由于直流电动机在额定运行时，磁路已稍有饱和，此调速方法只能通过减弱励磁实现调速，因此也称为弱磁调速，即只能在额定转速以上范围内调速。为避免电动机振动过大，换向条件恶化，甚至出现“飞车”事故，转速不能调节得过高，用这种方法调速时，其最高转速一般在 3 000 r/min 以下。

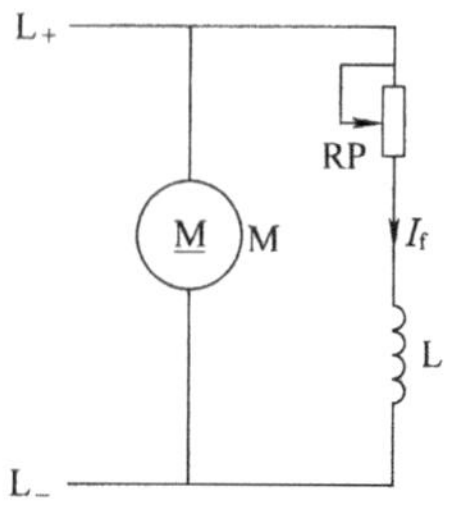

图 2–94　并励直流电动机改变主磁通调速原理图

三、改变电枢电压调速

由于电网电压一般是不变的，所以这种调速方法必须配置专用的直流调压设备，适用于他励直流电动机的调速控制。

1. G–M 调速系统

G–M 调速系统是直流发电机 – 直流电动机调速系统的简称，其电路图如图 2–95 所示，其各元件的作用和控制原理见表 2–53。

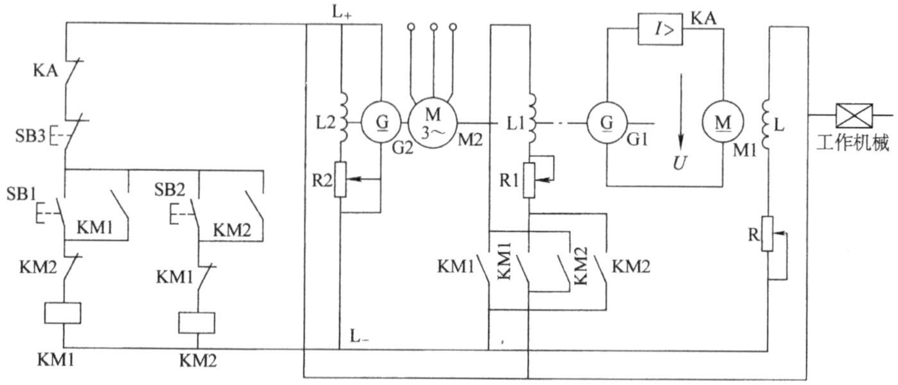

图 2–95　G–M 调速系统电路图

表 2–53　G–M 调速系统

元件作用	M1	他励直流电动机，用来拖动生产机械
	G1	他励直流发电机，为他励直流电动机 M1 提供电枢电压
	G2	并励直流发电机，为他励直流电动机 M1 和他励直流发电机 G1 提供励磁电压，同时为控制电路提供直流电源
	M2	三相笼型异步电动机，用来拖动同轴连接的他励直流发电机 G1 和并励直流发电机 G2
	L1、L2 和 L	分别是 G1、G2 和 M1 的励磁绕组
	R1、R2 和 R	调节变阻器，分别用来调节 G1、G2 和 M1 的励磁电流
	KA	过电流继电器，用于电动机 M1 的过载和短路保护
	SB1、KM1	组成正转控制电路
	SB2、KM2	组成反转控制电路
	SB3	停止系统运行

续表

控制原理	励磁	启动异步电动机 M2→拖动直流发电机 G1 和 G2 同速旋转→发电机 G2 切割剩磁磁感线产生感应电动势→输出直流电压 U_2（L_+、L_-之间），除提供本身励磁电压外，还供给 G–M 机组励磁电压和控制电路电压
	启动	按下启动按钮 SB1（或 SB2）→接触器 KM1（或 KM2）线圈得电→ KM1（或 KM2）常开触头闭合→发电机 G1 的励磁绕组 L1 接入电压 U_2 开始励磁→电动机 M1 启动 因发电机 G1 励磁绕组 L1 的电感较大，所以励磁电流逐渐增大，使 G1 产生的感应电动势和输出电压从零逐渐增大，这样就避免了直流电动机 M1 在启动时有较大的电流冲击。因此，在电动机启动时，不需要在电枢电路中串入启动电阻就可以很平滑地进行启动
	调速	启动前，应将调节变阻器 R 调到零，R1 调到最大，目的是使直流电压 U 逐步上升，直流电动机 M1 则从最低速逐渐上升到额定转速 当 M1 运转后需调速时→将 R1 的阻值调小→使 G1 的励磁电流增大→ G1 的输出电压 U 增大→电动机 M1 转速升高 可见，调节 R1 的阻值能升降直流发电机 G1 的输出电压 U，即可达到调节直流电动机 M1 转速的目的。不过加在直流电动机 M1 电枢上的电压 U 不能超过其额定电压值。所以在一般情况下，调节电阻 R1 只能使电动机在低于额定转速情况下进行平滑调速 当需要电动机在额定转速以上进行调速时，则应先调节 R1，使电动机电枢电压 U 保持在额定值不变，然后将电阻 R 的阻值调大，使直流电动机 M1 的励磁电流减小，其主磁通 Φ 也减小，电动机 M1 的转速升高
	制动	按下停止按钮 SB3→接触器 KM1（或 KM2）线圈失电→其触头复位→使直流发电机 G1 的励磁绕组 L1 失电→ G1 的输出电压即直流电动机 M1 的电枢电压 U 下降为零。但此时电动机 M1 仍沿原方向惯性运转，由于切割磁感线（因 L 仍有励磁），在电枢绕组中产生与原电流方向相反的感应电流，从而产生制动力矩，迫使电动机迅速停转

G–M 调速系统的调速平滑性好，可实现无级调速，具有较好的启动、调速、正反转、制动控制性能，因此曾被广泛用于龙门刨床、重型镗床、轧钢机、矿井提升设备等生产机械上。但由于 G–M 调速系统存在设备费用大、机组多、占地面积大、效率较低、过渡过程的时间较长等不足，所以，目前正广泛地使用晶闸管整流装置作为直流电动机的可调电源，组成晶闸管 – 直流电动机调速系统。

2. 晶闸管 – 直流电动机调速系统

图 2–96 所示为带有速度负反馈的晶闸管 – 直流电动机调速系统，它用晶闸管整流装置代替了 G–M 调速系统的直流发电机。这种系统具有效率高、功率增益大、快速性和控制性好及噪声小等优点，正在逐渐取代其他的直流调速系统。

图 2–96 中，输入电压 U_g 由电位器 R_g 调节，TG 为测速发电机，用于转速检测。工作中测速发电机的电枢电压与转速成正比，电枢电压的一部分 U_f 反馈到系统的输入

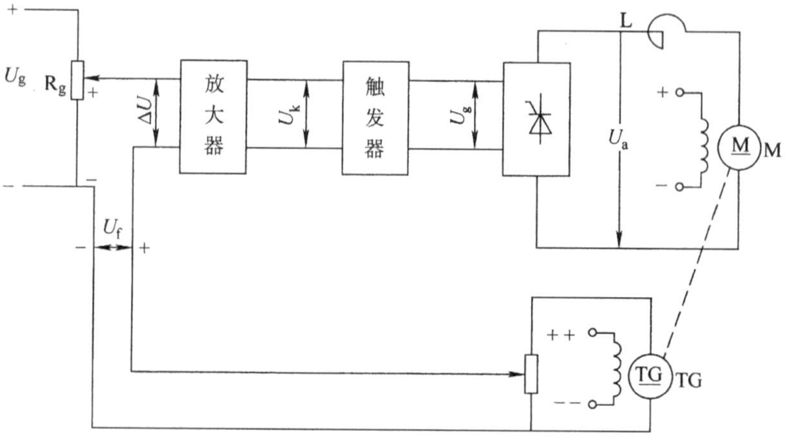

图 2–96　带有速度负反馈的晶闸管 – 直流电动机调速系统

端，与 U_g 比较后，产生电压 $\Delta U=U_g-U_f$ 送入放大器。经放大器放大后，送入触发器产生移相脉冲，触发晶闸管，从而改变晶闸管整流电路的输出，使电动机 M 的电枢电压改变，实现电动机转速的变化。当电动机的转速达到某一值，使 $\Delta U=0$，触发脉冲不再移相，晶闸管整流电路输出就稳定在某一值，使电动机在这一转速下稳定运转。由于反馈信号 U_f 与被控对象的转速 n 成正比，因此这一系统称为转速负反馈闭环调速系统。

巩固练习

1. 直流电动机有哪几种调速方法?
2. 简述 G–M 调速系统的控制原理。

知识拓展

由于串励直流电动机的机械特性是双曲线，机械特性较软，当电动机的转矩增大时，其转速显著下降，使串励直流电动机能自动保持恒功率运行，不会因转矩增大而过载。因此，在要求有大的启动转矩、负载变化时转速允许变化的恒功率负载场合，如起重机、吊车、电力机车等，宜采用串励直流电动机。

扫描二维码，了解串励直流电动机的相关知识。

课题 20　电动机的控制、保护与选择

学习目标

掌握电动机的各种控制原则、保护措施及选择。

一、电动机的控制原则

对电动机控制的一般原则，归纳起来有以下几种：行程控制原则、时间控制原则、速度控制原则和电流控制原则。

1. 行程控制原则

根据生产机械运动部件的行程或位置，利用行程开关来控制电动机工作状态的原则称为行程控制原则。行程控制原则是生产机械电气自动化中应用最多和作用原理最简单的一种方式。如位置控制线路和工作台自动往返控制线路都是按行程原则控制的。

2. 时间控制原则

利用时间继电器按一定时间间隔来控制电动机工作状态的原则称为时间控制原则。如在电动机的降压启动、制动以及变速过程中，利用时间继电器按一定的时间间隔改变线路的接线方式来自动完成电动机的各种控制要求。在这里，换接时间的控制信号由时间继电器发出，换接时间的长短则根据生产工艺要求或者电动机启动、制动和变速过程的持续时间来整定时间继电器的动作时间。

3. 速度控制原则

根据电动机的速度变化，利用速度继电器等电器来控制电动机工作状态的原则称为速度控制原则。反映速度变化的电器有多种，直接测量速度的电器有速度继电器、小型测速发电机；间接测量电动机速度的电器有电压继电器和频率继电器，对于直流电动机用其感应电动势来反映其速度，通过电压继电器来控制；对于交流绕线转子异步电动机可用转子频率来反映其速度，通过频率继电器来控制。

4. 电流控制原则

根据电动机主回路电流的大小，利用电流继电器来控制电动机工作状态的原则称为电流控制原则。

想一想

前面所学电动机基本控制线路中，哪些线路是按以上原则控制的？举例说明。

二、电动机的保护

想一想

前面所学电动机基本控制线路中，都有哪些保护措施？各是由什么电器来实现的？

为了避免因系统发生故障或不正常工作而引起事故，在电气控制系统的设计与运行中，都必须考虑提高电气控制系统运行的可靠性和安全性。例如，电动机在运行过程中，除按生产机械的工艺要求完成各种正常运转外，还必须在线路出现短路、过载、过电流、欠电压、失压及弱磁等现象时，能自动切断电源停转，以防止和避免电气设备和机械设备的损坏事故，保证操作人员的人身安全。因此，在生产机械的电气控制线路中，采取了对电动机的各种保护措施。常用的保护环节有短路保护、过载保护、欠压保护、失压保护 / 零压保护、过流保护、弱磁保护等，见表 2–54。

表 2–54　电动机的保护

	故障危害	常用保护电器	工作原理
短路保护	线路出现短路现象时，会产生很大的短路电流，使电动机、电器及导线等电气设备严重损坏，甚至引发火灾	熔断器和低压断路器	熔断器的熔体与被保护的电路串联。当电路正常工作时，熔断器的熔体不起作用，相当于一根导线，其上面的压降很小，可忽略不计。当电路短路时，很大的短路电流流过熔体，使熔体立即熔断，切断电动机电源，电动机停转。同样，若电路中接入低压断路器，当出现短路现象时，低压断路器会立即动作，切断电源使电动机停转
过载保护	电动机负载过大、启动操作频繁或缺相运行，会使电动机的工作电流长时间超过其额定电流，电动机绕组过热，温升超过其允许值，导致电动机的绝缘材料变脆，使用寿命缩短，严重时会使电动机损坏	热继电器	当电动机的工作电流等于额定电流时，热继电器不动作；当电动机短时过载或过载电流较小时，热继电器不动作，或经过较长时间才动作；当电动机过载电流较大时，串接在主电路中的热元件会在较短的时间内发热弯曲，使串接在控制电路中的常闭触头断开，先后切断控制电路和主电路的电源，使电动机停转

续表

	故障危害	常用保护电器	工作原理
欠压保护	电动机欠压下运行，负载没有改变，欠压下电动机转速下降，定子绕组的电流增加。此时电流增加的幅度尚不足以使熔断器和热继电器动作，如长时间不采取措施，会使电动机过热损坏。欠压还会引起一些电器释放，使线路不能正常工作，可能危害人身安全或导致设备事故	接触器和电磁式电压继电器	在大多数机床电气控制线路中，接触器兼有欠压保护功能，少数线路需专门装设电磁式电压继电器起欠压保护作用。一般当电网电压降低到额定电压的85%以下时，接触器（或电压继电器）线圈产生的电磁吸力将小于复位弹簧的拉力，动铁芯被迫释放，其主触头和自锁触头同时断开，切断主电路和控制电路电源，使电动机停转
失压保护/零压保护	生产机械在工作时，由于某种原因导致电网突然停电后，电源电压下降为零，电动机停转，生产机械的运动部件也随之停止运转。一般情况下，操作人员不可能及时拉开电源开关，如不采取措施，当电源电压恢复正常时，电动机便会自行启动运转，很可能造成人身和设备事故，并引起电网过电流和瞬间电网电压下降	接触器和中间继电器	当电网停电时，接触器和中间继电器线圈中的电流消失，电磁吸力减小为零，动铁芯释放，触头复位，切断了主电路和控制电路电源。当电网恢复供电时，若不重新按下启动按钮，则电动机就不会自行启动
过流保护	为了限制电动机的启动或制动电流，在直流电动机的电枢绕组中或在交流绕线转子异步电动机的转子绕组中需要串入附加的限流电阻。如果在启动或制动时，附加的限流电阻被短接，将会造成很大的启动或制动电流，使电动机或机械设备损坏	电磁式过电流继电器	当电动机电流值达到过电流继电器的动作值时，继电器动作，使串接在控制电路中的常闭触头断开，切断控制电路，电动机随之脱离电源停转，达到了过流保护的目的
弱磁保护	若直流电动机启动时电动机的励磁电流太小，产生的磁场太弱，将会使电动机的启动电流很大；若电动机在正常运转过程中磁场突然减弱或消失，电动机的转速将会迅速升高，甚至发生“飞车”事故	弱磁继电器（即欠电流继电器）	弱磁继电器串入励磁回路。在电动机启动运行过程中，当励磁电流值达到弱磁继电器的动作值时，继电器吸合，使串接在控制电路中的常开触头闭合，允许电动机启动或维持正常运转；当励磁电流减小很多或消失时，弱磁继电器释放，其常开触头断开，切断控制电路，接触器线圈失电，电动机断电停转

选择和设置保护装置在使电动机免受损坏的同时，还应使电动机得到充分利用。因此，一个正确的保护方案应该是：在免于损坏的情况下使电动机充分发挥过载能力（即过载的承受能力），使其在工作过程中功率被充分利用，温升达到国家标准规定的数值，同时还能提高电力拖动系统的可靠性和生产的连续性。

随着生产的发展和技术的进步，对配电线路、控制电器和电动机的运行可靠性要求越来越高，既要最大限度地保证生产过程的连续性，又要避免在各种情况下对设备和人身安全的危害。熔断器、热继电器、热脱扣器等传统的保护装置，因其本身的缺陷和外部条件的限制，已不能满足现代生产的要求。例如，由于现代电动机工作时绕组电流密度显著增大，当电动机过载时，绕组电流密度增长速率比过去的电动机大 2 ~ 2.5 倍。这就要求温度检测元件具有更小的发热时间常数，保护装置具有更高的灵敏度和精度，并且最好能在一个保护装置内同时实现电动机的过载、断相及堵转瞬动保护。电子式电动机多功能保护器就是这样一种高精度、高灵敏度的保护装置。

近年来出现的电子式多功能保护装置品种很多，性能各异。如图 2–97 所示为 3DB 系列电子式电动机多功能保护器，它具有过载、缺相、欠压、过压、漏电、电动机堵转等多种保护功能，是理想的电动机综合保护装置。该产品无机械误差与磨损，耐冲击振动，体积小，功耗低，功能全，安装调试简便，维护工作量小，适用范围广。

图 2–97　3DB 系列电子式电动机多功能保护器

对电动机的保护问题，现代技术正在提供更加广阔的途径。例如，研制发热时间常数小的新型 PTC 热敏电阻，增加电动机绕组对热敏电阻的热传导；发展高性能和多功能综合保护装置，其主要方向是采用固态集成电路和微处理器作为电流、电压、时间、频率、相位和功率等方面的检测和逻辑单元，以取代电流控制原则。

对于频繁或反复启动、制动和重载启动的笼型电动机以及大容量电动机，由于它们的转子温升比定子绕组温升高，所以较好的办法是检测转子的温度。国外已有红外线保护装置的实际应用，它用红外线温度计从外部检测转子温度并加以保护。

在电气控制线路设计中，经常要对生产过程中的温度、压力、流量、运动速度等设置必要的控制和保护，将以上各物理量限制在一定的范围以内，以保证整个系统的安全运行。为此，需要采用各种专用的温度、压力、流量、速度传感器或继电器，它们的基本原理都是在控制回路中串联一些受这些参数控制的常开触头或常闭触头，通过逻辑组合、联锁控制等实现保护功能。

三、电动机的选择

在电力拖动系统中，正确选择拖动生产机械的电动机是系统安全、经济、可靠和合理运行的重要保证。而衡量电动机的选择合理与否，要看选择电动机时是否遵循了以下基本原则：

第一，电动机能够完全满足生产机械在机械特性方面的要求。如生产机械所需要的工作速度、调速指标、加速度以及启动、制动时间等。

第二，电动机在工作过程中，其功率能被充分利用，即温升应达到国家标准规定的数值。

第三，电动机的结构形式应适合周围环境的条件。如防止外界灰尘、水滴等物质进入电动机内部；防止绕组绝缘受有害气体的侵蚀；在有爆炸危险的环境中应把电动机的导电部位和有火花的部位封闭起来，不使它们影响外部等。

电动机的选择主要包括以下内容：电动机的额定功率（即额定容量）、额定电压、额定转速、种类、结构形式等。其中，以电动机额定功率的选择最为重要。

1．电动机额定功率的选择

正确合理地选择电动机的功率是很重要的。如果电动机的功率选得过小，电动机将过载运行，使温度超过允许值，缩短电动机的使用寿命，甚至烧坏电动机；如果选得过大，虽然能保证设备正常工作，但由于电动机不在满载下运行，其用电效率和功率因数较低，电动机的容量得不到充分利用，造成电力浪费，并且设备投资大，运行费用高，很不经济。

电动机的工作方式有连续工作制、短期工作制和周期性断续工作制三种。

（1）连续工作制电动机额定功率的选择　在这种工作方式下，电动机连续工作时间很长，可使其温升达到规定的稳定值，如通风机、泵等机械的拖动运转。连续工作制电动机的负载可分为恒定负载和变化负载两类。

1）恒定负载下电动机额定功率的选择　在工业生产中，相当多的生产机械是在长期恒定的或变化很小的负载下运转，为这一类机械选择电动机的功率比较简单，只要电动机的额定功率等于或略大于生产机械所需要的功率即可。若负载功率为 P_L，电动机的额定功率为 P_N，则应满足下式：

$$P_N \geqslant P_L$$

电机制造厂生产的电动机，一般都是按照恒定负载连续运转设计，并进行型式试验和出厂试验的，完全可以保证电动机在额定功率工作时，电动机的温升不会超过允许值。

通常，电动机的容量是按周围环境温度为 40 ℃而确定的。绝缘材料最高允许温度与 40 ℃的差值称为允许温升，各级绝缘材料的最高允许温度和允许温升见表 2–55。

表 2-55 各级绝缘材料的最高允许温度和允许温升

绝缘等级	Y	A	E	B	F	H	C
最高允许温度（℃）	90	105	120	130	155	180	>180
允许温升（℃）	50	65	80	90	115	140	>140

应该指出，我国幅员辽阔，地域之间的温差较大，就是在同一地区，一年四季的气温变化也较大，因此，电动机运行时周围环境的温度不可能正好是 40 ℃，一般是小于 40 ℃。为了充分利用电动机，可以对电动机能够应用的容量进行修正，不同环境温度下电动机功率的修正值见表 2-56。

表 2-56 不同环境温度下电动机功率的修正值

环境温度（℃）	≤ 30	35	40	45	50	55
功率增减的百分数（%）	+8	+5	0	-5	-12.5	-25

2）变化负载下电动机额定功率的选择 在变化负载下使用的电动机，一般是为恒定负载工作而设计的，因此，使用时必须进行发热校验。

所谓发热校验，就是看电动机在整个运行过程中所达到的最高温升是否接近并低于允许温升。只有这样，电动机的绝缘材料才能充分利用而又不致过热。

图 2-98 所示为某周期性变化负载的生产机械负载记录图。当电动机拖动这一机械工作时，因为输出功率周期性改变，故其温升也必然做周期性的波动。在工作周期不大的情况下，此波动的过程也不大。波动的最大值将低于最大负载的稳定温升而高于最小负载的稳定温升。在这种情况下，如按最大负载选择电动机功率，电动机将不能充分利用；而按最小负载选择，电动机又有超过允许温升的危险。因此，电动机功率应在最大负载和最小负载之间适当选择，以使电动机得到充分利用，而又不致过载。

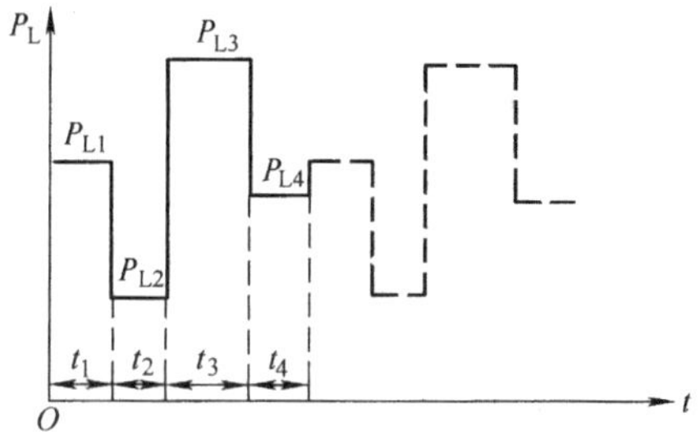

图 2-98 周期性变化负载记录图

在变化负载下长期运转的电动机功率可按以下步骤进行选择：

第一步，计算并绘制图 2-98 所示生产机械的负载记录图；

第二步，根据下列公式求出负载的平均功率 P_{Lj}；

$$P_{Lj}=\frac{P_{L1}t_1+P_{L2}t_2+\cdots+P_{Ln}t_n}{t_1+t_2+\cdots+t_n}=\frac{\sum_{i=1}^{n}P_{Li}t_i}{\sum_{i=1}^{n}t_i}$$

式中 P_{L1}、P_{L2}、…、P_{Ln}——各段负载的功率；

t_1、t_2、…、t_n——各段负载工作所用时间。

第三步，按 $P_N \geqslant (1.1 \sim 1.6) P_{Lj}$ 预选电动机。如果在工作过程中大负载所占的比例较大时，则系数应选得大些。

第四步，对预选电动机进行发热、过载能力及启动能力校验，合格后即可使用。

（2）短期工作制电动机额定功率的选择　在这种工作方式下，电动机的工作时间较短，在运行期间温度未升到规定的稳定值，而在停止运转期间，温度则可能降到周围环境的温度值，如吊桥、水闸、车床的夹紧装置的拖动运转。

为了满足某些生产机械短期工作的需要，电机生产厂家专门制造了一些具有较大过载能力的短期工作制电动机，其标准工作时间有 15 min、30 min、60 min、90 min 四种。因此，当电动机的实际工作时间符合标准工作时间时，选择电动机的额定功率 P_N，只要不小于负载功率 P_L 即可，即满足 $P_N \geqslant P_L$。

（3）周期性断续工作制电动机额定功率的选择　这种工作方式的电动机的工作与停止交替进行。在工作期间，温度未升到稳定值；而在停止期间，温度也来不及降到周围温度值，如很多起重设备以及某些金属切削机床的拖动运转。

电机制造厂专门设计生产的周期性断续工作制的交流电动机有 YZR 和 YZ 系列。标准负载持续率 FC（负载工作时间与整个周期之比称为负载持续率）有 15%、25%、40% 和 60% 四种，一个周期的时间规定不大于 10 min。

周期性断续工作制电动机额定功率的选择方法和连续工作制变化负载下的额定功率选择相类似，在此不再叙述。但需指出的是，当负载持续率 $FC \leqslant 10\%$ 时，应按短期工作制选择；当负载持续率 $FC \geqslant 70\%$ 时，可按长期工作制选择。

2. 电动机额定电压的选择

电动机额定电压要与现场供电电网电压等级相符。否则，若选择的额定电压低于供电电源电压，电动机将由于电流过大而被烧毁；若选择的额定电压高于供电电源电压，电动机有可能因电压过低不能启动，或虽能启动但因电流过大而减少其使用寿命甚至烧毁。

中小型交流电动机的额定电压一般为 380 V，大型交流电动机的额定电压一般为 3 kV、6 kV 等。直流电动机的额定电压一般为 110 V、220 V、440 V 等，最常用的直流电压等级为 220 V。直流电动机一般由车间交流供电电压经整流器整流后的直流电压供电。选择电动机的额定电压时，要与供电电网的交流电压及不同形式的整流电路相配合。当交流电压为 380 V 时，若采用晶闸管整流装置直接供电，电动机的额定电压应选用 440 V（配合三相桥式整流电路）或 160 V（配合单相整流电路），电动机采用改进的 Z3 型。

3. 电动机额定转速的选择

电动机额定转速选择得合理与否，将直接影响到电动机的价格、能量损耗及生产机械的生产率等各项技术指标和经济指标。额定功率相同的电动机，转速高的电动机尺寸小，所用材料少，因而体积小，质量轻，价格低，所以选用高额定转速的电动机比较经济。但由于生产机械的工作速度一定且较低（30 ~ 900 r/min），电动机转速越高，传动机构的传动比越大，传动机构越复杂，因此，选择电动机的额定转速时，必须全面考虑，在电动机性能满足生产机械要求的前提下，力求电能损耗少，设备投资少，维护费用少。通常，电动机的额定转速选在 750 ~ 1 500 r/min 比较合适。

4. 电动机种类的选择

选择电动机的种类时，在电动机的性能必须满足生产机械要求的前提下，应优先选用结构简单、价格便宜、运行可靠、维修方便的电动机。在这方面，交流电动机优于直流电动机，笼型电动机优于绕线转子电动机，异步电动机优于同步电动机。电动机种类的选择见表 2–57。

表 2–57 电动机种类的选择

种类	特点	适用场合	应用实例	
			应用场合	选用机型
三相笼型异步电动机	采用最普遍的动力电源——三相交流电源，结构简单、价格便宜、运行可靠、维修方便，但启动和调速性能差	调速和启动性能要求不高的场合	各种机床、水泵、通风机等	
		要求大启动转矩的生产机械	某些纺织机械、空气压缩机、带运输机等	斜槽式、深槽式或双笼型异步电动机等
		需要有级调速的生产机械	某些机床和电梯等	多速笼型异步电动机
三相绕线转子异步电动机	一般采用转子串接电阻（或电抗器）的方法实现启动和调速，调速范围有限	启动、制动比较频繁，启动、制动转矩较大，而且有一定调速要求的生产机械	桥式起重机、矿井提升机等	
三相同步电动机	高电压、大容量，转速恒定，无启动转矩，可改变功率因数	要求大功率、恒转速和改善功率因数的场合	大功率水泵、压缩机、通风机等	
直流电动机	启动性能好，可以实现无级平滑调速，且调速范围广、精度高	要求在大范围内平滑调速和需要准确的位置控制的生产机械	高精度的数控机床、龙门刨床、可逆轧钢机、造纸机、矿井卷扬机等	他励直流电动机或并励直流电动机
		要求启动转矩大、机械特性较软的生产机械	电车、重型起重机等	串励直流电动机

随着技术的发展，各种电动机的应用范围也在逐渐扩大，如变频调速技术的发展，使三相笼型异步电动机越来越多地应用在要求无级调速的生产机械上；使用晶闸管串级调速，可扩展绕线转子异步电动机的应用范围，如水泵、风机的节能调速；近年来，

在大功率的生产机械上还广泛采用晶闸管励磁的直流发电机－电动机组或晶闸管－直流电动机组。

5. 电动机形式的选择

原则上，电动机与生产机械的工作方式应该一致，在连续工作制、短期工作制和周期性断续工作制三种方式中选取，但也可选用连续工作制的电动机来代替。

电动机按其安装方式不同可分为卧式和立式两种。由于立式电动机的价格较贵，所以一般情况下应选用卧式电动机。只有当需要简化传动装置时，如深井水泵和钻床等，才使用立式电动机。

电动机按轴伸个数分为单轴伸和双轴伸两种。一般情况下选用单轴伸电动机，特殊情况下才选用双轴伸电动机。如一边需要安装测速发电机，另一边需要拖动生产机械时，则必须选用双轴伸电动机。

电动机按防护形式分为开启式、防护式、封闭式和防爆式四种。为防止周围的媒介质对电动机的损坏以及因电动机本身故障而引起的危害，电动机必须根据不同环境选择适当的防护形式。

开启式电动机价格便宜，散热好，但灰尘、铁屑、水滴及油垢等容易进入其内部，影响电动机的正常工作和使用寿命，因此，只能在干燥、清洁的环境中使用。

防护式电动机的通风孔在机壳的下部，通风冷却条件较好，并能防止水滴、铁屑等杂物落入电动机内部，但不能防止潮气和灰尘侵入，因此只能用于比较干燥、灰尘不多、无腐蚀性气体和爆炸性气体的环境。

封闭式电动机分为自扇冷式、他扇冷式和密闭式三种。前两种用于潮湿、尘土多、有腐蚀性气体、易引起火灾和易受风雨侵蚀的环境中，如纺织厂、水泥厂等。密闭式电动机则用于浸入水中的机械，如潜水泵电动机。

防爆式电动机主要用于有易燃、易爆气体的危险环境中，如煤气站、油库及矿井等场所。

总之，选择电动机时，应从额定功率、额定电压、额定转速、种类和形式几方面综合考虑，做到既经济又合理。

巩固练习

1. 对电动机控制的一般原则有哪几种？简述它们的内容。

2. 按照时间控制原则设计控制线路，具体要求如下：按下启动按钮后，接触器 KM1 线圈通电，经 10 s 后，接触器 KM2 通电，再经 5 s 后，KM2 断电释放，同时 KM3 通电，再经 15 s 后，KM1、KM2、KM3 均断电。

3. 在生产机械的电气控制线路中，对电动机常采用哪几种保护措施？各由什么电器来实现？

4. 为什么要对直流电动机进行弱磁保护?

5. 选择电动机时应遵循哪些基本原则?

6. 电动机的选择主要包括哪些内容?

7. 连续工作制电动机的负载分为哪两类? 在这两类负载下，如何选择电动机的额定功率?

课题 21 电气控制线路设计基础

学习目标

掌握电气控制线路设计的基本原则、经验设计方法及应注意的问题。

在工业生产中，所用的机械设备种类繁多，对电动机提出的控制要求各不相同，从而构成的电气控制线路也不一样。那么，如何根据生产机械的控制要求来正确合理地设计电气控制线路呢？本课题将做一简单介绍。

一、设计电气控制线路的基本原则

由于电气控制线路是为整个机械设备和工艺过程服务的，所以在设计前要深入现场收集有关资料，进行必要的调查研究。电气控制线路的设计应遵循以下基本原则：

1. 应最大限度地满足机械设备对电气控制线路的控制要求和保护要求。

2. 在满足生产工艺要求的前提下，应力求使控制线路简单、经济、合理。

3. 保证控制的可靠性和安全性。

4. 操作和维修方便。

二、设计电气控制线路举例

电气基本控制线路的设计方法通常有两种。一种是经验设计法，另一种是逻辑设计法。经验设计法是根据生产工艺要求，选择适当的基本控制线路，再把它们综合地组合在一起。这种设计方法比较简单，在设计过程中要经过多次反复修改、完善，才能使线路符合设计要求。

逻辑设计方法是根据生产工艺要求，利用逻辑代数来分析、设计线路。这种设计方法设计出来的线路比较合理，但是掌握这种方法的难度比较大，多用于要完成较复杂生产工艺要求的控制线路。

下面用经验设计法设计电气控制线路。

现用某专用机床给一箱体加工两侧平面。加工方法是将箱体夹紧在可前后移动的滑台上，两侧平面用左右动力头铣削加工。其要求如下：

第一，加工前滑台应快速移动到加工位置，然后改为慢速进给。快进速度为慢进速度的 20 倍，滑台速度的改变是由齿轮变速机构和电磁铁来实现的，即电磁铁吸合时为快速，电磁铁释放时为慢速。

第二，滑台从快速移动到慢速进给应自动变换，铣削完毕要自动停车，然后由人工操作滑台快速退回原位后自动停车。

第三，具有短路、过载、欠压及失压保护。

本专用机床共有三台笼型异步电动机，滑台电动机 M1 的功率为 1.1 kW，需正反转；两台动力头电动机 M2 和 M3 的功率为 4.5 kW，只需要单向运转。试设计该机床的电气控制线路。

1．选择基本控制线路

根据滑台电动机 M1 需正反转，左右动力头电动机 M2、M3 只需单向运转的控制要求，选择接触器联锁正反转控制线路和接触器自锁正转控制线路，并进行有机组合，设计画出电气控制线路草图，如图 2–99 所示。

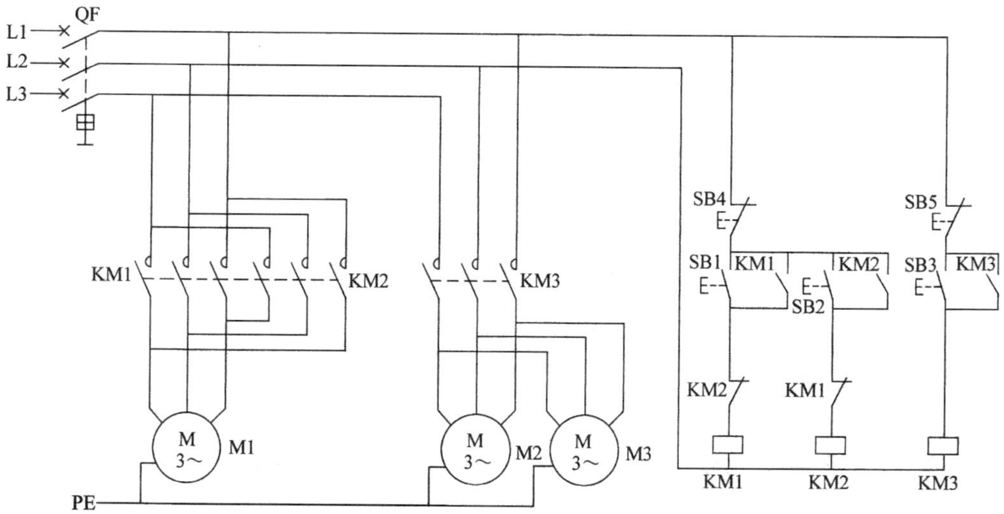

图 2–99　电气控制线路草图

2. 修改完善线路

修改完善后的控制线路如图 2-100 所示。说明如下：

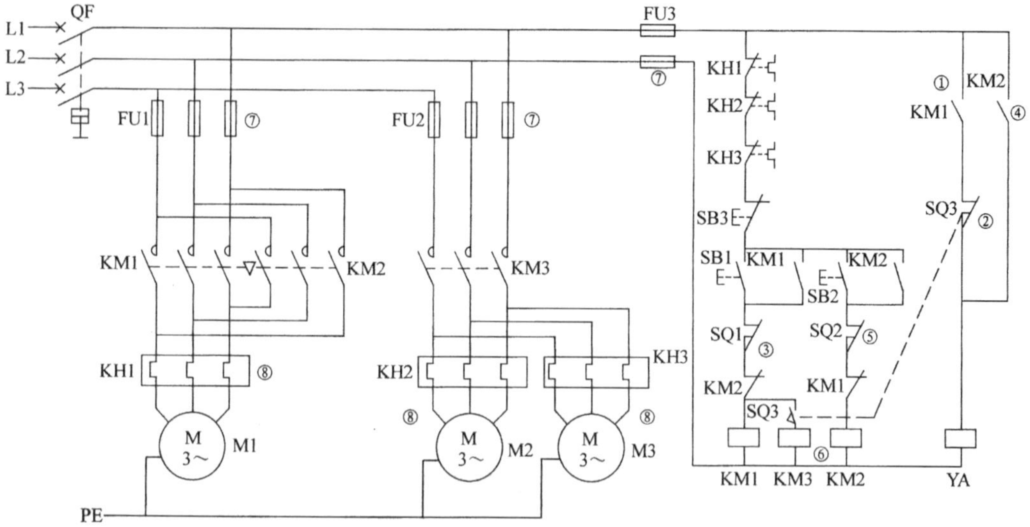

图 2-100 修改完善后的控制线路

（1）根据加工前滑台应快速移到加工位置，且电磁铁吸合时为快进，说明 KM1 得电时，电磁铁 YA 应得电吸合，故应在电磁铁 YA 线圈回路中串入 KM1 的辅助常开触头，如图中①。

（2）滑台由快速移动自动变换为慢速进给，所以在 YA 线圈回路中串接行程开关 SQ3 的常闭触头，如图中②。

（3）滑台慢速进给终止（切削完毕）应自动停车，所以应在接触器 KM1 控制回路中串接行程开关 SQ1 的常闭触头，如图中③。

（4）人工操作滑台快速退回，故在 KM1 辅助常开触头和 SQ3 常闭触头电路的两端并接 KM2 辅助常开触头，如图中④。

（5）滑台快速返回到原位后自动停车，所以应在接触器 KM2 控制回路中串接行程开关 SQ2 的常闭触头，如图中⑤。

（6）由于左右动力头电动机 M2、M3 随滑台电动机 M1 的慢速工作而工作，所以可把 KM3 的线圈串接 SQ3 常开触头后与 KM1 线圈并接，如图中⑥。

（7）线路需要短路、过载、欠压和失压保护，所以在线路中接入熔断器 FU1、FU2、FU3 和热继电器 KH1、KH2、KH3，如图中⑦和⑧。

3. 校核完成线路

控制线路初步设计完成后，可能还有不合理、不可靠、不安全的地方，应当根据经验和控制要求对线路进行认真仔细的校核，以保证线路的正确性和实用性。如上述线路中，由于电磁铁电感大，会产生大的冲击电流，有可能引起线路工作不可靠，故选择中间继电器以组成电磁铁的控制回路，如图 2-101 所示。

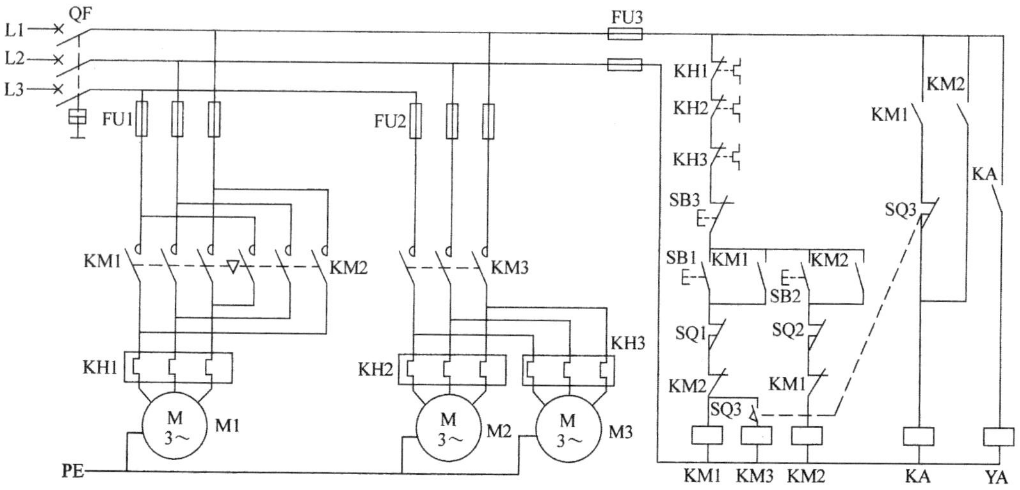

图 2-101　设计完成的控制线路

三、设计电气控制线路应注意的问题

用经验设计法设计线路时，除应牢固掌握各种基本控制线路的构成和原理外，还应注意了解机械设备的控制要求以及设计、使用和维修人员在长期实践中总结出的经验，这对于安全、可靠、经济、合理地设计控制线路是十分重要的，这些经验概括起来有以下几点。

1．尽量缩减电器的数量，采用标准件并尽可能选用相同型号的电器

设计线路时，应减少不必要的触头以简化线路，提高线路的可靠性。例如，把图 2-102a 所示线路改接成图 2-102b 所示线路，就可以减少一个触头。

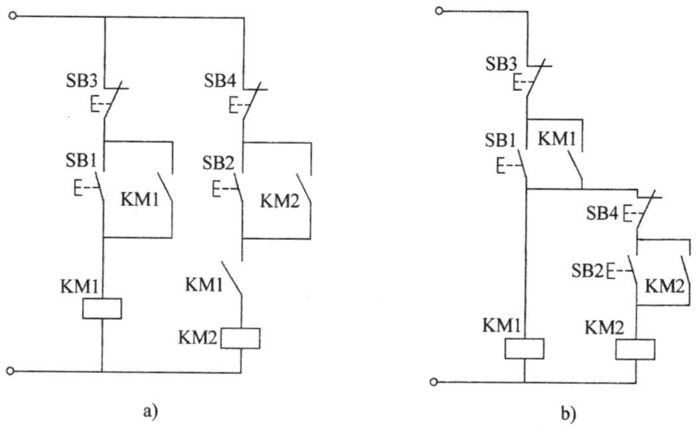

图 2-102　简化线路可减少触头

a）多一个触头　b）减少一个触头

2. 尽量缩短连接导线的数量和长度

设计线路时，应考虑到各电器元件之间的实际接线，特别要注意电气柜、操作台和行程开关之间的连接线。例如，图 2–103a 所示的接线就不合理，因为按钮通常是安装在操作台上，而接触器则安装在电气柜内，所以若按此线路安装时，由电气柜内引出的连接线势必要两次引接到操作台上的按钮处。合理的接法应当是把启动按钮和停止按钮直接连接，而不经过接触器线圈，如图 2–103b 所示，这样就减少了一次引出线。

3. 正确连接电器的线圈

在交流控制电路的一条支路中不能串联两个电器的线圈，如图 2–104 所示。即使外加电压是两个线圈额定电压之和，也是不允许的。因为每个线圈上所分配到的电压与线圈阻抗成正比。两个电器需要同时动作时，其线圈应该并接。

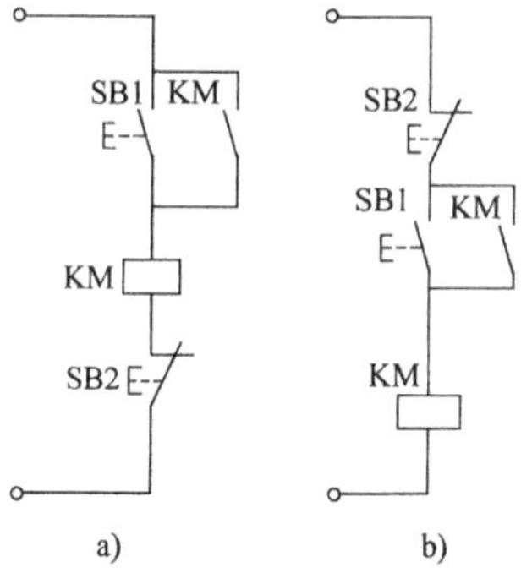

图 2–103 减少各电器元件间的实际接线
a）不合理 b）合理

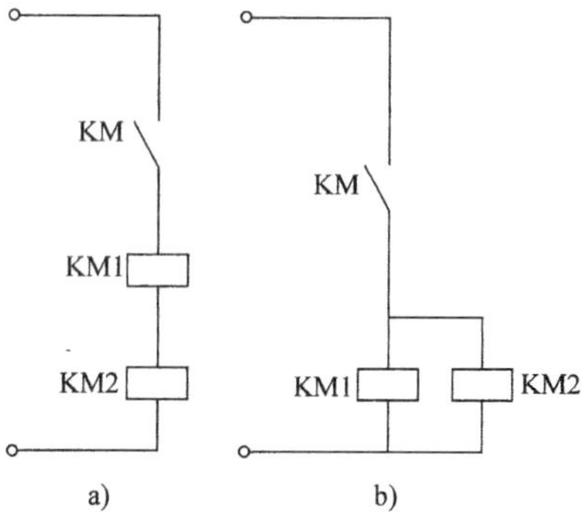

图 2–104 电器线圈不能串接
a）不能串联 b）只能并联

4. 正确连接电器的触头

同一个电器的辅助常开和常闭触头靠得很近，如果连接不当，将会造成线路工作不正常。如图 2–105a 所示接线，行程开关 SQ 的常开触头和常闭触头由于不是等电位，当触头断开产生电弧时，很可能在两对触头间形成飞弧而造成电源短路。因此，在一般情况下，对于共用同一电源的所有接触器、继电器以及执行电器，将线圈的一端均接在电源的一侧，控制触头接在电源的另一侧，如图 2–105b 所示。

5. 在满足控制要求的情况下，应尽量减少电器通电的数量

现以三相异步电动机串电阻降压启动的控制线路为例进行分析。在图 2–106a 所示电路中，电动机启动后，接触器 KM1 和时间继电器 KT 就失去了作用，但仍然需要长期通电，从而使能耗增加，电器使用寿命缩短。而采用图 2–106b 所示线路，就可以在电动机启动后切除 KM1 和 KT 的电源，既节约了电能，又延长了电器的使用寿命。

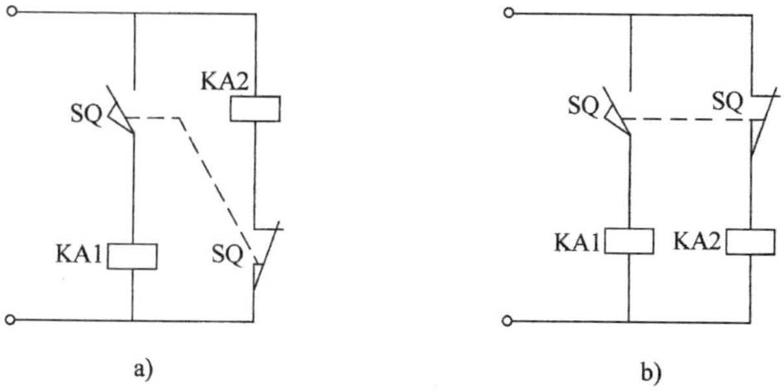

图 2-105　正确连接电器的触头

a）不适当　b）适当

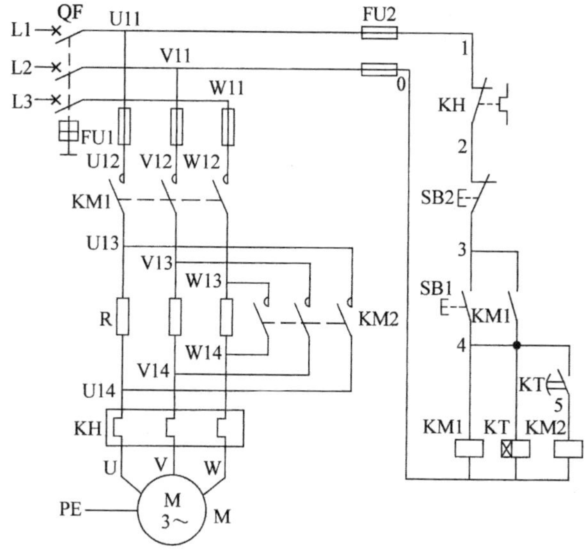

a)

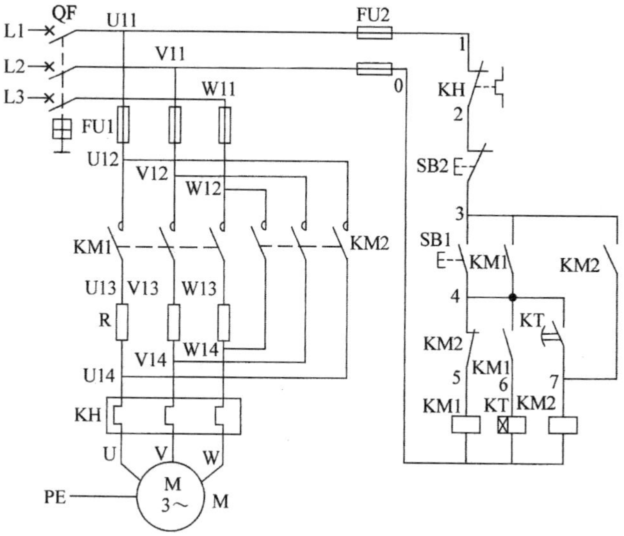

b)

图 2-106　尽量减少电器通电数量

6. 应尽量避免采用许多电器依次动作才能接通另一个电器的控制线路

在如图 2-107a、b 所示线路中，中间继电器 KA1 得电动作后，KA2 才动作，而后 KA3 才能得电动作。KA3 的得电动作要通过 KA1 和 KA2 两个电器的动作。若接成图 2-107c 所示线路，KA3 的动作只需 KA1 电器动作，而且只需经过一对触头，工作更为可靠。

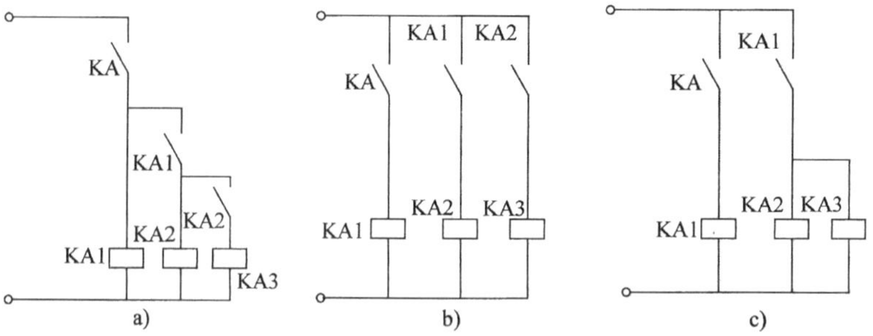

图 2-107 触头的合理使用
a）不适当 b）不适当 c）适当

7. 在控制线路中应避免出现寄生回路

在控制线路的动作过程中，非正常接通的线路称为寄生回路。寄生回路会破坏电器元件和控制线路的动作顺序，在设计线路时要避免。图 2-108 所示线路是一个具有指示灯和过载保护的正反转控制线路。在正常工作时，能完成正反转启动、停止和信号指示。但当热继电器 KH 动作时，线路就出现了寄生回路。这时虽然 KH 的常闭触头已断开，由于存在寄生回路，仍有电流沿图 2-108 中虚线所示的路径流过 KM1 线圈，使正转接触器 KM1 不能可靠释放，可能起不到过载保护的作用。

8. 保证控制线路工作可靠和安全

保证控制线路工作可靠，最主要的是选用可靠的电器元件，尽量选用机械和电气寿命长、结构合理、动作可靠、抗干扰性能好的电器。在线路中采用小容量继电器的触头断开和接通大容量接触器的线圈时，要计算继电器触头断开和接通容量是否足够。若不够，必须加大继电器容量或增加中间继电器，否则工作不可靠。

9. 线路应具有必要的保护环节

线路应具有必要的保护环节，保证即使在误操作情况下也不致造成事故。一般应根据线路的需要选用过载、短路、过流、过压、失压、弱磁等保护环节，必要时还应考虑设置合闸、断开、事故、安全等指示信号。

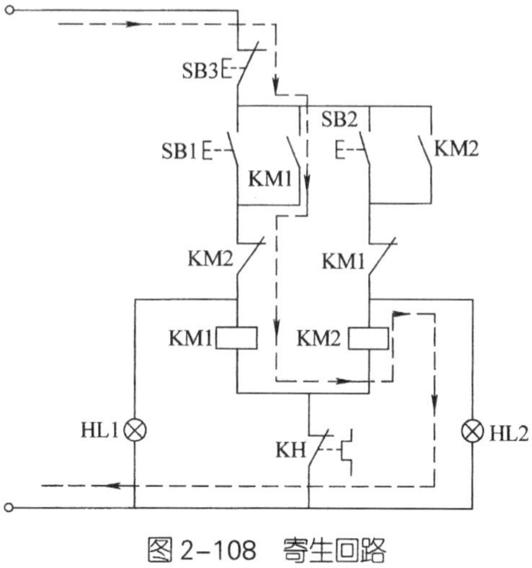

图 2-108 寄生回路

实训 2—19　电气控制线路的设计、安装和调试

1．工具、仪表及器材

参照表 2–58 选配工具、仪表及器材，并进行质量检验。

表 2–58　工具、仪表及器材

工具	验电笔、螺钉旋具、钢丝钳、尖嘴钳、斜口钳、剥线钳、电工刀等电工常用工具				
仪表	ZC25–3 型兆欧表（500 V，0 ~ 500 MΩ）、MG3–1 型钳形电流表、MF47 型万用表				
器材	代号	名称	型号	规格	数量
	M1、M2	三相异步电动机	Y132M–6	4 kW、380 V、△形接法、9.4 A、960 r/min	2
	QF	低压断路器	DZ5–20/330	三极、380 V、额定电流 20 A	1
	FU1	螺旋式熔断器	RL1–60/30	500 V、60 A、配熔体额定电流 30 A	3
	FU2	螺旋式熔断器	RL1–60/20	500 V、60 A、配熔体额定电流 20 A	2
	KM1 ~ KM3	交流接触器	CJ10–20	20 A、线圈电压 380 V	3
	KH1、KH2	热继电器	JR16B–20/3D（或 JRS2–25/Z）	三极、20 A、热元件 11 A、整定电流 9.4 A	2
	KA	中间继电器	JZ7–44	触头额定电流 5 A、线圈电压 380 V	1
	KT	时间继电器	JS20		1
	SB1 ~ SB5	按钮	LA18		5
	XT	端子板	TD–1515	15 A、15 节、660 V	1
		控制板		600 mm × 500 mm × 20 mm	1
		走线槽		25 mm × 25 mm	若干
		主电路线		BVR 2.5 mm^2（黑色）	若干
		控制电路线		BVR 1.5 mm^2（红色）	若干
		按钮线		BVR 0.75 mm^2（红色）	若干
		接地线		BVR 1.5 mm^2（黄绿双色）	若干
		编码套管和紧固体			若干

2．实训过程

（1）设计电气控制线路　设计任务要求是：某机床需要两台电动机拖动，根据该机床的特点，一台电动机 M1 需要正反转控制，而另一台电动机 M2 只需单向控制，并且要求电动机 M1 启动 3 min 后另一台电动机 M2 才能启动；停车时逆序停止；两台电动机都具有短路保护、过载保护、失压保护和欠压保护。试设计符合要求的电气控制线路。参考线路如图 2–109 所示。

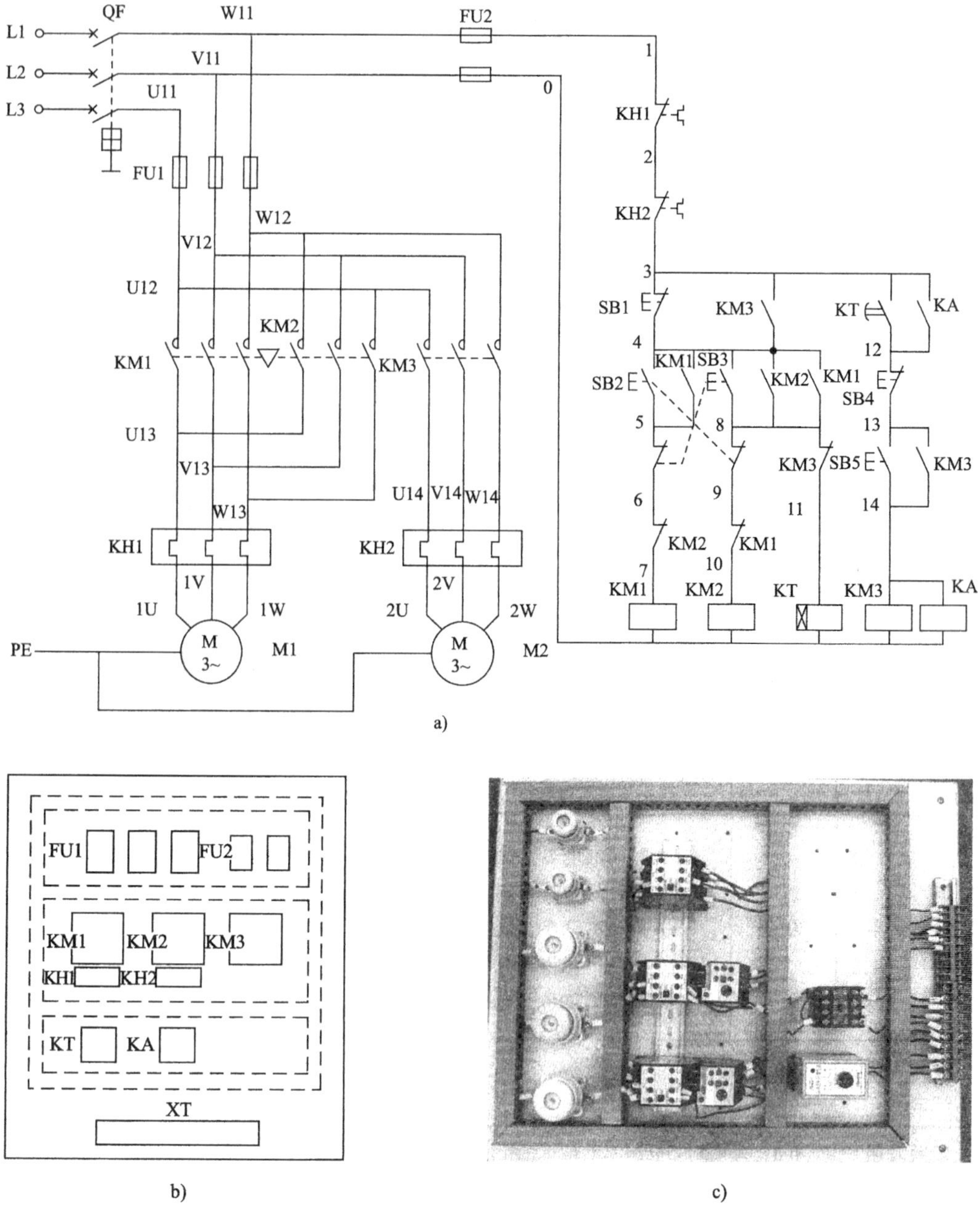

图 2-109 参考控制线路

a）电路图 b）布置图 c）安装布线后的线路板

（2）安装和调试电气控制线路 自编安装步骤，并熟悉其工艺要求，经指导教师审查合格后，开始安装和调试训练。

3. 评分标准

评分标准见表 2-59。

表 2-59　评分标准

项目	配分	评分标准		扣分
电路设计	40分	（1）主、控电路设计 （2）主要器材清单 主要器材未选 型号规格选用不当 （3）电路图绘制不标准	每错1处扣5分 每漏一只扣5分 每只扣5分 扣4分	
装前检查	5分	电器元件漏检或错检	每处扣1分	
安装元件	15分	（1）不按布置图安装 （2）元件安装不牢固 （3）元件安装不整齐、不匀称、不合理 （4）走线槽安装不符合要求 （5）损坏元件	扣5分 每只扣3分 每只扣3分 每处扣2分 扣15分	
布线	20分	（1）不按电路图接线 （2）布线不符合要求 （3）连接点松动、露铜过长、压绝缘层、反圈等 （4）损伤导线绝缘层或线芯 （5）漏套或错套编码套管 （6）漏接接地线	扣10分 每根扣3分 每个扣1分 每根扣5分 每处扣1分 扣10分	
通电试车	20分	（1）时间继电器及热继电器未整定或整定错 （2）熔体规格选用不当 （3）第一次试车不成功 第二次试车不成功 第三次试车不成功	扣5分 主、控电路各扣3分 扣5分 扣10分 扣20分	
安全文明生产	违反安全文明生产规程		扣5～40分	
定额时间	6 h，每超时5 min（不足5 min以5 min计）		扣5分	
备注	除定额时间外，各项目的最高扣分不应超过配分数		成绩	
开始时间		结束时间		实际时间	

巩固练习

1. 设计电气控制线路应遵循的基本原则是什么？
2. 设计电气控制线路时应注意哪些问题？
3. 某机床的主轴和润滑油泵分别由两台三相笼型异步电动机来拖动，并要求：

（1）油泵电动机启动后主轴电动机才能启动；

（2）主轴电动机能正反转，且能单独停车；

（3）具有短路、过载、欠压及失压保护。

画出其控制电路图。

4. 在题图 2–25 中，要求按下启动按钮后能依次完成下列动作：

（1）运动部件 A 从 1 到 2；

（2）接着运动部件 B 从 3 到 4；

（3）接着运动部件 A 从 2 回到 1；

（4）接着运动部件 B 从 4 回到 3。

画出控制电路图。（提示：用四个行程开关装在原位和终点上）

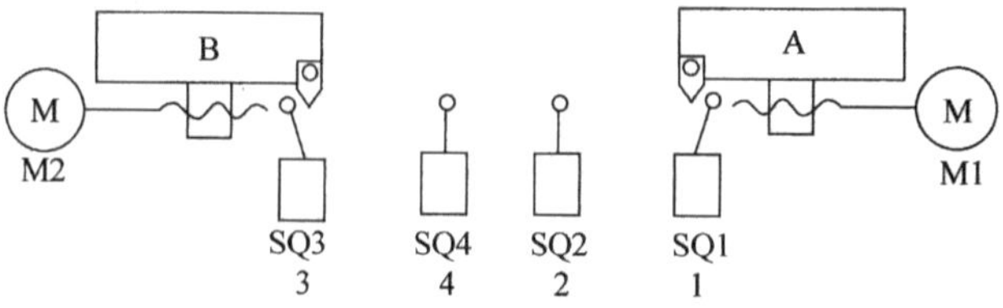

题图 2–25

5. 如在上题中完成上述动作后能自动循环工作，试画出控制电路。

6. 现要求三台笼型异步电动机 M1、M2、M3 按下列顺序依次启动：M1 启动后，M2 才能启动；M2 启动后，M3 才能启动。并要求能同时停止，画出电路图。

7. 按下述要求画出某三相笼型异步电动机的电路图。

（1）既能点动又能连续运转；

（2）停止时采用反接制动；

（3）能在两处启、停。

8. 根据下述要求为一台三相笼型异步电动机设计画出控制线路。

（1）能正反转；

（2）采用能耗制动停转；

（3）有过载、短路、失压及欠压保护。

第三单元
常用生产机械的电气控制线路及其安装、调试与维修

课题 1　CA6140 型车床电气控制线路

学习目标

1. 了解 CA6140 型车床的主要结构和运动形式，掌握 CA6140 型车床电气控制线路的构成和工作原理。

2. 能完成 CA6140 型车床电气控制线路的安装、调试及常见电气故障的检修。

3. 了解生产机械电气设备维修的一般要求，掌握生产机械电气设备维修的一般方法及注意事项。

生产机械的电气控制线路是根据生产工艺的要求设计的，线路一般比较复杂，但任何一个复杂的电气控制线路都是由一些电力拖动的基本控制环节组成。因此，要正确地维护、维修生产机械的电气控制线路，必须通过阅读设备的技术资料，了解生产机械的主要结构，熟悉生产机械的主要运动形式和控制要求，能对生产机械进行简单的操作，理解生产机械电气控制线路的工作原理。

车床是一种应用极为广泛的金属切削机床，可用于车削内圆、外圆、端面、螺纹、螺杆及成形表面，并可以在尾座上安装钻头或铰刀进行钻孔或铰孔等加工。CA6140 型车床是机械加工中应用较广的一种，该车床型号意义如下：

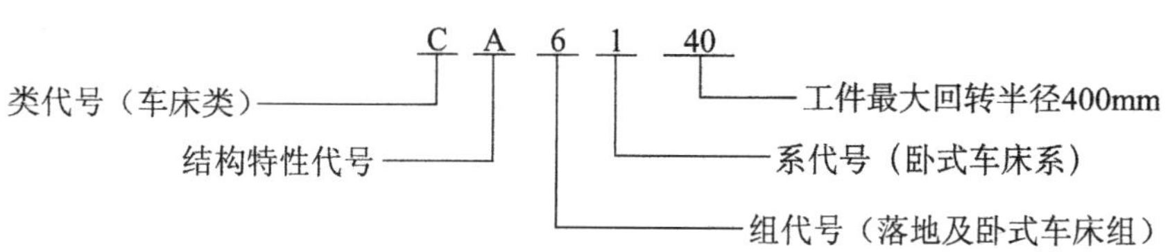

一、CA6140 型车床的主要结构

CA6140 型车床的外形及其结构如图 3-1 所示，其主轴水平放置，属于卧式车床的一种。它主要由床身、主轴箱、进给箱、溜板箱、方刀架、卡盘、尾座、丝杠和光杠等部分组成，主要组成部分的功能见表 3-1。

图 3-1 CA6140 型车床的外形及其结构

表 3-1 CA6140 型车床的主要结构及功能

结构名称	主要功能
主轴箱	由多个直径不同的齿轮组成，实现主轴的变速和换向
进给箱	由多个直径不同的齿轮组成，控制刀具的纵向和横向进给并实现进给变速
溜板箱	实现床鞍和中滑板手动或自动进给，并可控制进给量
卡盘	夹持工件并带动工件旋转
挂轮架	将主轴电动机的动力传递给进给箱
方刀架	安装刀具
纵溜板	带动刀架纵向进给
横溜板	带动刀架横向进给
小滑板	通过摇动手轮使刀具纵向进给
尾座	安装顶尖、钻头和铰刀等
光杠	带动溜板箱运动，实现内外圆、端面等切削加工

续表

结构名称	主要功能
丝杠	带动溜板箱运动，实现螺纹加工
床身	主要起支撑作用
左、右床座	主要起支撑作用，并盛放切削液

二、CA6140 型车床的主要运动形式及控制要求

CA6140 型车床的主要运动形式及控制要求见表 3–2。

表 3–2　CA6140 型车床的主要运动形式及控制要求

运动种类	运动形式	控制要求
主运动	主轴通过卡盘、顶尖带动工件做旋转运动	（1）主轴电动机选用三相笼型异步电动机，不进行电气调速，主轴采用齿轮箱进行机械有级调速 （2）车削螺纹时要求主轴有正反转，一般由机械方法实现，主轴电动机只做单向旋转 （3）主轴电动机的容量不大，可采用直接启动
进给运动	刀架带动刀具纵向或横向做直线运动	进给运动也由主轴电动机拖动，主轴电动机的动力通过挂轮架传递给进给箱来实现刀具的纵向和横向进给。加工螺纹时，要求刀具的移动和主轴转动有固定的比例关系
辅助运动	刀架的快速移动	由刀架快速移动电动机拖动，该电动机可直接启动，也不需要正反转和调速
	尾座的纵向移动	由手动操作控制
	工件的夹紧与放松	由手动操作控制
	加工过程的冷却	冷却泵电动机和主轴电动机要实现顺序控制，冷却泵电动机不需要正反转和调速

想一想

冷却泵电动机和主轴电动机为什么要实现顺序控制？

三、CA6140 型车床电气控制线路分析

1. 绘制和识读机床电气控制线路图的基本知识

CA6140 型车床电气控制线路如图 3–2 所示。机床电气控制线路一般都比较复杂，所包含的电器元件和电气设备较多，线路中的符号也较多，但即使再复杂的电气控制线路，也都是由一些基本控制线路组合而成，因此，要识读机床电气控制线路图，除了要掌握第二单元中所学习的一般原则之外，还应明确以下几点：

（1）在线路图上按电路功能划分并标注功能区域名称　为了便于分析较复杂的机床电气控制线路的工作原理，一般采取化整为零的分析方法，即将电气控制线路按电路功能分成若干个单元，并用文字将其功能标注在电气控制线路上部的栏内。例如，图 3–2 所示车床电气控制线路按功能可分为电源保护、电源开关、主轴电动机、短路保护、冷却泵电动机、刀架快速移动电动机等 13 个单元。

（2）在线路图上按回路或支路划分图区　在电气控制线路图下部（或上部）划分若干个图区，并从左向右依次用阿拉伯数字编号标注在图区栏内。通常是将一条回路或一条支路划为一个图区，如图 3–2 所示的电气控制线路共划分为 12 个图区，分别与图区编号上方的电气回路相对应，这样可以在线路图中标明每个电器元件（或部件）在图中所处的区域，以便迅速查找电器元件的触头、线圈等在线路图中的位置。

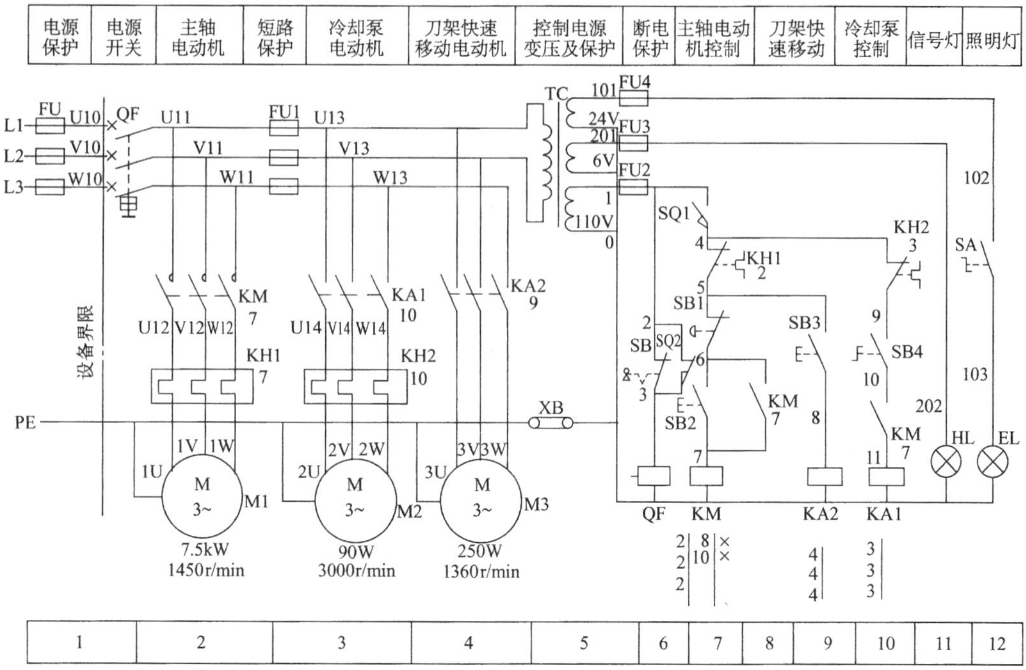

图 3–2　CA6140 型车床电气控制线路

（3）在电器元件触头的文字符号下面标注该电器线圈所处的图区　电气控制线路中，在每个电器元件触头的文字符号下面用数字表示该电器元件线圈所处的图区号。如图 3-2 所示电气控制线路中，在图区 4 中有“$\frac{KA2}{9}$”，表示中间继电器 KA2 的线圈在图区 9，这样看到触头就能迅速找到对应的线圈。

（4）在电器元件线圈的文字符号下面标注该电器元件的触头所处图区　电气控制线路中，在每个接触器线圈下方画出两条竖直线，分成左、中、右三栏，每个继电器线圈下方画出一条竖直线，分成左、右两栏。把受其线圈控制而动作的触头所处的图区号填入相应的栏内，对备而未用的触头，在相应的栏内用记号“×”标出或不标出任何符号，见表 3-3 和表 3-4。

表 3-3　接触器触头在电路图中位置的标记

栏目	左栏	中栏	右栏
触头类型	主触头所处的图区号	辅助常开触头所处的图区号	辅助常闭触头所处的图区号
举例 KM 2 | 8 | × 2 | 10 | × 2 | |	表示 3 对主触头均在图区 2	表示一对辅助常开触头在图区 8，另一对辅助常开触头在图区 10	表示 2 对辅助常闭触头未用

表 3-4　继电器触头在电路图中位置的标记

栏目	左栏	右栏
触头类型	常开触头所处的图区号	常闭触头所处的图区号
举例 KA2 4 | 4 | 4 |	表示 3 对常开触头均在图区 4	表示常闭触头未用

2. CA6140 型车床电气控制线路工作原理分析

（1）CA6140 型车床的主电路　CA6140 型车床的主电路如图 3-3 所示，电源由钥匙开关 SB（图中未画出）控制，低压断路器 QF 作为机床的电源总开关，将 SB 向右旋转，然后扳动断路器 QF，使其触头闭合将三相电源引入。主电路中共有三台电动机：M1 为主轴电动机，带动主轴旋转和刀架做进给运动；M2 为冷却泵电动机，用以输送切削液；M3 为刀架快速移动电动机，用以拖动刀架快速移动。各台电动机的控制和保护元件见表 3–5。

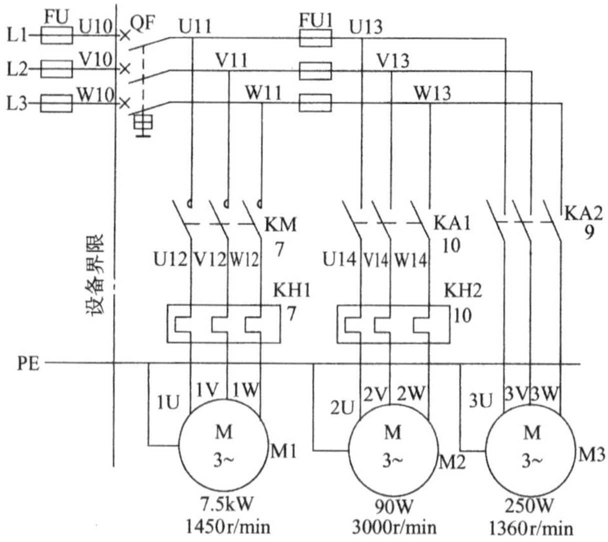

图 3–3　CA6140 型车床的主电路

表 3–5　主电路的控制和保护元件

名称及代号	作用	控制元件	过载保护元件	短路保护元件
主轴电动机 M1	带动主轴旋转和刀架做进给运动	接触器 KM	热继电器 KH1	低压断路器 QF
冷却泵电动机 M2	供应切削液	中间继电器 KA1	热继电器 KH2	熔断器 FU1
刀架快速移动电动机 M3	拖动刀架快速移动	中间继电器 KA2	无	熔断器 FU1

（2）CA6140 型车床的控制电路　CA6140 型车床的控制电路如图 3–4 所示，通过控制变压器 TC 输出 110 V 交流电压供电，由熔断器 FU2 作短路保护。在正常工作时，行程开关 SQ1 的常开触头闭合。当打开床头传动带罩后，SQ1 的常开触头断开，切断控制电路电源，使三台电动机都不能得电工作，以确保人身安全。钥匙开关 SB 和行程开关 SQ2 的常闭触头（2—3）（表示线路图中等电位点 2 和 3 之间的触头）在车床正常工作时是断开的，QF 的线圈不得电，断路器 QF 能合闸。当打开配电盘壁龛门时，SQ2 闭合，QF 线圈得电，断路器 QF 自动跳闸，切断车床的电源。

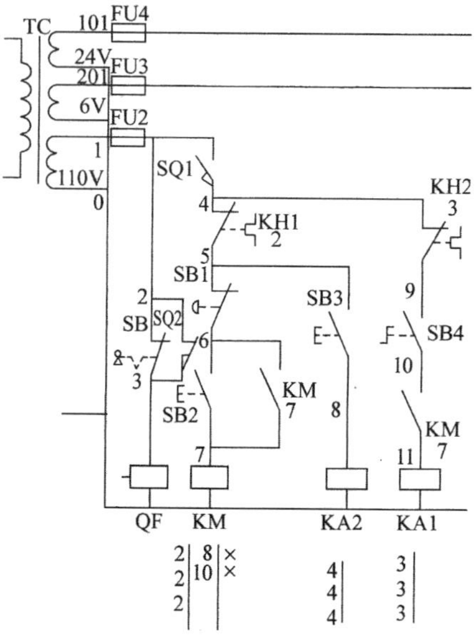

图 3-4　CA6140 型车床的控制电路

1）主轴电动机 M1 的控制　主轴电动机 M1 的启动和停止是由启动按钮 SB2 和急停按钮 SB1 控制接触器 KM 线圈的通电和断电来实现的。其控制过程如下：

M1 启动：

按下 SB2 → KM 线圈得电 → KM 自锁触头闭合 → 主轴电动机 M1 启动运转
按下 SB2 → KM 线圈得电 → KM 主触头闭合 → 主轴电动机 M1 启动运转
按下 SB2 → KM 线圈得电 → KM 辅助常开触头闭合，为 KA1 得电做准备

M1 停止：

按下 SB1 → KM 线圈失电 → KM主触头复位断开 → M1 失电停转

如果主轴电动机 M1 在运行过程中过载，热继电器 KH1 动作，其常闭触头（4—5）断开，接触器 KM 线圈断电，其主触头分断将 M1 电源切除，防止电动机 M1 因过载而发热烧毁。

2）冷却泵电动机 M2 的控制　冷却泵电动机 M2 的运行由继电器 KA1 控制。KM 的常开辅助触头（10—11）实现主轴电动机 M1 和冷却泵电动机 M2 的顺序控制，保证只有主轴电动机 M1 启动后冷却泵电动机 M2 才能启动运行，提供切削液。

当主轴电动机 M1 启动，KM 的常开辅助触头闭合后，合上旋钮开关 SB4，中间继电器 KA1 吸合，KA1 的常开触头闭合，冷却泵电动机 M2 启动运转。当 M1 停止运行或断开旋钮开关 SB4 时，M2 停止运转。

3）刀架快速移动电动机 M3 的控制　刀架快速移动电动机 M3 的启动是由安装在进给操作手柄顶端的按钮 SB3 控制的，它与中间继电器 KA2 组成点动控制环节。将操

作手柄扳到所需移动的方向，按下 SB3，KA2 得电吸合，电动机 M3 启动运转，刀架沿指定的方向快速移动；松开 SB3，电动机 M3 停止运行，刀架停止快速移动。

（3）CA6140 型车床信号与照明电路　图 3-2 中最右方的信号灯和照明灯区域表示的是 CA6140 型车床的信号与照明电路。其中，HL 为电源信号灯，EL 为车床的低压照明灯。车床电源开关 QF 闭合以后，电源指示灯 HL 就一直保持亮的状态。照明灯 EL 由开关 SA 控制，SA 闭合照明灯亮，SA 打开则照明灯灭。控制变压器 TC 的二次侧输出 24 V 和 6 V 电压，分别作为车床低压照明和信号灯的电源。熔断器 FU4 和 FU3 用来做短路保护。

CA6140 型车床的电器元件明细表见表 3-6。

表 3-6　CA6140 型车床的电器元件明细表

代号	名称	型号	规格	数量	用途
M1	主轴电动机	Y132M-4-B3	7.5 kW、1 450 r/min	1	带动主轴旋转及刀架做进给传动
M2	冷却泵电动机	AOB-25	90 W、3 000 r/min	1	供应切削液
M3	快速移动电动机	AOS5634	250 W、1 360 r/min	1	拖动刀架快速移动
KH1	热继电器	JR36-20/3D	熔体 15.4 A	1	M1 过载保护
KH2	热继电器	JR36-20/3D	熔体 0.32 A	1	M2 过载保护
KM	交流接触器	CJ10-20	线圈电压 110 V	1	控制 M1
KA1	中间继电器	JZ7-44	线圈电压 110 V	1	控制 M2
KA2	中间继电器	JZ7-44	线圈电压 110 V	1	控制 M3
SB1	急停按钮	LAY3-01ZS/1		1	停止 M1
SB2	按钮	LAY3-10/3		1	启动 M1
SB3	按钮	LA9		1	启动 M3
SB4	旋钮开关	LAY3-10X/20		1	控制 M2
SB	旋钮开关	LAY3-01Y/2		1	电源开关锁
SQ1、SQ2	行程开关	JWM6-11		2	断电保护
FU1	熔断器	BZ001	熔体 6 A	3	M2、M3 短路保护
FU2	熔断器	BZ001	熔体 1 A	1	控制电路短路保护
FU3	熔断器	BZ001	熔体 1 A	1	信号灯短路保护
FU4	熔断器	BZ001	熔体 2 A	1	照明电路短路保护
HL	信号灯	ZSD-0	6 V	1	电源指示
EL	照明灯	JC11	24 V	1	工作照明（带开关 SA）
QF	低压断路器	AM2-40	20 A	1	电源总开关
TC	控制变压器	JBK2-100	380 V/110 V/24 V/6 V	1	控制电路电源

3. CA6140 型车床电器位置图

电器位置图也称为电器元件布置图，用来表明电气设备上的电动机、电器元件的实际位置，为生产机械电气控制设备的制造、安装和维修提供必要的资料。机床电器位置图主要由机床电气设备位置图、控制柜及控制板电气设备位置图、操纵及悬挂操纵箱电气设备位置图等组成。电器位置图可按电气控制系统的复杂程度集中绘制或单独绘制。CA6140 型车床电器位置图如图 3–5 所示。

图中项目代号的识读方法是：第一位是位置代号，表示电器在车床上的位置，第二位是种类代号，表示电器的种类。如：+M01 表示车床的床身底座位置；+M01–M1 表示主轴电动机 M1 安装在车床的床身底座内；+M05–SB1 表示停止按钮 SB1 安装在车床的床鞍上。XB、XT0、XT1、XT2、XT3 为接线端子排。

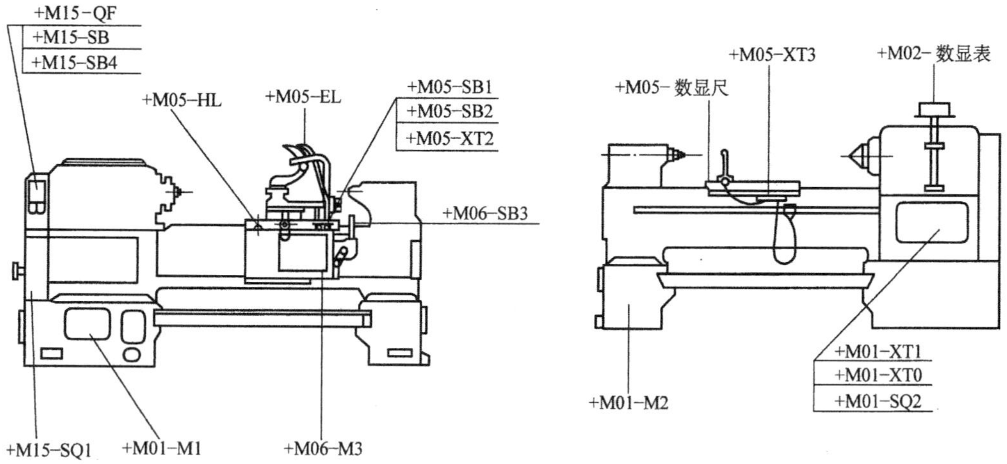

位置代号索引

序号	主要部件名称	代号	安装的元件
1	床身底座	+M01	–M1、–M2、–XT0、–XT1、–SQ2
2	床鞍	+M05	–HL、–EL、–SB1、–SB2、–XT2、–XT3、数显尺
3	溜板箱	+M06	–M3、–SB3
4	传动带罩	+M15	–QF、–SB、–SB4、–SQ1
5	床头	+M02	数显表

图 3–5　CA6140 型车床电器位置图

4. CA6140 型车床接线图

接线图是根据电气设备和电器元件的实际位置及安装情况绘制的，只用来表示电气设备和电器元件的位置、配线方式和接线关系，而不明确表示电气动作原理。接线图主要用于安装接线、线路的检查维修和故障处理。CA6140 型车床接线图如图 3–6 所示。

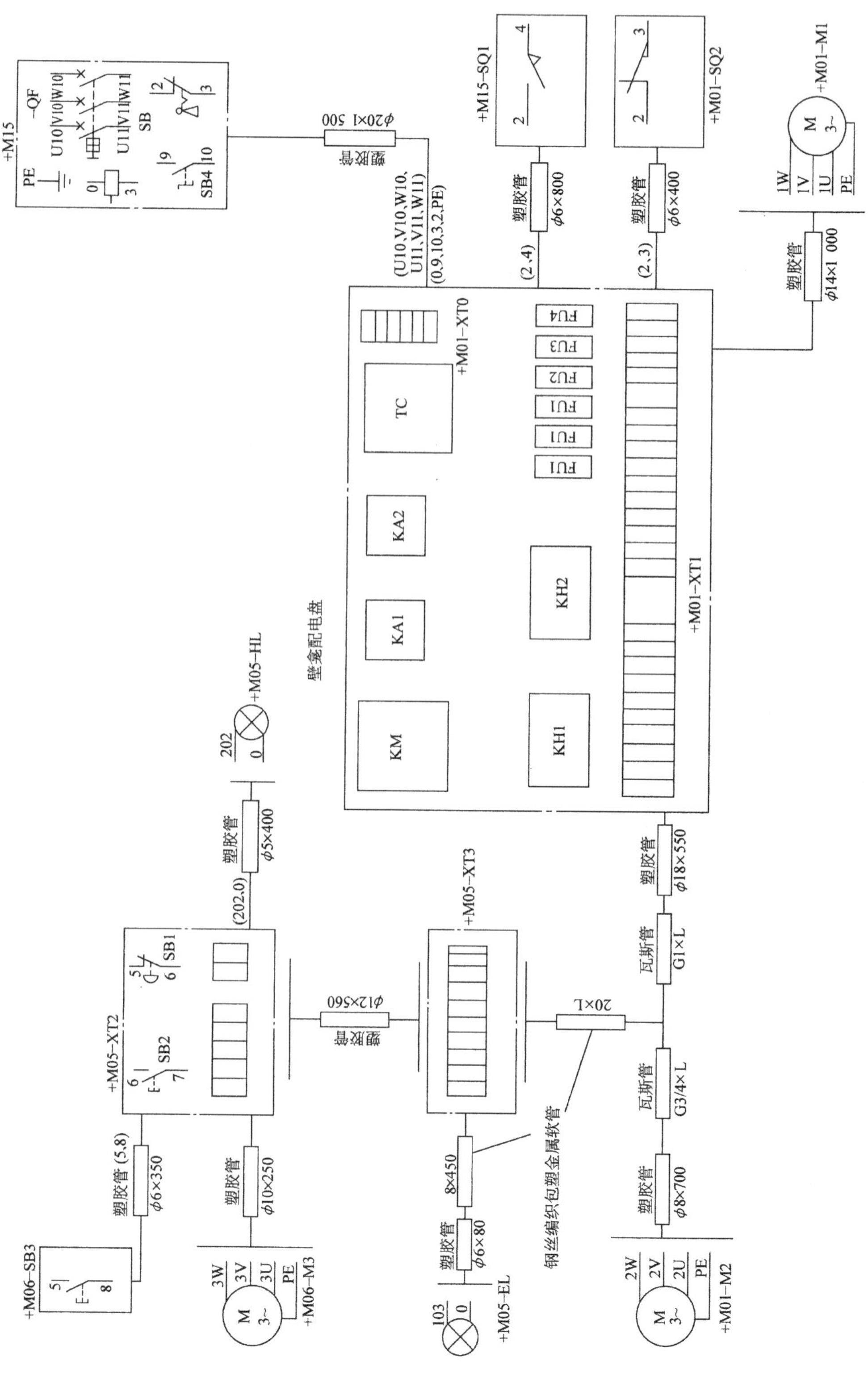

图 3-6 CA6140 型车床接线图

四、生产机械电气设备维修的一般要求和方法

1. 生产机械电气设备维修的一般要求

（1）采取的维修步骤和方法必须正确，切实可行。

（2）不可损坏完好的电器元件。

（3）不可随意更换电器元件及连接导线的型号规格。

（4）不可擅自改动线路。

（5）损坏的电气装置应尽量修复使用，但不能降低其固有的性能。

（6）电气设备的各种保护性能必须满足使用要求。

（7）绝缘电阻合格，通电试车能满足电路的各种功能，控制环节的动作程序符合要求。

（8）修理后的电气装置必须满足其质量标准要求。电气装置的检修质量标准是：

1）外观整洁，无破损和炭化现象。

2）所有的触头均应完整、光洁、接触良好。

3）压力弹簧和反作用力弹簧的弹力应满足要求。

4）操纵、复位机构都必须灵活可靠。

5）各种衔铁运动灵活，无卡阻现象。

6）灭弧罩完整、清洁，安装牢固。

7）整定数值大小应符合电路使用要求。

8）指示装置能正常发出信号。

2. 生产机械电气设备维修的一般方法

电气设备的维修包括日常维护保养和故障检修两个方面。

（1）电气设备的日常维护保养　电气设备在运行过程中出现的故障，有些可能是由于操作使用不当、安装不合理或维修不正确等人为因素造成的，称为人为故障；而有些故障则可能是由于电气设备在运行时过载、机械振动、电弧的烧损、长期动作的自然磨损、周围环境温度和湿度的影响、金属屑和油污等有害介质的侵蚀以及电器元件的自身质量问题或使用寿命等原因而产生的，称为自然故障。显然，如果加强对电气设备的日常检查、维护和保养，及时发现一些非正常因素，并给予及时修复或更换处理，就可以将故障消灭在萌芽状态，防患于未然，使电气设备少出甚至不出故障，以保证生产机械的正常运行。

电气设备的日常维护保养包括电动机和控制设备的日常维护保养。这里只介绍控制设备的日常维护保养知识。

1）电气柜（配电箱）的门、盖、锁及门框周边的耐油密封垫均应良好。门、盖应关闭严密，柜内应保持清洁，不得有水滴、油污和金属屑等进入电气柜内，以免损坏元件造成事故。

2）操纵台上的所有操纵按钮、主令开关的手柄、信号灯及仪表护罩都应保持清洁完好。

3）检查接触器、继电器等元件的触头系统吸合是否良好，有无噪声、卡住或迟滞现象，触头接触面有无烧蚀、毛刺或穴坑；电磁线圈是否过热；各种弹簧弹力是否适当；灭弧装置是否完好无损等。

4）检查门的开关能否起保护作用。

5）检查各元件的操作机构是否灵活可靠，有关整定值是否符合要求。

6）检查各线路接头与端子板的接头是否牢靠，各部件之间的连接导线、电缆或保护导线的软管均不得被切削液、油污等腐蚀，管接头处不得产生脱落或散头等现象。

7）检查电气柜（配电箱）及导线通道的散热情况是否良好。

8）检查各类指示信号装置和照明装置是否完好。

9）检查电气设备和生产机械上所有裸露导电部件是否接到保护接地专用端子上，是否达到了保护电路连续性要求。

10）电气设备要定期进行维护保养。对设置在电气柜（配电箱）内的电器元件，一般不经常进行开门监护，主要是靠定期的维护保养来实现电气设备较长时间的安全稳定运行。其维护保养周期应根据电气设备的构造、使用情况及环境条件等来确定。一般可采用配合生产机械的一、二级保养同时进行其电气设备的维护保养工作。电气设备的维护保养周期及内容见表 3–7。

表 3–7　电气设备的维护保养周期及内容

保养级别	保养周期	机床作业时间	电气设备保养内容
一级保养	一季度左右	6~12 h	（1）清扫配电箱内的积灰及异物 （2）修复或更换即将损坏的电器元件 （3）整理内部接线，使之整齐美观。特别是在平时应急修理处，应尽量复原成正规状态 （4）紧固熔断器的可动部分，使之接触良好 （5）紧固接线端子和电器元件上的压线螺钉，使所有压接线头牢固可靠，以减小接触电阻 （6）对电动机进行小修和中修检查 （7）通电试车，使电器元件的动作程序正确可靠
二级保养	一年左右	3~6 d	（1）机床进行一级保养时，对机床元件所进行的各项维护保养工作 （2）检修动作频繁且电流较大的接触器、继电器触头 （3）检修有明显噪声的接触器和继电器 （4）校验热继电器能否正常工作。校验结果应符合热继电器的动作特性 （5）校验时间继电器延时时间是否符合要求

（2）电气设备的故障检修　尽管生产机械日常维护保养后降低了电气故障的发生率，但不可能杜绝电气故障的发生。因此，电气故障发生后，维修电工必须能够采用正确的检修步骤和方法，找出故障点并排除故障，保障设备正常运行。

1）电气故障检修的一般步骤　电气故障检修的一般步骤如下：

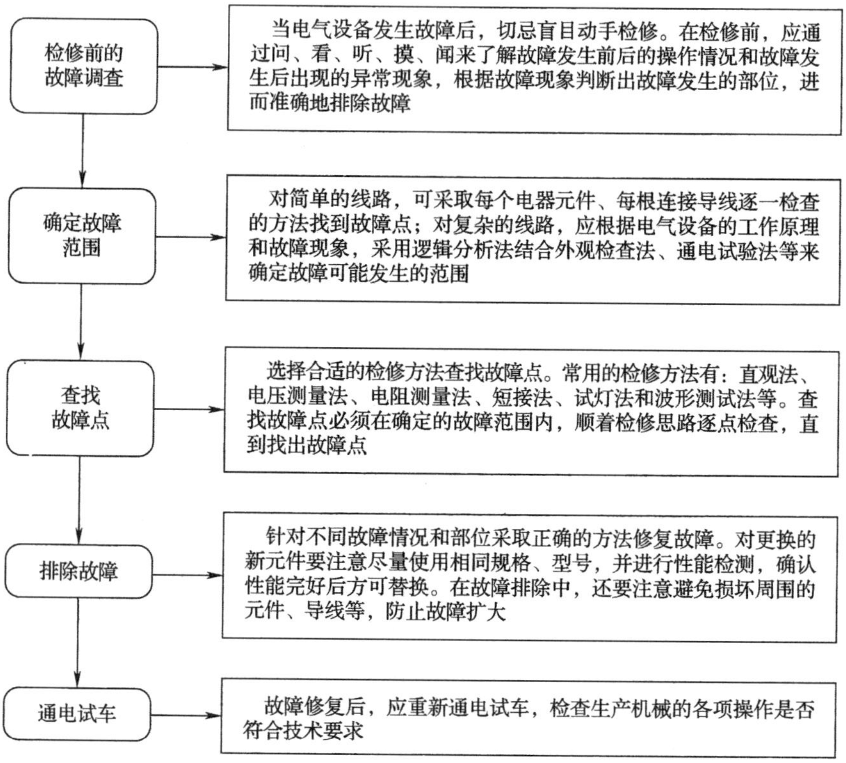

所谓检修前故障调查的问、看、听、摸、闻内容如下：

问——询问操作者故障发生前后电路的运行状况及故障发生后的症状，如设备是否有异常的响声、冒烟、火花等，故障发生前有无切削力过大和频繁地启动、停止、制动等情况，有无经过保养检修或更改线路等。

看——观察故障发生后是否有明显的外观征兆，如各种信号指示装置熔断器的情况，保护元件脱扣动作情况，接线脱落情况，触头烧蚀或熔焊情况，线圈过热烧毁情况等。

听——在线路还能运行和不扩大故障范围、不损坏设备的前提下通电试车，细听电动机、接触器和继电器等元件的声音是否正常。

摸——在刚切断电源后，尽快触摸检查电动机、变压器、电磁线圈及熔断器等是否有过热现象。

闻——在确保安全的前提下，闻一闻电动机、接触器和继电器等的线圈绝缘以及导线的橡胶塑料层是否有烧焦的气味。

小提示

在通电试验时，必须注意人身和设备安全。通电试验时间要尽量短，同时要随时做好切断电源的准备，防止发生异常情况而扩大故障，损坏电气设备。要严格遵守安全操作规程，熟悉操作步骤，不得随意触及带电体。如需电动机运转，则应使电动机在空载下运转。要暂时切断有故障的电路，防止故障扩大，并预先充分估计到通电线路动作可能发生的不良后果。

2）查找及检修故障点的常用方法　检修过程的重点是判断故障范围和确定故障点。测量法是维修电工工作中用来准确确定故障点的一种行之有效的检查方法，即通过对电路有关参数如电压、电阻、电流等的测量，来判断电器元件的好坏、设备的绝缘情况及线路的通、断情况等。常用的测量工具和仪表有校验灯、验电笔、万用表、钳形电流表、兆欧表等。

在用测量法查找故障点时，一定要保证测量工具和仪表完好，使用方法正确，还要注意防止感应电、回路电及其他并联支路的影响，以免产生误判断。

常用的检修方法有：直观法、通电试验法、电压测量法、电阻测量法、短接法、试灯法和波形测试法等，这里仅介绍短接法。

短接法是用一根绝缘良好的导线，把所怀疑的断路部位短接，如短接过程中电路被接通，就说明该处断路。这种方法是检查线路断路故障的一种简便可靠的方法。短接法分为局部短接法和长短接法两种。

①局部短接法　用局部短接法检查故障如图 3–7 所示。按下启动按钮 SB2，若 KM1 不吸合，说明电路有故障。检查前，先用万用表测量 1—0 两点之间的电压，若电压正常，可按下 SB2 不放，然后用一根绝缘良好的导线分别短接标号相邻的两点 1—2、2—3、3—4、4—5、5—6（注意绝对不能短接 6—0 两点，否则会造成电源短路），当短接到某两点时，接触器 KM1 动作，则说明故障点在该两点之间，见表 3–8。

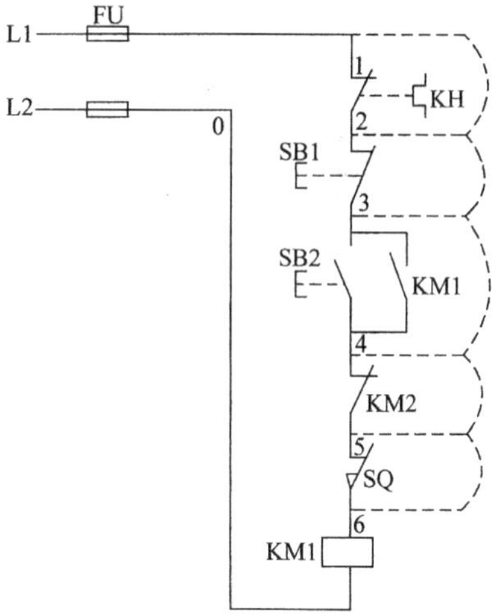

图 3–7　局部短接法

表 3–8　用局部短接法查找故障点

故障现象	测试状态	短接点标号	电路状态	故障点
按下 SB2，KM1 不吸合	按下 SB2 不放	1—2	KM1 吸合	KH 常闭触头接触不良
		2—3	KM1 吸合	SB1 触头接触不良
		3—4	KM1 吸合	SB2 触头接触不良
		4—5	KM1 吸合	KM2 常闭触头接触不良
		5—6	KM1 吸合	SQ 触头接触不良

②长短接法　长短接法是一次短接两个或两个以上触头来检查故障的方法。

在图 3–8 所示电路中，当 KH 的常闭触头和 SB1 的常闭触头同时接触不良时，若用局部短接法短接 1—2 两点，按下 SB2，KM1 仍不能吸合，则可能造成判断错误；而用长短接法将 1—6 两点短接，如果 KM1 吸合，则说明 1—6 这段电路上有断路故障，然后再用局部短接法逐段找出故障点。

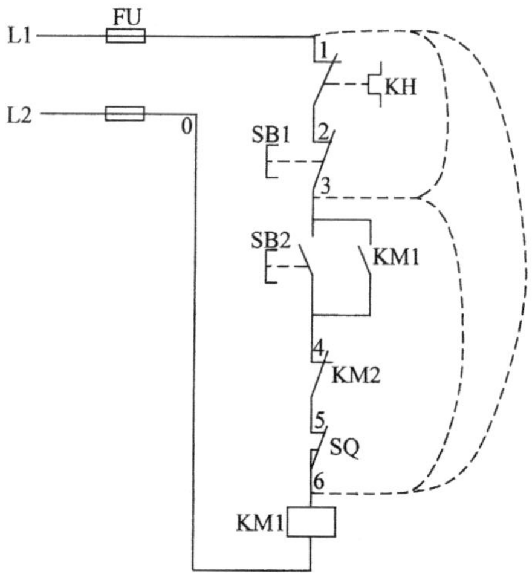

图 3–8　长短接法

长短接法的另一个作用是可把故障范围缩小到一个较小的范围。例如，第一次先短接 3—6 两点，如果 KM1 不吸合，再短接 1—3 两点，KM1 吸合，则说明故障在 1—3 两点之间。可见，如果长短接法和局部短接法结合使用，很快就能找出故障点。

小提示

用短接法检测故障时必须注意：

（1）用短接法检测时，是用手拿着绝缘导线带电操作，所以一定要注意用电安全，不能触及带电的线芯，有条件的应戴绝缘手套操作。

（2）短接法一般只适用于检查控制电路，不能在主电路中使用，且绝对不能短接负载或压降较大的元件，如电阻、线圈、绕组等，否则将发生短路现象。

（3）对于生产机械的某些重要部位，必须在保证电气设备和机械部件不会出现事故的情况下，才能使用短接法。

在实际检修中，电气故障是多样的，即使是同一种故障现象，发生故障的部位也可能是不同的。因此，采用以上故障检修步骤和方法时，不要生搬硬套，而应根据故障性质和具体情况灵活应用，各种方法可交叉使用，力求迅速、准确地找出故障点。

3）故障修复及注意事项　查找出电气设备的故障点后，就要着手进行修复、试运行和记录等，然后交付使用。在此过程中应注意以下几点：

①在找出故障点和修复故障时，应注意不要把找出故障点作为寻找故障的终点，还必须进一步分析查明产生故障的根本原因，避免类似故障再次发生。

②在故障的修复过程中，一般应尽量做到复原。

③每次修复故障后，应及时总结经验，并做好维修记录，作为档案以备日后维修时参考。

五、CA6140 型车床常见电气故障分析与检修实例

1. 故障一

按下启动按钮 SB2，接触器 KM 动作，但主轴电动机 M1 不启动或启动后转速很慢并发出“嗡嗡”声。

这是电动机缺相运行的典型故障现象，该故障的检修流程如图 3-9 所示。

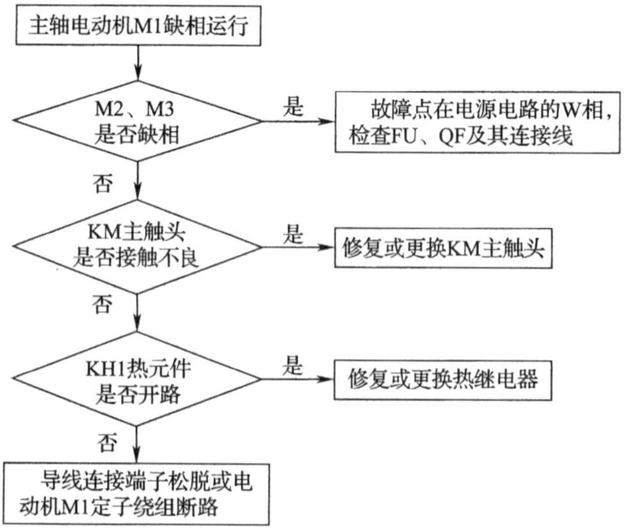

图 3-9 主轴电动机 M1 缺相运行故障的检修流程

小提示

CA6140 型车床的配电盘壁龛有开门断电保护功能，若需要打开配电盘壁龛门进行带电检修，需将行程开关 SQ2 的传动杆拉出，使断路器 QF 能闭合。关上壁龛门后，SQ2 复位，恢复开门断电保护功能。

主轴电动机 M1 缺相运行故障的检修步骤如下：

（1）观察故障现象　合上电源开关 QF，按下启动按钮 SB2，KM 得电吸合，主轴电动机 M1 转速很慢甚至不转，并发出“嗡嗡”声。这时要立即按下急停按钮 SB1，使 KM 断电释放，切断 M1 电源，防止电动机烧毁。再按下 SB3，发现电动机 M3 也缺相。

（2）确定故障范围　由于两台电动机 M1、M3 都缺相运行，说明故障在电源电路中，又因为接触器 KM 能正常动作，说明变压器 TC 能正常输出 110 V 电压，所以 L1、L2 两相电源电路正常，故障点应位于 L3 相电源电路中，即故障在 L3—FU—W10—QF—W11 范围内。

（3）查找故障点并排除故障　该故障的故障范围较小，可用验电笔从 L3 相的电

源进线端依次测量熔断器 FU、断路器 QF 的接线端子是否有电，从而找到故障点。L3 相缺相的检修流程如图 3–10 所示。

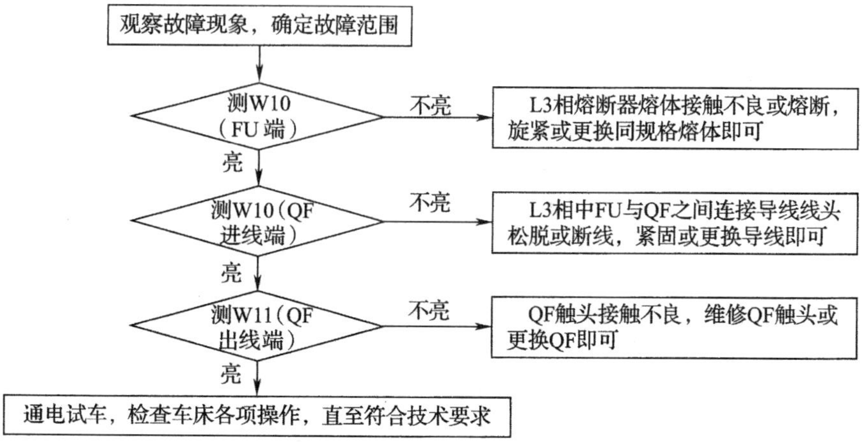

图 3–10　L3 相缺相的检修流程

想一想

若按下启动按钮 SB2，主轴电动机 M1 转速很慢并发出“嗡嗡”声，但按下 SB3，刀架快速移动电动机 M3 能正常运行，故障范围是否与故障一相同呢？

小提示

（1）电动机缺相运行时，其定子绕组的电流将超过额定值很多，很容易烧毁电动机，因此发现电动机缺相故障时要立即切断电动机电源，避免电动机因长时间通电而烧毁。

（2）检修故障时，采用电压测量法一般可提高检修速度，但检修电动机缺相运行故障时，由于电动机不能长时间通电，故对于接触器主触头下方的故障点一般只能采用电阻法测量。

（3）遇到故障时，不要急于盲目用测量法去查找故障点，应进行合理、充分的试车，通过试车认真观察故障现象，尽量缩小故障范围。如发现电动机 M1 缺相，应再按下 SB3，观察 M3 是否缺相，从而缩小故障范围，快速排除故障。

2. 故障二

按下启动按钮 SB2，接触器 KM 不吸合，主轴电动机 M1 不启动。

该故障的检修流程如图 3–11 所示。

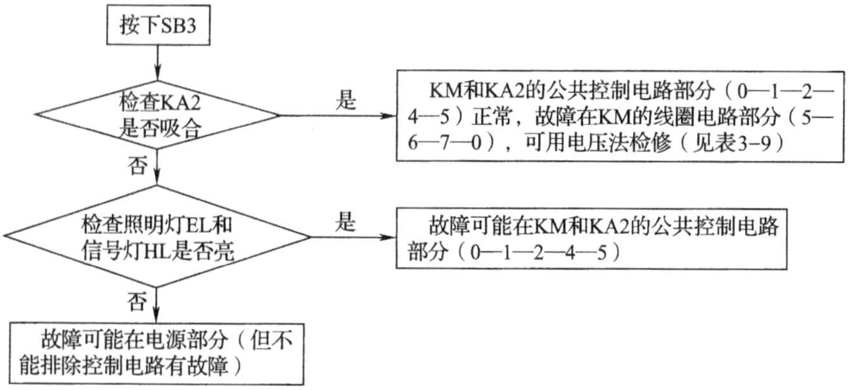

图 3-11 故障二的检修流程

用电压测量法检修 KM 的线圈电路部分故障的方法见表 3-9。

表 3-9 用电压测量法检修 KM 的线圈电路部分故障的方法

测量线路及状态	5—6	6—7	7—0	故障点	排除方法
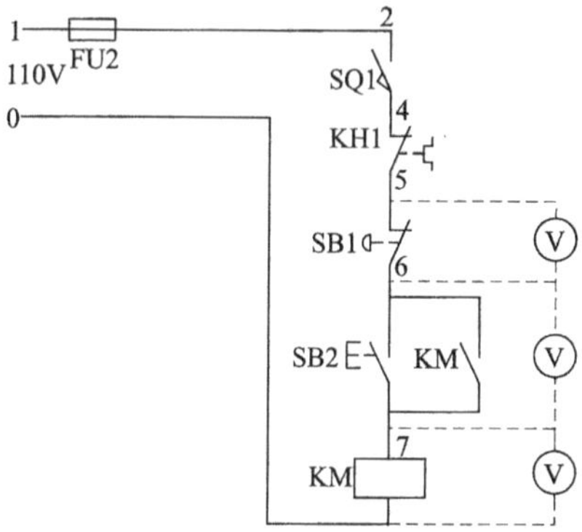 按下 SB2 不放	110 V	0	0	SB1 接触不良或接线脱落	更换 SB1 或将脱落的导线接好
	0	110 V	0	SB2 接触不良或接线脱落	更换 SB2 或将脱落的导线接好
	0	0	110 V	KM 线圈开路或接线脱落	更换 KM 或将脱落的导线接好

3. 故障三

冷却泵电动机 M2 不能启动运行。

（1）观察故障现象　合上电源开关 QF，按下 SB2，主轴电动机 M1 启动运转后，再按下 SB4，发现中间继电器 KA1 不吸合，冷却泵电动机不启动。

（2）确定故障范围　根据该故障现象分析故障范围，如图 3-12 所示。

（3）查找故障点　断开电源开关 QF，拆下中间继电器 KA1 线圈 0 线点接头并做好绝缘处理，用验电笔查找故障，检修流程如图 3-13 所示。其中，× 线点表示电路中的 × 号点。

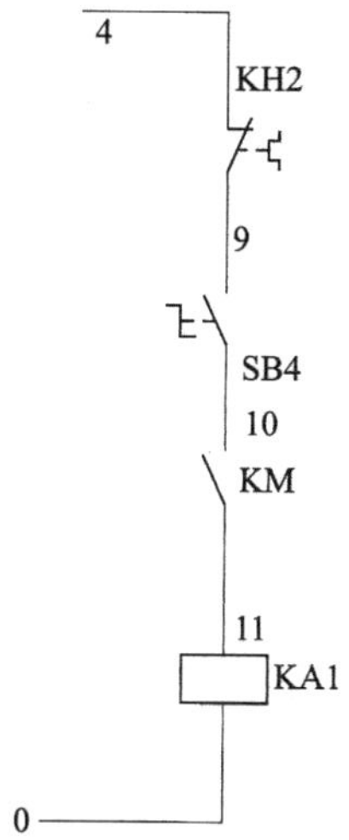

图 3-12　故障三电路图

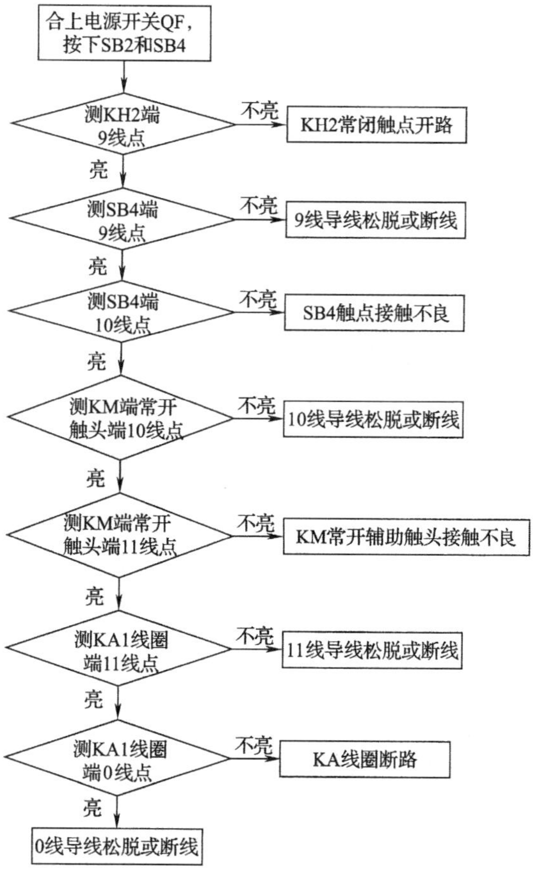

图 3-13　故障三的检修流程

小提示

检修实例中给出的检修步骤和方法并非唯一，仅供实训时参考。实训过程中，应综合利用电路图、元件位置图、接线图等资料，根据具体故障现象分析、查找故障。

实训 3—1　CA6140 型车床电气控制线路的安装与调试

1．工具、仪表及器材

（1）工具　电工常用工具。

（2）仪表 MF47 型万用表、500 V 兆欧表、钳形电流表等。

（3）器材 控制板、走线槽、各种规格的软线和紧固件、金属软管、编码套管等。

2. 实训过程

CA6140 型车床电气控制线路的安装与调试步骤及工艺要求见表 3–10。

表 3–10 CA6140 型车床电气控制线路的安装与调试步骤及工艺要求

安装与调试步骤	工艺要求
第一步 选配并检验元件和电气设备	（1）按表 3–6 配齐电器元件，并逐个检验其规格和质量 （2）根据电动机的容量、线路走向及要求和各元件的安装尺寸，正确选配导线的规格、导线通道类型和数量、接线端子板、控制板、紧固体等
第二步 在控制板上固定电器元件和走线槽，并在电器元件附近做好与电路图上相同代号的标记	安装走线槽时，应做到横平竖直、排列整齐匀称、安装牢固和便于走线等
第三步 在控制板上进行板前线槽配线，并在导线端部套编码套管	按板前线槽配线的工艺要求进行
第四步 按图 3–5 所示电器位置图和图 3–6 所示接线图，进行控制板外的元件固定和布线	（1）选择合理的导线走向，做好导线通道的支持准备 （2）控制箱外部导线的线头上要套装与电路图相同线号的编码套管；可移动的导线通道应留有适当的余量 （3）按规定在通道内放好备用导线
第五步 自检	（1）根据电路图检查电路的接线是否正确和接地通道是否具有连续性 （2）检查热继电器的整定值和熔断器中熔体的规格是否符合要求 （3）检查电动机及线路的绝缘电阻 （4）检查电动机的安装是否牢固，与生产机械传动装置的连接是否可靠 （5）清理安装现场
第六步 通电试车	（1）接通电源，点动控制各电动机的启动，以检查各电动机的转向是否符合要求 （2）通电空转试车。空转试车时，应认真观察各电器元件、线路、电动机及传动装置的工作是否正常。若发现异常，应立即切断电源进行检查，待调整或修复后方可再次通电试车

3. 注意事项

（1）电动机和线路的接地应符合要求。严禁采用金属软管作为接地通道。

（2）在控制箱外部进行布线时，导线必须穿在导线通道或敷设在机床底座内的导线通道里，导线的中间不允许有接头。

（3）在进行快速进给时，应注意将运动部件置于行程的中间位置，以防运动部件与卡盘或尾架相撞。

（4）试车时，应先合上电源开关，后按启动按钮；停车时，应先按停止按钮，后断开电源开关。

（5）通电试车必须在教师的监护下进行，必须严格遵守安全操作规程。

4. 评分标准

评分标准见表 3–11。

表 3–11　评分标准

项目	配分	评分标准		扣分
器材选用	10 分	（1）电器元件选错型号和规格 （2）导线选用不符合要求 （3）穿线管、编码套管等选用不当	每个扣 2 分 扣 4 分 每项扣 2 分	
装前检查	5 分	电器元件漏检或错检	每处扣 1 分	
安装布线	50 分	（1）电器元件布置不合理 （2）电器元件安装不牢固 （3）损坏电器元件 （4）电动机安装不符合要求 （5）走线通道敷设不符合要求 （6）不按电路图接线 （7）导线敷设不符合要求 （8）漏接接地线	扣 5 分 每只扣 4 分 每只扣 10 分 每台扣 5 分 每处扣 4 分 扣 20 分 每根扣 3 分 扣 10 分	
通电试车	35 分	（1）热继电器未整定或整定错误 （2）熔体规格选用不当 （3）试车不成功	每只扣 5 分 每只扣 5 分 扣 30 分	
安全文明生产	违反安全文明生产规程		扣 10~70 分	
定额时间	12 h，训练不允许超时，在修复故障过程中才允许超时，每超时 5 min（不足 5 min 以 5 min 计）		扣 5 分	
备注	除定额时间外，各项目的最高扣分不应超过配分数		成绩	
开始时间		结束时间		实际时间

实训 3—2　CA6140 型车床电气控制线路的检修

1. 工具与仪表

（1）工具　电工常用工具。

（2）仪表　MF47 型万用表、500 V 兆欧表、钳形电流表。

2. 实训过程

（1）在教师的指导下对车床进行操作，熟悉车床的主要结构和运动形式，了解车床的各种工作状态和操作方法。

1）开机前检查　打开电气柜门，检查各电器元件安装是否牢固，各电气开关是否合上，接线端子压接是否牢固。检查完毕，合上电气柜门。

2）接通电源　合上电源总开关 QF，接通车床电源。

3）启动主轴电动机 M1　按下启动按钮 SB2，交流接触器 KM 得电吸合自锁，主轴电动机 M1 得电启动运转。向上抬起机械操纵手柄，主轴正转；向下压下机械操纵手柄，主轴反转。

4）启停冷却泵电动机 M2　合上旋钮开关 SB4，冷却泵电动机 M2 启动；断开旋钮开关 SB4，冷却泵电动机 M2 停止。

5）停止主轴电动机　按下急停按钮 SB1，主轴电动机 M1 停止。

6）启停刀架快速移动电动机 M3　按下点动按钮 SB3，刀架快速移动电动机 M3 启动运转，带动刀架快速移动；松开点动按钮 SB3，刀架快速移动电动机 M3 断电停转，刀架停止移动。

7）关机操作　练习完成，断开电源总开关 QF，以确保设备和人身安全。

（2）参照图 3–5 所示电器位置图，在教师的指导下，熟悉各电器元件的位置和作用。

（3）参照图 3–6 所示的接线图和图 3–5 所示的电器位置图，熟悉车床的走线情况，并通过测量等方法找出各回路的实际走线路径。

查找线路实际走线路径的方法是：首先根据电器位置图确定电路中各电器元件的位置，然后结合原理图，根据接线图中的电器触头号（实际电气设备上就是编码套管号）找出走线路径。如主轴电动机 M1 主电路的实际走线路径如图 3–14 所示。

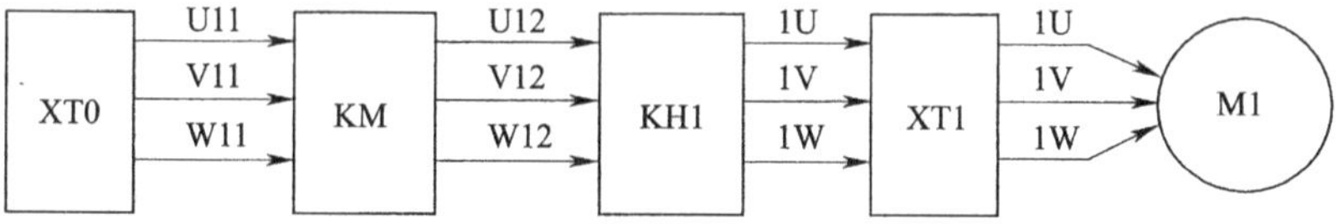

图 3–14　主轴电动机 M1 主电路的实际走线路径

（4）观摩检修。由教师在 CA6140 型车床上人为设置自然故障点，进行示范检修，边分析边检查，直至故障排除。实训中的人为故障设置应注意以下几点：

1）人为设置的故障必须是模拟车床在使用过程中出现的自然故障。

2）不能通过更改线路或更换电器元件来设置故障。

3）设置故障不能损坏电器元件，不能破坏线路美观，不能设置易造成人身或设备事故的故障点。

4）设置的故障可先易后难，先设置单个故障，然后过渡到两个或两个以上故障；当设置一个以上故障点时，故障现象尽可能不要相互掩盖。

观察教师示范检修时，注意体会以下检修步骤及要求：

1）通电试验，注意观察故障现象。

2）根据故障现象，依据电路图用逻辑分析法初步确定故障范围，并在电路图中标出最小故障范围。

3）采取适当的检查方法查出故障点，并正确排除故障。

4）检修完毕进行通电试车，并做好维修记录。

（5）由教师设置已知故障点，在教师指导下从故障现象着手进行分析，采用正确的检查步骤和检修方法进行检修。

（6）由教师在线路中设置两处人为的自然故障点，按照检查步骤和检修方法自行独立进行检修。

3. 注意事项

（1）检修前要认真阅读并分析电路图，熟练掌握各个控制环节的原理及作用，并认真观摩教师的示范检修。

（2）工具和仪表的使用应符合使用要求。

（3）检修时，严禁扩大故障范围或产生新的故障点；不得采用更换元件、改变电路的方法修复故障。

（4）停电要验电，带电检修时，必须有指导教师在现场监护，以确保用电安全；同时要做好训练记录。

4. 评分标准

评分标准见表 3-12。

表 3-12　评分标准

项目	配分	评分标准	扣分
故障分析	30 分	（1）故障分析、故障排除思路不正确　扣 5~10 分 （2）标错最小故障范围　每个扣 5~15 分	
故障排除	70 分	（1）断电不验电　扣 5 分 （2）工具及仪表使用不当　每次扣 5 分 （3）检查故障的方法不正确　扣 20 分 （4）排除故障的方法不正确　扣 20 分 （5）不能排除故障点　每个扣 30 分 （6）扩大故障范围或产生新的故障点　每个扣 40 分 （7）损坏电器元件　每只扣 20~40 分 （8）排除故障后通电试车不成功　扣 50 分	

续表

<table>
<tr><th>项目</th><th>配分</th><th colspan="3">评分标准</th><th>扣分</th></tr>
<tr><td>安全文明生产</td><td colspan="4">违反安全文明生产规程 扣 10~70 分</td><td></td></tr>
<tr><td>定额时间</td><td colspan="4">30 min，训练不允许超时，在修复故障过程中才允许超时，每超 5 min（不足 5 min 以 5 min 计） 扣 5 分</td><td></td></tr>
<tr><td>备注</td><td colspan="3">除定额时间外，各项目的最高扣分不应超过配分数</td><td>成绩</td><td></td></tr>
<tr><td>开始时间</td><td></td><td>结束时间</td><td></td><td>实际时间</td><td></td></tr>
</table>

巩固练习

1. CA6140 型车床电气控制线路中有几台电动机？它们的作用分别是什么？

2. 在 CA6140 型车床中，若主轴电动机 M1 只能点动，则可能的故障原因有哪些？在此情况下，冷却泵电动机能否正常工作？

3. CA6140 型车床的主轴电动机运行中自动停车后，操作者立即按下启动按钮，但主轴电动机不能启动，试分析故障原因。

4. 什么是短接法？用短接法检查故障时应注意哪些问题？

课题 2 Z37 型摇臂钻床电气控制线路

学习目标

1. 了解 Z37 型摇臂钻床的主要结构和运动形式。

2. 掌握 Z37 型摇臂钻床电气控制线路的构成和工作原理，并能检修常见电气故障。

机械加工过程中经常需要加工各种各样的孔，钻床是一种用途广泛的孔加工机床，主要用于钻削精度要求不太高的孔，还可以用来扩孔、铰孔、镗钻以及攻螺纹等，如

图 3-15 所示。

钻床的结构形式很多，有立式钻床、卧式钻床、台式钻床、深孔钻床等，图 3-16 所示是几种常见的钻床。Z37 型摇臂钻床是一种应用广泛的立式钻床，其型号意义如下：

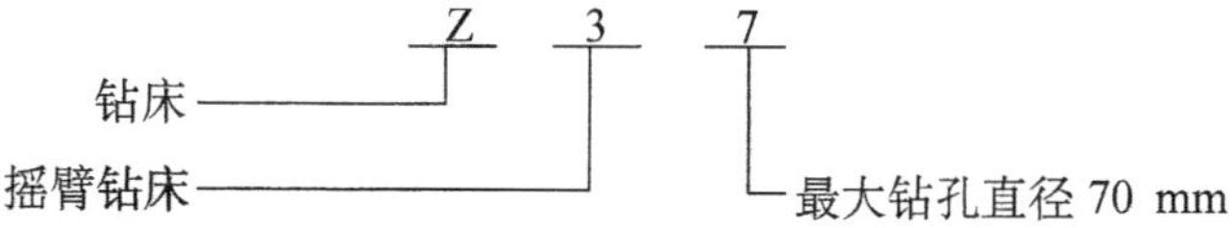

图 3-15　用钻床加工孔

a)　　b)　　c)

图 3-16　常见的钻床

a）Z4125 型台式钻床　b）滑座式万向摇臂钻床　c）Z3050 型摇臂钻床

一、Z37 型摇臂钻床的主要结构和运动形式

Z37 型摇臂钻床的结构如图 3-17 所示。它主要由底座、内立柱、外立柱、摇臂、主轴箱、主轴、工作台等部分组成。内立柱固定在底座上，外面套着空心的外立柱，外立柱可绕着不动的内立柱回转 360°。摇臂一端的套筒部分与外立柱滑动配合，摇臂可沿外立柱上下移动，但不能绕外立柱转动，只能与外立柱一起相对内立柱回转。主轴箱安装于摇臂的水平导轨上，可由手轮操纵，沿摇臂做水平方向移动。

当需要钻削加工时，先将主轴箱固定在摇臂导轨上，摇臂固定在外立柱上，外立柱紧固在内立柱上。工件不大可压紧在工作台上加工，较大工件需安装在夹具上加工。通过调整摇臂的高度、回转角度及主轴箱在摇臂上的位置，使钻头对准工件的钻削孔位置，启动主轴电动机并转动手轮操纵钻头进行钻削加工。

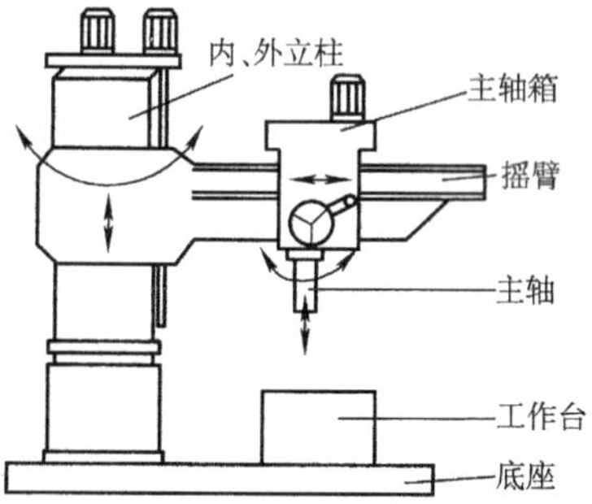

图 3-17 Z37 型摇臂钻床的结构

摇臂钻床的主运动是主轴带动钻头的旋转运动，进给运动是钻头的上下运动，辅助运动是主轴箱沿摇臂水平移动、摇臂沿外立柱上下移动以及摇臂连同外立柱一起相对于内立柱的回转运动。

小提示

操作摇臂钻床时要注意两点：一是钻孔前必须将摇臂及主轴箱调到需要位置并夹紧；二是钻孔时必须将工件放平、放稳、固定牢靠。

二、Z37 型摇臂钻床电力拖动特点及控制要求

1. Z37 型摇臂钻床相对运动部件较多，为简化传动装置，采用多台电动机拖动。

2. 各种工作状态都通过十字开关 SA 操作，为防止十字开关手柄停在某一工作位置时，因接通电源而产生误动作，在控制线路中设有零压保护环节。

3. 摇臂升降要求有限位保护。

4. 钻削加工时需要对刀具及工件进行冷却。各电动机功能及控制要求见表 3-13。

表 3-13 各电动机功能及控制要求

电动机名称及代号	作用	控制要求
冷却泵电动机 M1	供给切削液	正转控制，拖动冷却泵输送切削液
主轴电动机 M2	拖动钻削及进给运动	单向运转，主轴的正反转通过摩擦离合器实现
摇臂升降电动机 M3	拖动摇臂升降	正反转控制，通过机械和电气联合控制
立柱松紧电动机 M4	拖动内立柱与外立柱及主轴箱与摇臂夹紧与放松	正反转控制，通过液压和电气联合控制

三、Z37 型摇臂钻床电气控制线路分析

Z37 型摇臂钻床电气控制线路如图 3-18 所示。

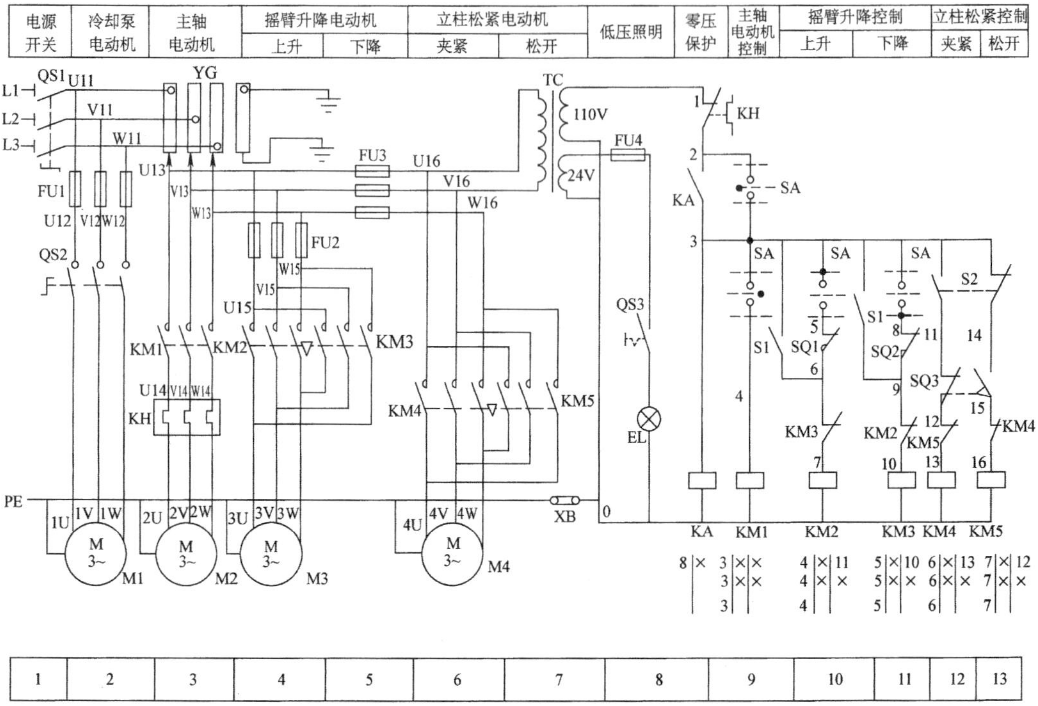

图 3-18　Z37 型摇臂钻床电气控制线路

1. 主电路分析

Z37 型摇臂钻床电气控制线路中共有四台三相异步电动机，其控制和保护元件见表 3-14。

表 3-14　主电路的控制和保护元件

电动机的名称及代号	控制元件	过载保护元件	短路保护元件
冷却泵电动机 M1	组合开关 QS2	无	熔断器 FU1
主轴电动机 M2	接触器 KM1	热继电器 KH	无
摇臂升降电动机 M3	接触器 KM2、KM3	无	熔断器 FU2
立柱松紧电动机 M4	接触器 KM4、KM5	无	熔断器 FU3

2. 控制电路分析

控制电路的电源由控制变压器 TC 提供 110 V 电压。Z37 型摇臂钻床控制电路采用十字开关 SA 操作，它由十字手柄和四个微动开关组成，手柄处在各个工作位置时的工作情况见表 3-15。

表 3-15 十字开关 SA 操作说明

手柄位置	接通微动开关的触头	工作情况
中	均不通	控制电路断电不工作
左	SA（2—3）	KA 得电自锁，零压保护
右	SA（3—4）	KM1 获电，主轴旋转
上	SA（3—5）	KM2 获电，摇臂上升
下	SA（3—8）	KM3 获电，摇臂下降

由于十字手柄不能自动复位，为保证安全，线路中由中间继电器 KA 与十字开关 SA 配合实现零压保护。钻床工作时，必须先将十字手柄扳到左边位置，KA 得电自锁，为控制回路接通电源。当电路断电时，KA 断电释放，其常开触头 KA（2—3）恢复断开，控制电路断电；当电路恢复供电时，KA 不能自动得电动作，其常开触头 KA（2—3）保持断开，控制电路不能得电，从而避免了钻床断电后恢复供电时的自行启动。

（1）主轴电动机 M2 的控制　主轴电动机 M2 的启停由接触器 KM1 和十字开关 SA 来控制。控制流程图如下：

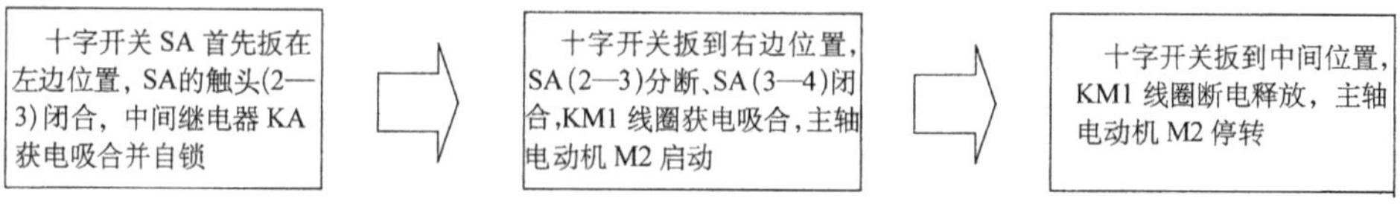

（2）摇臂升降控制　当工件与钻头的相对高度不合适时，需要升高或降低摇臂。摇臂升降前必须将摇臂松开，升降完成后又必须夹紧。摇臂的升降是由机械和电气联合控制完成的，能够自动完成摇臂松开→摇臂上升或下降→摇臂夹紧的过程。这一过程是通过十字开关 SA、接触器 KM2 和 KM3、行程开关 SQ1 和 SQ2 及鼓形组合开关 S1 控制电动机 M3 正反转来实现的。鼓形组合开关 S1 在这一过程中起关键作用，在摇臂与立柱夹紧时，鼓形组合开关 S1 的两对常开触头调整在断开状态；而在摇臂与立柱松开时，鼓形组合开关 S1 的两对常开触头调整在闭合状态。摇臂上升的控制过程如下：

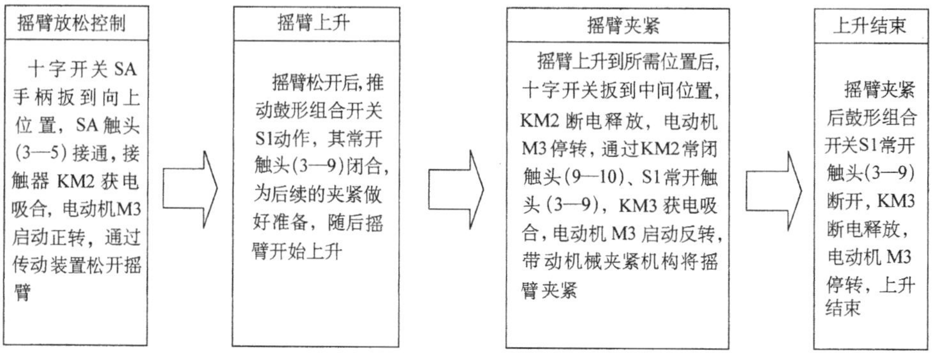

小提示

参照摇臂上升的控制过程，写出摇臂下降的控制流程图。

行程开关 SQ1 和 SQ2 用作限位保护，保护摇臂上升或下降不致超出允许的极限位置。

（3）立柱的夹紧与松开控制　Z37 型摇臂钻床在正常工作时，外立柱夹紧在内立柱上。要使摇臂和外立柱绕内立柱转动，应先将外立柱放松。立柱的松开和夹紧是通过电动机 M4 的正反转拖动液压装置来完成的。电动机 M4 的正反转由组合开关 S2、行程开关 SQ3、接触器 KM4 和 KM5 来控制，行程开关 SQ3 则是由主轴箱与摇臂夹紧的机械手柄操作的。控制过程如下：

立柱放松		摇臂转动		立柱夹紧
扳动手柄使SQ3的常开触头（14—15）闭合，KM5 得电吸合，M4 拖动液压泵工作，使立柱夹紧装置松开	→	立柱夹紧装置完全松开，S2的常闭触头(3—14)断开，KM5 失电，M4 停转，同时 S2 的常开触头（3—11）闭合，为夹紧做准备。此时可推动摇臂旋转	→	扳动手柄使SQ3复位，其常开触头(14—15)断开，常闭触头（11—12）闭合，KM4 得电吸合，M4 拖动液压泵反向转动，使立柱夹紧装置夹紧。当完全夹紧后，S2 复位，KM4 失电，M4 停转

Z37 型摇臂钻床主轴箱在摇臂上的松开和夹紧与外立柱在内立柱上的松开和夹紧是由同一台电动机 M4 拖动液压装置完成的。

3．照明电路分析

照明电路的电源由变压器 TC 将 380 V 的交流电压降为 24 V 安全电压来提供。照明灯 EL 由开关 QS3 控制，由熔断器 FU4 作短路保护。

Z37 型摇臂钻床电器元件明细表见表 3-16。

表 3-16　Z37 型摇臂钻床电器元件明细表

代号	名称	型号	规格	数量
M1	冷却泵电动机	JCB-22-2	0.125 kW、2 790 r/min	1
M2	主轴电动机	Y132M-4	7.5 kW、1 440 r/min	1
M3	摇臂升降电动机	Y100L2-4	3 kW、1 440 r/min	1
M4	立柱松紧电动机	Y802-4	0.75 kW、1 390 r/min	1
KM1	交流接触器	CJ10-20	20 A、线圈电压 110 V	1
KM2~KM5	交流接触器	CJ10-10	10 A、线圈电压 110 V	4
FU1、FU4	熔断器	RL1-15/2	15 A、熔体 2 A	4
FU2	熔断器	RL1-15/15	15 A、熔体 15 A	3

续表

代号	名称	型号	规格	数量
FU3	熔断器	RL1-15/5	15 A、熔体 5 A	3
QS1	组合开关	HZ2-25/3	25 A	1
QS2	组合开关	HZ2-10/3	10 A	1
SA	十字开关	定制		1
KA	中间继电器	JZ7-44	线圈电压 110 V	1
KH	热继电器	JR36-20/3D	整定电流 16 A	1
SQ1、SQ2	行程开关	LX5-11		2
SQ3	行程开关	LX5-11		1
S1	鼓形组合开关	HZ4-22		1
S2	组合开关	HZ4-21		1
TC	控制变压器	BK-150	150 V·A、380 V/110 V、24 V	1
EL	照明灯	KZ 型，带开关 QS3	24 V、40 W	1
YG	汇流排			

四、Z37 型摇臂钻床常见电气故障分析与检修举例

Z37 型摇臂钻床主电路和控制电路常见故障的检修方法与车床相似。因其摇臂的升降和松紧控制是由电气和机械机构相互配合，实现摇臂的放松→上升（或下降）→夹紧半自动顺序控制，因此在维修时不但要检查电气部分，还必须检查机械部分是否正常。常见的电气故障及处理方法见表 3-17。

表 3-17　Z37 型摇臂钻床常见的电气故障及处理方法

故障现象	故障原因	处理方法
摇臂上升（或下降）夹紧后，M3 仍正反转重复不停	鼓形组合开关 S1 两对常开触头的动、静触头间距离太近，使它们不能及时分断	调整鼓形组合开关 S1
摇臂上升（或下降）后不能完全夹紧	鼓形组合开关 S1 动触头的夹紧螺栓松动造成动触头位置偏移，不能按要求闭合；S1 动触头和静触头弯曲、磨损、接触不良等	修理、调整鼓形组合开关 S1
摇臂升降后不能按要求停车	鼓形组合开关 S1 的常开触头（3—6）和（3—9）的顺序颠倒	立即切断电源，使摇臂停止运动，检查鼓形组合开关 S1 的常开触头（3—6）和（3—9）的顺序

实训 3—3 Z37 型摇臂钻床电气控制线路的检修

1. 工具与仪表

（1）工具 电工常用工具。

（2）仪表 MF47 型万用表、500 V 兆欧表、钳形电流表。

2. 实训过程

（1）在教师的指导下对 Z37 型摇臂钻床进行操作，熟悉钻床的主要结构和运动形式，了解钻床的各种工作状态和操作方法。

（2）熟悉钻床电器元件的实际位置和走线情况，并通过测量等方法找出实际走线路径。

（3）观摩检修。在 Z37 型摇臂钻床上人为设置自然故障点，由教师示范检修，边分析边检查，直至故障排除。教师示范检修时，注意学习体会检修步骤及要求。

（4）由教师在线路中设置两处人为的自然故障点，按照检查步骤和检修方法自行独立进行检修。

3. 注意事项

（1）检修前要认真阅读电路图，熟练掌握各个控制环节的原理及作用，并认真观摩教师的示范教学。

（2）摇臂的升降是一个由机械和电气配合实现的半自动控制过程，检修时首先要根据故障现象，分析、判断出是机械故障还是电气故障。

（3）检修时，不能改变升降电动机原来的电源相序，以免摇臂升降反向，造成事故。

（4）停电要验电，带电检修时，必须有指导教师在现场监护，以确保用电安全，同时要做好训练记录。

4. 评分标准

评分标准参照表 3-12。

知识拓展

Z3040 型摇臂钻床电气控制线路

除 Z37 型摇臂钻床外，Z3040 型摇臂钻床也是实际生产中使用较多的一种钻床，Z3040 型摇臂钻床的外形及结构如图 3-19 所示。其型号意义如下：

Z 30 40
- 40 —— 最大钻孔直径 40 mm
- 30 —— 摇臂钻床
- Z —— 钻床

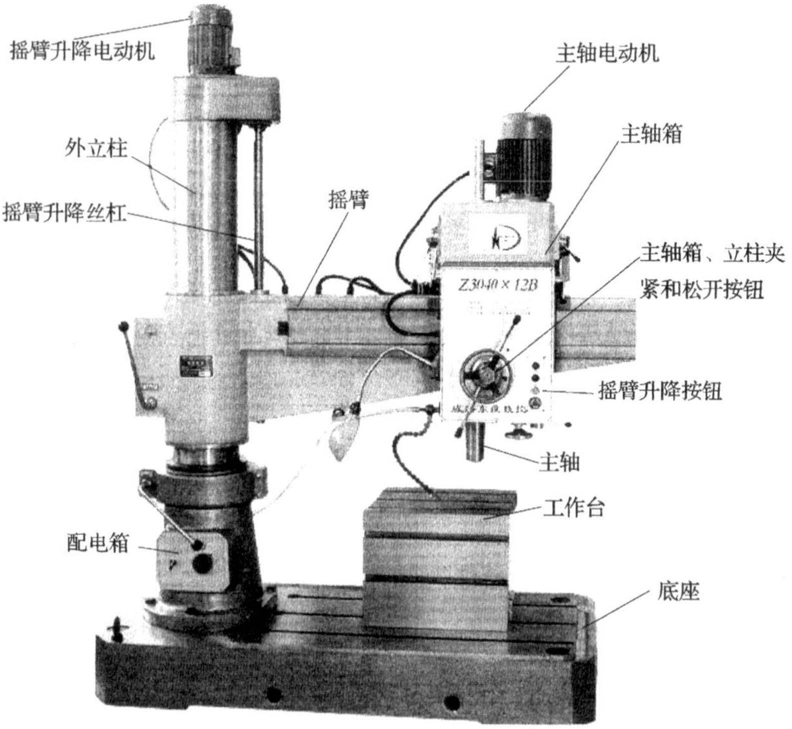

图 3-19 Z3040 型摇臂钻床的外形及结构

Z3040 型摇臂钻床与 Z37 型摇臂钻床的主要结构、运动形式、电力拖动特点及控制要求基本相同，不同之处在于 Z37 型摇臂的夹紧和放松是依靠机械机构和电气配合进行的，而 Z3040 型摇臂的夹紧和放松是由电动机配合液压装置自动完成的。另外，Z3040 型摇臂钻床不再使用十字开关进行操作。下面对 Z3040 型摇臂钻床电气控制线路做简要介绍。

1. Z3040 型摇臂钻床的主要运动形式及控制要求

Z3040 型摇臂钻床的主要运动形式如图 3-20 所示，其控制要求见表 3-18。

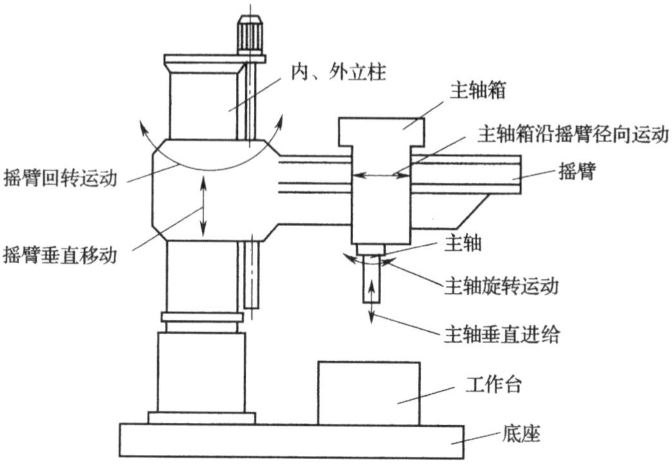

图 3-20 Z3040 型摇臂钻床的主要运动形式

表 3-18　Z3040 型摇臂钻床的控制要求

运动种类	运动形式	控制要求
主运动	主轴带动钻头的旋转运动	（1）主轴电动机 M1 承担钻削和进给任务，只要求单向旋转 （2）主轴的正反转通过摩擦离合器来实现 （3）主轴的转速和进给量通过变速机构调节
进给运动	主轴的垂直进给运动	由主轴电动机 M1 拖动，主轴电动机 M1 的动力经主轴传给主轴进给变速传动机构，使主轴获得进给运动
辅助运动	摇臂沿外立柱的垂直移动	由摇臂升降电动机 M2 通过升降丝杠带动摇臂沿外立柱垂直运动，M2 需正反转，升降有限位保护
	主轴箱沿摇臂的水平移动	通过手轮操作使主轴箱沿摇臂上的水平导轨做径向运动
	摇臂的回转运动	依靠人力推动，使摇臂连同外立柱做回旋运动
	摇臂及主轴箱的夹紧与放松	由液压泵电动机 M3 配合液压装置实现，要求电动机 M3 能正反转
	加工过程的冷却	由冷却泵电动机 M4 拖动冷却泵输送切削液

2. Z3040 型摇臂钻床电气控制线路分析

Z3040 型摇臂钻床的电气控制线路如图 3-21 所示。

（1）主电路分析　Z3040 型摇臂钻床相对运动部件较多，为简化传动装置，采用多台电动机驱动，共有四台电动机，除冷却泵电动机采用手动开关 SA1 控制外，其余三台电动机均采用接触器控制，其控制和保护元件见表 3-19。

表 3-19　主电路中的控制和保护元件

电动机的名称及代号	控制元件	过载保护元件	短路保护元件
主轴电动机 M1	由接触器 KM1 控制单向运转	热继电器 KH1	熔断器 FU1
摇臂升降电动机 M2	由接触器 KM2、KM3 控制正、反转	间歇性工作，不设过载保护	熔断器 FU2
液压泵电动机 M3	由接触器 KM4、KM5 控制正、反转	热继电器 KH2	熔断器 FU2
冷却泵电动机 M4	由手动开关 SA1 控制	无	熔断器 FU1

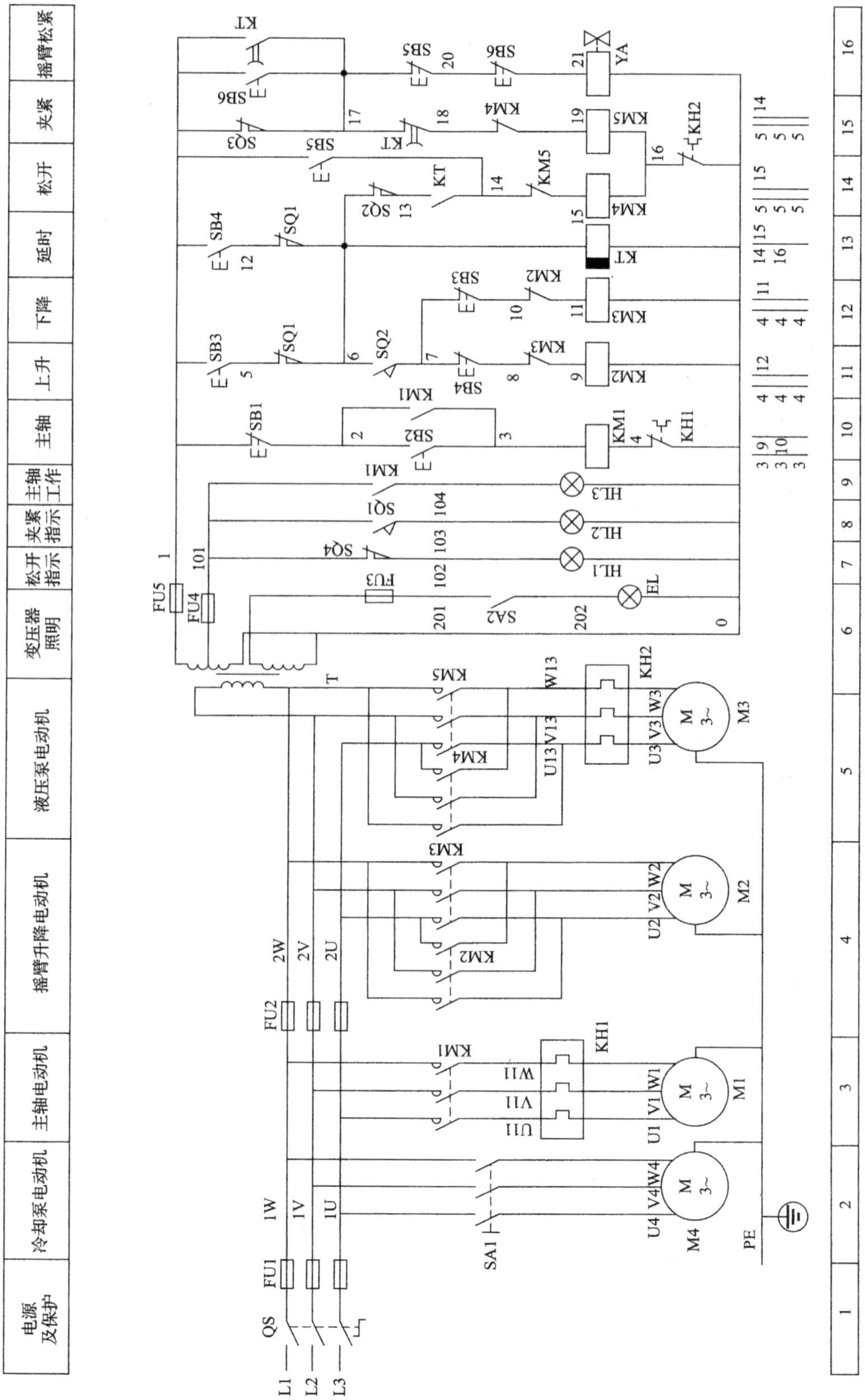

图3-21 Z3040型摇臂钻床电气控制线路

电源配电箱装在立柱前下部，组合开关 QS 作为电源引入开关。冷却泵电动机 M4 装在靠近立柱的底座上，摇臂升降电动机 M2 装于立柱顶部，其余电气设备置于主轴箱或摇臂上。由于 Z3040 型摇臂钻床的内、外立柱之间未装汇流排，因此在使用时不允许沿一个方向连续转动摇臂，以免发生事故。

（2）控制电路分析　控制电路由控制变压器 T 二次侧输出 110 V 电压供电。

1）主轴电动机 M1 的控制　合上电源开关 QS，按下启动按钮 SB2（10 区），接触器 KM1 吸合并自锁，主轴电动机 M1 通电启动运行，同时指示灯 HL3（9 区）亮。按下停止按钮 SB1，KM1 失电释放，M1 停止运转，同时 HL3 熄灭。

2）摇臂的升降控制　摇臂通常夹紧在外立柱上，以免升降丝杠承担吊挂载荷，因此摇臂升降前必须先松开，然后再上升或下降，升降到预定位置后自动夹紧。摇臂处于夹紧状态时，行程开关 SQ3 处于压合状态，SQ2 处于释放状态；而摇臂松开后，行程开关 SQ2 处于压合状态，SQ3 处于释放状态。Z3040 型摇臂钻床摇臂的升降是由摇臂升降电动机 M2、摇臂夹紧机构和液压系统协调配合，自动完成摇臂松开→ 摇臂上升（或下降）→摇臂夹紧的控制过程。现以摇臂上升为例分析其控制过程。

行程开关 SQ2 和 SQ3 的动作是分析摇臂升降控制过程的关键，在分析摇臂升降前，一定要记清在摇臂夹紧和放松这两种不同情况下行程开关 SQ2 和 SQ3 的不同状态。

①摇臂松开　按下上升按钮 SB3。

按下SB3 → SB3常闭触头（7—10）先断开，对KM3联锁
按下SB3 → SB3常开触头（1—5）闭合 → 断电延时继电器KT（13区）得电动作 →
→ KT常闭触头(17—18)断开，对KM5联锁
→ KT常开触头(13—14)闭合 → KM4得电吸合 → M3启动正转，送出液压油 →
→ KT常开触头(1—17)闭合 → 电磁阀YA得电 →
→ 通过液压机构将摇臂松开 → SQ2压合，SQ3释放

②摇臂上升　摇臂夹紧机构松开后，通过机械机构使行程开关 SQ3 释放，SQ2 压合。

按下SB3 → SB3常闭触头（7—10）先断开，对KM3联锁
按下SB3 → SB3常开触头（1—5）闭合 → 断电延时继电器KT（13区）得电动作

③摇臂夹紧　当摇臂上升到所需位置后，松开按钮 SB3。

松开SB3 → KM2线圈失电 → M2停转 → 摇臂停止上升
松开SB3 → KT线圈失电 —延时1～3s→ KT延时闭合的常闭触头（17—18）闭合 →
→ KM5线圈得电 → M3反转 → 摇臂夹紧 → SQ2释放，SQ3压合 → SQ3的常闭触头（1—17）断开 → KM5线圈失电 → M3停转 → 摇臂夹紧完成

组合开关 SQ1 作为摇臂升降的超程限位保护。

摇臂上升的控制过程可用图 3–22 所示的流程表示。

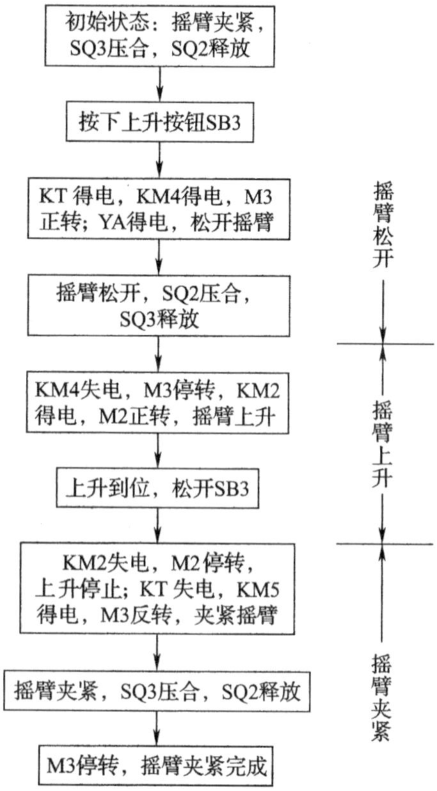

图 3–22 摇臂上升的控制过程

摇臂下降的控制过程与上升的控制过程基本相似，只是按下的是下降按钮 SB4，具体工作过程请自行分析。

3）内立柱和外立柱的松开与夹紧控制　当需要内立柱和外立柱松开（或夹紧）时，按下复合按钮 SB5（或 SB6），其常开触头闭合，接触器 KM4（或 KM5）线圈得电，液压泵电动机 M3 通电正转（或反转），提供正向（或反向）的液压油；同时 SB5（或 SB6）的常闭触头断开电磁阀 YA 的线圈电路，电磁阀 YA 处于断电状态，液压油进入内立柱与外立柱松开（或夹紧）油路，推动机械机构完成内立柱与外立柱的松开（或夹紧）。

4）摇臂和主轴箱的松开与夹紧控制　摇臂和主轴箱的松开与夹紧跟内立柱和外立柱的松开与夹紧是同时进行的，其控制过程相同。

5）冷却泵电动机 M4 的控制　Z3040 型摇臂钻床冷却泵电动机 M4 的功率较小（0.125 kW），由组合开关 SA1 控制单向旋转。

6）照明和指示电路的控制　照明和指示电路由控制变压器 T 降压后分别提供 36 V、6.3 V 的电压供电。照明灯由手动开关 SA2 控制。指示灯 HL1 亮表示立柱和主轴箱同时处于放松状态，指示灯 HL2 亮表示立柱和主轴箱同时处于夹紧状态，这两只指示灯分别由行程开关 SQ4 的常闭触头和 SQ1 的常开触头控制。指示灯 HL3 由接触器 KM1 的辅助常开触头控制，指示主轴电动机 M1 的工作状态。

巩固练习

1. Z37 型摇臂钻床是如何实现零压保护的？
2. Z37 型摇臂钻床的摇臂上升后不能完全夹紧，则可能的故障原因是什么？
3. 如何保证 Z37 型摇臂钻床的摇臂上升或下降不能超出允许的极限位置？

课题 3　M7130 型平面磨床电气控制线路

学习目标

1. 了解 M7130 型平面磨床的主要结构和运动形式。
2. 掌握 M7130 型平面磨床电气控制线路的构成和工作原理，并能检修常见电气故障。

在机械加工中，当对零件表面的光洁度要求较高时，一般需要用磨床进行加工。磨床是用砂轮的周边或端面对工件的表面进行机械加工的一种精密机床，磨床的种类很多，根据用途不同可分为平面磨床、内圆磨床、外圆磨床、无心磨床等。M7130 型平面磨床是机械加工中应用极为广泛的磨床，其作用是用砂轮磨削加工各种零件的平面。它的操作方便，磨削精度和光洁度都比较高，适用于磨削精密零件和各种工具，并可作镜面磨削。

M7130 型平面磨床的型号意义如下：

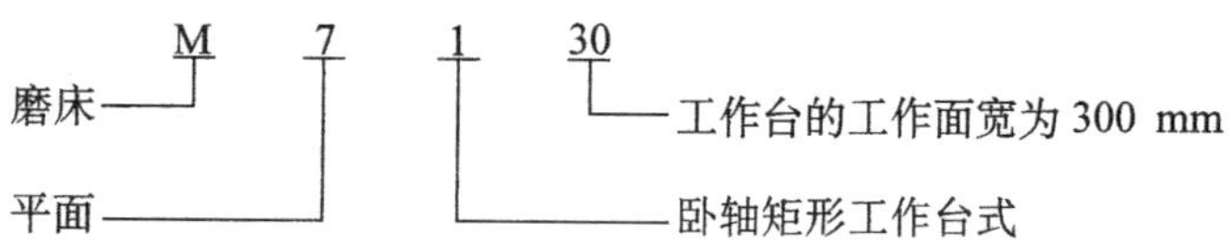

一、M7130 型平面磨床的主要结构

M7130 型平面磨床是卧轴矩形工作台式，其外形和结构如图 3-23 所示。它主要由床身、工作台、电磁吸盘、砂轮箱、滑座和立柱等部分组成。砂轮与砂轮电动机均装在砂轮箱内，砂轮由砂轮电动机直接驱动；砂轮箱装在滑座上，滑座装在立柱上，并可沿立柱导轨上下运动。工作台表面上有 T 形槽，可以用螺钉和压板将工件直接固定在工作台上，也可以在工作台上安装电磁吸盘，用以固定铁磁性工件。

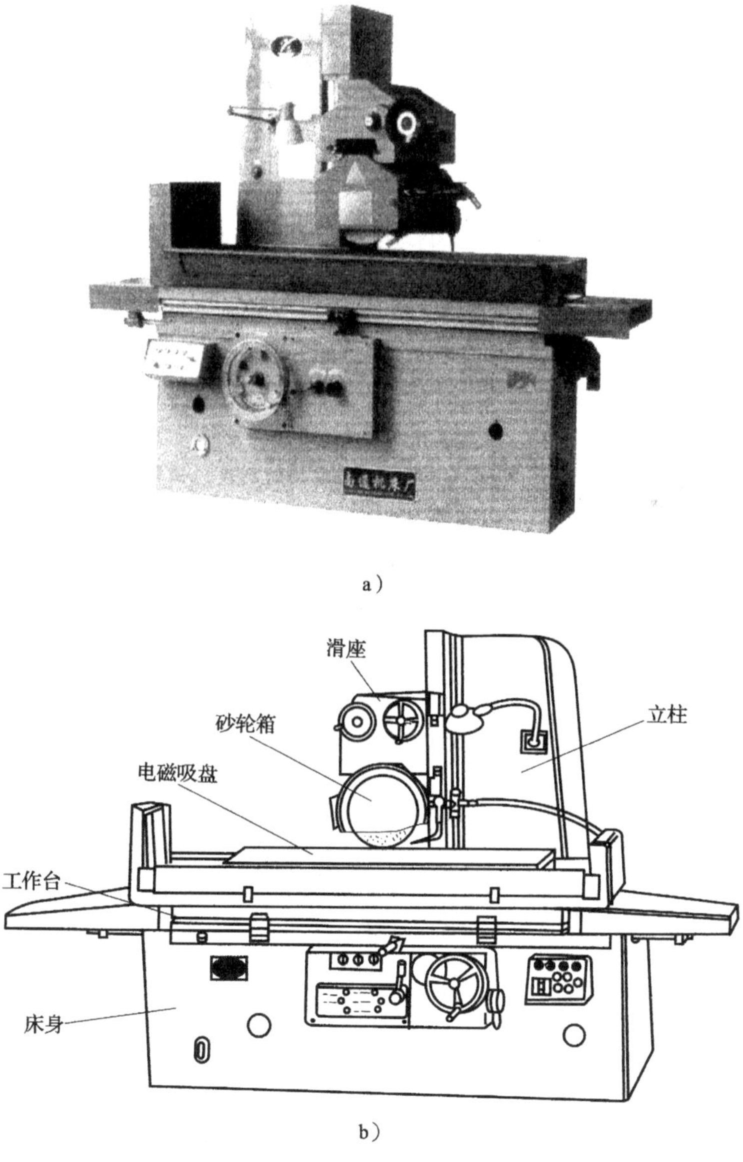

图 3-23　M7130 型平面磨床的外形和结构
a）外形　b）结构

二、M7130 型平面磨床的主要运动形式和控制要求

M7130 型平面磨床的主运动是砂轮的旋转运动，进给运动是工作台的纵向往复运动以及砂轮架的横向和垂直进给运动，如图 3–24 所示。辅助运动包括工件的夹紧、工作台的快速移动以及工件的冷却。M7130 型平面磨床的主要运动形式及控制要求见表 3–20。

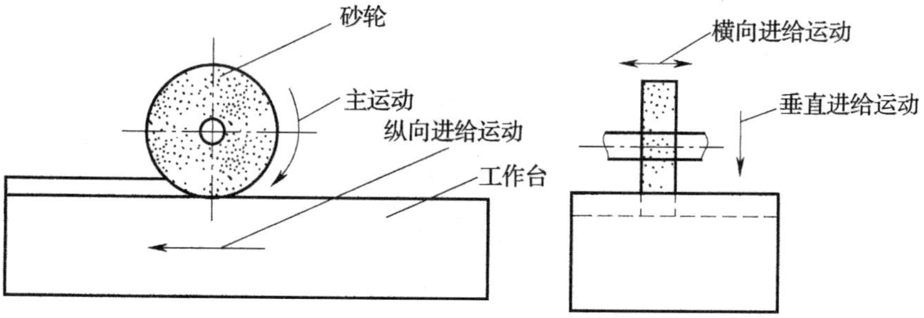

图 3–24　M7130 型平面磨床的主运动和进给运动

表 3–20　M7130 型平面磨床的主要运动形式及控制要求

运动种类	运动形式	控制要求
主运动	砂轮的高速旋转	（1）为保证磨削加工质量，要求砂轮有较高的转速，通常采用两极笼型异步电动机 （2）为提高主轴的刚度，简化机械结构，采用装入式电动机，将砂轮直接装到电动机轴上 （3）砂轮电动机只要求单向旋转，可直接启动，无调速和制动要求
进给运动	工作台的往复运动（纵向进给）	（1）因液压传动换向平稳，易于实现无级调速，因此液压泵电动机 M3 带动液压泵驱动工作台在液压作用下做纵向运动。 （2）由装在工作台前侧的换向挡铁碰撞床身上的液压换向开关控制工作台进给方向
	砂轮架的前后运动（横向进给）	（1）在磨削的过程中，工作台每换向一次，砂轮架就横向进给一次 （2）在修正砂轮或调整砂轮的前后位置时，可连续横向移动 （3）砂轮架的横向进给运动可由液压传动，也可用手轮来操作
	砂轮架的升降运动（垂直进给）	（1）滑座可沿立柱的导轨垂直上、下移动，以调整砂轮架的上、下位置，或控制磨削时工件的进给量 （2）垂直进给运动是通过操作手轮由机械传动装置实现的

续表

运动种类	运动形式	控制要求
辅助运动	工件的夹紧	（1）工件可以用螺钉和压板直接固定在工作台上 （2）在工作台上也可以装电磁吸盘，将工件吸附在电磁吸盘上，因此要有充磁和退磁控制环节。为保证安全，电路中设有弱磁保护功能
	工作台的快速移动	工作台能在纵向、横向和垂直三个方向快速移动，由液压传动机构驱动实现
	工件的冷却	冷却泵电动机 M2 驱动冷却泵旋转供给切削液；要求砂轮电动机 M1 和冷却泵电动机实现顺序控制

三、M7130 型平面磨床电气控制线路分析

M7130 型平面磨床的电气控制线路如图 3–25 所示。该线路分为主电路、控制电路、电磁吸盘电路和照明电路四部分。

1. 主电路分析

三相交流电由电源开关 QS1 引入，熔断器 FU1 作短路保护，主电路中有三台电动机，M1 为砂轮电动机，M2 为冷却泵电动机，M3 为液压泵电动机，其控制和保护元件见表 3–21。

表 3–21　主电路的控制和保护元件

名称及代号	作用	控制元件	过载保护元件	短路保护元件
砂轮电动机 M1	驱动砂轮高速旋转	接触器 KM1	热继电器 KH1	熔断器 FU1
冷却泵电动机 M2	输送切削液	接触器 KM1 和接插器 X1		熔断器 FU1
液压泵电动机 M3	为液压系统提供动力	接触器 KM2	热继电器 KH2	熔断器 FU1

2. 控制电路分析

M7130 型平面磨床控制电路中的电器元件较少，直接采用交流 380 V 电压供电，由熔断器 FU2 作短路保护。

用电磁吸盘吸持工件加工时，当电磁吸盘得电正常工作，欠电流继电器 KA 线圈得电吸合，其常开触头（8 区，3—4）闭合后，接通砂轮电动机 M1 和液压泵电动机 M3 的控制电路，砂轮电动机 M1 和液压泵电动机 M3 才能启动，进行磨削加工。

砂轮电动机 M1 和液压泵电动机 M3 都采用接触器自锁正转控制线路，按下砂轮电动机 M1 的启动按钮 SB1，接触器 KM1 得电并自锁，KM1 主触头闭合，砂轮电动机 M1 得电启动连续运转；按下停止按钮 SB2，KM1 失电，M1 断电停止运转。液压泵电动机的控制与之相似，由 SB3 控制启动，SB4 控制停止。

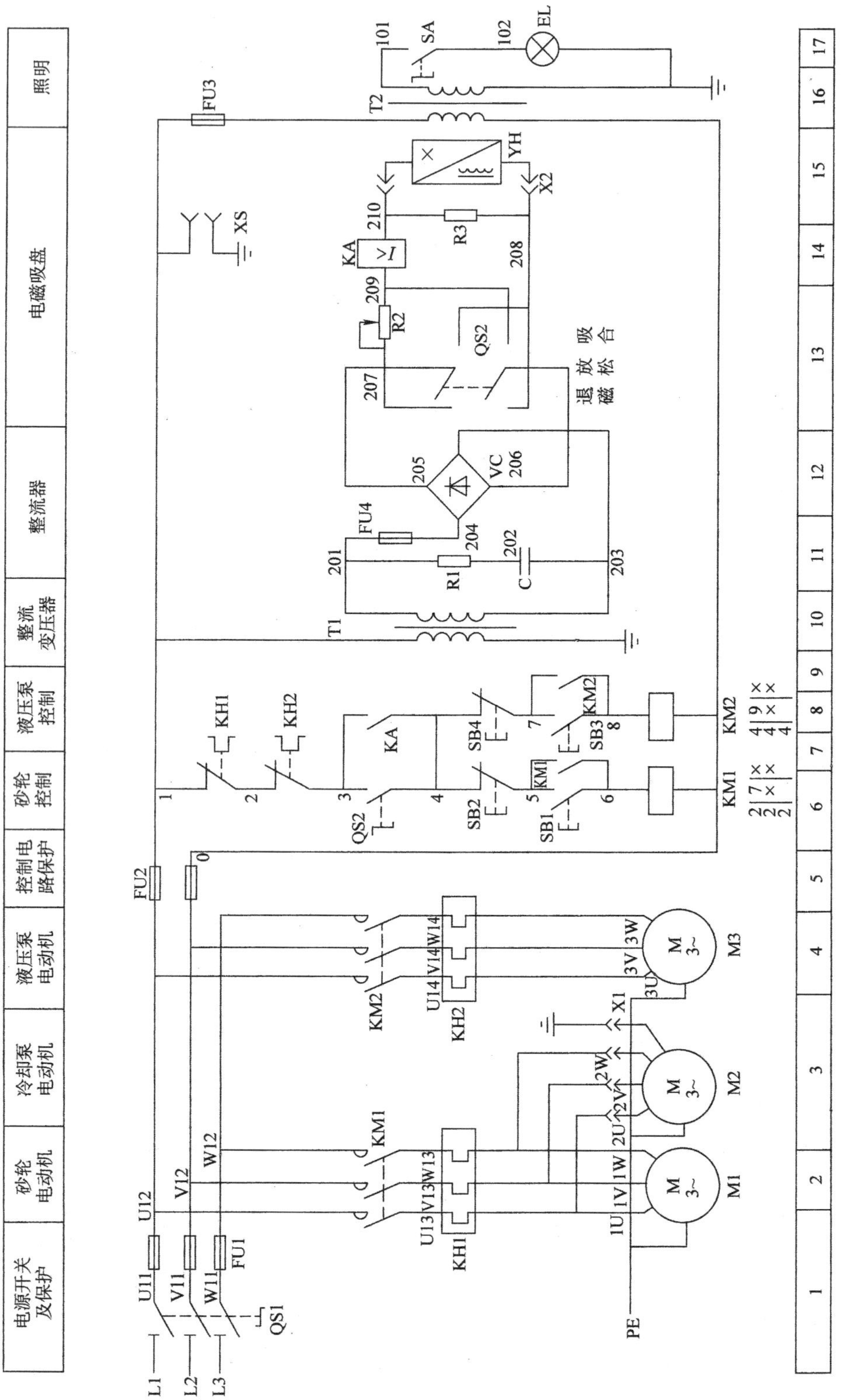

图3-25　M7130型平面磨床的电气控制线路

冷却泵电动机 M2 与砂轮电动机 M1 在主电路中实现顺序控制。按下启动按钮 SB1，砂轮电动机 M1 启动后，插上接插器 X1，冷却泵电动机 M2 即启动运行。

3．电磁吸盘控制电路分析

电磁吸盘是装夹在工作台上用来固定工件的一种夹具。它与机械夹具相比，具有夹紧迅速、操作快速简便、不损伤工件、一次能吸牢多个小工件，以及磨削中工件发热可自由伸缩、不会变形等优点。不足之处是只能吸住铁磁材料的工件，不能吸牢非磁性材料（如铝、铜等）的工件。M7130 型平面磨床的电磁吸盘如图 3–26 所示。

图 3–26 M7130 型平面磨床的电磁吸盘

电磁吸盘电路包括整流电路、控制电路和保护电路三部分。

（1）电磁吸盘整流电路 整流变压器 T1 将 220 V 的交流电压降为 145 V，经桥式整流器 VC 整流后输出约 130 V 的直流电压，作为电磁吸盘的电源。

（2）电磁吸盘控制电路 电磁吸盘有“吸合”“放松”和“退磁”三种工作状态，由转换开关 QS2 控制工作状态的转换。转换开关 QS2 触头的工作状态见表 3–22。

表 3–22 转换开关 QS2 触头的工作状态

		手柄位置		
		吸合	放松	退磁
触头工作状态	3—4	断开	断开	闭合
	205—208	闭合	断开	断开
	205—207	断开	断开	闭合
	206—209	闭合	断开	断开
	206—208	断开	断开	闭合

1）吸合控制 将 QS2 扳至“吸合”位置，其触头（205—208）和（206—209）闭合，直流电压接入电磁吸盘 YH，工件被牢牢吸住。此时，欠电流继电器 KA 线圈得电吸合，KA 的常开触头（3—4）闭合，为 KM1 和 KM2 通电做好准备。

2）放松控制 当工件加工完毕，先把 QS2 扳到“放松”位置，触头（205—208）和（206—209）恢复断开，切断电磁吸盘 YH 的直流电源。由于工件具有剩磁而不易取下，因此必须进行退磁。

3）退磁控制　将QS2扳到“退磁”位置，QS2触头（205—207）和（206—208）闭合，由于退磁回路中串入了退磁电阻R2，电磁吸盘YH通入较小的反向电流进行退磁。调节退磁电阻R2的阻值即可以改变退磁电流的大小，达到既能充分退磁又不致反向磁化的目的。退磁结束，将QS2扳回到“放松”位置，即可将工件取下。

如果工件不易退磁，可将附件退磁器的插头插入插座XS，使工件在交变磁场的作用下进行退磁。

如果将工件夹在工作台上而不需要电磁吸盘时，则应将电磁吸盘YH的插头X2从插座上拔下，同时将转换开关QS2扳到“退磁”位置，这时，接在控制电路中的QS2常开触头（3—4）闭合，为KM1和KM2通电做好准备，使磨床能正常工作。

（3）电磁吸盘保护电路　电磁吸盘的保护电路是由放电电阻R3和欠电流继电器KA组成。因为电磁吸盘的电感很大，当电磁吸盘从“吸合”状态转变为“放松”状态的瞬间，电磁吸盘的线圈两端将产生很大的自感电动势，易使线圈或其他元件由于过电压而损坏。电阻R3的作用是在电磁吸盘断电瞬间给线圈提供放电通路，吸收线圈释放的磁场能量。欠电流继电器KA的作用是防止电磁吸盘断电或电流不足时，电磁吸盘的吸力消失或减小导致工件飞出发生事故，其保护原理是：当电磁吸盘突然发生断电或欠压等故障时，欠电流继电器KA因通过线圈的电流小于整定值而释放，其常开触头（3—4）分断，切断KM1、KM2线圈回路，KM1、KM2断电释放，砂轮电动机M1和液压泵电动机M3立即停转，从而避免发生工件飞出事故。

电阻R1与电容器C并联组成阻容吸收电路，用以吸收电磁吸盘回路交流侧的过电压和直流侧通断时产生的浪涌电压，对整流器进行过电压保护。熔断器FU4为电磁吸盘提供短路保护。

4. 照明电路分析

照明变压器T2将380 V的交流电压降为24 V的安全电压供给照明电路。EL为照明灯，由开关SA控制，熔断器FU3作照明电路的短路保护。

M7130型平面磨床电器元件明细表见表3–23。

表3–23　M7130型平面磨床电器元件明细表

代号	名称	型号	规格	数量	用途
M1	砂轮电动机	W451–4	4.5 kW，220 V/380 V，1 440 r/min	1	驱动砂轮
M2	冷却泵电动机	JCB–22	125 W，220 V/380 V，2 790 r/min	1	驱动冷却泵

续表

代号	名称	型号	规格	数量	用途
M3	液压泵电动机	J042-4	2.8 kW，220 V/380 V，1 450 r/min	1	驱动液压泵
QS1	电源开关	HZ1-25/3	—	1	引入电源
QS2	转换开关	HZ1-10P/3	—	1	控制电磁吸盘
SA	照明灯开关	—	—	1	控制照明灯
FU1	熔断器	RL1-60/30	60 A，熔体 30 A	3	电源保护
FU2	熔断器	RL1-15/5	15 A，熔体 5 A	2	控制电路短路保护
FU3	熔断器	BLX-1	1 A	1	照明电路短路保护
FU4	熔断器	RL1-15/2	15 A，熔体 2 A	1	保护电磁吸盘
KM1	接触器	CJ10-10	线圈电压 380 V	1	控制 M1
KM2	接触器	CJ10-10	线圈电压 380 V	1	控制 M3
KH1	热继电器	JR10-10	整定电流 9.5 A	1	M1 过载保护
KH2	热继电器	JR10-10	整定电流 6.1 A	1	M3 过载保护
T1	整流变压器	BK-400	400 V·A，220 V/145 V	1	降压
T2	照明变压器	BK-50	50 V·A，380 V/36 V	1	降压
VC	硅整流器	GZH	1 A，200 V	1	输出直流电压
YH	电磁吸盘	—	1.2 A，110 V	1	工件夹具
KA	欠电流继电器	JT3-11L	1.5 A	1	保护用
SB1	按钮	LA2	绿色	1	启动 M1
SB2	按钮	LA2	红色	1	停止 M1
SB3	按钮	LA2	绿色	1	启动 M3
SB4	按钮	LA2	红色	1	停止 M3
R1	电阻器	GF	6 W，125 Ω	1	放电保护电阻
R2	电阻器	GF	50 W，1 000 Ω	1	退磁电阻
R3	电阻器	GF	50 W，500 Ω	1	放电保护电阻
C	电容器	—	600 V，5 μF	1	保护用电容
EL	照明灯	JD3	24 V，40 W	1	工作照明
X1	接插器	CY0-36	—	1	M2 用
X2	接插器	CY0-36	—	1	电磁吸盘用
XS	插座	—	250 V，5 A	1	退磁器用
附件	退磁器	TC1TH/H	—	1	工件退磁用

四、M7130 型平面磨床常见电气故障分析与检修实例

M7130 型平面磨床主电路、控制电路和照明电路的故障及检修方法与车床相似。现将电磁吸盘的典型故障做如下分析。

1．故障一——电磁吸盘无吸力

合上电源开关 QS1，接通照明开关 SA，观察照明灯 EL 是否正常。若照明灯 EL 工作正常但电磁吸盘无吸力，说明控制回路电源正常，故障在如图 3-27 所示的电磁吸盘控制电路。检修时，应先测量电磁吸盘两端（210—208）电压是否正常（110V），若不正常，可逐级向变压器 T1 测量，检修流程如图 3-28 所示。

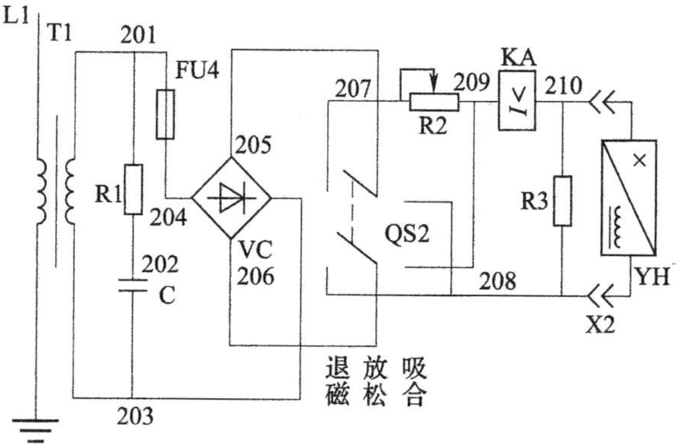

图 3-27　故障一电路图

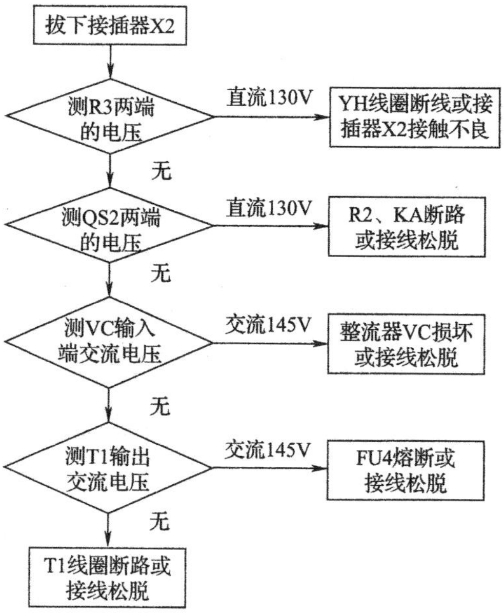

图 3-28　故障一检修流程

2. 故障二——电磁吸盘吸力不足

引起这种故障的原因是电磁吸盘线圈发生局部短路或整流器输出电压不正常。M7130型平面磨床电磁吸盘的电源由整流器VC供给，空载时，整流器直流输出电压应为130 V左右；负载时，应不低于110 V。若整流器空载输出电压正常，带负载时电压远低于110 V，故障原因可能是电磁吸盘线圈短路，一般需更换电磁吸盘线圈。

若空载时电磁吸盘电源电压不正常，大多是因为整流元件短路或断路造成的，应检查整流器VC的交流侧电压及直流侧电压。若交流侧电压正常，直流输出电压不正常，则表明整流器元件发生短路或断路故障，可用万用表测量整流器的输出及输入电压，判断出故障部位，查出故障元件，进行修理或更换即可。

实践证明，在直流输出回路中加装快速熔断器，可有效地保护整流二极管。

3. 故障三——电磁吸盘退磁不好，取下工件困难

电磁吸盘的退磁控制电路如图3-29所示。从图中可看出，电磁吸盘退磁不好的原因一是退磁电路断路，根本没有退磁，这时应检查转换开关QS2触头接触是否良好，退磁电阻R2是否损坏；二是退磁电压过高，这时应调整电阻R2，将退磁电压调至5~10 V；三是退磁时间掌握不当，退磁时间太长或太短，对于不同材料的工件，所需的退磁时间不同，应根据经验注意掌握退磁时间。

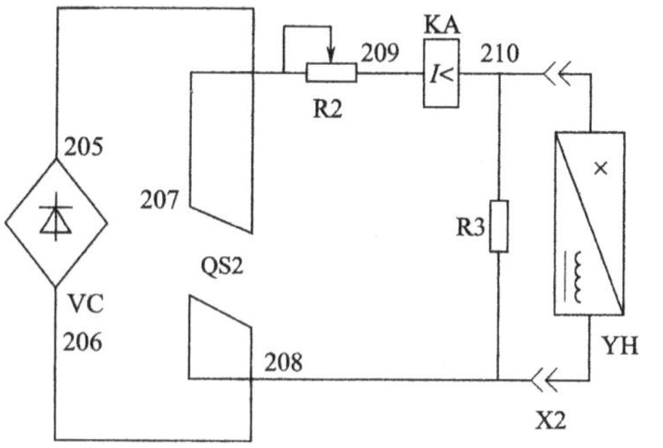

图3-29 电磁吸盘的退磁控制电路

实训3—4 M7130型平面磨床电气控制线路的检修

1. 工具与仪表

（1）工具 电工常用工具。

（2）仪表　MF47 型万用表、500 V 兆欧表、钳形电流表。

2. 实训过程

（1）在教师的指导下对磨床进行操作，熟悉磨床的主要结构和运动形式，了解磨床的各种工作状态和操作方法。

（2）参照图 3–30 所示 M7130 型平面磨床电器位置图和图 3–31 所示的接线图，熟悉磨床电器元件的实际位置和走线情况，并通过测量等方法找出实际走线路径。

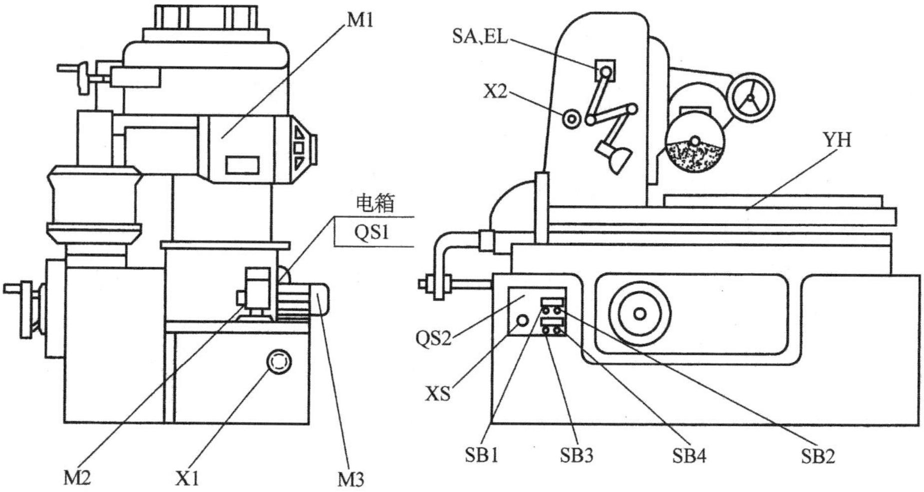

图 3–30　M7130 型平面磨床电器位置图

（3）观摩检修。在 M7130 型平面磨床上人为设置自然故障点，由教师示范检修，边分析边检查，直至故障排除。教师示范检修时，注意学习体会检修步骤及要求。

（4）由教师在线路中设置两处人为的自然故障点，按照检查步骤和检修方法自行独立进行检修。

3. 注意事项

（1）检修前要认真阅读电路图，熟练掌握各个控制环节的原理及作用，并认真观摩教师的示范检修。

（2）电磁吸盘的工作环境恶劣，容易发生故障，检修时应特别注意电磁吸盘及其线路。

（3）停电要验电，带电检修时，必须有指导教师在现场监护，以确保用电安全，同时要做好训练记录。

4. 评分标准

评分标准参照表 3–12。

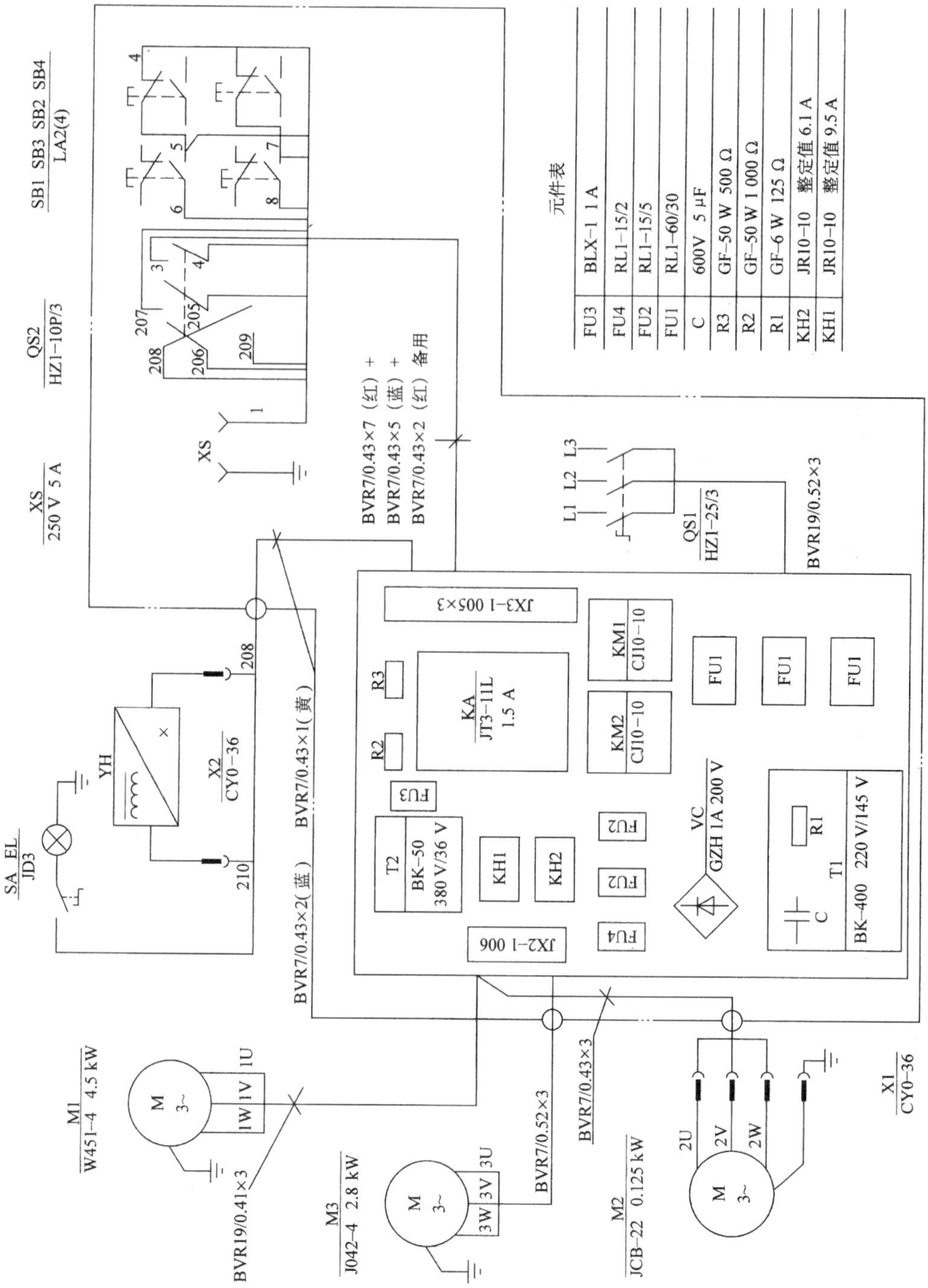

图 3-31 M7130 型平面磨床接线图

知识拓展

M1432A 型万能外圆磨床电气控制线路简介

在机械加工过程中，不仅需要磨削平面，还需要磨削圆柱面和圆锥面，这时就要用到外圆磨床，M1432A 型万能外圆磨床是目前比较典型的一种普通精度级外圆磨床，可以用来磨削外圆柱面及外圆锥面，利用机床上配备的内圆磨具还可以磨削内圆柱面和内圆锥面，也能磨削阶梯轴的轴肩和端平面。

M1432A 型万能外圆磨床的型号意义如下：

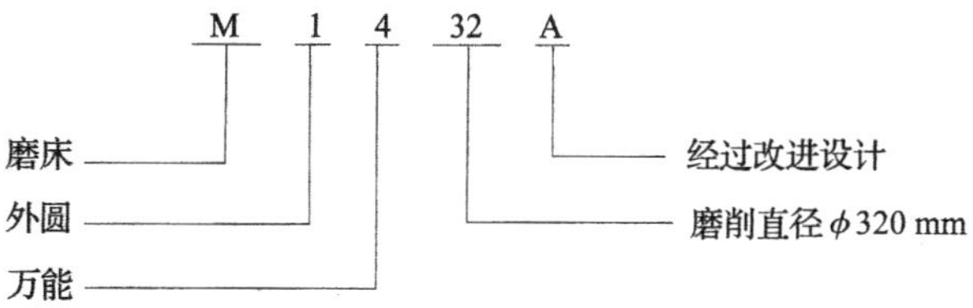

1. 主要结构

M1432A 型万能外圆磨床的结构如图 3–32 所示，它主要由床身、头架、工作台、内圆磨具、砂轮架、尾座、控制箱等部件组成。在床身上安装着工作台和砂轮架，并通过工作台支撑着头架及尾座等部件，床身内部用作液压油的储油池。头架用于安装及夹持工件，并带动工件旋转。砂轮架用于支撑并传动砂轮轴。砂轮架可沿床身上的滚动导轨前后移动，实现进给及快速进退。内圆磨具用于支撑磨内孔的砂轮主轴，由单独电动机经带传动驱动运转。尾座用于支撑工件，它和头架的前顶尖一起把工件沿轴线顶牢。工作台由上工作台和下工作台两部分组成，上工作台可相对于下工作台偏转一定角度，用于磨削锥度较小的长圆锥面。

2. 主要运动形式和控制要求

M1432A 型万能外圆磨床的主要运动形式和控制要求见表 3–24。

表 3–24　M1432A 型万能外圆磨床的主要运动形式和控制要求

运动种类	运动形式	控制要求
主运动	砂轮的高速旋转	（1）砂轮只需单方向旋转 （2）内圆砂轮主轴由内圆砂轮电动机 M3 经传动带直接驱动 （3）外圆砂轮主轴由砂轮架电动机（外圆砂轮电动机）M4 经三角带直接驱动，两台电动机之间设有联锁

续表

运动种类	运动形式	控制要求
主运动	工件的旋转运动	（1）工件安装在头架上，由头架带动旋转，转速需调节 （2）头架电动机（双速）M2 经塔轮式传动带传动，再经两组三角带传动，带动头架的拔盘或卡盘旋转，从而获得六级不同的转速
进给运动	工作台的纵向往复运动和砂轮架的横向进给运动	（1）采用了液压传动，以实现运动及换向的平稳和无级调速 （2）液压泵由油泵电动机 M1 拖动。要求只有油泵电动机 M1 启动后，其他电动机才能启动
辅助运动	砂轮架的快速进退运动和尾座套筒的快速退回运动	当内圆磨头插入工件内腔时，砂轮架不允许快速移动，以免造成事故
	工件冷却	冷却泵电动机 M5 拖动冷却泵旋转，供给切削液

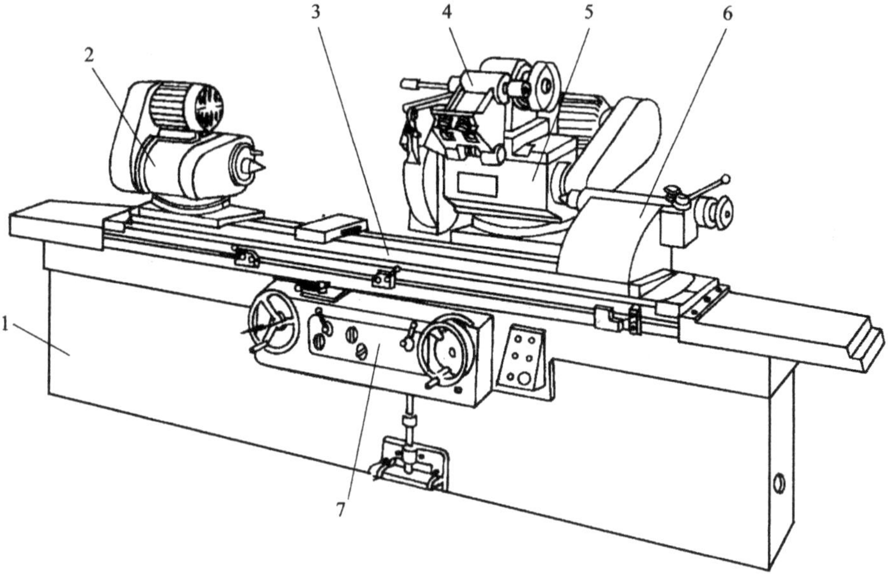

图 3–32 M1432A 型万能外圆磨床的结构

1—床身 2—头架 3—工作台 4—内圆磨具
5—砂轮架 6—尾座 7—控制箱

3. 电气控制线路分析

M1432A 型万能外圆磨床电气控制线路如图 3–33 所示。该线路分为主电路、控制电路和照明指示电路三部分。

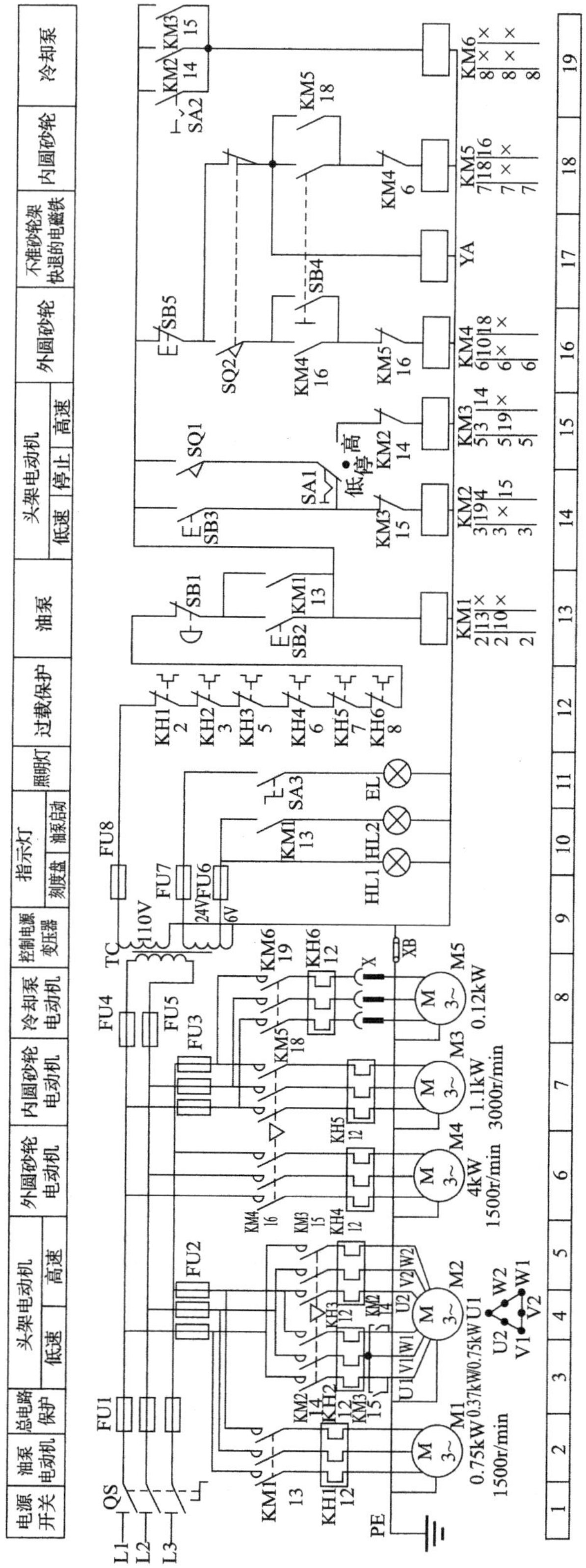

图 3–33　M1432A 型万能外圆磨床电气控制线路

（1）主电路分析　主电路共有五台电动机，其中，M1是油泵电动机，由接触器KM1控制；M2是头架电动机，由接触器KM2、KM3实现低速和高速控制；M3是内圆砂轮电动机，由接触器KM5控制；M4是外圆砂轮电动机，由接触器KM4控制；M5是冷却泵电动机，由接触器KM6和接插器X控制。熔断器FU1作为线路总的短路保护，熔断器FU2作为M1和M2的短路保护，熔断器FU3作为M3和M5的短路保护。五台电动机均用热继电器作过载保护。

（2）控制电路分析　控制变压器TC将380 V的交流电压降为110 V供给控制电路，由熔断器FU8作短路保护。

1）油泵电动机M1的控制　按下启动按钮SB2，接触器KM1线圈得电，KM1的常开触头闭合，油泵电动机M1启动运转，指示灯HL2亮。按下停止按钮SB1，接触器KM1线圈失电，KM1的常开触头断开，电动机M1停转，指示灯HL2熄灭。

由于其他电动机与油泵电动机在控制电路实现了顺序控制，所以保证了只有当油泵电动机M1启动后，其他电动机才能启动的控制要求。

2）头架电动机M2的控制　SA1是头架电动机M2的转速选择开关，分“低”“停”“高”三挡位置。如将SA1扳到“低”挡位置，按下油泵电动机M1的启动按钮SB2，M1启动，通过液压传动使砂轮架快速前进。当接近工件时，便压合位置开关SQ1，接触器KM2线圈得电，其触头动作，头架电动机M2接成△形低速启动运转。同理，若将转速选择开关SA1扳到“高”挡位置，砂轮架快速前进压合位置开关SQ1后，使接触器KM3线圈得电，KM3触头动作，头架电动机M2又接成YY高速启动运转。

SB3是点动控制按钮，以便对工件进行校正和调试。

磨削完毕，砂轮架退回原位，位置开关SQ1复位断开，电动机M2自动停转。

3）内、外圆砂轮电动机M3和M4的控制　由于内、外圆砂轮电动机不能同时启动，故用位置开关SQ2对它们实行联锁控制。

当进行外圆磨削时，把砂轮架上的内圆磨具往上翻，它的后侧压住位置开关SQ2，如图3–34所示。这时SQ2的常闭触头断开，切断内圆砂轮的控制电路。SQ2的常开触头闭合，按下启动按钮SB4，接触器KM4线圈得电，KM4的主触头和自锁触头闭合，外圆砂轮电动机M4启动运转，KM4联锁触头分断对KM5联锁。

当进行内圆磨削时，将内圆磨具翻下，原被内圆磨具压下的位置开关SQ2复位，按下启动按钮SB4，接触器KM5得电动作，使内圆砂轮电动机M3启动运转。内圆砂轮磨削时，砂轮架不允许快速退回，因为此时内圆磨头在工件的内孔，砂轮架若快速移动，易造成损坏磨头及工件报废的严重事故。为此，内圆磨削与砂轮架的快速退回进行了联锁。当内圆磨具翻下时，由于位置开关SQ2复位，故电磁铁YA线圈得电动作，衔铁被吸下，砂轮架快速进退的操纵手柄锁住液压回路，使砂轮架不能快速退回。

4）冷却泵电动机M5的控制　冷却泵电动机M5可与头架电动机M2同时运转，

图 3-34 外圆磨削
1—内圆磨具 2—位置开关 SQ2（被压住状态）

也可以单独启动和停止。当控制头架电动机 M2 的接触器 KM2 或 KM3 得电动作时，KM2 或 KM3 的常开辅助触头闭合，使接触器 KM6 得电动作，冷却泵电动机 M5 随之自动启动。

修整砂轮时，不需要启动头架电动机 M2，但要启动冷却泵电动机 M5，这时可用开关 SA2 来控制冷却泵电动机 M5。

X 是接通冷却泵电动机的电源接插器，插头插入和拔下必须在电源断开下进行。

（3）照明及指示电路分析　控制变压器 TC 将 380 V 的交流电压降为 24 V 的安全电压供给照明电路，6 V 的电压供给指示电路。照明灯 EL 由开关 SA3 控制，由熔断器 FU7 作短路保护。HL1 为刻度照明灯，HL2 为油泵指示灯，指示电路由熔断器 FU6 作短路保护。

M1432A 型万能外圆磨床电器元件明细表见表 3-25。XB 为接插件，不在明细表中列出。

表 3-25　M1432A 型万能外圆磨床电器元件明细表

代号	元件名称	型号	规格	数量	用途
M1	油泵电动机	Y802-4/B5	0.75 kW，380 V，4 极	1	驱动油泵
M2	头架电动机	YUD90LA-8/4	0.37 kW/0.75 kW，380 V，8 极 /4 极	1	驱动头架工件旋转
M3	内圆砂轮电动机	Y302-2	1.1 kW，380 V，2 极	1	驱动内圆砂轮
M4	外圆砂轮电动机	Y112M-4	4 kW，380 V，4 极	1	驱动外圆砂轮
M5	冷却泵电动机	DB-25	0.12 kW，380 V，2 极	1	驱动冷却泵
KM1	交流接触器	CJ0-10	500 V，10 A，线圈电压 110 V	1	控制油泵电动机 M1
KM2、KM3	交流接触器	CJ0-10	同上	2	控制头架电动机 M2
KM4	交流接触器	CJ0-10	同上	1	控制外圆砂轮电动机 M4
KM5	交流接触器	CJ0-10	同上	1	控制内圆砂轮电动机 M3
KM6	交流接触器	CJ0-10	同上	1	控制冷却泵电动机 M5
KH1	热继电器	JR16B-20/3	1.5~2.4 A/2 A	1	M1 过载保护
KH2	热继电器	JR16B-20/3	2.2~3.5 A/2.67 A	1	M2 低速过载保护
KH3	热继电器	JR16B-20/3	2.2~3.5 A/2.83 A	1	M2 高速过载保护

续表

代号	元件名称	型号	规格	数量	用途
KH4	热继电器	JR16B-20/3	6.8~11 A/8.72 A	1	M4 过载保护
KH5	热继电器	JR16B-20/3	2.2~3.5 A/2.5 A	1	M3 过载保护
KH6	热继电器	JR16B-20/3	0.32~0.5 A/0.45 A	1	M5 过载保护
FU1	熔断器	RL1-60/35	座 55×78，熔体 35 A	3	电源短路保护
FU2、FU3	熔断器	RL1-15/10	座 38×62，熔体 10 A	6	M1、M2、M3、M5 短路保护
FU4、FU5	熔断器	BCF	座 19×19，2 A	2	控制变压器保护
FU6、FU7	熔断器	BCF	座 19×19，2 A	2	照明指示电路短路保护
FU8	熔断器	BCF	座 19×19，3 A	1	控制电路短路保护
QS	电源开关	HZ10-25/3	25 A	1	引入电源
SA1	选择转速开关	LAY3-22X/3（黑）	单极 3 位，110 V，6 A	1	选择工件转速
SA2	冷却泵开关	LAY3-11X/2（黑）	单极 2 位，110 V，6 A	1	单独启停冷却泵
SA3	照明开关	LAY3-11X/2（黑）	单极 2 位，110 V，6 A	1	控制照明
SB1	停止按钮	LAY3-11M/1	110 V，6 A	1	总停止
SB2	启动按钮	LAY3-11D（绿）	110 V，6 A	1	启动 M1
SB3	点动按钮	LAY1-11（黑）	110 V，6 A	1	点动 M2
SB4	启动按钮	LAY3-22（绿）	110 V，6 A	1	M3、M4 启动
SB5	停止按钮	LAY3-22（红）	110 V，6 A	1	M3、M4 停止
SQ1	位置开关	JW2A-11H/LTH	380 V，3 A	1	头架电动机启停控制
SQ2	位置开关	LX5-11Q/1	380 V，3 A	1	内外圆砂轮联锁
YA	电磁铁	MQW-0.7	110 V	1	砂轮架不准快退
TC	控制变压器	BKC-150	380 V/110 V，24 V，6 V	1	给控制、照明和指示电路提供电源
X	接插器	C4-6/4	500 V，6 A	1	冷却泵电源
EL	照明灯	JC6-1	24 V，40 W	1	工作照明
HL1	指示灯	DS22-2/T	0.15 A，6~8 V 灯珠透明	1	刻度照明灯
HL2	指示灯	DS22-2/T	0.15 A，6~8 V 灯珠透明	1	油泵指示灯

巩固练习

1. M7130 型平面磨床电磁吸盘夹持工件有什么特点？为什么电磁吸盘要用直流电而不用交流电？

2. M7130 型平面磨床电磁吸盘吸力不足会造成什么后果？如何防止出现这种现象？

3. M7130 型平面磨床电气控制线路中欠电流继电器 KA 和电阻 R3 的作用分别是什么？

4. M7130 型平面磨床电磁吸盘退磁不好的原因有哪些？

课题 4　X62W 型万能铣床电气控制线路

学习目标

1. 了解 X62W 型万能铣床的主要结构和运动形式。

2. 掌握 X62W 型万能铣床电气控制线路的构成和工作原理，并能检修常见电气故障。

铣床的种类很多，按照结构形式和加工性能的不同，可分为立式铣床、卧式铣床、龙门铣床、仿形铣床和专用铣床等。

万能铣床是一种通用的多用途机床，它可以用圆柱铣刀、圆片铣刀、角度铣刀、成形铣刀及端面铣刀等刀具对各种零件进行平面、斜面、螺旋面及成形表面的加工，还可以加装万能铣头、分度头和圆形工作台等机床附件来扩大加工范围。

X62W 型万能铣床的铣削是一种高效率的加工方式，它是通过操作手柄同时操作电气与机械部分，通过机电的紧密配合完成预定的操作，是机械与电气联合动作的典型控制系统。X62W 型万能铣床的型号含义如下：

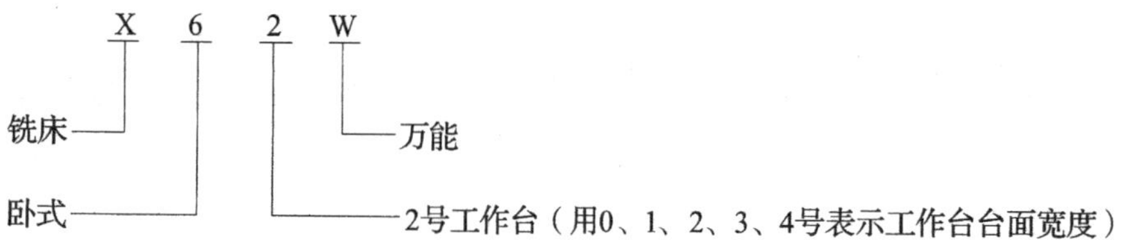

一、X62W 型万能铣床的主要结构

X62W 型万能铣床如图 3-35 所示，它主要由床身、底座、主轴、刀杆支架、悬梁、工作台、回转盘、横溜板、升降台等部分组成。

图 3-35 X62W 型万能铣床

床身固定在底座上，床身内装有主轴的传动机构和变速操作机构。

床身的顶部有水平导轨，上面装着带有一个或两个刀杆支架的悬梁。刀杆支架用来支撑铣刀心轴的一端，心轴的另一端则固定在主轴上，由主轴带动铣刀铣削。刀杆支架在悬梁上以及悬梁在床身顶部的水平导轨上都可以做水平移动，以便安装不同的心轴。

在床身的前面有垂直的导轨，升降台可以沿着它上、下移动。

在升降台上面的水平导轨上装有可在平行主轴轴线方向移动（前、后移动）的横溜板。横溜板上部有可转动的回转盘，工作台就在回转盘的导轨上做垂直于主轴轴线方向的移动（左、右移动）。

这样固定在工作台上的工件就可以在三个坐标的六个方向（上下、左右、前后）上调整位置或进给。

回转盘相对于横溜板可绕中心轴线左、右转过一个角度（通常为 ±45°），所以工作台还能在倾斜方向进给，可以加工螺旋槽。

二、X62W 型万能铣床的主要运动形式及控制要求

X62W 型万能铣床的主要运动形式有三种，具体控制要求如下。

1. 主运动

X62W 型万能铣床的主运动是指主轴带动铣刀的旋转运动。

在铣削加工中，有顺铣和逆铣两种加工方式，所以要求主轴电动机能正反转。但考虑正、反转操作并不频繁（批量顺铣或逆铣），因此用组合开关来改变电源相序，以控制主轴电动机的正、反转。

铣削加工是一种不连续的切削加工方式，为减小振动，主轴上装有惯性轮，但这样会造成主轴停车困难，为此主轴电动机采用电磁离合器制动以实现准确停车。

铣削加工过程中需要主轴调速，采用改变变速箱的齿轮传动比来实现，因此主轴电动机不需要调速。

2. 进给运动

进给运动是指工件随工作台在前后、左右和上下六个方向上的运动以及圆形工作台的旋转运动。

铣床的工作台要求有前后、左右和上下六个方向上的进给运动和快速移动，所以要求进给电动机能正、反转。为扩大加工能力，在工作台上可加装圆形工作台，圆形工作台的回转运动是由进给电动机经传动机构驱动的。

为保证机床和刀具的安全，在铣削加工时，任何时刻工件都只能有一个方向的进给运动，因此采用了机械操作手柄和行程开关相配合的方式来实现六个运动方向的联锁。

小提示

为防止刀具和机床的损坏，要求只有主轴旋转后才允许有进给运动；同时为了减小加工件的表面粗糙度，只有进给停止后主轴才能停止或同时停止。该铣床在电气上采用主轴和进给同时停止的方式，但由于主轴运动的惯性大，实际上就保证了进给运动先停止、主轴运动后停止的要求。

进给变速采用机械方式实现，因此进给电动机不需要调速。

3. 辅助运动

辅助运动包括工作台的快速运动及主轴和进给的变速冲动。

工作台的快速运动是指工作台在前后、左右和上下六个方向之一上的快速移动。它是通过快速移动电磁离合器 YC3 的吸合，从而改变机械传动链的传动比来实现的。

为保证变速后齿轮能良好啮合，主轴和进给变速后，都要求电动机做瞬时点动，即变速冲动。

三、X62W 型万能铣床电气控制线路分析

X62W 型万能铣床电气控制线路如图 3–36 所示，线路分为主电路、控制电路和照明电路三部分。

1. 主电路分析

主电路共有 3 台电动机，其控制和保护元件见表 3–26。

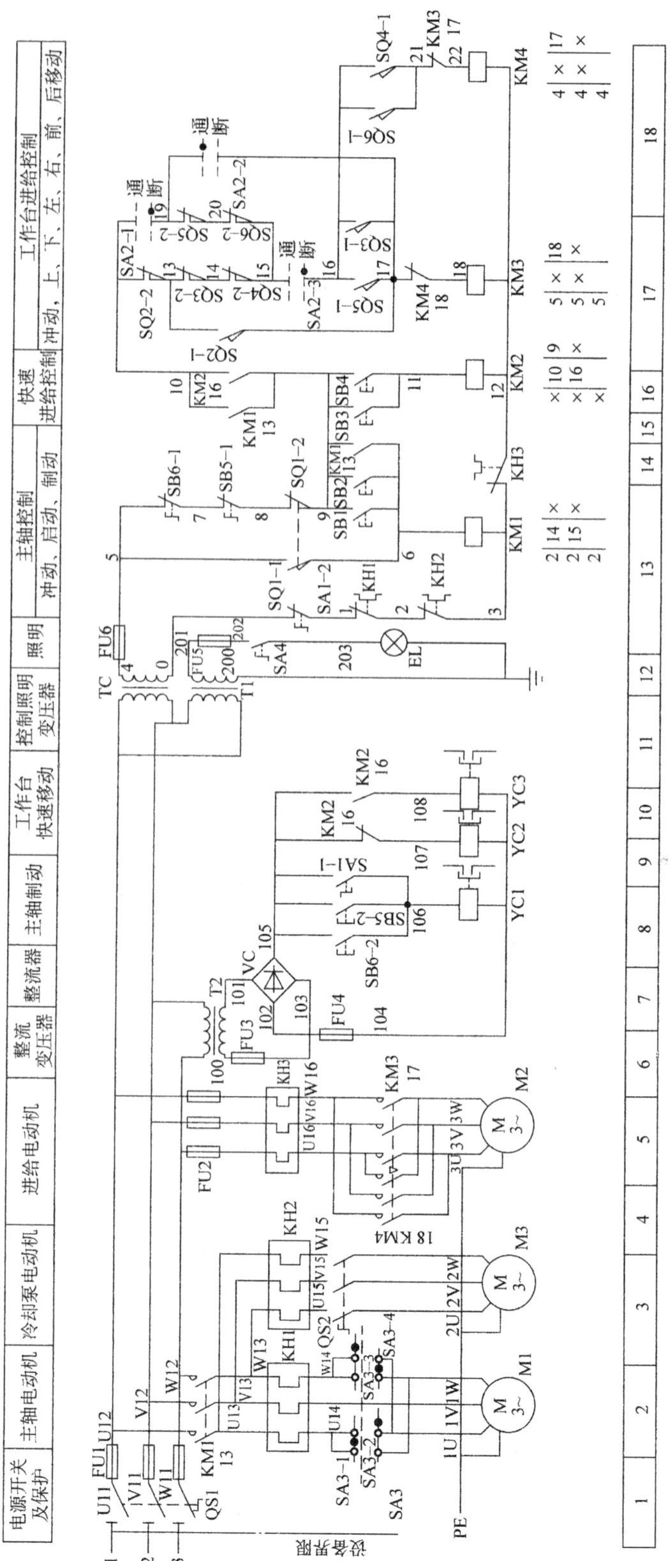

图 3-36 X62W 型万能铣床电气控制线路

表 3-26　主电路的控制和保护元件

名称及代号	功能	控制元件	过载保护元件	短路保护元件
主轴电动机 M1	驱动主轴带动铣刀旋转	接触器 KM1 和组合开关 SA3	热继电器 KH1	熔断器 FU1
进给电动机 M2	驱动进给运动和快速移动	接触器 KM3 和 KM4	热继电器 KH3	熔断器 FU1 和 FU2
冷却泵电动机 M3	供应切削液	手动开关 QS2	热继电器 KH2	熔断器 FU1

主轴电动机 M1 和冷却泵电动机 M3 采用的是顺序控制，即只有在主轴电动机 M1 启动后冷却泵电动机 M3 才能启动。冷却泵电动机 M3 由组合开关 QS2 控制。

2．控制电路分析

控制电路由控制变压器 TC 输出 110 V 电压供电，由熔断器 FU6 做短路保护。

（1）主轴电动机 M1 的控制　为方便操作，主轴电动机 M1 采用两地控制方式，一组启动按钮 SB1 和停止按钮 SB5 安装在工作台上，另一组启动按钮 SB2 和停止按钮 SB6 安装在床身上。主轴电动机 M1 的控制包括启动控制、制动控制、换刀控制和变速冲动控制，具体见表 3-27。

（2）进给电动机 M2 的控制　铣床的工作台要求有前后、左右和上下六个方向上的进给运动和快速移动，并且可在工作台上安装附件圆形工作台，对圆弧或凸轮进行铣削加工。这些运动都由进给电动机 M2 驱动。

1）工作台前后、左右和上下六个方向上的进给运动　工作台的前后和上下进给运动由一个手柄控制，左右进给运动由另一个手柄控制。手柄位置与工作台运动方向的关系见表 3-28。

表 3-27　主轴电动机 M1 的控制

控制要求	控制作用	控制过程
启动控制	启动主轴电动机 M1	选择好主轴的转速和转向，按下启动按钮 SB1 或 SB2，接触器 KM1 得电吸合并自锁，M1 启动运转，同时 KM1 的辅助常开触头（9—10）闭合，为工作台进给电路提供电源
制动控制	停车时使主轴迅速停转	按下停止按钮 SB5 或 SB6，其常闭触头 SB5-1 或 SB6-1（13 区）断开，接触器 KM1 线圈断电，KM1 的主触头分断，电动机 M1 断电做惯性运转；常开触头 SB5-2 或 SB6-2（8 区）闭合，电磁离合器 YC1 通电，M1 制动停转
换刀控制	更换铣刀时将主轴制动，以方便换刀	将转换开关 SA1 扳向换刀位置，其常开触头 SA1-1（8 区）闭合，电磁离合器 YC1 得电将主轴制动；同时常闭触头 SA1-2（13 区）断开，切断控制电路，铣床不能通电运转，确保人身安全

续表

控制要求	控制作用	控制过程
变速冲动控制	保证变速后齿轮能良好啮合	变速时先将变速手柄向下压并向外拉出，转动变速盘选定所需转速后，将手柄推回。此时变速冲动开关 SQ1（13 区）短时受压闭合，主轴电动机 M1 点动，手柄推回原位后，SQ1 复位，M1 断电，变速冲动结束

表 3-28　手柄位置与工作台运动方向的关系

控制手柄	手柄位置	行程开关动作	接触器动作	电动机 M2 转向	传动链搭合丝杠	工作台运动方向
左右进给手柄	左	SQ5	KM3	正转	左右进给丝杠	向左
	中	—	—	停止	—	停止
	右	SQ6	KM4	反转	左右进给丝杠	向右
上下和前后进给手柄	上	SQ4	KM4	反转	上下进给丝杠	向上
	下	SQ3	KM3	正转	上下进给丝杠	向下
	中	—	—	停止	—	—
	前	SQ3	KM3	正转	前后进给丝杠	向前
	后	SQ4	KM4	反转	前后进给丝杠	向后

现以工作台的左、右移动为例来分析工作台的进给。

左右进给操作手柄与行程开关 SQ5、SQ6 联动，有左、中、右三个位置。当手柄扳向中间位置时，行程开关 SQ5 和 SQ6 均未被压合，进给控制电路处于断开状态；当手柄扳向左（或右）位置时，手柄压下行程开关 SQ5（或 SQ6），同时将电动机的传动链和左右移动丝杠相连。其控制过程如下：

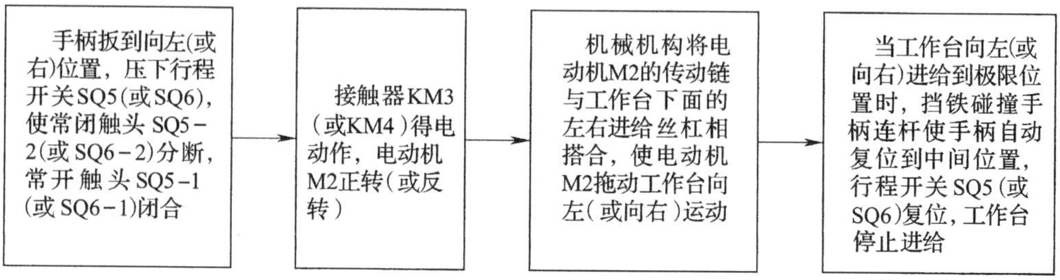

工作台的上下和前后进给由上下和前后进给手柄控制，其控制过程与左右进给相似，可自行分析。

通过以上分析可见，两个操作手柄中的一个被置于某一方向后，压下四个行程开关 SQ3、SQ4、SQ5、SQ6 中的一个开关，接通电动机 M2 正转或反转电路，同时通过机械机构将电动机的传动链与三根丝杠（左右丝杠、上下丝杠、前后丝杠）中的一根（只能是一根）丝杠相搭合，驱动工作台沿选定的进给方向运动。

2）左右进给与上下前后进给的联锁控制　在控制进给的两个手柄中，当其中的一个操作手柄被置于某一进给方向后，另一个操作手柄必须置于中间位置，否则将无法实现任何进给运动，这是因为在控制电路中对两者实行了联锁保护。例如，当把左右进给手柄扳向左时，若又将上下和前后进给手柄扳到向下进给方向，则行程开关 SQ5 和 SQ3 均被压下，触头 SQ5-2 和 SQ3-2 均分断，断开了接触器 KM3 和 KM4 的电流通路，电动机 M2 只能停转，保证了操作的安全。

3）进给变速时的瞬时点动　和主轴变速时一样，进给变速时，为使齿轮进入良好的啮合状态，也要进行变速后的瞬时点动。进给变速时，必须先把进给操作手柄放在中间位置，然后将进给变速盘（在升降台前面）向外拉出，选择好转速后，再将变速盘推进去。在推进的过程中，挡块压下行程开关 SQ2，使触头 SQ2-2 分断，SQ2-1 闭合，接触器 KM3 经 10—19—20—15—14—13—17—18 路径得电动作，电动机 M2 启动；但随着变速盘的复位，行程开关 SQ2 也跟着复位，使 KM3 断电释放，M2 则失电停转。这样使电动机 M2 瞬时点动一下，齿轮系统产生一次抖动，齿轮实现了顺利啮合。

4）工作台的快速移动控制　为提高工作效率，减少辅助工时，工作台可以在六个进给方向上做快速移动，快速移动是通过两个进给操作手柄和快速移动按钮 SB3 或 SB4 配合实现的。其控制过程如下所示：

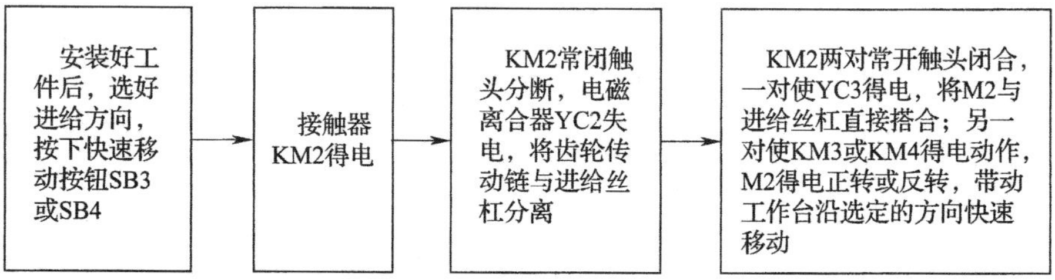

松开 SB3 或 SB4，快速移动停止。

接触器 KM2 的常开触头（9—10，16 区）与 KM1 的常开触头（9—10，16 区）并联，保证在主轴未启动时，工作台也可以快速移动，从而提高工作效率。

为保证电磁离合器可靠工作并减小噪声，电磁离合器 YC1、YC2 和 YC3 采用直流电源供电。380 V 的交流电压经变压器 T2 降压后，由 VC 整流后给电磁离合器供电，由 FU3、FU4 做直流电源部分的短路保护。

5）圆形工作台的控制　为扩大铣床的加工范围，X62W 型万能铣床可以在工作台上安装圆形工作台，对圆弧进行铣削加工，圆形工作台的工作由转换开关 SA2 控制。SA2 的位置与触头动作情况见表 3-29。

表 3-29　SA2 的位置与触头动作情况

触头手柄位置	SA2-1	SA2-2	SA2-3	动作接触器
圆形工作台接通	断开	闭合	断开	KM3
圆形工作台断开	闭合	断开	闭合	无

当需要圆形工作台旋转时，可将开关 SA2 扳到接通位置，此时：

SA2置于圆形工作台 →
- → 触头SA2-1断开
- → 触头SA2-3断开
- → 触头SA2-2闭合 → 电流经10—13—14—15—20—19—17—18 路径，

使接触器KM3得电 → 电动机M2启动，通过一根专用轴带动圆形工作台做旋转运动

当不需要圆形工作台旋转时，将转换开关 SA2 扳到断开位置，这时触头 SA2-1 和 SA2-3 闭合，触头 SA2-2 断开，工作台在六个方向上正常进给，圆形工作台不能工作。

圆形工作台开动时其余进给一律不准动作。两个进给手柄必须置于中间位置。若出现误操作，扳动两个进给手柄中的任意一个，则必然压合位置开关 SQ3～SQ6 中的一个，使电动机停止转动。圆形工作台加工不需要调速，也不需要正反转。

3. 照明电路的控制

机床照明由变压器 T1 供给 24 V 的安全电压，由开关 SA4 控制。熔断器 FU5 作为照明电路的短路保护。

X62W 型万能铣床电器元件明细表见表 3-30。

表 3-30　X62W 型万能铣床电器元件明细表

代号	名称	型号	规格	数量	用途
M1	主轴电动机	Y132M-4-B3	7.5 kW，380 V 1 450 r/min	1	驱动主轴
M2	进给电动机	Y90L-4	1.5 kW，380 V 1 400 r/min	1	驱动进给
M3	冷却泵电动机	JCB-22	125 W，380 V 2 790 r/min	1	驱动冷却泵
QS1	开关	HZ10-60/3J	60 A，380 V	1	电源总开关
QS2	开关	HZ10-10/3J	10 A，380 V	1	冷却泵开关
SA1	开关	LS2-3 A	10 A，500 V	1	换刀控制开关
SA2	开关	HZ10-10/3J	10 A，380 V	1	圆形工作台开关
SA3	开关	HZ3-133	10 A，500 V	1	M1 换向开关
SA4	开关	LAY3-11/2		1	照明灯开关
EL	照明灯	JC-25	40 W，24 V	1	工作照明
FU1	熔断器	RL1-60/50	60 A，熔体 50 A	3	电源短路保护

续表

代号	名称	型号	规格	数量	用途
FU2	熔断器	RL1-15/10	15 A，熔体 10 A	3	进给短路保护
FU3、FU6	熔断器	RL1-15/4	15 A，熔体 4 A	2	整流、控制电路短路保护
FU4、FU5	熔断器	RL1-15/2	15 A，熔体 2 A	2	直流、照明电路短路保护
KH1	热继电器	JR0-40	整定电流 16 A	1	M1 过载保护
KH2	热继电器	JR10-10	整定电流 0.43 A	1	M3 过载保护
KH3	热继电器	JR10-10	整定电流 3.4 A	1	M2 过载保护
T2	变压器	BK-100	380 V/36 V	1	整流电源
TC	变压器	BK-150	380 V/110 V	1	控制电路电源
T1	照明变压器	BK-50	50 V·A，380 V/24 V	1	照明电源
VC	整流器	2CZ×4	5 A，50 V	1	整流用
KM1	接触器	CJ10-20	20 A，线圈电压 110 V	1	主轴启动
KM2	接触器	CJ10-10	10 A，线圈电压 110 V	1	快速进给
KM3	接触器	CJ10-10	10 A，线圈电压 110 V	1	M2 正转
KM4	接触器	CJ10-10	10 A，线圈电压 110 V	1	M2 反转
SB1、SB2	按钮	LA2	绿色	2	启动 M1
SB3、SB4	按钮	LA2	黑色	2	快速进给点动
SB5、SB6	按钮	LA2	红色	2	停止、制动
YC1	电磁离合器	B1DL-Ⅲ	—	1	主轴制动
YC2	电磁离合器	B1DL-Ⅱ	—	1	正常进给
YC3	电磁离合器	B1DL-Ⅱ	—	1	快速进给
SQ1	行程开关	LX3-11K	开启式	1	主轴冲动开关
SQ2	行程开关	LX3-11K	开启式	1	进给冲动开关
SQ3	行程开关	LX2-131	单轮自动复位	1	M2 正反转及联锁
SQ4	行程开关	LX2-131	单轮自动复位	1	
SQ5	行程开关	LX3-11K	开启式	1	
SQ6	行程开关	LX3-11K	开启式	1	

四、X62W 型万能铣床常见电气故障分析与检修实例

1．故障一——主轴电动机 M1 不启动

主轴电动机 M1 不能启动，首先检查各开关是否处于正常工作位置，然后检查三相电源、熔断器、热继电器的常闭触头、两地启停按钮以及接触器 KM1 有无电器损坏、接线脱落、接触不良、线圈短路等现象。另外，还要检查主轴变速冲动开关 SQ1

是否有开关位置移动甚至撞坏现象，或者常闭触头接触不良现象。其具体检修可按图 3–37 所示的流程进行。

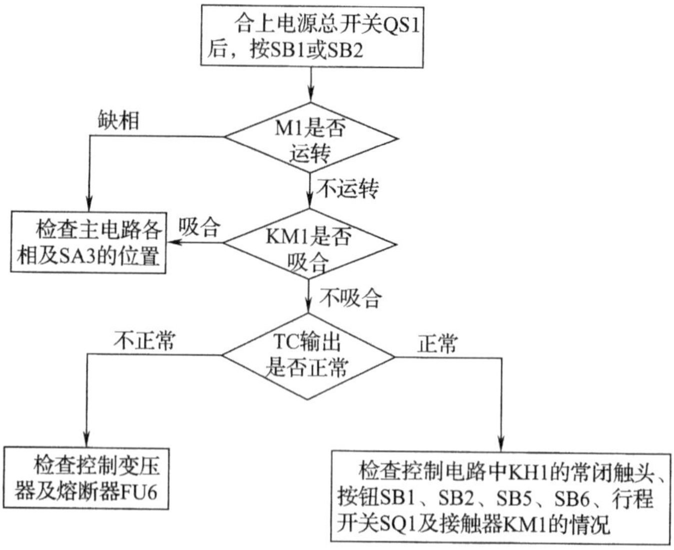

图 3–37 主轴电动机 M1 不启动的检修流程

2. 故障二——工作台的各个方向都不能进给

铣床工作台的进给是通过进给电动机 M2 的正、反转配合机械传动来实现的，如果各个方向都不能进给，大多是因为进给电动机 M2 不能启动所引起的。其具体检修可按图 3–38 所示的流程进行。

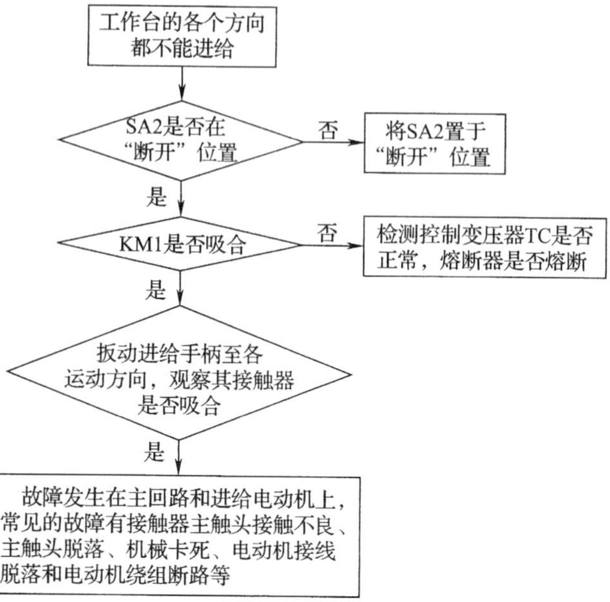

图 3–38 工作台的各个方向都不能进给的检修流程

X62W 型万能铣床常见电气故障及检修方法见表 3–31。

表 3–31　X62W 型万能铣床常见电气故障及检修方法

故障现象	可能的原因	检修方法
工作台能向左、右进给，不能向前、后、上、下进给	行程开关 SQ5 或 SQ6 由于经常被压合，使螺钉松动、开关移位、触头接触不良、开关机构卡住等，使线路断开或开关不能复位闭合，电路 19—20 或 15—20 断开	检修故障时，用万用表欧姆挡测量 SQ5–2 或 SQ6–2 的接触导通情况，查找故障部位，修理或更换元件，就可排除故障。注意在测量 SQ5–2 或 SQ6–2 的接通情况时，应操纵前后上下进给手柄，使 SQ3–2 或 SQ4–2 断开，否则通过 19—10—13—14—15 的导通，会误认为 SQ5–2 或 SQ6–2 接触良好
工作台能向前、后、上、下进给，不能向左、右进给	行程开关 SQ3、SQ4 出现故障	参照上例检查行程开关的常闭触头 SQ3–2、SQ4–2
工作台不能快速移动，主轴制动失灵	电磁离合器工作不正常	首先应检查接线有无松脱，整流变压器 T2、熔断器 FU3 和 FU6 的工作是否正常，整流器中的四个整流二极管是否损坏，电磁离合器线圈是否正常，离合器的动摩擦片和静摩擦片是否完好
变速时不能冲动控制	冲动行程开关 SQ1 或 SQ2 受到频繁冲击而不能正常工作	修理或更换行程开关，并调整好行程开关的动作距离，即可恢复冲动控制

实训 3—5　X62W 型万能铣床电气控制线路的检修

1. 工具与仪表

（1）工具　电工常用工具。

（2）仪表　MF47 型万用表、500 V 兆欧表、钳形电流表。

2. 实训过程

（1）熟悉机床的主要结构和运动形式，对铣床进行实际操作，了解铣床的各种工作状态及操作手柄的作用。

（2）参照图3–39所示电箱内电器布置图，熟悉机床电器元件的安装位置、走线情况以及操作手柄处于不同位置时，行程开关的工作状态及运动部件的工作情况。

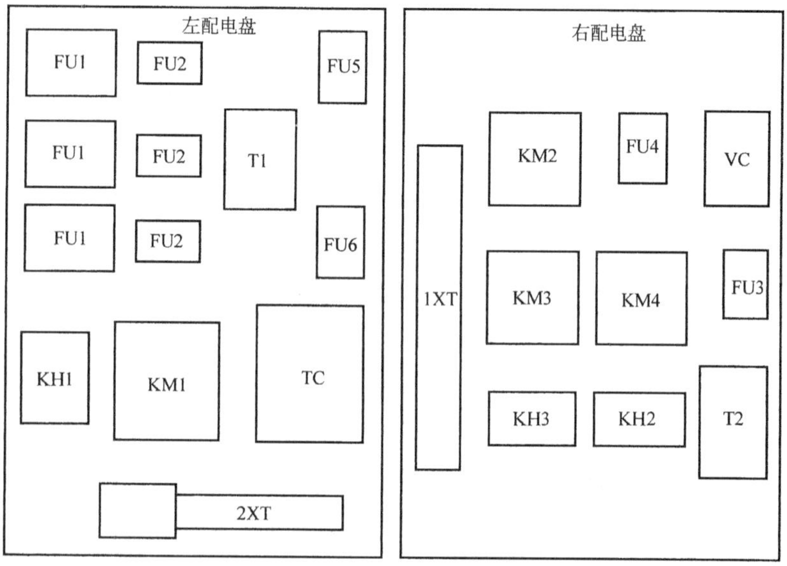

图3–39　X62W型万能铣床电箱内电器布置图

（3）在有故障的机床上或人为设置自然故障点的机床上，由教师示范检修，边分析边检查，直至故障排除。

（4）由教师设置已知故障点，在教师指导下从故障现象着手进行分析，采用正确的检查步骤和检修方法进行检修。

（5）由教师设置人为的自然故障点，按照检查步骤和检修方法自行独立进行检修。其具体要求如下：

1）根据故障现象，先在电路图上用虚线正确标出故障电路的最小范围，然后采用正确的检查排除方法，在规定时间内查出并排除故障。

2）排除故障的过程中，不得采用更换电器元件、借用触头或改动线路的方法修复故障点。

3）检修时严禁扩大故障范围或产生新的故障，不得损坏电器元件或设备。

3．注意事项

（1）检修前要认真阅读电路图，熟练掌握各个控制环节的原理及作用，并认真听取和仔细观察教师的示范检修。

（2）由于该机床的电气控制与机械结构的配合十分密切，因此，在出现故障时，应首先判明是机械故障还是电气故障。

（3）停电要验电，带电检修时，必须有指导教师在现场监护，以确保用电安全，同时要做好检修记录。

4. 评分标准

评分标准参照表 3–12。

知识拓展

机床电气控制线路的测绘

在机床电气线路的实际检修工作过程中，如果原有设备的电气控制线路图丢失或损坏，那么就需要根据实物测绘机床设备的电气控制线路图。因此，维修电工应掌握机床电气控制线路测绘的基本方法和步骤，并能根据实物测绘机床电气控制线路。

电气测绘是根据电气装置进行现场观察、测量绘制，然后经过整理测绘出安装接线图和电气控制线路图。

1. 电气测绘的一般步骤

（1）全面了解测绘对象　在测绘前，先要全面了解机床的基本结构和运动形式，明确哪些运动属于电气控制，哪些运动属于机械传动，哪些运动属于液压传动。有液压传动时，电磁阀的动作情况如何等，电气控制中哪些需要联锁、限位等电气保护措施。同时根据测绘需要，准备相应的测量工具和测量仪器等。

（2）通电试车，进一步熟悉机床的各种运动情况　在熟悉机械动作情况的同时，让机床的操作者开动机床，展示各运动部件的动作情况。了解哪些是正反转控制，哪些是顺序控制，哪台电动机需制动控制等。根据各部件的动作情况，在电气控制箱（盘）中观察各电器元件的动作情况。对有些功能不清楚的元件，可通过试车确认。

（3）测绘草图　为了便于绘出线路的电路图，可先绘制安装接线示意图，即用简明的符号和线条徒手画出表示电气控制元件的位置关系、连接关系、线路走向等的草图。

草图的测绘原则是：先测绘主电路，再测绘控制电路；先测绘输入端，后测绘输出端；先测绘主干线，再依次按节点测绘各支路。先简单后复杂，最后要一个回路一个回路进行校验。

（4）完成绘图　根据测绘的草图，画出正规安装接线图和控制电路图。

2. 电气图测绘的方法

电气图的测绘方法有：布置图 – 接线图 – 电路图法、查对法和综合法。

（1）布置图 – 接线图 – 电路图法　根据机床实物先绘制布置图，再绘制接线图，最后绘制电路图，这是最常用的电气图测绘的方法。

1）将生产设备断电，使所有电器元件处于正常状态。

2）按实物画出该设备的电器元件布置图。一般机床的元件按其安装位置分为控制柜（箱）、电动机和设备本体上的元件（如机床身上安装的按钮、开关等）。在画布置图时，可分别画出。

3）按实物，查清所有元件间的连线走向和线号并标注在图上，画出其电气安装接线草图。测绘安装接线图时应先绘制草图，然后再根据草图绘出标准图。绘制接线图时应注意以下几点：

①接线图应表示出各电器的实际位置，同一电器的各元件要画在一起。

②要表示出各电动机、电器之间的电气连接关系。凡是导线走向相同的可以合并画成单线。控制板内和板外各元件之间的电气连接是通过接线端子来进行的。

③接线图中元件的图形和文字符号以及端子的编号应与原理图一致，以便对照检查。

④接线图应标明导线和走线管的型号、规格、尺寸、根数。

⑤测绘时，应先从主电路开始，测绘出主电路接线图，然后再测绘出控制电路接线图。

4）根据按实物画出的接线图和绘制电路图的规定原则，画出其电路图。一般先绘制主运动、进给运动及辅助运动的主电路，再绘制主运动、进给运动及辅助运动的控制电路，最后将绘制的电路图按实物编号，并对照实物检查其正确性。

5）把画出的电路图对照实物仔细复查，特别注意线号和走线的方向，然后对照实物进行实际操作，检查实际操作的电气动作情况与电气控制线路的工作原理是否相符。如果相符，说明所测绘的原理图是正确的；否则就是有问题，必须重新对这部分进行检查并修改，直到与实际动作相符为止。

（2）查对法　在调查了解的基础上，分析判断生产设备控制电路中采用的基本控制环节，并画出电路草图，再与实际控制线路进行查对，不正确的地方加以修改，最后绘制出完整的电路图。采用此法绘图需要绘制者有一定的技术基础，既要熟悉各种电器元件在系统中的作用及连接方法，又要对系统中各种典型环节的画法有比较清楚的了解。

（3）综合法　根据对生产设备中所用电动机的控制要求及各环节的作用，采用上述两种方法相结合进行绘制，如先用查对法画出草图，再按实物测绘检查、核对、修改，画出完整的电路图。

3．电气测绘时的注意事项

（1）电气测绘前，要检验被测设备或装置是否有电，不能带电作业。确实需要带电作业测量的，必须采取必要的防范措施。

（2）要避免大拆大卸，对拆下的线头要做好记号或记录。

（3）两人以上协同进行电气测绘时，要协调一致，防止发生事故。

（4）由于测绘判断的需要，确需开动机床或设备时，一定要断开执行元件或请熟练的操作工操作，同时需要有监护人负责监护。对于可能发生的人身或设备事故，一定要有防范措施。

（5）测绘中若发现有掉线或接线错误时，首先做好记录，不要随意把掉线接到某个电器元件上，应照常进行测绘工作，待电路图画出后再分析解决问题。

巩固练习

1. X62W 型万能铣床的工作台可以在哪些方向上进给？

2. X62W 型万能铣床电气控制线路中三个电磁离合器的作用分别是什么？电磁离合器为什么要采用直流电源供电？

3. X62W 型万能铣床电气控制线路中为什么要设置变速冲动？

4. 如果 X62W 型万能铣床的工作台能左、右进给，但不能前、后、上、下进给，分析故障原因。

课题 5　20/5t 桥式起重机电气控制线路

学习目标

1. 了解 20/5t 桥式起重机的主要结构和运动形式。

2. 掌握 20/5t 桥式起重机电气控制线路的构成和工作原理，能检修常见电气故障。

起重机是一种用来吊起或放下重物并使重物在短距离内水平移动的起重设备，起重机按结构不同可分为桥式、塔式、门式、旋转式和缆索式等多种，不同结构的起重机分别应用于不同的场合。生产车间常用的是桥式起重机，俗称吊车、行车或天车。常见的有 5t、10t 单钩及 15/3t、20/5t 双钩等种类，20/5t 双钩桥式起重机如图 3–40 所示。

图 3-40　20/5t 双钩桥式起重机

一、20/5t 桥式起重机主要结构和运动形式

20/5t 桥式起重机的结构如图 3-41 所示，它主要由主钩（20 t）、副钩（5 t）、大车和起重小车等组成。

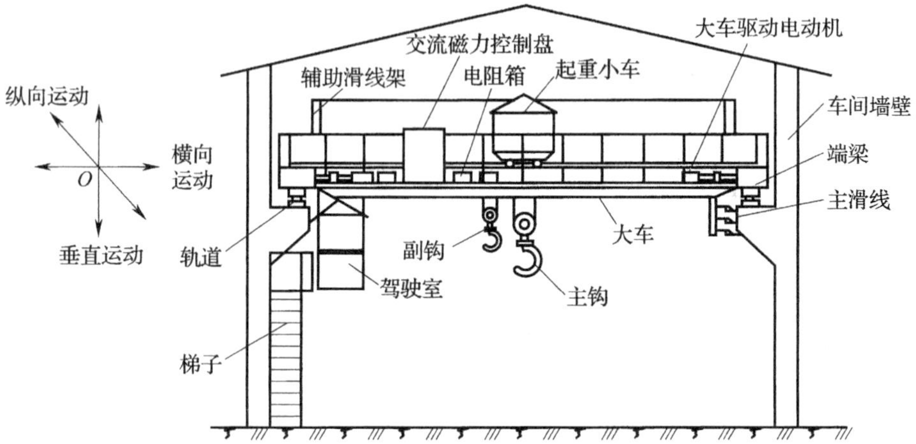

图 3-41　20/5t 桥式起重机的结构

大车的轨道敷设在车间两侧的立柱上，大车可在轨道上在车间内纵向移动；大车上装有起重小车轨道，供起重小车横向移动；主钩和副钩都装在起重小车上，主钩用来提升重物，副钩除可提升轻物外，还可以用来协同主钩倾转和翻倒工件，但不允许主、副钩同时提升两个工件。当主、副钩同时工作时，物件的质量不允许超过主钩的额定起重量。这样，桥式起重机可以在大车能够行走的整个车间范围内进行起重运输。

20/5t 桥式起重机采用三相交流电源供电，由于起重机工作时是经常移动的，因此需采用可移动的电源供电。小型起重机常采用软电缆供电，软电缆可随大、小车的移动而伸展和叠卷。20/5t 桥式起重机一般通过滑触线和集电刷供电。三根主滑触线沿着平行于大车轨道的方向敷设在车间厂房的一侧。三相交流电源经由主滑触线和集电刷引入起重机驾驶室内的保护控制柜上，再从保护控制柜上引出两相电源至凸轮控制器，另一相称为电源公用相，直接从保护控制柜接到电动机的定子接线端。

滑触线通常采用角钢、圆钢、V 形钢或工字钢等制成。

二、20/5t 桥式起重机的控制要求

1. 桥式起重机的工作环境较恶劣，经常需带载启动，要求电动机的启动转矩大，启动电流小，且有一定的调速要求。因此，多选用绕线转子异步电动机驱动，用转子绕组串电阻实现启动和调速控制。

2. 要有合理的升降速度，空载、轻载时速度要快，以减少辅助工时；重载时速度要慢。

3. 提升开始和重物下降到预定位置附近时，需要低速，因此在 30% 额定速度内应分为几挡，以便灵活操作。

4. 提升的第一挡作为预备级，这是为了消除传动的间隙和张紧钢丝绳，以避免过大的机械冲击，所以启动转矩不能太大。

5. 为保证人身和设备安全，停车必须采用安全可靠的制动方式，因此采用电磁抱闸制动。

6. 具有完备的保护环节：短路、过载、终端及零位保护。

三、20/5t 桥式起重机电气控制线路分析

20/5t 桥式起重机的电路图和分合表如图 3–42 所示。

1. 20/5t 桥式起重机的电气设备及控制、保护装置

20/5t 桥式起重机中共有五台绕线转子异步电动机，其控制和保护元件见表 3–32。

表 3–32 20/5t 桥式起重机中电动机的控制和保护元件

名称及代号	控制电器	过流和过载保护元件	终端限位保护元件	电磁抱闸制动器
大车电动机 M3、M4	凸轮控制器 AC3	KA3、KA4	SQ3、SQ4	YB3、YB4
小车电动机 M2	凸轮控制器 AC2	KA2	SQ1、SQ2	YB2
副钩升降电动机 M1	凸轮控制器 AC1	KA1	SQ6（提升限位）	YB1
主钩升降电动机 M5	主令控制器 AC4	KA5	SQ5（提升限位）	YB5、YB6

整个起重机的控制和保护由交流保护柜和交流磁力控制屏来实现。总电源由隔离开关 QS1 控制，由过电流继电器 KA0 实现过流保护。KA0 的线圈串联在公用相中，其整定值不应超过全部电动机额定电流总和的 1.5 倍，而过电流继电器 KA1~KA5 的整定值一般整定在被保护电动机额定电流的 1.25~1.5 倍。各控制电路用熔断器 FU1、FU2 作为短路保护。

为了保障维修人员的安全，在驾驶室舱门盖上装有安全开关 SQ7；在横梁两侧栏杆门上分别装有安全开关 SQ8、SQ9；在保护柜上还装有一只单刀单掷的紧急开关 QS4，上述各开关的常开触头与副钩、大车、小车的过电流继电器及总过电流继电器的常闭触头串联。这样，当驾驶室舱门或横梁栏杆门开启时，主接触器 KM 不能获电，起重机的所有电动机都不能启动运行，从而保证了人身安全。

起重机还设置了零位联锁保护，只有当所有控制器的手柄都处于零位时，起重机才能启动运行，其目的是防止电动机在转子回路的电阻被切除的情况下直接启动，产生很大的冲击电流。

电源总开关 QS1、熔断器 FU1 和 FU2、主接触器 KM、紧急开关 QS4 以及过电流继电器 KA0~KA5 都安装在保护柜上。保护柜、凸轮控制器及主令控制器均安装在驾驶室内，以便于司机操作。电动机转子的串联电阻及磁力控制屏则安装在大车桥架上。

由于桥式起重机在工作过程中小车要在大车上横向移动，为了方便供电及各电气设备之间的连接，在桥架的一侧装设了 21 根辅助滑触线，它们的作用分别是：

用于主钩部分有 10 根，3 根（13、14 区）连接主钩电动机 M5 的定子绕组（5U、5V、5W）接线端；3 根（13、14 区）连接转子绕组与转子附加电阻 5R；2 根（15、16 区）用于主钩电磁抱闸制动器 YB5、YB6 与交流磁力控制屏的连接；另外 2 根（21 区）用于主钩上升行程开关 SQ5 与交流磁力控制屏及主令控制器 AC4 的连接。

用于副钩部分有 6 根，其中 3 根（3 区）连接副钩电动机 M1 的转子绕组与转子附加电阻 1R；2 根（3 区）连接定子绕组（1U、1W）接线端与凸轮控制器 AC1；另 1 根（8 区）将副钩上升行程开关 SQ6 接到交流保护柜上。

用于小车部分有 5 根，其中 3 根（4 区）连接小车电动机 M2 的转子绕组与附加电阻 2R；2 根（4 区）连接 M2 定子绕组（2U、2W）接线端与凸轮控制器 AC2。

起重机的导轨及金属桥架必须可靠接地。

AC1	向下						向上				
	5	4	3	2	1	0	1	2	3	4	5
V13–1W							×	×	×	×	×
V13–1U	×	×	×	×	×						
U13–1U							×	×	×	×	×
U13–1W	×	×	×	×	×						
1R5	×	×	×	×				×	×	×	×
1R4	×	×	×						×	×	×
1R3	×	×								×	×
1R2	×										×
1R1	×										×
AC1–5						×	×	×	×	×	×
AC1–6	×	×	×	×	×	×					
AC1–7						×					

a)

AC2	向左						向右				
	5	4	3	2	1	0	1	2	3	4	5
V14–2W							×	×	×	×	×
V14–2U	×	×	×	×	×						
U14–2U							×	×	×	×	×
U14–2W	×	×	×	×	×						
2R5	×	×	×	×				×	×	×	×
2R4	×	×	×						×	×	×
2R3	×	×								×	×
2R2	×										×
2R1	×										×
AC2–5						×	×	×	×	×	×
AC2–6	×	×	×	×	×	×					
AC2–7						×					

b)

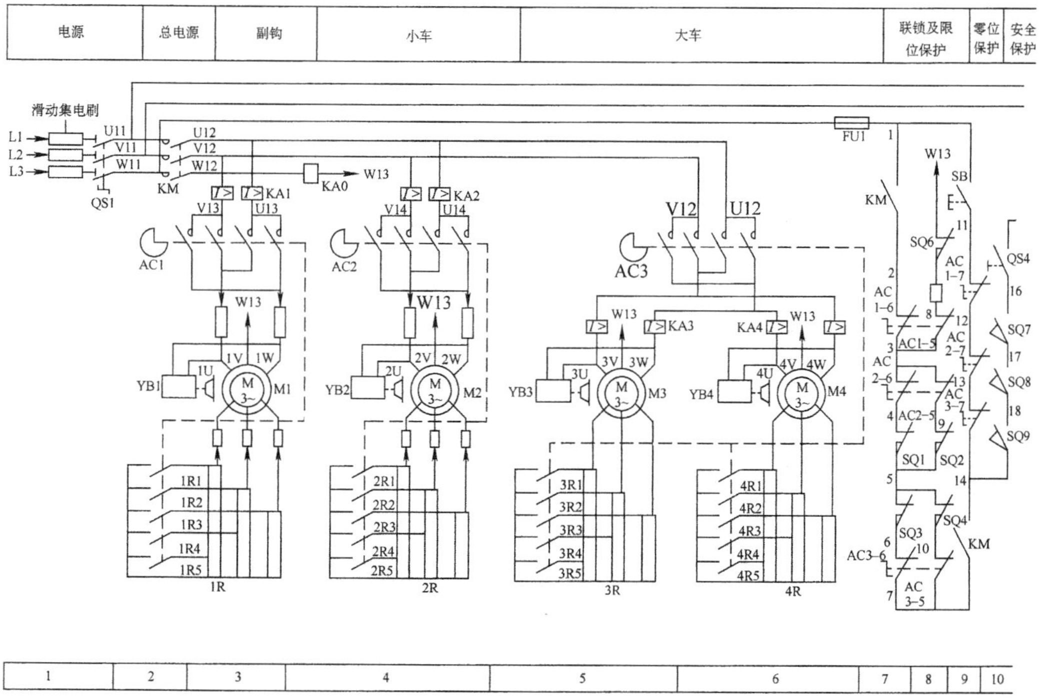

e)

图 3–42　20/5t 桥式起

a）副钩凸轮控制器触头分合表

c）大车凸轮控制器触头分合表　d）主

AC3

	向后						向前				
	5	4	3	2	1	0	1	2	3	4	5
V12–3W,4U							×	×	×	×	×
V12–3U,4W	×	×	×	×	×						
U12–3U,4W							×	×	×	×	×
U12–3W,4U	×	×	×	×	×						
3R5	×	×	×	×				×	×	×	×
3R4	×	×	×						×	×	×
3R3	×	×								×	×
3R2	×										×
3R1	×										×
4R5	×	×	×	×				×	×	×	×
4R4	×	×	×						×	×	×
4R3	×	×								×	×
4R2	×										×
4R1	×										×
AC3–5						×	×	×	×	×	×
AC3–6	×	×	×	×	×	×					
AC3–7						×					

c)

AC4

		下降							上升					
		强力			制动									
		5	4	3	2	1	J	0	1	2	3	4	5	6
	S1							×						
	S2	×	×	×										
	S3				×	×	×		×	×	×	×	×	×
KM3	S4	×	×	×	×	×			×	×	×	×	×	×
KM1	S5	×	×	×										
KM2	S6				×	×	×		×	×	×	×	×	×
KM4	S7	×	×	×		×	×		×	×	×	×	×	×
KM5	S8	×	×	×			×			×	×	×	×	×
KM6	S9	×	×								×	×	×	×
KM7	S10	×										×	×	×
KM8	S11	×											×	×
KM9	S12	×	0	0										×

d)

注：×— 触头闭合，0— 触头在操作手柄转向 0 位时闭合。

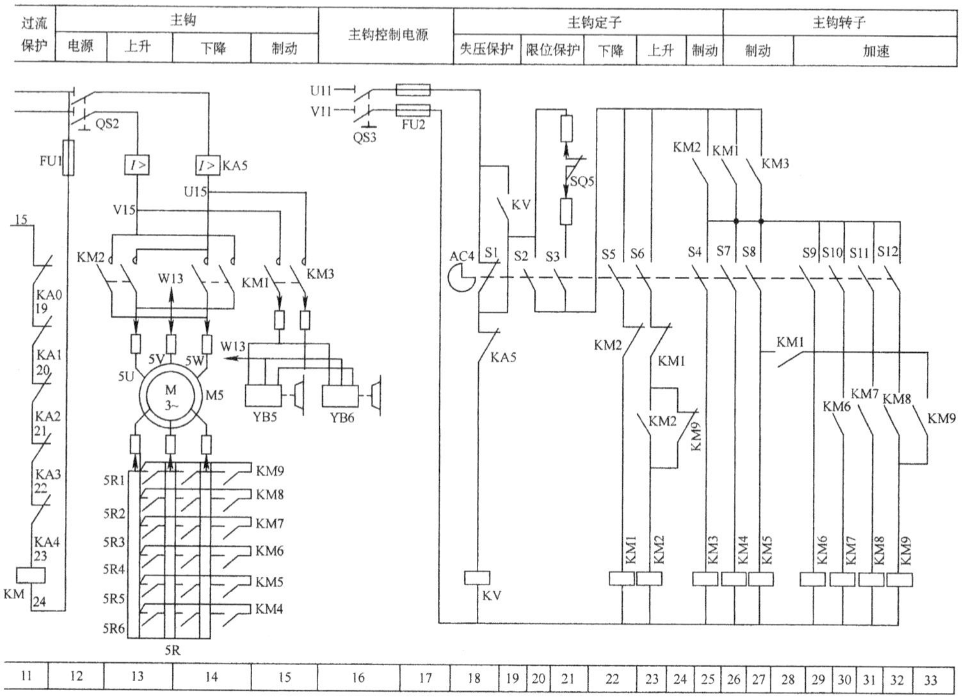

重机的电路图和分合表

b）小车凸轮控制器触头分合表

令控制器触头分合表　e）电路图

2. 主接触器 KM 的控制

接触器 KM 的控制电路如图 3-43 所示。

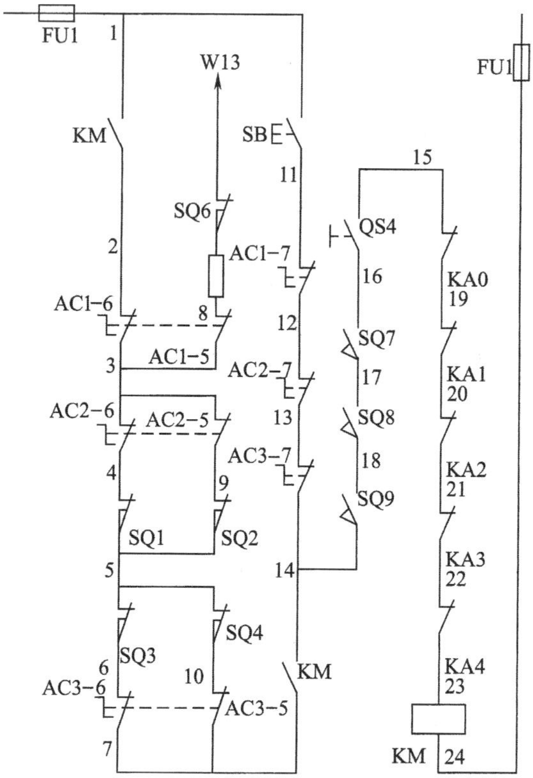

图 3-43　接触器 KM 的控制电路

（1）准备阶段　在起重机投入运行前，应将所有凸轮控制器手柄置于零位，使零位联锁触头 AC1-7、AC2-7、AC3-7（均在 9 区）闭合；合上紧急开关 QS4（10 区），关好舱门和横梁栏杆门，使行程开关 SQ7、SQ8、SQ9 的常开触头也处于闭合状态。

（2）启动运行阶段　合上电源开关 QS1，按下启动按钮 SB，主接触器 KM 得电吸合，KM 主触头闭合，使两相电源（U12、V12）引入各凸轮控制器。同时，KM 的两副辅助常开触头（7 区和 9 区）闭合自锁，主接触器 KM 的线圈的得电路径如下：

FU1→1→SB→11→AC1-7→12→AC2-7→13→AC3-7→14
→SQ9→18→SQ8→17→SQ7→16→QS4→15→KA0→19
→KA1→20→KA2→21→KA3→22→KA4→23→KM→24→FU1

KM 线圈闭合自锁路径如下：

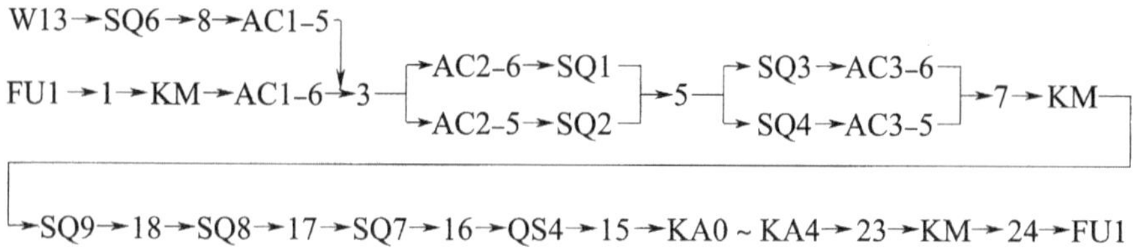

3. 副钩的控制

20/5t 桥式起重机副钩电动机的容量为 15 kW，一般采用凸轮控制器控制。

副钩凸轮控制器 AC1 共有 11 个位置，中间位置是零位，左、右两边各有 5 个位置，用来控制电动机 M1 在不同转速下的正、反转，即用来控制副钩的升、降。AC1 共有 12 副触头，其中 4 对常开主触头控制 M1 定子绕组的电源，并换接电源相序以实现 M1 的正、反转；5 对常开辅助触头控制 M1 转子电阻 1R 的切换；三对常闭辅助触头作为联锁触头，其中 AC1–5 和 AC1–6 为 M1 正、反转联锁触头，AC1–7 为零位联锁触头。

（1）副钩上升控制　在主接触器 KM 线圈得电吸合的前提下，转动凸轮控制器 AC1 的手轮至向上“1”挡，AC1 的主触头 V13–1W 和 U13–1U 闭合，触头 AC1–5 闭合，AC1–6 和 AC1–7 断开，电动机 M1 接通三相电源正转，同时电磁抱闸制动器线圈 YB1 得电，闸瓦与闸轮分开，M1 转子回路中串接全部外接电阻器 1R 启动，M1 以最低转速、较大的启动力矩带动副钩上升。

转动 AC1 手轮，依次扳到上升“2”～“5”挡时，5 对常开触头 1R1～1R5 逐个闭合，依次短接电阻 1R1～1R5，电动机 M1 的转速逐步升高，直至达到预定转速。

（2）副钩下降控制　凸轮控制器 AC1 的手轮转至向下挡位时，AC1 的主触头 V13–1U 和 U13–1W 闭合，改变接入电动机 M1 的电源的相序，M1 反转；同时电磁抱闸制动器线圈 YB1 得电，闸瓦与闸轮分开，M1 转子回路中串入全部外接电阻器 1R 启动反转，带动副钩下降。依次转动手轮，AC1 的 5 对常开触头（2 区）依次闭合，短接电阻 1R5～1R1，电动机 M1 的下降转速逐渐升高，直到预定转速。

当断电或将手轮转至“0”位时，电动机 M1 断电，同时电磁抱闸制动器 YB1 也断电，M1 被迅速制动停转。当副钩带有重负载时，考虑到负载的重力作用，在下降负载时，应先把手轮逐级扳到“下降”的最后一挡，然后根据速度要求逐级退回升速，以免下降速度过快造成事故。

4. 小车的控制

小车电动机由凸轮控制器 AC2 控制，其控制过程与副钩相似。

小提示

小车的左右两端分别由行程开关 SQ1、SQ2 实现终端限位保护，限位位置和方向应现场调整、校验，确保动作可靠。小车轨道较短，应注意控制小车行进速度，确保安全。

5. 大车的控制

大车电动机的容量为7.5 kW，也采用凸轮控制器控制，其控制过程也与副钩相似。由于大车由两台电动机M3和M4同时驱动，所以大车凸轮控制器AC3比AC1、AC2多了5对常开触头，以供切除电动机M4的转子电阻4R1~4R5用。两台大车电动机M3、M4的定子绕组是并联的，由AC3的4副触头进行控制。

小提示

由于大车由两台电动机M3和M4同时驱动，因此必须确保两台大车电动机的运行速度和方向一致；两台大车电磁抱闸制动器的制动力度需调成一致，短接的电阻需保持一致，避免发生危险。

6. 主钩的控制

主钩电动机M5的容量较大，一般采用主令控制器配合磁力控制屏进行控制，即用主令控制器控制接触器，再由接触器控制电动机。为提高主钩运行的稳定性，在切除转子附加电阻时，采用三相平衡切除，使三相转子电流平衡。

主钩控制电路如图3-44所示。主钩上升与副钩上升的工作过程基本相似，区别仅在于它是由主令控制器AC4控制接触器，再由接触器控制电动机M5的运行。

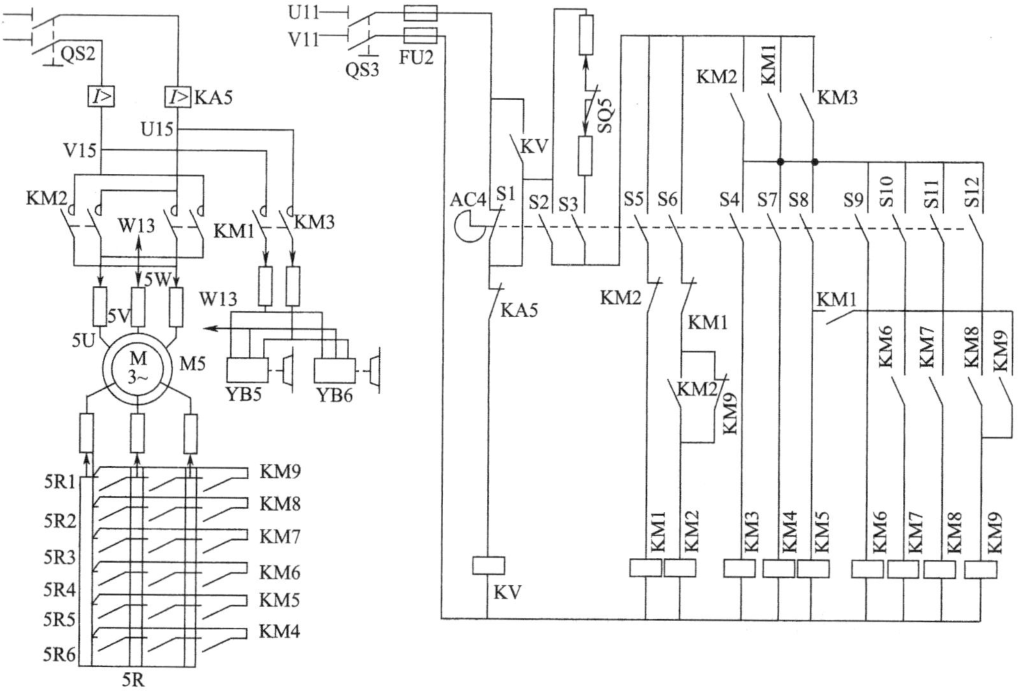

图3-44 主钩控制电路

主钩下降时与副钩的工作过程有明显的差异，主钩下降有6挡位置，“J”“1”“2”为制动下降位置，用于重负载低速下降，电动机处于倒拉反接制动运行状态；“3”

"4""5"挡为强力下降位置，主要用于轻负载快速下降，电动机处于电动或发电制动运行状态。

先合上电源开关 QS1（1 区）、QS2（12 区）、QS3（16 区），接通主电路和控制电路电源，将主令控制器 AC4 的手柄置于零位，其触头 S1（18 区）闭合，电压继电器 KV 得电吸合，其常开触头（19 区）闭合，为主钩电动机 M5 启动做好准备。手柄处于各挡时的工作情况见表 3-33。

表 3-33　主钩电动机的工作情况

AC4 手柄位置	AC4 闭合触头	得电动作的接触器	主钩的工作状态
制动下降位置"J"挡	S3、S6、S7、S8	KM2、KM4、KM5	电动机 M5 接正序电压产生提升方向的电磁转矩，但由于 YB5、YB6 线圈未获电仍处于制动状态，在制动器和载重的重力作用下，M5 不能启动旋转。此时，M5 转子电路接入四段电阻，为启动做好准备
制动下降位置"1"挡	S3、S4、S6、S7	KM2、KM3、KM4	电动机 M5 仍接正序电压，但由于 KM3 得电动作，YB5、YB6 得电松开，M5 能旋转；由于 KM5 失电释放，转子回路接入五段电阻，M5 产生的提升转矩减小，此时若重物产生的负载倒拉力矩大于 M5 的电磁转矩，M5 运转在倒拉反接制动状态，低速下放重物；反之，重物反而被提升，此时必须将 AC4 的手柄迅速扳到下一挡
制动下降位置"2"挡	S3、S4、S6	KM2、KM3	电动机 M5 仍接正序电压，但 S7 断开，KM4 失电释放，附加电阻全部串入转子回路，M5 产生的电磁转矩减小，重负载的下降速度比"1"挡时加快
强力下降位置"3"挡	S2、S4、S5、S7、S8	KM1、KM3、KM4、KM5	KM1 得电吸合，电动机 M5 接负序电压，产生下降方向的电磁转矩；KM4、KM5 吸合，转子回路切除两级电阻 5R6 和 5R5；KM3 吸合，YB5、YB6 的抱闸松开，此时若负载较轻，M5 处于反转电动状态，强力下降重物；若负载较重，使电动机的转速超过其同步转速，M5 将进入再生发电制动状态，限制下降速度
强力下降位置"4"挡	S2、S4、S5、S7、S8、S9	KM1、KM3、KM4、KM5、KM6	KM6 得电吸合，转子附加电阻 5R4 被切除，M5 进一步加速，轻负载下降速度加快。另外，KM6 的辅助常开触头（30 区）闭合，为 KM7 得电做准备

续表

AC4 手柄位置	AC4 闭合触头	得电动作的接触器	主钩的工作状态
强力下降位置“5”挡	S2、S4、S5、S7~S12	KM1、KM3、KM4~KM9	AC4 闭合的触头较“4”挡又增加了 S10、S11、S12，KM7~KM9 依次得电吸合，转子附加电阻 5R3、5R2、5R1 依次逐级切除，以避免过大的冲击电流；M5 旋转速度逐渐增加，最后以最高速度运转，负载以最快速度下降。此时若负载较重，使实际下降速度超过电动机的同步转速，电动机将进入再生发电制动状态，电磁转矩变成制动力矩，限制负载下降速度的继续增加

桥式起重机在实际运行过程中，操作人员要根据具体情况选择不同的挡位。例如，主令控制器 AC4 的手柄在强力下降位置“5”挡时，仅适用于起重较小负载的场合。如果需要较小的下降速度或起重较大负载的情况下，就需要将 AC4 的手柄扳回到制动下降位置“1”或“2”挡进行反接制动下降，为了避免转换过程中可能发生过高的下降速度，在接触器 KM9 电路中常用辅助常开触头 KM9（33 区）自锁；同时为了不影响提升调速，在该支路中再串联一个辅助常开触头 KM1（28 区），以保证 AC4 的手柄由强力下降位置向制动下降位置转换时，接触器 KM9 线圈始终通电，只有将手柄扳至制动下降位置后，KM9 的线圈才断电。

在 AC4 的触头分合表中，强力下降位置“3”和“4”挡上有“0”符号，表示手柄由“5”挡回转时，触头 S12 接通。如果没有以上联锁措施，在手柄由强力下降位置向制动下降位置转换时，若操作人员不小心，误将手柄停在了“3”或“4”挡，那么正在高速下降的负载的下降速度不但得不到控制，反而会增大速度，很可能造成事故。

另外，串接在接触器 KM2 线圈电路中的 KM2 常开触头（23 区）与 KM9 常闭触头（24 区）并联，主要作用是当接触器 KM1 线圈断电释放后，只有在 KM9 断电释放的情况下，接触器 KM2 才能得电自锁，从而保证了只有在转子电路中串接一定附加电阻的前提下，才能进行反接制动，以防止反接制动时产生过大的冲击电流。

20/5t 桥式起重机的电器元件明细表见表 3–34。

表 3–34　20/5t 桥式起重机的电器元件明细表

代号	名称	型号	数量	备注
M5	主钩升降电动机	YZR315M–10、75 kW	1	
M1	副钩升降电动机	YZR200L–8、15 kW	1	
M2	小车电动机	YZR132MB–6、3.7 kW	1	

续表

代号	名称	型号	数量	备注
M3、M4	大车电动机	YZR160MB-6、7.5 kW	2	
AC1	副钩凸轮控制器	KTJ1-50/1	1	控制副钩电动机
AC2	小车凸轮控制器	KTJ1-50/1	1	控制小车电动机
AC3	大车凸轮控制器	KTJ1-50/5	1	控制大车电动机
AC4	主钩主令控制器	LK1-12/90	1	控制主钩电动机
YB1	副钩电磁制动器	MZD1-300	1	制动副钩
YB2	小车电磁制动器	MZD1-100	1	制动小车
YB3、YB4	大车电磁制动器	MZD1-200	2	制动大车
YB5、YB6	主钩电磁制动器	MZS1-45H	2	制动主钩
1R	副钩电阻器	2K1-41-8/2	1	副钩电动机启动调速
2R	小车电阻器	2K1-12-6/1	1	小车电动机启动调速
3R、4R	大车电阻器	4K1-22-6/1	2	大车电动机启动调速
5R	主钩电阻器	4P5-63-10/9	1	主钩电动机启动调速
QS1	总电源开关	HD-9-400/3	1	接通总电源
QS2	主钩电源开关	HD11-200/2	1	接通主钩电源
QS3	主钩控制电源开关	DZ5-50	1	接通主钩电动机控制电源
QS4	紧急开关	A-3161	1	发生紧急情况断开
SB	启动按钮	LA19-11	1	启动主接触器
KM	主接触器	CJ2-300/3	1	接通大车、小车及副钩电源
KA0	总过电流继电器	JL4-150/1	1	总过流保护
KA1~KA3	过电流继电器	JL4-15	3	过流保护
KA4	过电流继电器	JL4-40	1	过流保护
KA5	主钩过电流继电器	JL4-150	1	过流保护
FU1	熔断器	RL1-15	1	控制回路短路保护
FU2	熔断器	RL-60	2	主钩控制回路短路保护

续表

代号	名称	型号	数量	备注
KM1、KM2	主钩升降接触器	CJ2–250	2	控制主钩电动机旋转
KM3	主钩制动接触器	CJ2–75/2	1	控制主钩制动电磁铁
KM6~KM9	主钩加速接触器	CJ2–75/3	4	控制主钩附加电阻
KV	欠电压继电器	JT4–10P	1	欠压保护
SQ5	主钩上升行程开关	LK4–31	1	限位保护
SQ6	副钩上升行程开关	LK4–31	1	限位保护
SQ1~SQ4	大、小车行程开关	LK4–11	4	限位保护
SQ7	舱门安全开关	LX2–11H	1	舱门安全保护
SQ8、SQ9	横梁安全开关	LX2–111	2	横梁栏杆门安全保护
KM4、KM5	主钩预备级接触器	CJ2–75/3	2	控制主钩附加电阻

四、20/5t 桥式起重机常见故障分析与检修举例

1. 故障一——合上总电源开关 QS1 并按下启动按钮 SB 后，接触器 KM 不动作

按下启动按钮 SB 后，接触器 KM 的通电路径如下：

FU1→1→SB→11→AC1–7→12→AC2–7→13→AC3–7→14
→SQ9→18→SQ8→17→SQ7→16→QS4→15→KA0→19
→KA1→20→KA2→21→KA3→22→KA4→23→KM→24→FU1

可见，产生这种故障的原因可能有：线路无电压；熔断器 FU1 熔断；过电流继电器 KA0~KA4 动作后未复位；紧急开关 QS4 或安全开关 SQ7、SQ8、SQ9 未合上；各凸轮控制器手柄未在零位，触头 AC1–7、AC2–7、AC3–7 分断；主接触器 KM 线圈断路等。对此可用电压或电阻法测量找出故障并排除。

2. 故障二——按下启动按钮 SB 后，接触器 KM 动作，但松开 SB 后，KM 不能自锁

松开 SB 后，KM 的自锁回路如下：

W13→SQ6→8→AC1–5↓
FU1→1→KM→AC1–6→3—(→AC2–6→SQ1 / →AC2–5→SQ2)→5—(→SQ3→AC3–6 / →SQ4→AC3–5)→7→KM
→SQ9→18→SQ8→17→SQ7→16→QS4→15→KA0 ~ KA4→23→KM→24→FU1

对照其自锁回路可知，故障是 1（或 W13）—14 线点之间出现断路。可断开电源，用电阻测量法查出故障并排除。

小提示

检修时应注意：凸轮控制器 AC1、AC2、AC3 手轮处于不同位置时，接触器 KM 的自锁回路不同，测量时应注意分清。

20/5t 桥式起重机常见故障及可能原因见表 3–35。

表 3–35　桥式起重机常见故障及可能原因

故障现象	故障原因
主接触器 KM 吸合后，过电流继电器立即动作	（1）凸轮控制器电路接地 （2）电动机绕组接地 （3）电磁抱闸制动器线圈接地
接通电源并转动凸轮控制器的手轮后，电动机不启动	（1）凸轮控制器主触头接触不良 （2）滑触线与集电刷接触不良 （3）电动机的定子绕组或转子绕组接触不良 （4）电磁抱闸制动器线圈断路或制动器未松开
转动凸轮控制器后，电动机能启动运转，但不能输出额定功率且转速明显减慢	（1）电源电压偏低 （2）制动器未完全松开 （3）转子电路串接的附加电阻未完全切除 （4）机构卡住
制动电磁铁线圈过热	（1）电磁铁线圈的电压与线路电压不符 （2）电磁铁工作时，动、静铁芯间的间隙过大 （3）电磁铁的牵引力过载 （4）制动器的工作条件与线圈数据不符 （5）电磁铁铁芯歪斜或机械卡阻
制动电磁铁噪声过大	（1）交流电磁铁短路环开路 （2）动、静铁芯端面有油污 （3）铁芯松动或铁芯端面不平整 （4）电磁铁过载
凸轮控制器在工作过程中卡住或转不到位	（1）凸轮控制器的动触头卡在静触头下面 （2）定位机构松动
凸轮控制器在转动过程中火花过大	（1）动、静触头接触不良 （2）控制的电动机容量过大

巩固练习

1. 桥式起重机为什么多选用绕线转子异步电动机拖动？

2. 桥式起重机的电气控制线路中设置了哪些安全保护措施来保证人身安全？

3. 桥式起重机在启动前各控制手柄为什么都要置于零位？

4. 桥式起重机主钩下降的制动下降挡主要用于哪些情况？

5. 参考图 3–42 所示桥式起重机的电路图，分析主令控制器手柄置于下降位置“J”挡时桥式起重机的工作过程。

第四单元
变频调速系统

交流异步电动机的三种调速方法分别是变频调速、变转差率调速和变极调速。由于变频调速的性能良好，调速范围大，稳定性好，运行效率高，特别是采用通用变频器对笼型异步电动机进行调速控制，使用方便，可靠性高，经济效益显著，所以交流电动机变频调速技术的应用已经扩展到了工业生产的所有领域，并且在空调、电冰箱、洗衣机等家电产品中也得到了广泛应用。如图 4–1 所示为数控铣床及其用于主轴驱动系统的变频器。

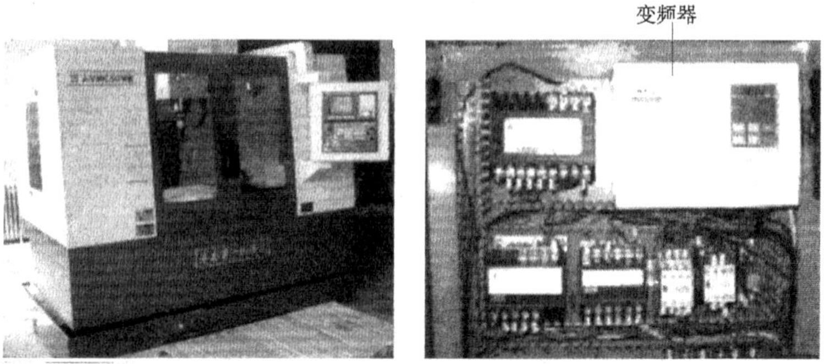

图 4–1　数控铣床及其用于主轴驱动系统的变频器

变频器是交流变频调速系统的核心。本单元以日本三菱公司的 FR–A740 系列通用变频器为例，介绍通用变频器的基本原理、安装调试等基本知识。

课题 1　通用变频器的基础知识

学习目标

1. 理解变频器的基本工作原理，了解变频器的分类。
2. 掌握变频器的基本结构。

三相异步电动机的转速为：

$$n=(1-s)\frac{60f_1}{p}$$

式中　n——电动机的转速，r/min；

s——转差率；

f_1——电动机电源的频率，Hz；

p——电动机定子绕组的磁极对数。

可见，在转差率变化不大的情况下，三相异步电动机的转速 n 与电动机电源的频率 f_1 成正比。若均匀地改变电动机电源的频率 f_1，则可以平滑地改变电动机的转速。

一、通用变频器的作用与分类

变频器是一种利用电力半导体器件的通断作用，将工频交流电源变换成频率和电压连续可调的交流电源，对交流电动机进行变频调速控制的电力控制设备，其作用如图 4–2 所示。

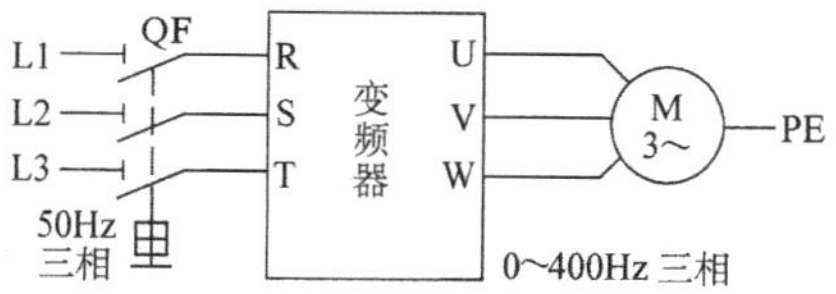

图 4–2　变频器的作用

三菱公司的 FR–A740 通用变频器如图 4–3 所示。所谓通用变频器，是指能与大多数交流异步电动机配套使用，能适应各种不同性质的负载并具有多种功能可供选择的变频器。

图 4–3　FR–A740 通用变频器

变频器的种类很多，分类方式也有多种，常见的分类见表 4–1。

表 4–1　变频器的分类

分类方式	种类	分类方式	种类
按供电电压分	低压变频器（110 V　220 V　380 V） 中压变频器（500 V　660 V　1 140 V） 高压变频器（3 kV　3.3 kV　6 kV　6.6 kV　10 kV）	按输出功率大小分	小功率变频器 中功率变频器 大功率变频器
按供电电源的相数分	单相输入变频器 三相输入变频器	按用途分	通用变频器 高性能专用变频器 高频变频器
按直流电源的性质分	电流型变频器 电压型变频器		
按变换环节分	交–直–交变频器 交–交变频器	按主开关器件分	IGBT 变频器 GTO 变频器 GTR 变频器

续表

分类方式	种类	分类方式	种类
按输出电压调制方式分	PAM（脉幅调制）控制变频器 PWM（脉宽调制）控制变频器	按机壳分	塑壳变频器 铁壳变频器 柜式变频器
按控制方式分	*U/f* 控制变频器 转差频率控制变频器 矢量控制变频器		

二、通用变频器的基本结构

1. 通用变频器的结构

三菱 FR-A740 变频器的结构如图 4-4 所示，上部为操作面板，面板上有信号指示灯、旋钮及功能按键；面板下方有通信接口；操作面板两侧有散热孔；变频器顶部有冷却风扇；电源进线和接电动机的出线孔在变频器的下部。

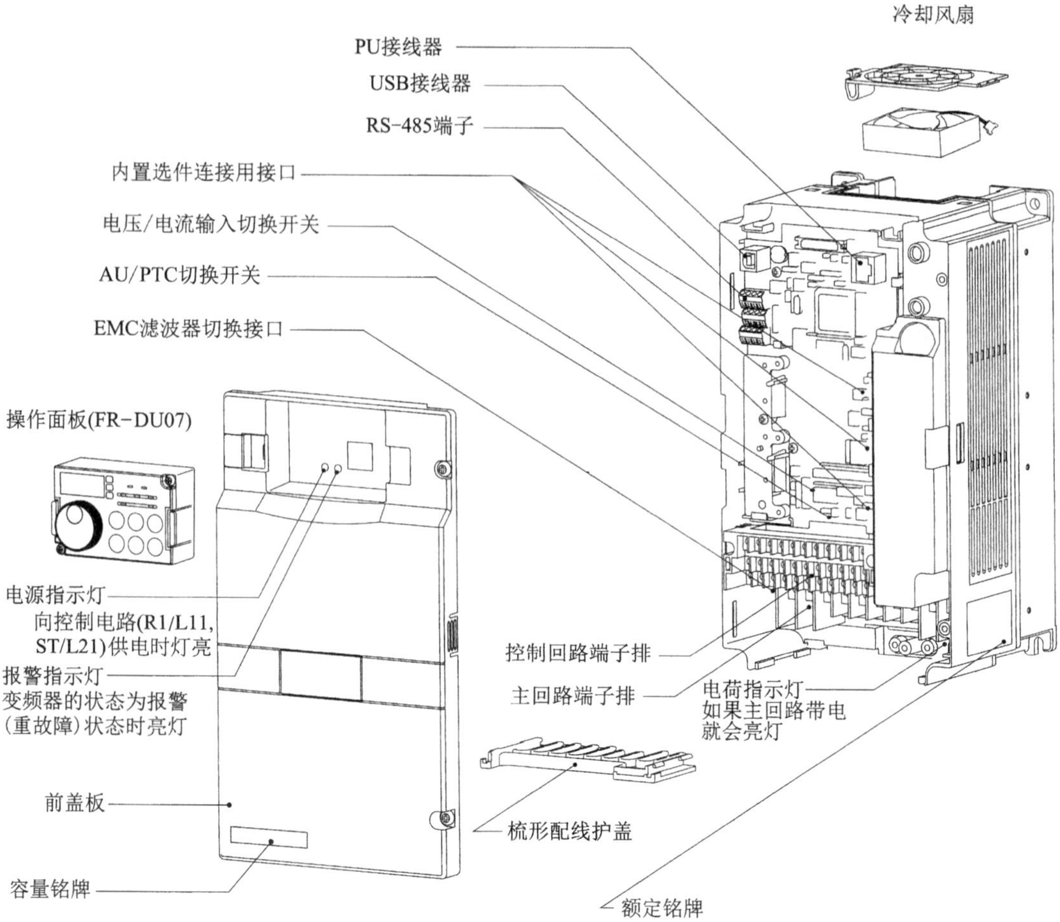

图 4-4 三菱 FR-A740 变频器的结构

2. 变频器的铭牌

变频器铭牌分为容量铭牌与额定铭牌。容量铭牌与额定铭牌在不同容量的变频器上的位置也不同。FR–A740 型变频器铭牌的相关内容如图 4–5 所示。

3. 通用变频器的电路结构

目前，通用变频器的变换环节大多采用交 – 直 – 交变频变压方式，采用交 – 直 – 交变压方式的变频器是先把工频交流电通过整流器变成直流电，然后再把直流电逆变成频率、电压连续可调的交流电。通用变频器的基本构成如图 4–6 所示，主要由主电路和控制电路组成。

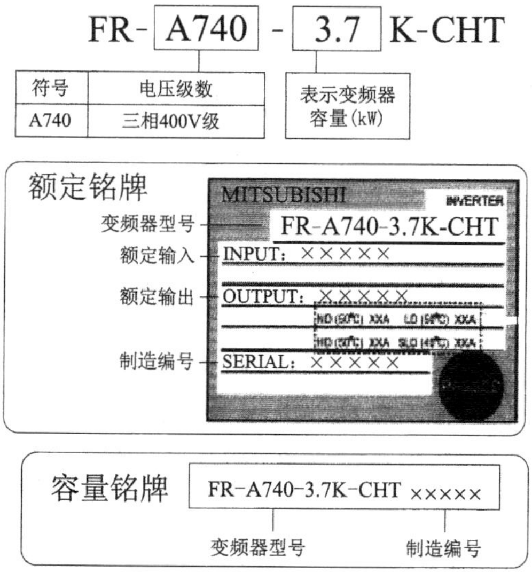

图 4–5 FR–A740 型变频器铭牌的相关内容

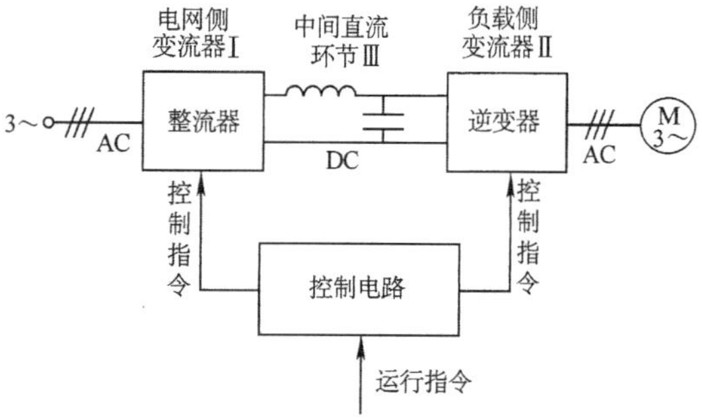

图 4–6 通用变频器的基本构成

（1）变频器的主电路　如图 4–7 所示为通用变频器的主电路，主电路由整流电路、中间直流电路和逆变电路三部分组成。各部分的作用见表 4–2。

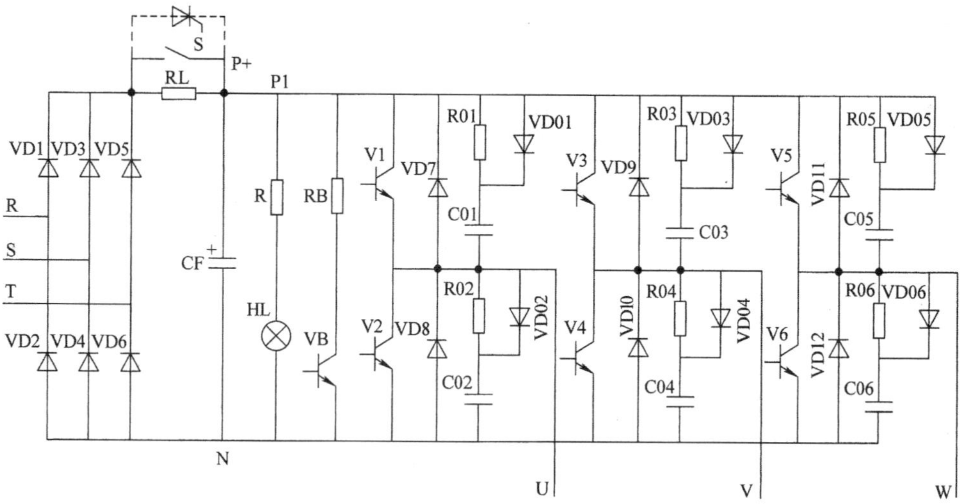

图 4–7 通用变频器的主电路

表 4–2 通用变频器主电路元件的作用

整流电路部分：将频率固定的三相交流电变换成直流电				
元件	三相整流桥 VD1～VD6	滤波电容器 CF	限流电阻 RL 与开关 S	电源指示灯 HL
作用	将交流电变换成脉动直流电。若交流侧电源线电压为 U_L，则整流后的直流平均电压 $U_D=1.35U_L$	滤除桥式整流后的电压纹波，保持直流电压平稳	将电容器 CF 的充电冲击电流限制在允许的范围内，以保护整流桥。而当 CF 充电到一定程度时，令开关 S 接通，将 RL 短路。在有些变频器里，S 由晶闸管代替	HL 除了表示电源是否接通外，另一个功能是变频器切断电源后，指示电容器 CF 上的电荷是否已经释放完毕
逆变电路部分：将直流电逆变成频率、幅值都可调的交流电				
元件	三相逆变桥 Vl～V6	续流二极管 VD7～VD12	缓冲电路 R01～R06、VD01～VD06、C01～C06	制动电阻 RB 和制动三极管 VB
作用	通过逆变管 V1～V6 按一定规律轮流导通和截止，将直流电逆变成频率、幅值都可调的三相交流电	在换相过程中为电流提供通路	限制过高的电流和电压，保护逆变管免遭损坏	当电动机减速、变频器输出频率下降过快时，消耗因电动机处于再生发电制动状态而回馈到直流电路中的能量，以避免过电压保护电路动作而切断变频器的正常输出

（2）变频器的控制电路　变频器的控制电路用来为主电路提供控制信号，其主要任务是完成对逆变器开关元件的开关控制和提供多种保护功能。控制方式有模拟控制和数字控制两种。

通用变频器的内部结构框图如图 4–8 所示，主要由主控电路、键盘与显示电路、控制电源电路、驱动电路、外接控制电路等构成。控制电路各部分的功能见表 4–3。

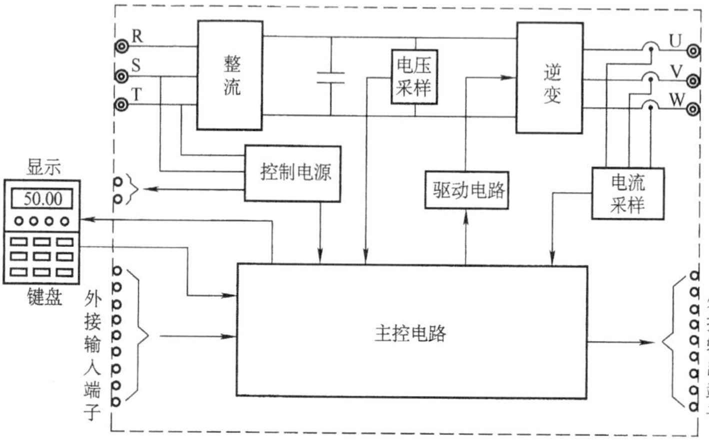

图 4–8 通用变频器的内部结构框图

表 4-3　控制电路各部分的功能

主控电路	主控电路是变频器运行的控制中心，其核心器件是微控制器（单片机）或数字信号处理器（DSP），其主要功能有： （1）接收并处理从键盘及外部控制电路输入的各种信号，如修改参数、正反转指令等 （2）接收并处理内部的各种采样信号，如主电路中电压与电流的采样信号、各部分温度的采样信号、各逆变管工作状态的采样信号 （3）向外电路发出控制信号及显示信号，如正常运行信号、频率到达信号等，一旦发现异常情况，立刻发出保护指令进行保护或停车，并输出故障信号 （4）完成 SPWM 调制，将接收的各种信号进行判断和综合运算，产生相应的 SPWM 调制指令，并分配给各逆变管的驱动电路 （5）向显示板和显示屏发出各种显示信号
键盘与显示板	键盘与显示板总是组合在一起。键盘向主控电路发出各种信号或指令，主要用于向变频器发出运行控制指令或修改运行数据等 显示板将主控电路提供的各种数据进行显示，大部分变频器配置了液晶或数码管显示屏，还有 RUN（运行）、STOP（停止）、FWD（正转）、REV（反转）、FLT（故障）等状态指示灯和单位指示灯。显示板可以完成以下指示功能： （1）在运行监视模式下，显示各种运行数据，如频率、电压、电流等 （2）在参数模式下，显示功能码和数据码 （3）在故障状态下，显示故障原因代码
控制电源	控制电源为以下各部分提供稳压电源： （1）主控电路　主控电路以微机电路为主体，要求提供稳定性高的 0~+5 V 电源 （2）外控电路　为给定电位器提供电源，通常为 0~+5 V 或 0~+10 V；为外接传感器提供电源，通常为 0~+24 V
采样电路	（1）提供控制用数据　尤其是进行向量控制时，必须测定足够的数据，提供给微机进行向量控制运算 （2）提供保护采样　将采样值提供给各保护电路（在主控电路内），在保护电路内与有关的极限值进行比较，必要时采取跳闸等保护措施

三、通用变频器的工作原理

1. 逆变的基本工作原理

将直流电变换为交流电的过程称为逆变，完成逆变功能的装置称为逆变器，它是变频器的重要组成部分。电压型逆变器的工作原理可用如图 4-9a 所示机械开关控制的电路来说明。

当开关 S1、S2 与 S3、S4 按一定周期轮流闭合和断开时，在负载上即可得到波形如图 4-9b 所示的交流电压，完成从直流到交流的逆变过程。但机械触头开关的动作速度太慢，无法完成实用的逆变功能，用具有相同开关功能的半导体器件取代机械开关，即得到单相逆变电路，电路结构和输出电压波形如图 4-10 所示。改变逆变器开关元件导通与截止动作周期，就可改变输出电压的频率，即完成变频。

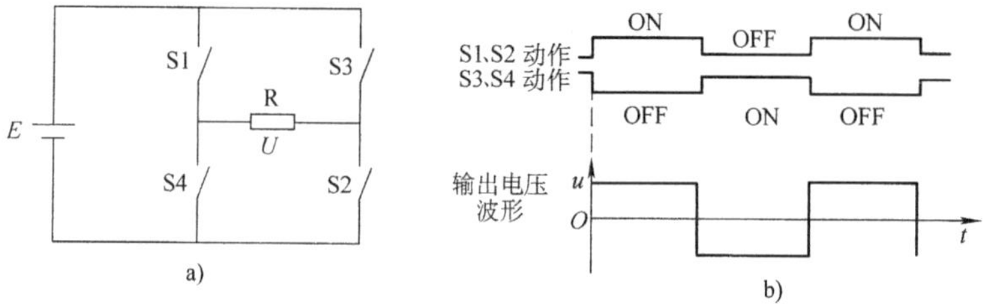

图 4-9　电压型逆变器

a）电路构成　b）输出电压波形

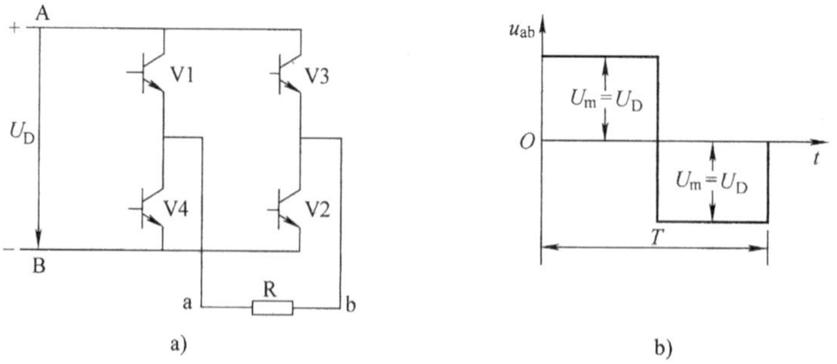

图 4-10　单相逆变电路

a）电路结构　b）输出电压波形

由于生产实际中常用的是三相交流电，所以通用变频器多采用三相逆变电路，电路结构如图 4-11a 所示。在每个周期中，各开关元件的工作情况如图 4-11b 所示。图中阴影部分表示各逆变管的导通时间。

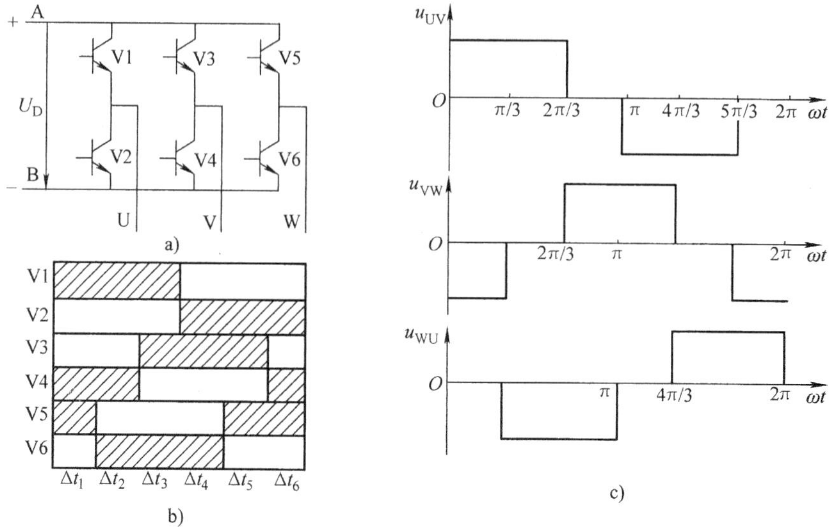

图 4-11　三相逆变电路

a）电路结构　b）各开关元件的导通情况　c）输出电压波形

下面以 U、V 之间的输出电压为例，分析逆变电路的输出线电压。

（1）在 Δt_1、Δt_2 时间内，V1、V4 同时导通，U 为“+”、V 为“–”，u_{UV} 为“+”，且 $U_m= U_D$。

（2）在 Δt_3 时间内，V2、V4 均截止，$u_{UV} = 0$。

（3）在 Δt_4、Δt_5 时间内，V2 、V3 同时导通，U 为“–”，V 为“+”，u_{UV} 为“–”，且 $U_m= U_D$。

（4）在 Δt_6 时间内，V1、V3 均截止，$u_{UV} = 0$。

根据以上分析，可画出 U 与 V 之间的电压波形。同理可画出 V 与 W 之间、W 与 U 之间的电压波形，如图 4–11c 所示。从图中可以看出，三相电压的幅值相等，相位互差 120°。

可见，只要按照一定的规律来控制逆变器中 6 个开关元件的导通和截止，就可把直流电逆变成三相交流电。而逆变后的交流电的频率，则可以在上述导通规律不变的前提下，通过改变控制信号的频率来进行调节。

上面讨论的仅是逆变的基本原理，据此得到的交流电压不能直接用于控制电动机的运行，实用的变频器要复杂得多。

想一想

对于三相异步电动机而言，是否只要供电电源的频率连续可调，电动机就可以顺利地实现调速了呢？

2. *U*/*f* 控制

U/*f* 控制是在改变变频器输出电压频率的同时改变输出电压的幅值，以维持电动机磁通基本恒定，从而在较宽的调速范围内，使电动机的效率、功率因数不下降。*U*/*f* 控制是目前通用变频器中广泛采用的基本控制方式。

三相交流异步电动机在额定工作状态下，铁芯磁通处于接近饱和状态，从而使得铁芯材料得到充分利用。在变频调速的过程中，当电动机电源的频率变化时，电动机的阻抗将随之变化，如果电压保持不变，会引起励磁电流的变化，使电动机出现励磁不足或励磁过强的情况。

在励磁不足时，电动机的输出转矩将降低；而励磁过强时，又会使铁芯中的磁通处于饱和状态，使电动机中流过很大的励磁电流，增加电动机的铁耗，降低电动机的效率和功率因数，易使电动机温升过高。因此，在改变频率进行调速时，必须采取措施保持磁通恒定并为额定值。

由异步电动机定子绕组感应电动势的有效值 $E = 4.44k_r f_1 N_1 \Phi_m$，得

$$\Phi_m = \frac{E}{4.44k_r f_1 N_1}$$

式中 Φ_m——铁芯中每极磁通的最大值，Wb；

E——定子绕组感应电动势的有效值，V；

k_r——定子绕组的绕组系数；

f_1——定子电源的频率，Hz；

N_1——每相定子绕组的匝数。

显然，要使电动机的磁通在整个调速过程中保持不变，只要在改变电源频率 f_1 的同时改变电动机的感应电动势 E，使其满足 E/f_1 为常数即可。但在电动机的实际调速控制过程中，电动机感应电动势的检测和控制较困难，考虑到正常运行时电动机的电源电压与感应电动势近似相等，只要控制电源电压 U 和频率 f，使 U/f 等于常数，即可使电动机的磁通基本保持不变，采用这种控制方式的变频器称为 U/f 控制变频器。

由于实际电动机电路中定子阻抗上存在压降，尤其是当电动机低速运行时，感应电动势较低，定子阻抗上的压降不能忽略，采用 U/f 控制的调速系统在工作频率较低时，电动机的输出转矩将下降。为了改善低频时的转矩特性，可采用补偿电源电压的方法，即低频时适当提升电源电压 U 来补偿定子阻抗上的压降，以保证电动机在低速区域运行时仍能得到较大的输出转矩，这种补偿称为变频器的转矩提升功能。

变频器的转矩提升功能可分为起始转矩提升功能和全范围转矩自动提升功能，所谓起始转矩提升功能指的是在变频器的低频输出区域按某一规则，在变频器的输出电压上加上一定的补偿，以达到提高输出转矩的目的。而具有全范围转矩自动提升功能的变频器中，电压补偿是在电动机的整个运行范围中进行的。采用这种控制方式的变频器的性能接近于 E/f 控制的变频器，新系列 U/f 控制的变频器大多具有这种功能。

综上所述，对控制电动机运行的变频器一般要求兼有调压和调频功能，通常将这种变频器称为变频变压（VVVF）型变频器。

3. 脉冲宽度调制（PWM）技术

实现变频变压的方法有多种，通用变频器中应用较多的是脉冲宽度调制技术，简称 PWM 技术。PWM 技术是指在保持整流得到的直流电压大小不变的条件下，在改变输出频率的同时，通过改变输出脉冲的宽度（或用占空比表示），达到改变等效输出电压的一种方法。

PWM 的输出电压基本波形如图 4–12 所示。在半个周期内，输出电压平均值的大小由半周中输出脉冲的总宽度决定。在半周中保持脉冲个数不变而改变脉冲宽度，可改变半周内输出电压的平均值，从而达到改变输出电压有效值的目的。

PWM 输出电压的波形是非正弦波，用于驱动三相异步电动机运行时性能较差。如果使整个半周内脉冲宽度按正弦规律变化，即使脉冲宽度先逐步增大，然后再逐渐减小，则输出电压也会按正弦规律变化。这就是目前工程实际中应用最多的正弦 PWM

法，简称 SPWM。

如图 4–13 所示，在每半个周期内输出若干个宽度不同的矩形脉冲波，每一矩形波的面积近似对应正弦波各相应局部波形下的面积，则输出电压可近似认为与正弦波等效。如将一个正弦波的正半周划分为 12 等份，每一份正弦波下的面积可用一个与该面积近似相等的矩形脉冲来代替，则这 12 个等幅不等宽的矩形脉冲的面积之和与正弦波所包围的面积等效。

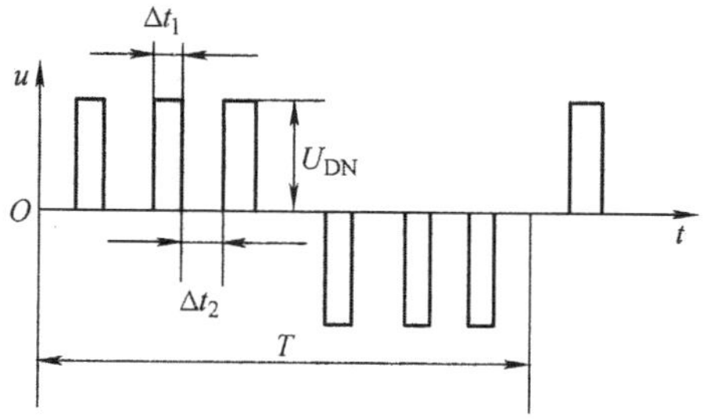

图 4–12　PWM 的输出电压基本波形

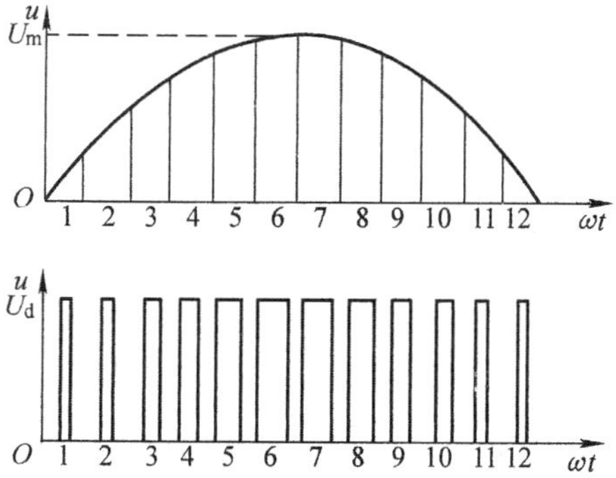

图 4–13　SPWM 的原理

4. 三相异步电动机变频调速后的机械特性

（1）在基频 f_{1N} 以下调速　在基频 f_{1N}（一般为电动机的额定频率）以下调速时，采用的是 U/f 恒定控制方式。此时，电动机的机械特性基本上是平行下移的，如图 4–14 所示。由图中可看出，在频率较低时，最大转矩将减小（此时定子阻抗上的压降不能忽略，电动机主磁通有较大削弱），采用转矩提升后的特性曲线如图中的虚线所示。由于采用 U/f 恒定控制时电动机主磁通基本恒定，所以在基频以下调速属于恒转矩调速。

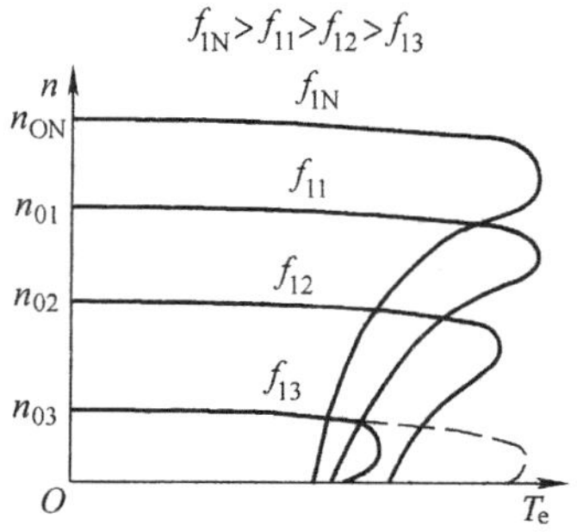

图 4–14　基频以下调速时的机械特性

（2）在基频 f_{1N} 以上调速　在基频以上调速时，频率可以从 f_{1N} 往上增高，但输出电压 U_1 却不能超过额定电压 U_{1N}，最多只能保持 $U_1 = U_{1N}$。在基频 f_{1N} 以上变频调速时，由于电压 $U_1 = U_{1N}$ 不变，当频率提高时，同步转速随之提高，最大转矩减小，机械特性上移，如图 4–15 所示。由于频率提高而电压不变，气隙磁动势必然减弱，导致转矩减小。但由于转速升高了，可以认为输出功率基本不变，所以在基频以上变频调速属于“弱磁恒功率”调速。

把基频以上调速和基频以下调速两种情况结合起来，可得到如图 4–16 所示的异步电动机变频调速控制特性。

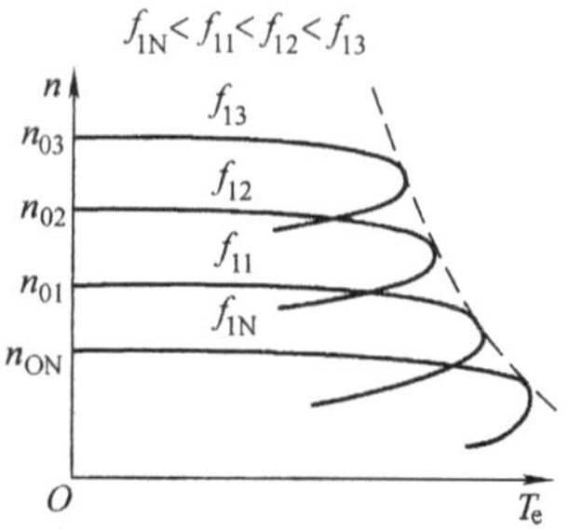

图 4-15 基频以上调速时的机械特性

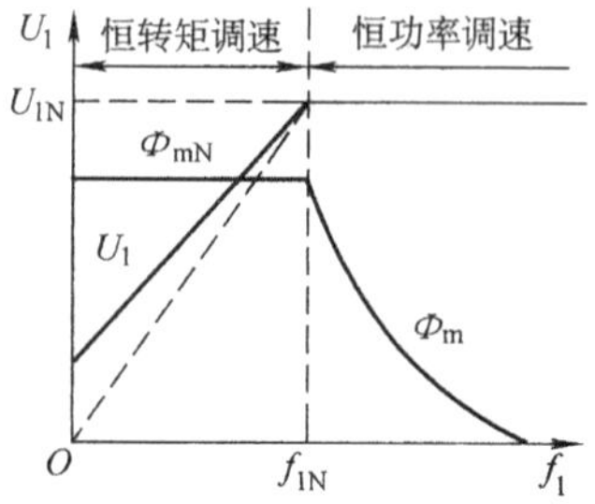

图 4-16 异步电动机变频调速控制特性

知识拓展

目前，通用变频器逆变电路使用的电力半导体器件主要有门极可关断晶闸管 GTO、功率晶体管 GTR、绝缘栅场效应晶体管 IGFET、绝缘栅双极晶体管 IGBT 和智能电力模块 IPM 等。扫描二维码，了解电力半导体器件相关知识。

实训 4—1 通用变频器的识别与面板拆装

1. 工具、仪表及器材

螺钉旋具、尖嘴钳等电工常用工具；三菱 FR-A740-0.75K-CHT 变频器。

2. 实训过程

（1）变频器主要部件的识别 观察三菱 FR-A740-0.75K-CHT 变频器的外部结构，参照图 4-4，识别主要部件，识读容量铭牌与额定铭牌。

（2）拆卸和安装操作面板

1）拆卸操作面板

①将变频器水平放置，旋松操作面板上的两处固定螺钉（螺钉不能拆下），如图 4-17a 所示。

②按住操作面板两侧的插销，把操作面板往前拉出后卸下，如图 4-17b 所示。

2）安装操作面板 将操作面板笔直插入并安装牢固，然后旋紧螺钉。

（3）拆卸和安装前盖板

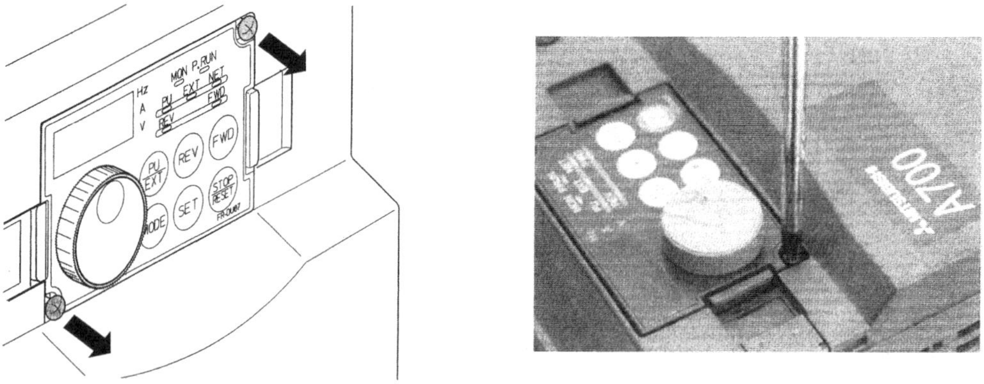

a)

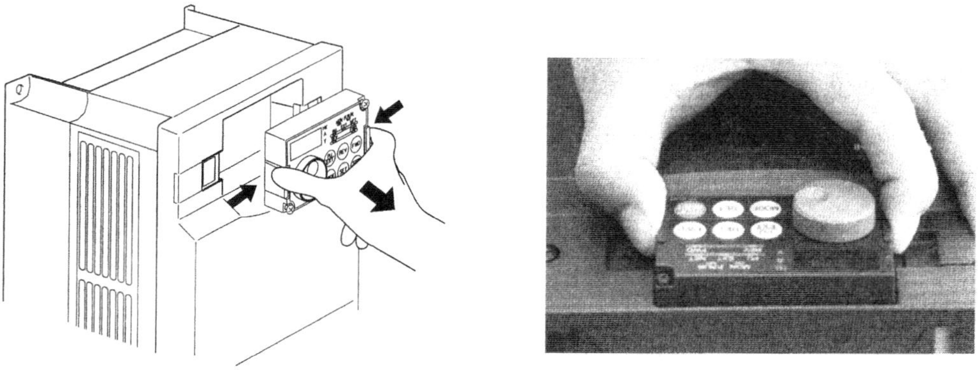

b)

图 4-17　拆卸操作面板

1）拆卸前盖板

① 旋松安装前盖板用的螺钉，如图 4-18a 所示。

②一边按住前盖板上的安装卡爪，一边以左边的固定卡爪为支点向前拉，取下前盖板，如图 4-18b 所示。

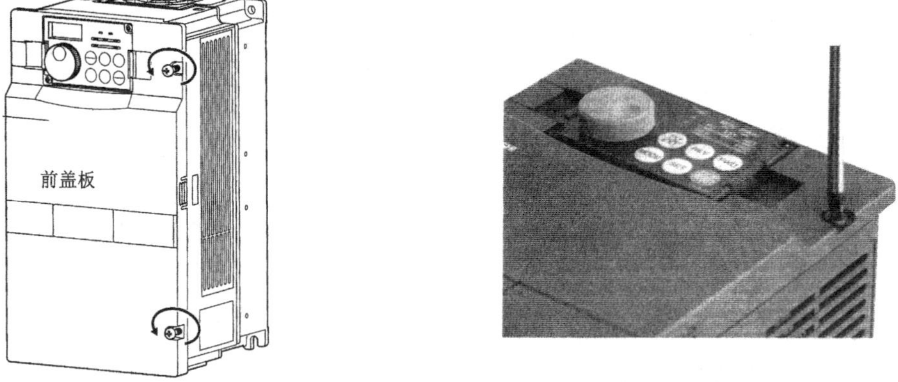

a)

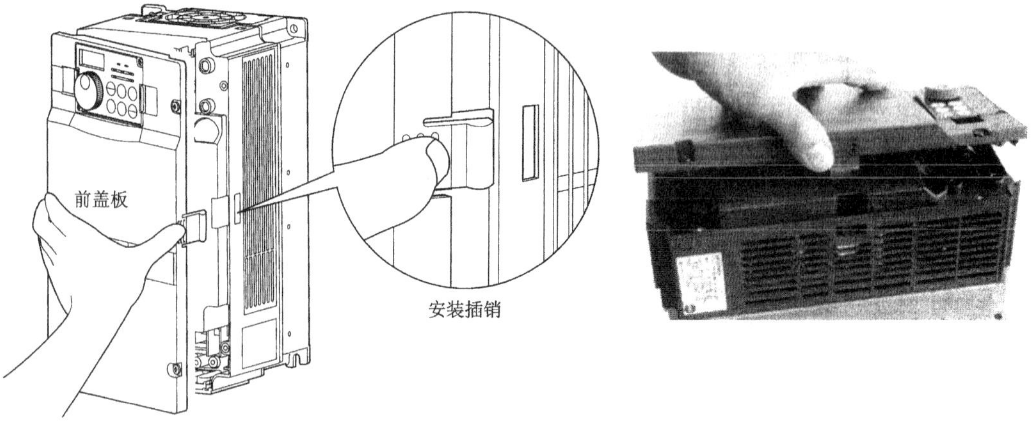

b)

图 4-18 拆卸前盖板

2）安装前盖板

①将前盖板左侧的两处固定卡爪插入机体的接口，如图 4-19a 所示。

②以固定卡爪部分为支点，将前盖板压进机体，拧紧安装螺钉，如图 4-19b 所示。

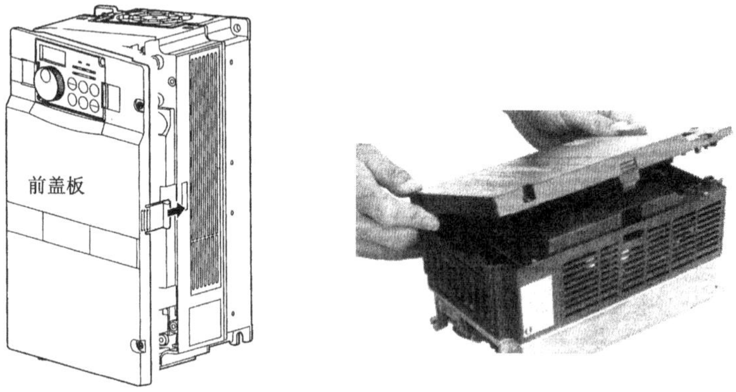

a)

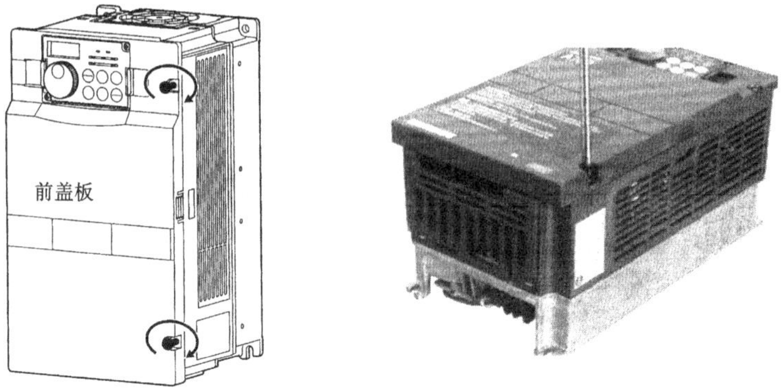

b)

图 4-19 安装前盖板

3. 注意事项

（1）不能在变频器带电的情况下进行拆装，拆装前必须确认变频器上的电源指示灯已完全熄灭。

（2）拆装时应注意用力适度，防止损坏元件。

（3）注意不要随意触摸变频器内部的电子元件，防止静电将它们击穿而造成故障。需要触摸时，应先将手与接地良好的金属接触，以泄放掉人体可能带的静电。

（4）整个拆装过程均应轻拿轻放，拆装时要小心谨慎。

4. 评分标准

评分标准见表 4–4。

表 4–4 评分标准

项目	配分	评分标准			扣分
主要部件的识别	20 分	（1）不能正确识别部件的名称 每处扣 10 分 （2）不能正确识读铭牌 每处扣 5 分			
拆卸和安装操作面板	40 分	（1）拆卸步骤、方法不正确 每次扣 10 分 （2）安装步骤、方法不正确 每次扣 10 分 （3）丢失或漏装螺钉、零部件 每只扣 5 分			
拆卸和安装前盖板	40 分	（1）拆卸步骤、方法不正确 每次扣 10 分 （2）安装步骤、方法不正确 每次扣 10 分 （3）丢失或漏装螺钉、零部件 每只扣 5 分 （4）损坏零部件 扣 20 分			
安全文明生产	违反安全文明生产规程 扣 5~40 分				
定额时间	30 min，每超时 5 min（不足 5 min 以 5 min 计） 扣 5 分				
备注	除定额时间外，各项目的最高扣分不得超过配分数			成绩	
开始时间		结束时间		实际时间	

巩固练习

1. 什么是变频器？简述其工作原理。
2. 通用变频器中“通用”一词的含义是什么？
3. 什么是 U/f 控制？
4. 变频调速为什么要维持磁通基本恒定？
5. 什么是 PWM 控制？什么是 SPWM 控制？

6. 简述变频器前盖板拆卸和安装的步骤。
7. 查阅资料，列举市场上常见的变频器型号。

课题 2　通用变频器的参数和基本操作

学习目标

1. 熟悉变频器常用基本参数的意义。
2. 掌握变频器的参数设置方法。
3. 能用 PU 操作变频器驱动电动机进行连续运行。

一、通用变频器的参数

1. FR-A740 变频器的常用基本参数

三菱变频器的功能用参数号来表示，FR-A740 系列变频器的功能强大，参数很多，部分常用基本参数见表 4-5。

表 4-5　FR-A740 系列变频器的部分常用基本参数

参数号	参数名称	设定范围	出厂设定值
Pr.0	转矩提升	0~30%	3% 或 2%
Pr.1	上限频率	0~120 Hz	120 Hz
Pr.2	下限频率	0~120 Hz	0 Hz
Pr.3	基准频率	0~400 Hz	50 Hz
Pr.4	多段速度设定（高速）	0~400 Hz	50 Hz
Pr.5	多段速度设定（中速）	0~400 Hz	30 Hz

续表

参数号	参数名称	设定范围	出厂设定值
Pr.6	多段速度设定（低速）	0~400 Hz	10 Hz
Pr.7	加速时间	0~3 600 s	5 s
Pr.8	减速时间	0~3 600 s	5 s
Pr.9	电子过电流保护	0~500 A	依据额定电流整定
Pr.10	直流制动动作频率	0~120 Hz	3 Hz
Pr.11	直流制动动作时间	0~10 s	0.5 s
Pr.12	直流制动电压	0~30 %	4 %
Pr.13	启动频率	0~60 Hz	0.5 Hz
Pr.14	适用负荷选择	0~5	0
Pr.15	点动频率	0~400 Hz	5 Hz
Pr.16	点动加减速时间	0~360 s	0.5 s
Pr.17	MRS 端子输入选择	0、2、4	0
Pr.20	加、减速基准频率	1~400 Hz	50 Hz
Pr.77	参数写入选择	0、1、2	0
Pr.78	反转防止选择	0、1、2	0
Pr.79	运行模式选择	0、1、2、3、4、6、7	0

2. 常用基本参数的意义

（1）转矩提升（Pr.0） 此参数主要根据负载情况，设定电动机启动时的转矩大小，即设定输出频率为 0 Hz 时对应的输出电压的大小，以输出频率为基准频率时对应的输出电压的百分数表示，设定范围为 0~30%。从而提高低频时电动机的启动转矩，补偿电动机绕组上的电压降，改善电动机低速时的转矩性能，如图 4-20 所示。

（2）上限频率（Pr.1）和下限频率（Pr.2） Pr.1 设定输出频率的上限，如果运行频率设定值高于 Pr.1 设定的上限频率，则输出频率被固定在上限频率；Pr.2 设定输出频率的下限，若运行频率设定值低于 Pr.2 设定的下限频率，输出频率将被固定在下限频率值上。在这两个值确定之后，电动机的运行频率就在此范围内变化，如图 4-21 所示。

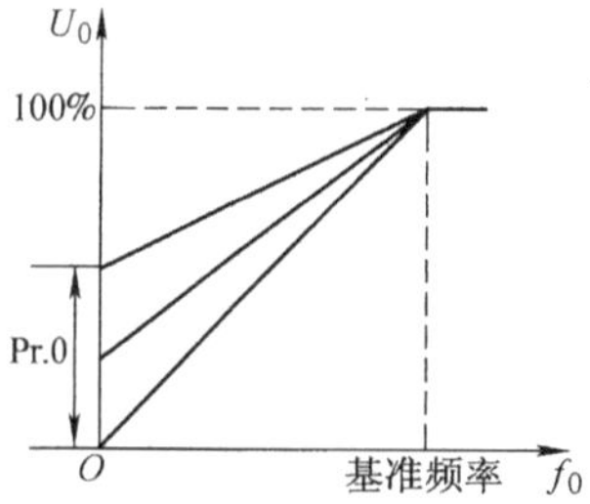

图 4-20 Pr.0 参数意义

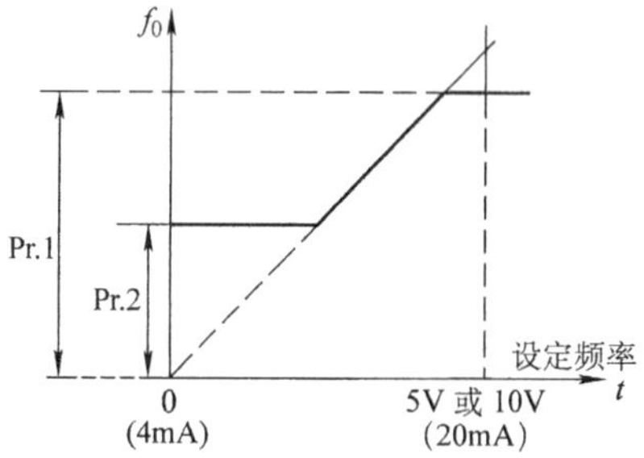

图 4-21 Pr.1、Pr.2 参数意义

（3）基准频率（Pr.3） 此参数主要用于设定电动机在额定转矩时的变频器的输出频率。当用标准电动机时，通常设定为电动机的额定频率。

（4）多段速度设定（Pr.4、Pr.5、Pr.6） 用于变频器多段速运行时的速度设定，运行速度由输入端子 RH、RM 和 RL 的状态决定，可设定七段运行速度，另外四段运行速度由参数 Pr.24、Pr.25、Pr.26 和 Pr.27 设定。输入端子的状态与参数号之间的对应关系见表 4-6。

表 4-6 输入端子的状态与参数号之间的对应关系

输入端子状态	RH	RM	RL	RM、RL	RH、RL	RH、RM	RH、RM、RL
参数号	Pr.4	Pr.5	Pr.6	Pr.24	Pr.25	Pr.26	Pr.27

（5）加、减速时间（Pr.7、Pr.8）及加、减速基准频率（Pr.20） Pr.7、Pr.8 用于设定电动机加、减速时间，Pr.20 用于设定加、减速的基准频率。Pr.7 设定的值就是从 0 Hz 加速到 Pr.20 所设定的基准频率的时间，Pr.8 设定的值就是从 Pr.20 所设定的基准频率减速到 0 Hz 的时间，如图 4-22 所示。

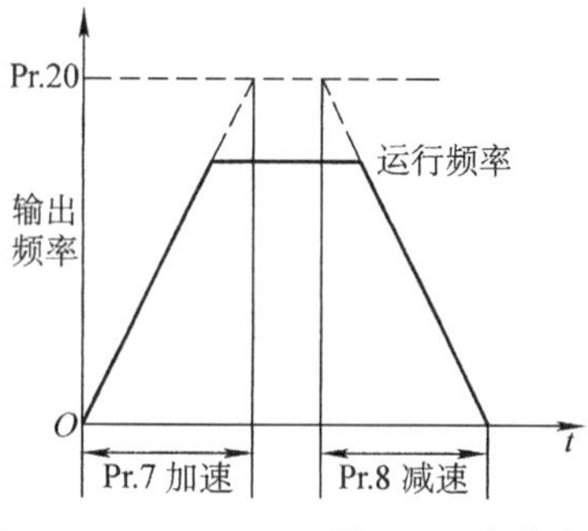

图 4-22 Pr.7、Pr.8 及 Pr.20 参数意义

（6）电子过电流保护（Pr.9） 通过设定电子过电流保护的电流值，可防止电动机过热，得到最优的保护性能。当变频器控制一台电动机运行时，Pr.9 一般设定为电动机额定电流的 1～1.2 倍。

（7）点动频率（Pr.15）和点动加减速时间（Pr.16） Pr.15 用于设定点动状态下的运行频率；Pr.16 用于设定点动状态下的加、减速时间。

（8）启动频率（Pr.13） Pr.13 用于设定电动机开始启动时的频率。

（9）适用负荷选择（Pr.14） 用于选择与负载特性最适宜的输出特性（U/f 特性）。

（10）MRS 端子输入选择（Pr.17） 用于输出停止信号 MRS 端子的逻辑选择。

（11）参数写入选择（Pr.77）和反转防止选择（Pr.78） Pr.77 用于参数写入禁止或允许，主要用于防止参数被意外改写；Pr.78 用于泵类设备，以防止反转，具体设定值与相应功能见表 4–7。

表 4–7 Pr.77、Pr.78 的设定值与相应功能

参数号	设定值	功能
Pr.77	0	在 PU 模式下，仅限于停止写入（出厂设定）
	1	不可写入参数
	2	即使运行时也可以写入
Pr.78	0	正转和反转均可（出厂设定）
	1	不可反转
	2	不可正转

（12）运行模式选择（Pr.79） Pr.79 用于设定变频器的工作模式，是一个比较重要的参数，其设定值与对应的工作模式见表 4–8。

表 4–8 Pr.79 设定值与对应的工作模式

Pr.79 设定值	工作模式
0	外部 /PU 切换模式（通过(PU/EXT)可切换 PU 与外部运行模式）。电源接通时为外部运行模式
1	PU 运行模式固定
2	外部运行模式固定，可以切换外部和网络运行模式
3	外部 /PU 组合运行模式 1，用 PU 设定运行频率，用外部信号控制电动机启停
4	外部 /PU 组合运行模式 2，用外部信号输入运行频率，用 PU 控制电动机启停
6	切换模式
7	外部运行模式（PU 运行互锁）

二、FR–A740 变频器的基本操作

1. 操作面板 PU（FR–DU07）

FR–A740 系列变频器一般配用 FR–DU07 型操作面板，如图 4–23 所示，操作面板的主要功能有：

（1）显示频率、电流、电压等。

（2）设定操作模式、操作命令、功能码。

（3）读取变频器运行信息和故障报警信息。

（4）监视变频器运行。

（5）变频器运行参数的自整定。

（6）故障报警状态的复位。

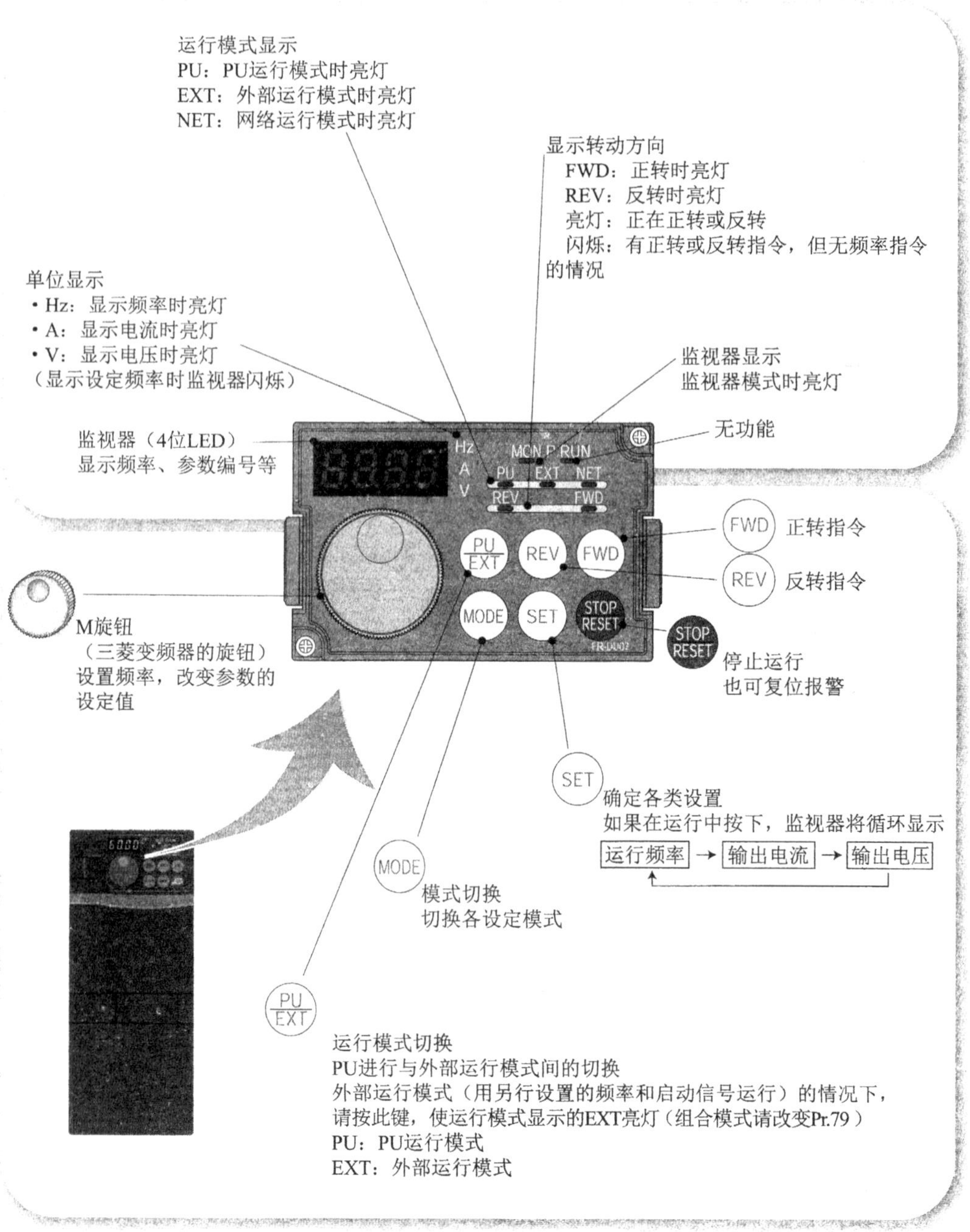

图4-23 操作面板（FR-DU07）及各部分功能

2. PU 基本操作

变频器操作面板的基本操作包括运行模式切换、监视器设定、频率设定、参数设定等，其操作方法如图 4-24 所示。

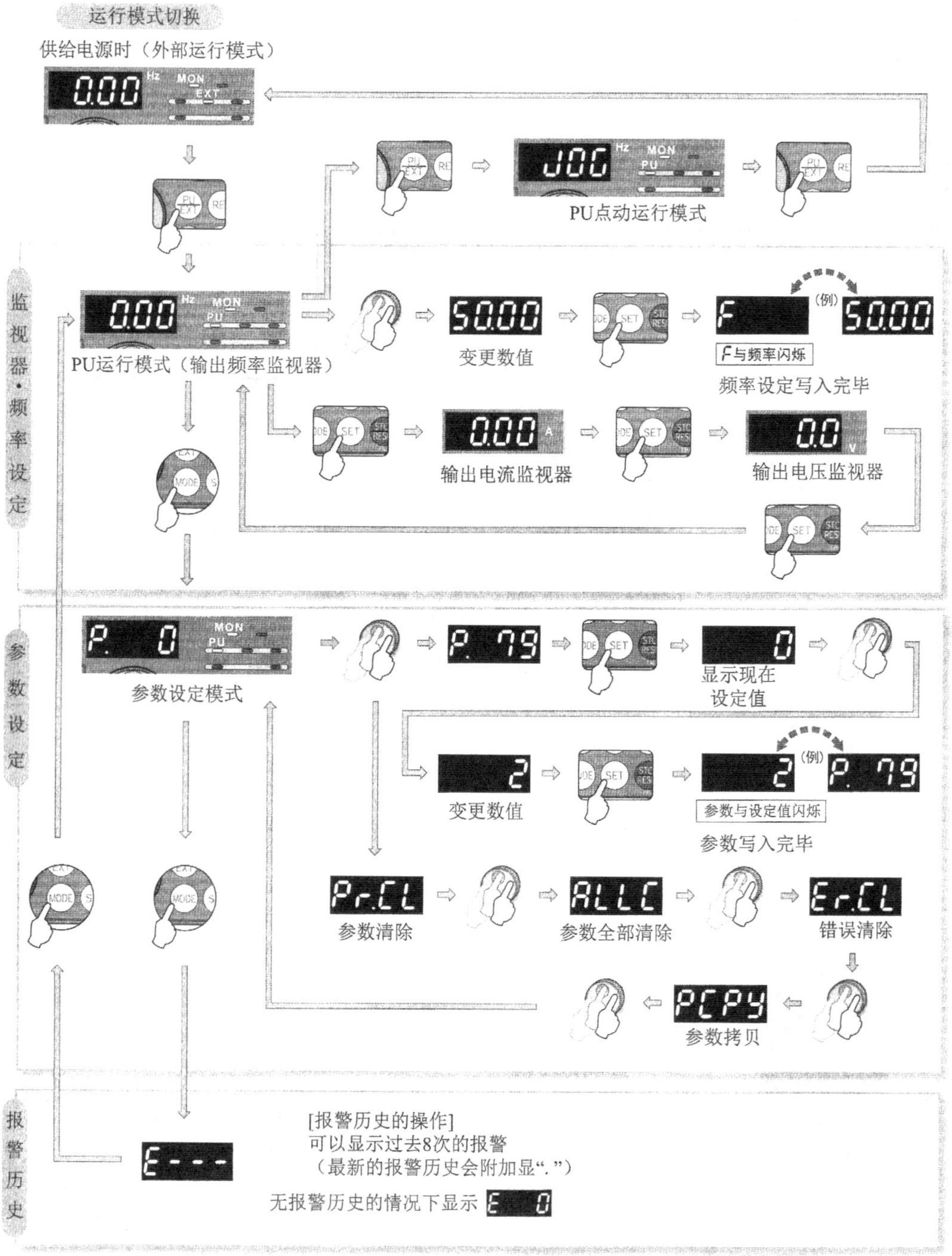

图 4-24　PU 基本操作

3. 锁定操作

锁定操作可以防止参数变更、防止意外启动或停止，使操作面板的 M 旋钮、键盘操作无效。具体方法为：将 Pr.161 设置为 10 或 11，然后按住 (MODE) 键 2 s 左右，此时 M 旋钮与键盘操作均变为无效。

在 M 旋钮、键盘操作无效的状态下，旋转 M 旋钮或者进行键盘操作将显示 HOLd（2 s 之内无 M 旋钮及键盘操作时则回到监视画面）。如果要再次使 M 旋钮与键盘操作有效，需按住 (MODE) 键 2 s 左右。

锁定操作的步骤如图 4–25 所示。

图 4–25 锁定操作的步骤

4. 监视输出频率、输出电流和输出电压

在监视模式中按 (SET) 键可以切换输出频率、输出电流、输出电压的监视器显示。

具体的操作步骤如图 4–26 所示。

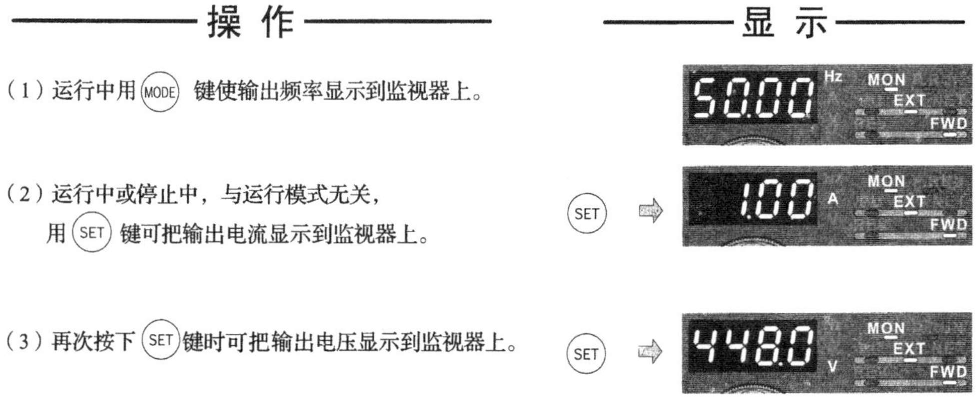

图 4–26　监视输出的操作步骤

持续按下SET键 1 s，可设置监视器最先显示的内容；想恢复到优先显示输出频率，首先让监视器显示输出频率，然后持续按下SET键 1 s 即可。

5．变更参数的设定值

以改变参数上限频率 Pr.1 的设定值为例，其操作方法及步骤如图 4–27 所示。

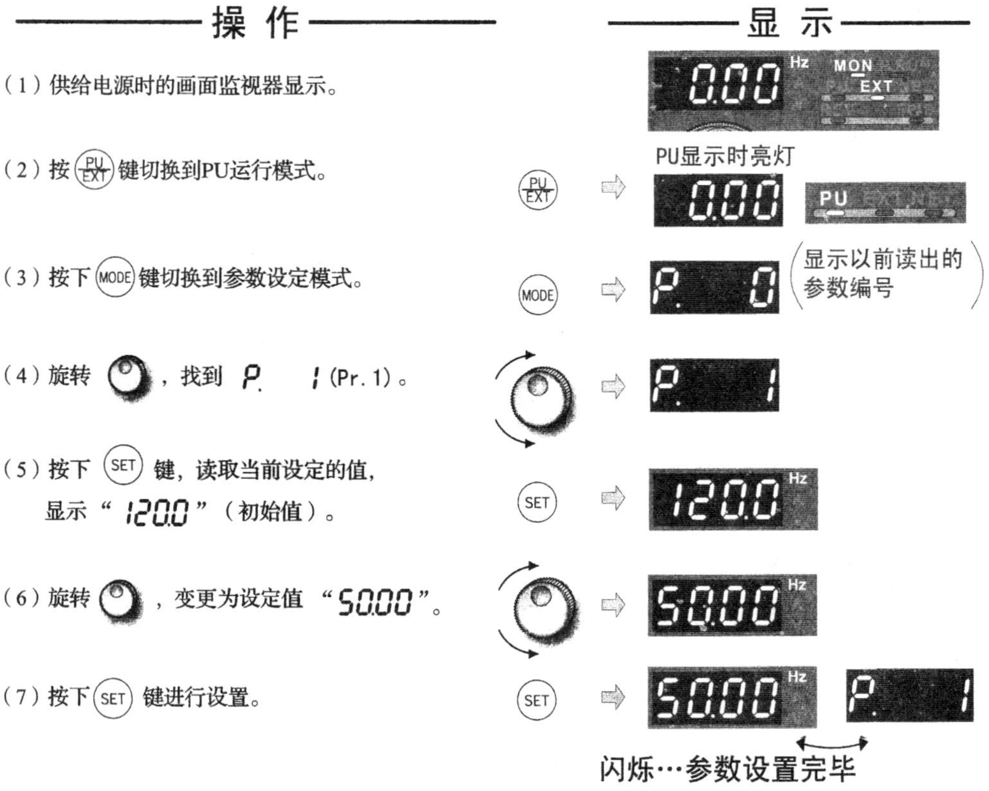

图 4–27　变更参数设定值的操作方法及步骤

旋转◎可读取其他参数。按SET键可再次显示设定值。按两次SET键可显示下一个参数。按两次MODE键可返回频率监视画面。

6. 参数清除、全部清除

设定 Pr.CL 参数清除、ALLC 参数全部清除为“1”，可使参数恢复为初始值（如果设定 Pr.77 参数写入选择＝“1”，则无法清除）。参数清除操作的方法及步骤如图 4-28 所示。

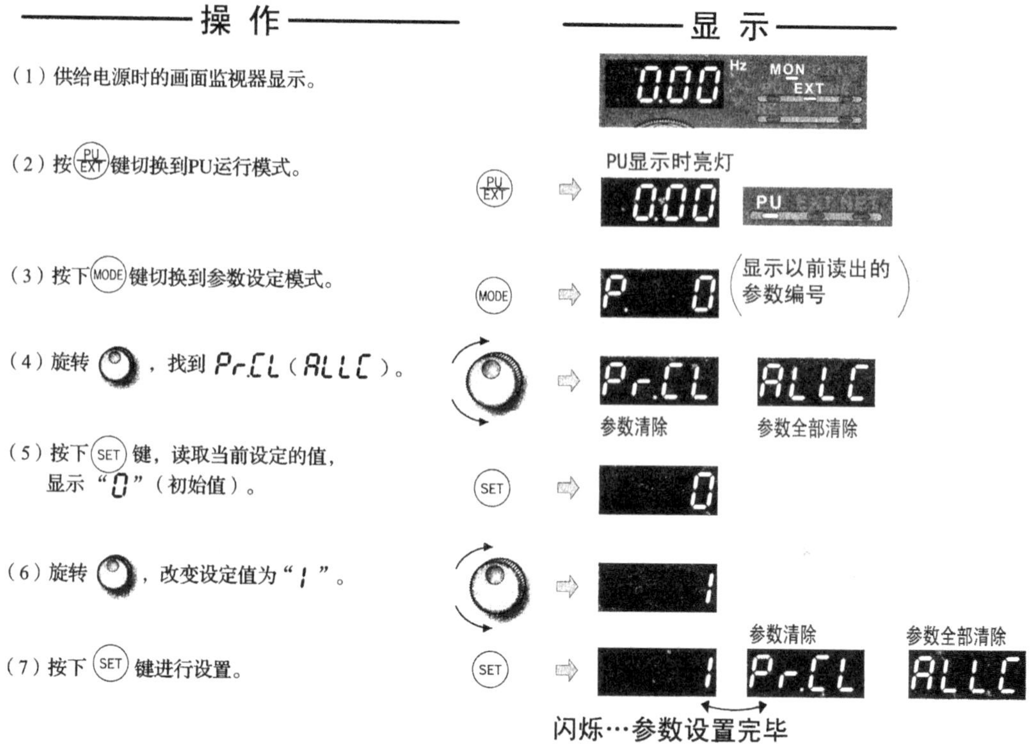

图 4-28 参数清除操作的方法及步骤

实训 4—2 通用变频器的 PU 运行操作

1. 工具、仪表及器材

实训工具、仪表及器材见表 4-9。

表 4–9　实训工具、仪表及器材

名称	型号及规格	数量	备注
电工常用工具		1	
万用表	型号自定	1	
变频器	三菱 FR–A740–0.75 K	1	
三相笼型异步电动机	0.75 kW	1	
导线	BVR 2.5 mm^2	若干	
配线板	500 mm × 600 mm	1	
线槽	30 mm × 30 mm	若干	
低压断路器	DZ47–60/3P D10A	1	
DIN 导轨	35 mm	若干	
端子排	D–10	1	

2. 实训过程

（1）按图 4–29 连接变频器电路。

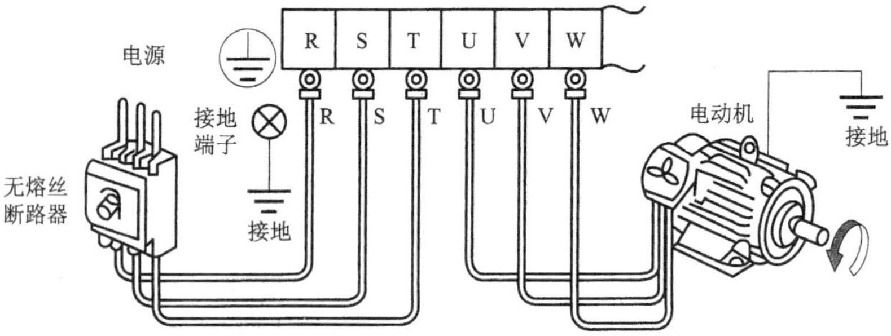

图 4–29　变频器的接线图

（2）变频器通电前的检查。变频器安装、接线完成后，通电前应进行下列检查：

1）检查外观、构造　包括检查变频器的型号是否有误、安装环境有无问题、装置有无脱落或破损、电缆直径和种类是否合适、电气连接有无松动、接线有无错误、接地是否可靠等。

2）检查绝缘电阻　用万用表测试，检查线路接线是否正确。测量变频器主电路绝缘电阻时，必须将所有输入端（R、S、T）和输出端（U、V、W）都连接起来，再用 500 V 兆欧表测量绝缘电阻，其值应在 10 MΩ 以上。而控制电路的绝缘电阻要用万用表的高阻挡测量，绝对不能用兆欧表或其他有高电压的仪表测量。

3）检查电源电压　检查主电路电源电压是否在容许电源电压值以内。

（3）检查无误后接通电源，观察 PU 显示内容，熟悉各按键的作用。将变频器的操作模式设置为 PU 操作。

（4）参数清除操作。变频器的参数很多，在实训过程中，为了使调试能够顺利进行，开始运行前需要进行一次“全部清除”的操作，将变频器参数恢复为初始值。但要注意：在实际生产机械设备上调试、维护变频器时，切记不可进行参数清除操作。

（5）参数设定操作。按表 4–10 中数值设置变频器的参数。

表 4–10 参数设定

参数名称	参数号	设置数据
上限频率	Pr.1	50 Hz
下限频率	Pr.2	5 Hz
基准频率	Pr.3	50 Hz
加、减速基准频率	Pr.20	50 Hz
加速时间	Pr.7	5 s
减速时间	Pr.8	3 s
电子过电流保护	Pr.9	2.5 A
运行模式选择	Pr.79	1

（6）设定运行频率，将变频器的输出频率设定为 40 Hz。

（7）按下【REV】或【FWD】键，启动电动机。监视变频器的输出频率、输出电流和输出电压，并设置为优先显示输出电压。

（8）练习完毕后断开电源，整理工具，清理现场。

3. 注意事项

（1）将变频器的 R、S、T 端子接三相电源，U、V、W 端子接电动机，切勿接反，否则会烧坏变频器。

（2）练习完毕后切断电源开关，待变频器指示灯熄灭后再拆线，以防触电。

（3）运行中若出现报警现象，应查明报警原因并处理完成后，再复位重新运行。

4. 评分标准

评分标准见表 4–11。

表 4–11 评分标准

项目	配分	评分标准	扣分
电路连接	20 分	（1）不能正确连接电路　每处扣 10 分 （2）电路连接不规范　每处扣 5 分	
参数清除	10 分	不能正确完成参数清除操作　扣 10 分	
操作模式转换	10 分	不能正确完成操作模式转换　扣 10 分	
参数设定	50 分	（1）不会设定参数　每个扣 5 分 （2）参数设定错误　每个扣 2 分	

续表

<table>
<tr><th>项目</th><th>配分</th><th colspan="4">评分标准</th><th>扣分</th></tr>
<tr><td>运行参数监视</td><td>10 分</td><td colspan="4">不会转换监视输出参数　扣 10 分</td><td></td></tr>
<tr><td>安全文明生产</td><td colspan="5">违反安全文明生产规程　扣 5~40 分</td><td></td></tr>
<tr><td>定额时间</td><td colspan="5">50 min，每超时 5 min（不足 5 min 以 5 min 计）　扣 5 分</td><td></td></tr>
<tr><td>备注</td><td colspan="4">除定额时间外，各项目的最高扣分不应超过配分数</td><td>成绩</td><td></td></tr>
<tr><td>开始时间</td><td colspan="2"></td><td>结束时间</td><td></td><td>实际时间</td><td></td></tr>
</table>

巩固练习

1. 转矩提升功能的作用是什么?
2. 锁定操作的作用是什么? 如何进行锁定操作?
3. 如何用 PU 设定变频器的运行频率?

课题 3　通用变频器的外部运行操作

学习目标

1. 熟悉变频器常用端子的功能并能正确使用。
2. 掌握三菱 FR-A740 系列变频器的基本接线。
3. 能安装、调试用外部信号控制变频器运行的线路。

一、变频器的标准接线与端子功能

FR-A740 系列变频器的端子功能如图 4-30 所示，分为主回路端子和控制回路端子两部分。

1. 主回路端子

不同容量的 FR-A740 系列变频器的主回路接线端子布局不一样，FR-A740-0.4~3.7 K 变频器的主回路接线端子如图 4-31 所示。

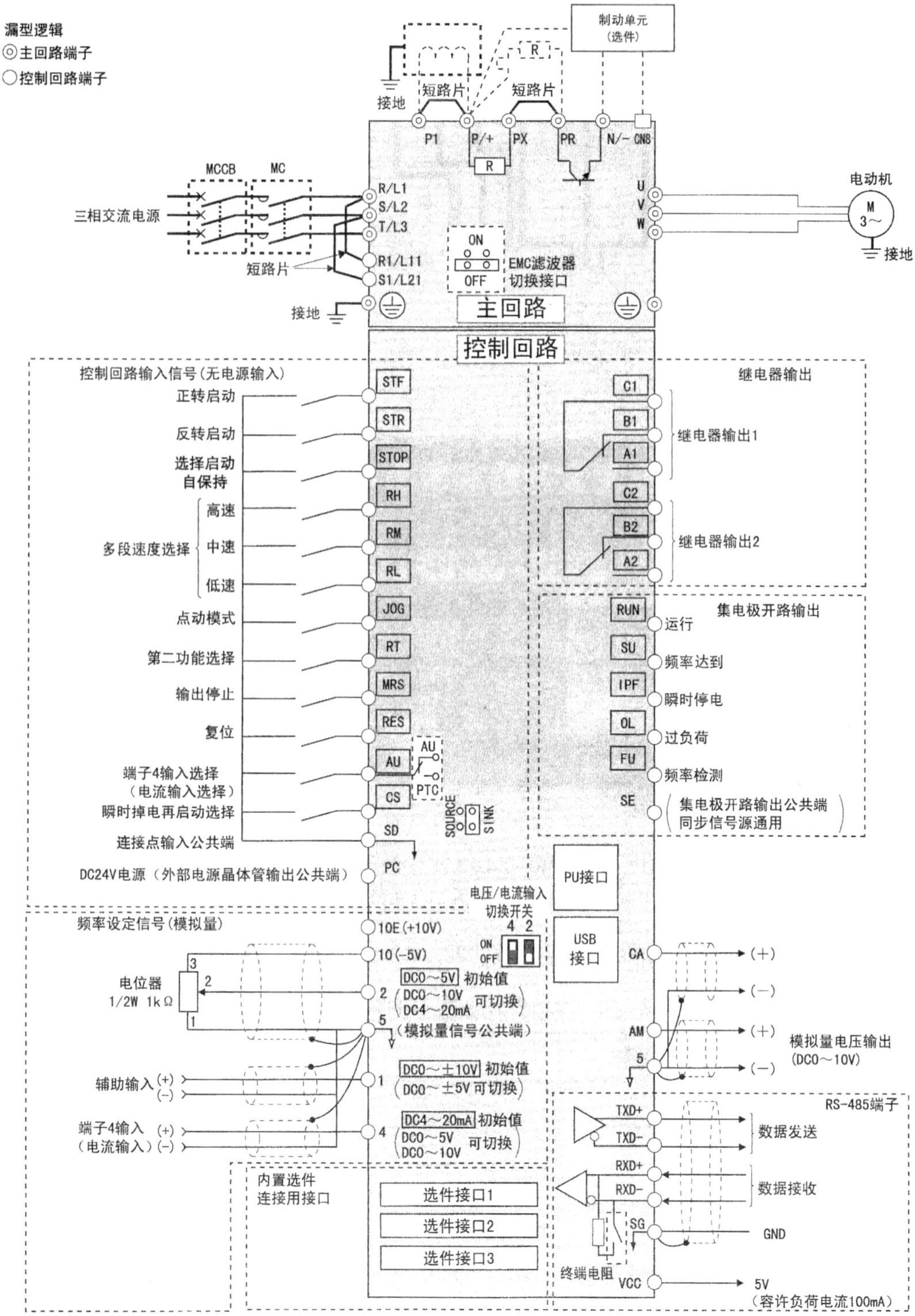

图4-30 FR-A740系列变频器的端子功能

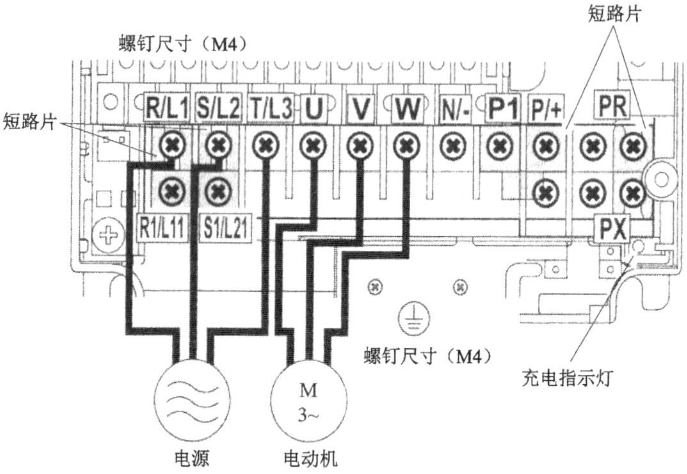

a)

b)

图 4-31 FR-A740-0.4~3.7K 变频器的主回路接线端子

a）主回路端子示意图 b）主回路端子布局

主回路接线端子的名称及功能说明见表 4-12。

表 4-12 主回路接线端子的名称及功能说明

端子记号	端子名称	功能说明
R/L1、S/L2、T/L3	交流电源输入	连接工频电源
R/L11、S/L21	控制回路用电源	与交流电源输入端子 R/L1、S/L2 相连，为变频器控制回路提供电源
U、V、W	变频器输出	连接三相交流电动机
P/+、PX	制动电阻器连接	在端子 P/+ 与 PX 间连接选购的制动电阻器（FR-ABR），7.5 kW 以下变频器需要拆下端子 PR 与 PX 间的短接片

续表

端子记号	端子名称	功能说明
P/+、N/-	制动单元连接	连接制动单元、共直流母线变流器以及高功率因子变流器
P/+、P1	直流电抗器连接	拆下端子 P/+ 与 P1 间的短路片（55 kW 以下产品），连接直流电抗器
PR、PX	内置制动器回路连接	7.5 kW 以下产品出厂时 PX 与 PR 间有短路片连接，内置制动器回路有效
⏚	接地	变频器外壳接地用，必须接大地

2. 控制回路端子

（1）控制回路端子排列　FR-A740 系列变频器的控制回路端子排列如图 4-32 所示。

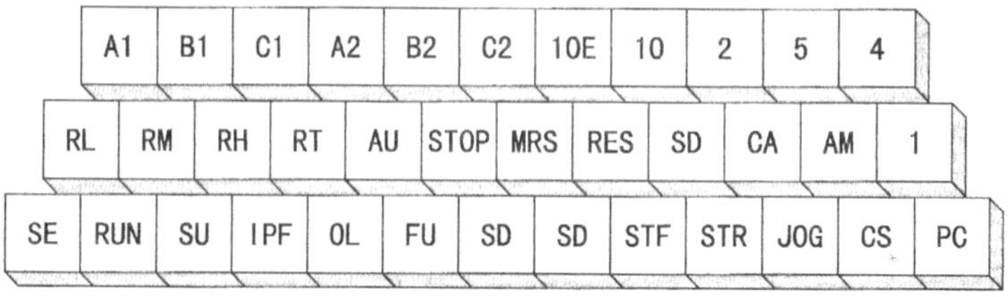

a)

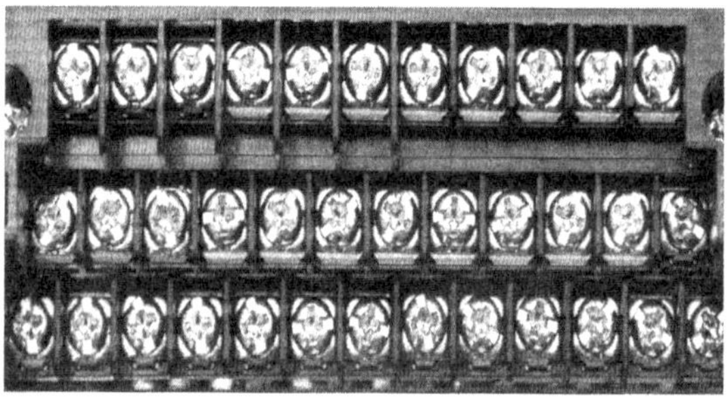

b)

图 4-32　FR-A740 系列变频器的控制回路端子排列

a）控制回路端子示意图　b）控制回路端子布局

FR-A740 型变频器的控制端子上方有活动盖板，当掀开盖板时，可清晰看到控制端子的排列，为接线和查线带来方便。当合上盖板时，盖板紧密贴合在端子排上，为端子防尘、防水提供了有效保护。控制回路的端子板可整体拆下，在维修或更换变频器时，可以保持控制电路接线不动，将原变频器控制电路的端子板整体拆下，直接替换到新变频器上，从而提高工作效率、减少人为停机时间，如图 4-33 所示。

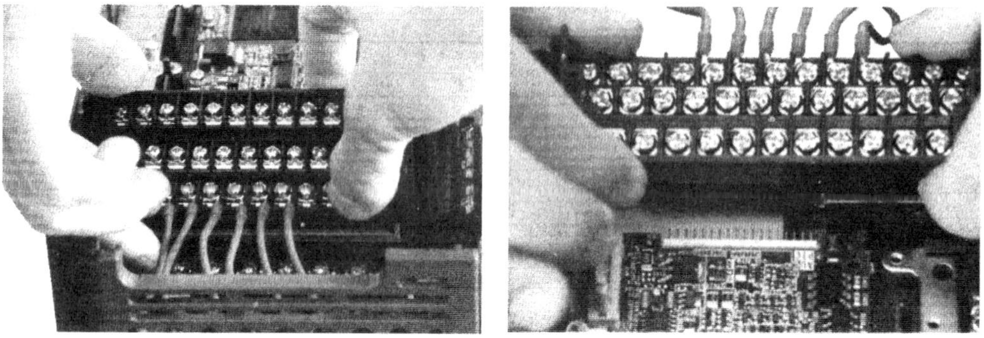

a)　　　　b)

图 4–33　控制回路端子板更换

a）拆下端子板　b）将端子板整体插入新变频器

（2）控制回路端子功能　控制回路的端子较多，功能复杂，这里只简单介绍部分常用的端子及功能。

1）输入信号端子　控制回路输入信号端子的名称及功能说明见表 4–13。

表 4–13　控制回路输入信号端子的名称及功能说明

<table>
<tr><th>种类</th><th>端子记号</th><th>端子名称</th><th colspan="2">功能说明</th></tr>
<tr><td rowspan="9">连接点输入</td><td>STF</td><td>正转启动</td><td>STF 信号处于 ON 时为正转、处于 OFF 时停止</td><td rowspan="2">STF、STR 信号同时为 ON 时变成停止指令</td></tr>
<tr><td>STR</td><td>反转启动</td><td>STR 信号处于 ON 时为反转、处于 OFF 时为停止</td></tr>
<tr><td>STOP</td><td>选择启动自保持</td><td colspan="2">使 STOP 信号处于 ON，可以选择启动信号自保持</td></tr>
<tr><td>RH
RM
RL</td><td>多段速度选择</td><td colspan="2">用 RH、RM 和 RL 信号的组合可以选择多段速度</td></tr>
<tr><td>MRS</td><td>输出停止</td><td colspan="2">MRS 信号为 ON（20 ms 以上）时，变频器输出停止。用电磁制动停止电动机时用于断开变频器的输出</td></tr>
<tr><td>RES</td><td>复位</td><td colspan="2">复位用于解除保护回路动作的保持状态，使端子 RES 信号处于 ON 状态在 0.1 s 或以上，然后断开</td></tr>
<tr><td>SD</td><td>连接点输入公共端（漏型）</td><td colspan="2">连接点输入端子（漏型逻辑）的公共端子，DC 24 V、0.1 A 电源（端子 PC）的公共输出端子。与端子 5 和端子 SE 绝缘</td></tr>
<tr><td>PC</td><td>外部电源晶体管输出公共端，DC 24 V 电源连接点输入公共端（源型）</td><td colspan="2">在漏型逻辑时，当连接可编程控制器（PLC）等的晶体管输出（即集电极开路输出）时，将晶体管输出用的外部电源公共端接到该端子上，可防止因漏电引起的误动作；当选择源型时，该端子作为连接点输入端子的公共端子</td></tr>
</table>

续表

种类	端子记号	端子名称	功能说明
频率设定	10E	频率设定用电源	作为外接频率设定（速度设定）用电位器时的电源使用
	10		
	2	频率设定（电压）	频率设定电压信号输入
	4	频率设定（电流）	频率设定电流信号输入
	5	频率设定公共端	是频率设定信号（端子 2 或 4）及端子 AM 的公共端子，不要接大地

2）输出信号端子　控制回路输出信号端子的名称及功能说明见表 4–14。

表 4–14　控制回路输出信号端子的名称及功能说明

种类	端子记号	端子名称	功能说明
连接点	A1、B1、C1	继电器输出 1（异常输出）	指示变频器因保护功能动作时输出停止的转换连接点 异常时：B 与 C 间不导通（A 与 C 间导通），正常时：B 与 C 间导通（A 与 C 间不导通）
	A2、B2、C2	继电器输出 2	继电器输出（常开 / 常闭）
集电极开路	RUN	变频器正在运行	变频器输出频率为启动频率（初始值 0.5 Hz）以上时为低电平，正在停止或正在直流制动时为高电平
	SU	频率到达	输出频率达到设定频率的 ±10%（出厂值）时为低电平，正在加 / 减速或停止时为高电平
	OL	过负荷	当失速保护功能动作时为低电平，失速保护解除时为高电平
	IPF	瞬时停电	瞬时停电，电压不足保护动作时为低电平
	FU	频率检测	输出频率为任意设定的检测频率以上时为低电平，未达到时为高电平
	SE	集电极开路输出公共端	端子 RUN、SU、OL、IPF、FU 的公共端子
脉冲数	CA	模拟电流输出	可以从多种监视项目中选一种作为输出，输出信号与监视项目的大小成比例
模拟	AM	模拟量电压输出	

3）控制回路接线注意事项

①端子 SD、SE 以及端子 5 是输入输出信号的公共端端子，切不可将该公共端端子接大地。

②控制电路端子的接线应使用屏蔽线或双绞线，而且必须与主电路、强电电路分开接线，屏蔽层应可靠接地。

③由于控制电路的输入信号是微电流，所以在插入连接点时，为了防止接触不良，微信号用连接点应使用两个以上并联的连接点或使用双连接点，如图 4–34 所示。

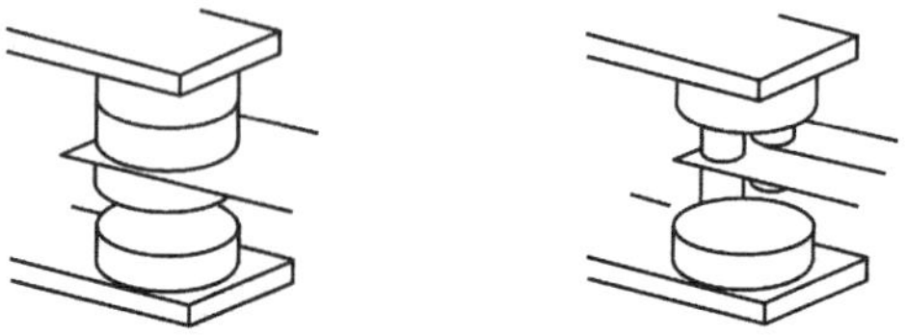

图 4–34　微信号连接点

④切忌向控制电路的连接点输入端子（例如，STF）输入电压。

⑤连接控制回路端子的导线建议使用 0.75 mm^2 的导线，且接线长度不要超过 30 m。

二、通用变频器的外部运行操作

外部运行操作也称为外部控制模式，就是用变频器控制回路端子上的外部接线控制电动机的启停和运行频率。可以通过设定参数 Pr.79 的值为“2”或通过PU/EXT键切换，将变频器设置为外部运行操作模式。

在外部运行操作模式下，用端子 STF（STR）–SD 发出启动指令，可以通过端子 RH、RM、RL–SD 控制变频器输出七段频率，控制端子状态与输出频率的关系如图 4–35 所示，也可以通过电位器或外部信号控制变频器的输出频率。

例如，通过外部端子控制电动机实现四段速运行（40 Hz、30 Hz、20 Hz、10 Hz）。变频器外部控制端子的接线如图 4–36 所示。

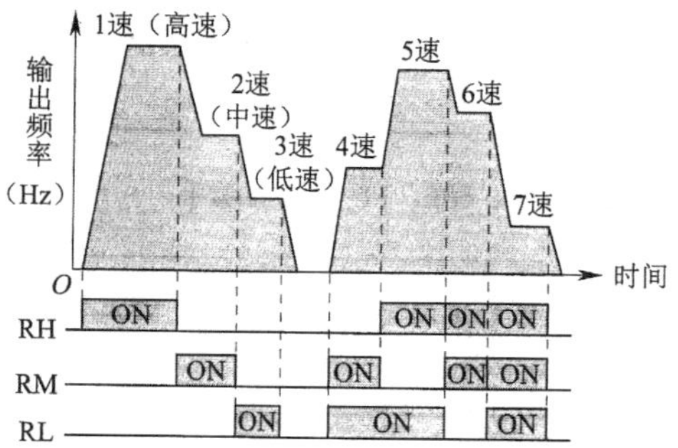

图 4–35　控制端子状态与输出频率的关系

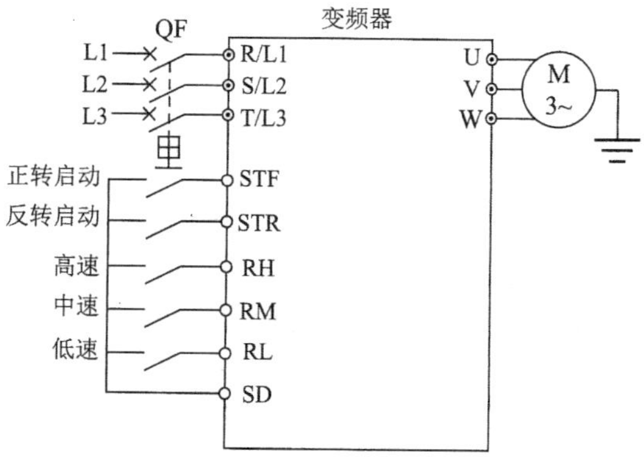

图 4–36　控制电动机四段速运行接线图

用外部指令控制电动机实现四段速运行的操作步骤见表 4–15。

表 4–15 用外部指令控制电动机实现四段速运行的操作步骤

<table>
<tr><th>操作步骤</th><th>显示</th></tr>
<tr><td>1. 电源 ON→运行模式确认。在初始设定状态下接通电源为外部运行模式“EXT”。若不是指示为“EXT”，需使用PU/EXT键设为外部“EXT”运行模式。上述操作仍不能切换运行模式时，可通过设置参数 Pr.79 为 2，切换到外部运行模式</td><td>
</td></tr>
<tr><td>2. 将 Pr.4 变更为“40 Hz”，Pr.5 变更为“30 Hz”，Pr.6 变更为“20 Hz”，Pr.24 变更为“10 Hz”</td><td rowspan="3">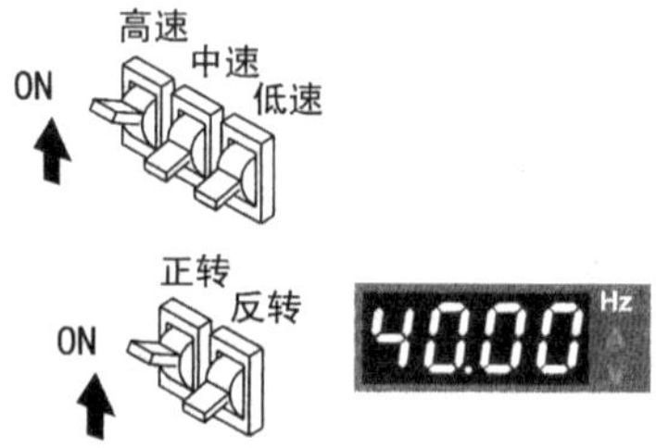
</td></tr>
<tr><td>3. 将高速开关（RH）设置为 ON</td></tr>
<tr><td>4. 将启动开关（STF 或 STR）设置为 ON，显示“40.00”（40.00 Hz）。
RM 为 ON 时显示 30 Hz，RL 为 ON 时显示 20 Hz，RM 、RL 同时为 ON 时显示 10 Hz</td></tr>
<tr><td>5. 停止。将启动开关（STF 或 STR）设置为 OFF，电动机将按 Pr.8 减速时间停止，RUN 指示灯熄灭</td><td>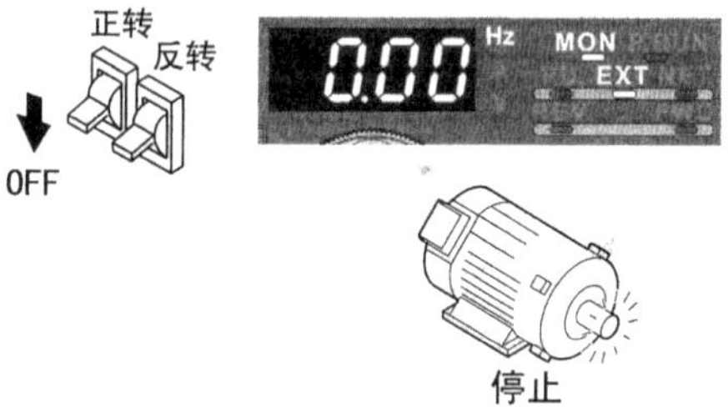
</td></tr>
</table>

知识拓展

变频器的组合运行模式

用操作面板和外部端子接线共同控制变频器运行，称为组合运行模式。FR–A740 系列变频器有以下两种组合运行模式：

组合运行模式 1——由外部接线控制电动机的启停，操作面板控制电动机的运行频率。

组合运行模式 2——由操作面板控制电动机的启停，外部接线控制电动机的运行频率。

1．组合运行模式 1

将运行模式选择 Pr.79 设定为 3（Pr.79=3），变频器按组合运行模式 1 运行，由外部端子接线控制电动机的启停，操作面板控制电动机的运行频率。图 4–37 所示为组合运行模式 1（假设频率设定为 50 Hz）的操作控制接线图。具体操作步骤见表 4–16。

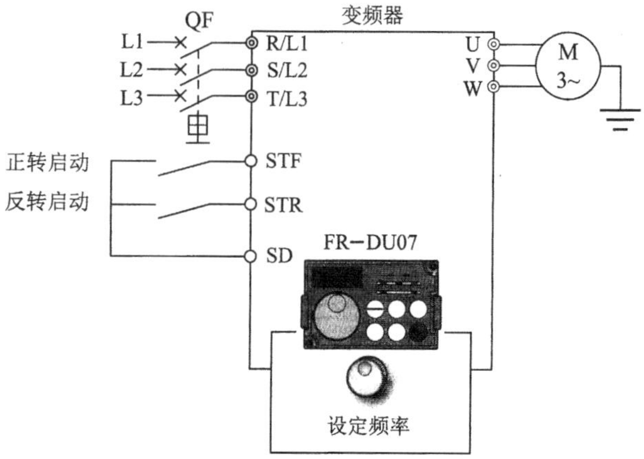

图 4−37　组合运行模式 1 的操作控制接线图

表 4−16　组合运行模式 1 的操作步骤

操作步骤	显示
1. 电源接通时显示监视器画面	
2. 将 Pr.79 设置为“3”，PU 指示灯和 EXT 指示灯亮	
3. 将启动开关（STF 或 STR）设置为 ON。电动机以在操作面板的频率设定模式中设定的频率运行	
4. 旋转◎改变运行频率，调节到想设定的值显示到面板上，想要设定的频率将闪烁约 5 s	
5. 在数值闪烁期间按(SET)键确定频率（若不按(SET)键，数值闪烁约 5 s 后显示将变为“0.00”，这种情况下请返回上面的步骤 3 重新设定频率）	
6. 将启动开关（STF 或 STR）设置为 OFF，电动机将按 Pr.8 设定的减速时间减速并停止。RUN 指示灯熄灭	

2. 组合运行模式 2

将运行模式选择 Pr.79 设定为 4（Pr.79=4），变频器按组合运行模式 2 运行，由操作面板控制电动机的启停，由外部端子 RH、RM、RL 信号或模拟信号控制电动机的运行频率。图 4–38 所示为组合运行模式 2（由外部模拟信号控制运行频率）的操作控制接线图。具体操作步骤见表 4–17。

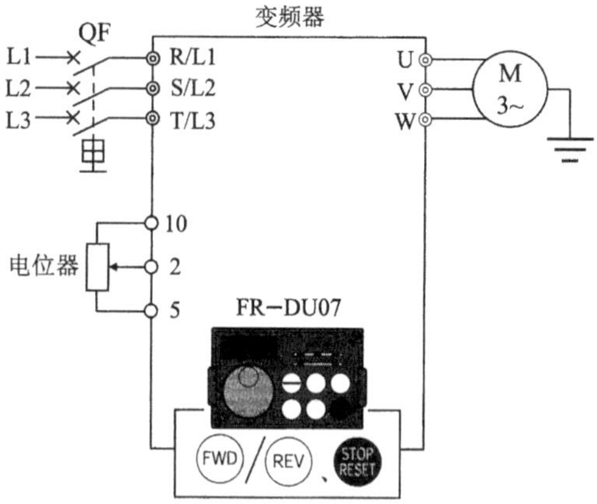

图 4–38 组合运行模式 2 的操作控制接线图

表 4–17 组合运行模式 2 的操作步骤

操作步骤	显示
1. 电源接通时显示监视器画面	
2. 将 Pr.79 变更为“4”，PU 指示灯和 EXT 指示灯亮	
3. 启动。按下按键(FWD)或(REV)，显示运行状态的 FWD 或 REV 闪烁	
4. 加速→恒速。电位器慢慢向右旋转到最大，显示屏上的频率数值随 Pr.7 加速时间逐渐增大，变为“50.00”（50.00 Hz）	
5. 减速。电位器慢慢向左旋转到最小，显示屏上的频率数值随 Pr.8 减速时间逐渐变小，变为 0.00 Hz 。电动机停止运行	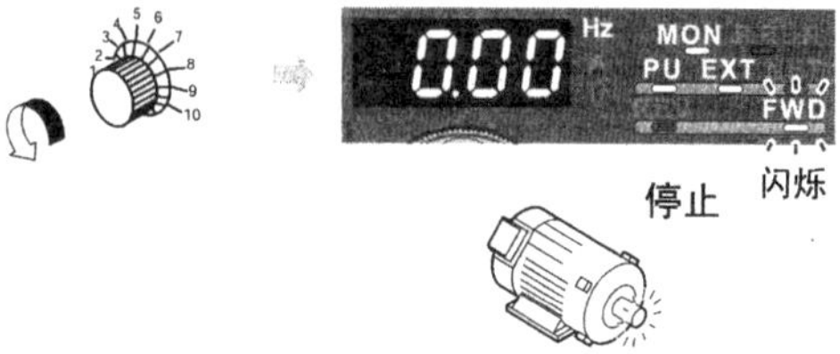
6. 停止。按下(STOP/RESET)键，运行状态时显示的 FWD 或 REV 灯灭	

实训 4—3　通用变频器的外部运行操作

1. 工具、仪表及器材

实训工具、仪表及器材见表 4-18。

表 4-18　实训工具、仪表及器材

名称	型号规格	数量	备注
电工常用工具		1	
万用表	型号自定	1	
变频器	三菱 FR-A740-0.75K	1	
三相笼型异步电动机	0.75 kW	1	
钮子开关	自锁式，一对常开触头	5	
导线	BVR 2.5 mm^2	若干	
导线	BVR 0.75 mm^2	若干	
配线板	500 mm × 600 mm	1	
线槽	30 mm × 30 mm	若干	
低压断路器	DZ47-60/3P D10A	1	
DIN 导轨	35 mm	若干	
端子排	D-10	1	

2. 实训过程

（1）变频器端子的识别　掀开配线盖板，对照图 4-30 和端子板，识别每个端子的符号标记，分别画出主回路和控制回路端子排列图。

（2）更换控制回路端子板

1）拆卸控制回路端子板

①旋松控制回路端子板底部的两个安装螺钉（螺钉不能被卸下）。

②用双手把端子板从控制回路端子板背面拉下，注意切勿弄弯控制回路上的插针。

2）安装控制回路端子板

①将控制回路端子板重新安装上。

②拧紧端子板底部的两个安装螺钉。

（3）用外部信号控制变频器实现多段速运行　用外部信号控制三菱 FR-A740-0.75 K 变频器驱动 0.75 kW 三相笼型异步电动机，实现四段速（50 Hz、45 Hz、30 Hz 和 20 Hz）运行。

1）电路接线　按图 4-36 所示接线图连接电路。

2）确定变频器参数　按照控制要求确定变频器有关参数，填入表 4–19 中。

表 4–19　变频器参数设定

参数名称	参数号	设置数据
加速时间	Pr.7	
减速时间	Pr.8	
电子过电流保护	Pr.9	
加、减速基准频率	Pr.20	
基准频率	Pr.3	
上限频率	Pr.1	
下限频率	Pr.2	
运行频率 1	Pr.4	
运行频率 2	Pr.5	
运行频率 3	Pr.6	
运行频率 4	Pr.24	
运行模式选择	Pr.79	

3）设定变频器参数　检查电源、电动机及变频器的连接，经检查无误，接通电源，依次设定表 4–19 中的参数。

4）调试运行　将高速开关（RH）设置为 ON，再将启动开关（STF 或 STR）设置为 ON，观察变频器的输出频率是否符合运行频率 1。依次观察运行频率 2、3、4 是否符合要求。

5）练习完毕后，停止变频器运行，断开电源，待变频器指示灯熄灭后再拆除接线，整理工具，清理现场。

3. 注意事项

（1）切不可将输入端子 R、S、T 与输出端子 U、V、W 接反，以免损坏电动机。

（2）练习完毕后切断电源开关，必须待变频器指示灯熄灭后再拆线，以防触电。

（3）不能用操作面板上的【STOP】键停止变频器运行，否则变频器会报警。如果误操作引起变频器报警，需关掉电源，重新启动即可消除报警。

4. 评分标准

评分标准见表 4–20。

表 4–20　评分标准

项目	配分	评分标准	扣分
端子识别	20 分	（1）不能正确识别主回路端子　每处扣 5 分 （2）不能正确识别控制回路端子　每处扣 2 分	
更换控制回路端子板	20 分	（1）不能正确拆卸端子板　扣 10 分 （2）不能正确安装端子板　扣 10 分 （3）损坏端子板　扣 20 分	

续表

<table>
<tr><th>项目</th><th>配分</th><th colspan="3">评分标准</th><th>扣分</th></tr>
<tr><td>电路连接</td><td>10 分</td><td colspan="3">（1）不能正确连接电路　每处扣 5 分
（2）电路连接不规范　每处扣 2 分</td><td></td></tr>
<tr><td>变频器参数确定</td><td>20 分</td><td colspan="3">参数确定错误　每个扣 2 分</td><td></td></tr>
<tr><td>变频器参数设定</td><td>20 分</td><td colspan="3">（1）不会设定参数　每个扣 5 分
（2）参数设定错误　每个扣 2 分</td><td></td></tr>
<tr><td>运行参数监视</td><td>10 分</td><td colspan="3">不会转换监视输出参数　扣 10 分</td><td></td></tr>
<tr><td>安全文明生产</td><td colspan="4">违反安全文明生产规程　扣 5~40 分</td><td></td></tr>
<tr><td>定额时间</td><td colspan="4">50 min，每超时 5 min（不足 5 min 按 5 min 计）　扣 5 分</td><td></td></tr>
<tr><td>备注</td><td colspan="3">除定额时间外，各项目的最高扣分不应超过配分数</td><td>成绩</td><td></td></tr>
<tr><td>开始时间</td><td></td><td>结束时间</td><td></td><td>实际时间</td><td></td></tr>
</table>

巩固练习

1. 变频器控制回路接线应注意哪些问题?
2. 什么是变频器的外部控制模式?
3. 画出在外部控制模式下控制电动机实现三段速运行的电路图。
4. 简述用外部指令控制电动机实现四段速（50 Hz、45 Hz、40 Hz、30 Hz）运行的操作步骤。
5. 什么是组合运行模式? FR-A740 型变频器有哪两种组合运行模式?

课题 4　通用变频器的选用、安装与维护

学习目标

1. 理解通用变频器的主要参数及其含义，能正确选用通用变频器。
2. 了解变频器的安装要求，能正确安装变频器。
3. 了解变频器日常维护和检查的内容。

在安装、使用变频器前，必须认真阅读产品说明书等有关技术资料，能根据负载要求选配合适的变频器及其外部设备，熟悉变频器对安装环境、安装空间及安装方法的要求，并能对运行中的变频器进行日常维护和检查。

一、变频器的选用

1. 变频器的额定值

变频器的额定值大多都标在其铭牌上，包括输入侧的额定值及输出侧的额定值。

（1）输入侧的额定值　输入侧的额定值主要是电压和相数。绝大多数中小容量变频器输入电压的额定值（线电压）为 380 V/50 Hz、三相，部分小容量设备和家用电器用变频器输入电压的额定值采用 200~230 V/50 Hz、单相。

（2）输出侧的额定值

1）额定输出电压 U_N　是指变频器输出电压中的最大值。在大多数情况下，它就是输出频率等于电动机额定频率时的输出电压值。通常，额定输出电压总是和输入电压的额定值相等。

2）额定输出电流 I_N　是指变频器可以连续输出的最大交流电流的有效值，是用户选择变频器的主要依据。

3）输出容量 S_N（kV·A）　变频器输出容量取决于额定输出电流与额定输出电压的三相视在输出功率，S_N 与 U_N 和 I_N 的关系为：

$$S_N = \sqrt{3} U_N I_N$$

4）适用电动机功率 P_N（kW）　是指以标准四极电动机为对象，在额定输出电流以内可以驱动的电动机功率。

5）过载能力　是指其输出电流超过额定电流的允许范围和时间，用过电流与额定电流之比的百分数来表示。三菱 FR-A740 系列变频器的过载能力有 SLD（110% 60 s，120% 3 s）、LD（120% 60 s，150% 3 s）、ND（150% 60 s，200% 3 s）、HD（200% 60 s，250% 3 s）四种，出厂设定为 ND。

2. 变频器的选择

变频器的选择主要包括类型的选择和容量的选择。

（1）变频器类型的选择　根据控制功能可将通用变频器分为三种类型：普通功能型 U/f 控制变频器、具有转矩控制功能的高功能型 U/f 控制变频器和矢量控制高性能型变频器。变频器类型的选择，要根据负载的要求来进行。

1）风机、泵类负载，低速下负载转矩较小（为平方转矩负载），通常可以选择普通功能型。

2）恒转矩类负载，例如挤压机、搅拌机、传送带、起重机的平移机构、起重机的提升机构和提升机等，有以下两种情况。

①采用普通功能型变频器。为了保证低速时的恒转矩调速，常采用加大电动机和变频器容量的办法，以提高低速转矩。

②采用具有转矩控制功能的高功能型 *U*/*f* 控制变频器，实现恒转矩负载的恒速运行。因为这种变频器低速转矩大，静态机械特性硬度大，不怕冲击负载，且性价比较高。

③轧钢、造纸、塑料薄膜加工线这一类要求高精度、快响应的生产机械，多选用矢量控制高性能型通用变频器。

（2）变频器容量的选择　变频器的容量通常用额定输出电流（A）、输出容量（kV·A）、适用电动机功率（kW）表示。

用于驱动标准四极电动机拖动连续恒定负载的变频器，容量可根据产品技术手册给出的适用电动机的功率选择。用于驱动非标准四极电动机或拖动变动负载、断续负载和短时负载等情况，因这些电动机的额定电流比标准四极电动机大，不能根据适用电动机的功率选择变频器容量。变频器的容量应按运行过程中可能出现的最大工作电流来选择，即

$$I_N \geqslant I_{Mmax}$$

式中　I_N——变频器的额定电流，A；

I_{Mmax}——电动机的最大工作电流，A。

不论作什么用途，都不允许变频器连续输出超过额定输出电流的电流。

部分中小容量三菱 FR-A740 系列变频器额定值见表 4-21。

表 4-21　部分中小容量三菱 FR-A740 系列变频器额定值

400 V 系列　ND：初期设定

性能			技术数据														
型号 FR-A740-□□ K-CHT			0.4	0.75	1.5	2.2	3.7	5.5	7.5	11	15	18.5	22	30	37	45	55
适用电动机功率 (kW)		SLD	0.75	1.5	2.2	3.7	5.5	7.5	11	15	18.5	22	30	37	45	55	90
		LD															75
		ND	0.4	0.75	1.5	2.2	3.7	5.5	7.5	11	15	18.5	22	30	37	45	55
		HD	—	0.4	0.75	1.5	2.2	3.7	5.5	7.5	11	15	18.5	22	30	37	45
输出	额定容量 (kV·A)		1.1	1.9	3	4.6	6.9	9.1	13	17.5	23.6	29	32.8	43.4	54	65	84
	额定电流 (A)	SLD	2.3	3.8	5.2	8.3	12.6	17	25	31	38	47	62	77	93	116	—
		LD	2.1	3.5	4.8	7.6	11.5	16	23	29	35	43	57	70	85	106	—
		ND	1.5	2.5	4	6	9	12	17	23	31	38	44	57	71	86	110
		HD	0.8	1.5	2.5	4	6	9	12	17	23	31	38	44	57	71	86

续表

性能			技术数据														
输出	过载能力	SLD	110% 60 s，120% 3 s（反时限特性）周围温度 40 ℃														
		LD	120% 60 s，150% 3 s（反时限特性）周围温度 50 ℃														
		ND	150% 60 s，200% 3 s（反时限特性）周围温度 50 ℃														
		HD	200% 60 s，250% 3 s（反时限特性）周围温度 50 ℃														
	电压		三相 380~480 V														
电源	额定输入交流电压、频率		三相 380~480 V 50 Hz/60 Hz														
	交流电压允许波动范围		323~528 V 50 Hz/60 Hz														
	允许频率波动范围		±5%														
	电源设备容量（kV·A）		1.5	2.5	4.5	5.5	9	12	17	20	28	34	41	52	66	80	100
保护结构（JEM 1030）			封闭型（IP20）											开放型（IP00）			
冷却方式			自冷			强制风冷											
大约质量 (kg)			3.5	3.5	3.5	3.5	3.5	6.5	6.5	7.5	7.5	13	13	23	35	35	37

3. 变频器外部设备的选择

选定了变频器之后，还要根据需要选择与变频器配合工作的各种外部设备。正确选择变频器外部设备的目的是：保证变频器驱动系统能够正常工作；提供对变频器和电动机的保护；减少对其他设备的影响。

外部设备通常是指配件，分为常规配件和专用配件，如图 4-39 所示，图中断路器和接触器是常规配件；交流电抗器、滤波器、制动电阻、直流电抗器和输出交流电抗器是专用配件。

（1）常规配件的选择　由于变频调速系统中电动机的启动电流可控制在较小范围内，因此，电源侧断路器的额定电流可按变频器的额定电流来选用。

接触器选用方法与断路器相同。使用时应注意：不要用交流接触器进行频繁地启动或停止（变频器输入回路的开闭寿命大约为 10 万次）；不能用电源侧的交流接触器停止变频器。

因为变频器内部、电动机内部及输入输出引线均存在对地静电电容，且变频器所使用的载波频率较高，因此，变频器的对地漏电流较大，有时甚至会导致保护电路误动作。若需要使用漏电保护器时，应注意以下两点：一是漏电保护器应设于变频器的输入侧，置于断路器之后；二是漏电保护器的动作电流应大于该线路在工频电源下不使用变频器时漏电流的 10 倍。

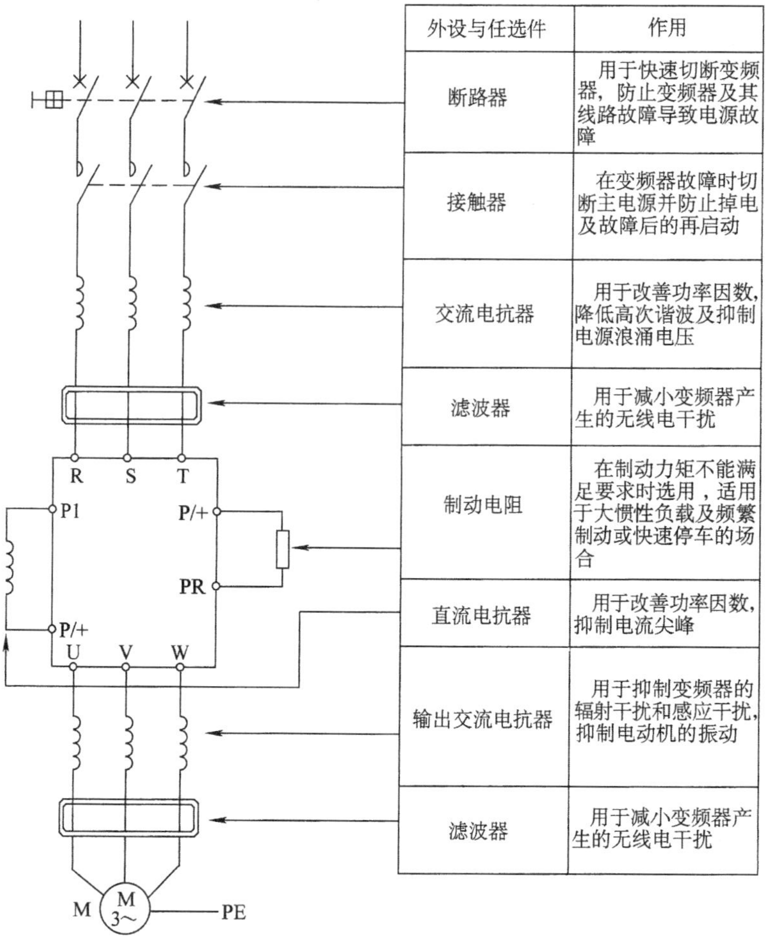

图 4-39　变频器的外部设备

（2）专用配件的选择　专用配件最好以变频器厂家提供的变频器使用手册中的要求为依据进行选择，不可盲目选取。

二、变频器的安装

1. 变频器对安装环境的要求

变频器是用精密的机械和电子零件制作而成，为提高其可靠性并长期稳定使用，必须在规定的环境条件中安装使用。三菱 FR-A740 系列变频器安装环境的标准规格见表 4-22。

表 4-22　三菱 FR-A740 系列变频器安装环境的标准规格

项目	内容	
周围温度	SLD	-10～+40 ℃
	LD、ND（初始设定）	-10～+50 ℃

续表

项目	内容
周围湿度	相对湿度 90% 以下（无凝露）
环境	无腐蚀性气体、可燃性气体、油雾尘埃等
海拔	海拔 1 000 m 以下
振动	5.9 m/s² 以下

在图 4-40 所示场所安装或使用变频器，则有可能导致变频器动作异常或发生故障。

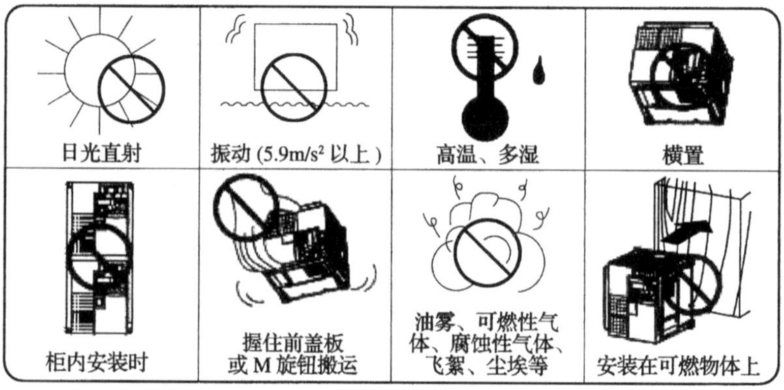

图 4-40　不宜安装变频器的场合

2. 变频器的安装

变频器内部存在着功率损耗，因而在工作过程中会导致变频器发热。正常工作时，每 1 kV·A 变频器容量的损耗功率为 40~50 W。为了不使变频器内部的温升过大，变频器必须将产生的热量充分地散发出去。因此，安装变频器时必须保证其散热途径畅通，不能被堵塞。

（1）墙挂式安装　由于变频器本身具有较好的外壳，所以一般情况下允许直接靠墙安装，称为墙挂式安装。为保持良好的通风以改善冷却效果，变频器应垂直安装并与周围阻挡物间留有足够的距离。安装间距要求如图 4-41 所示。为了防止异物掉进变频器的出风口而堵塞风道，应在其出风口的上方加装防护网罩。

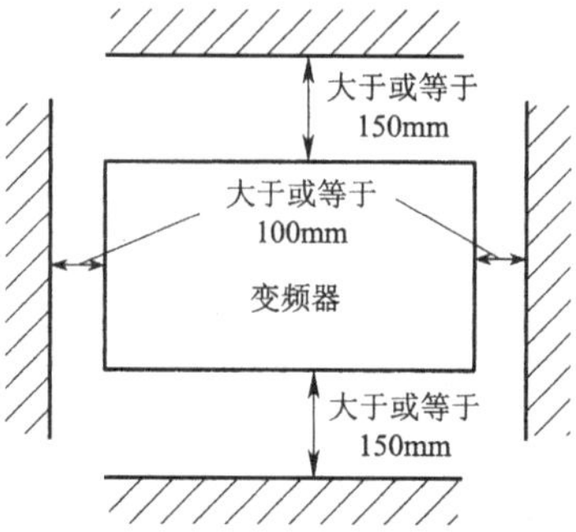

图 4-41　墙挂式安装

（2）柜内安装　在实际应用中，变频器一般和其他电器一起安装在电气柜内，柜内安装同样需充分考虑变频器的散热。

1）不同规格的变频器的固定方式和要求不完全一样，中小容量的 FR-A740 系列变频器（0.4~22 kW）

的安装方法如图 4–42 所示。

2）变频器必须垂直安装。

3）安装多个变频器时，要并列放置，如图 4–43 所示。若必须采用上下排列方式时，则应在两台变频器间加一隔板，以免下面变频器中出来的热风进入上面变频器内。

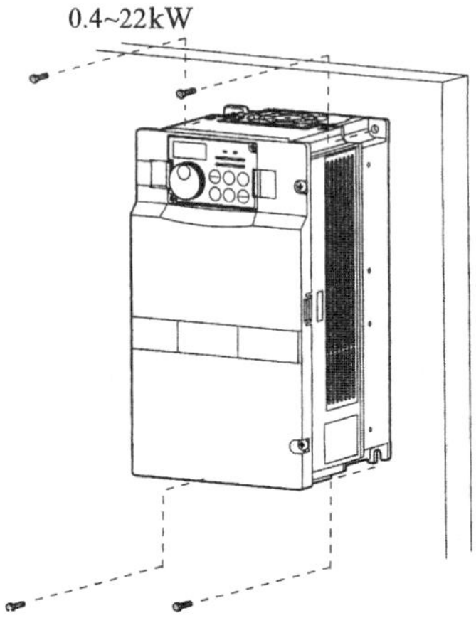

图 4–42　中小容量的 FR–A740 系列变频器的安装

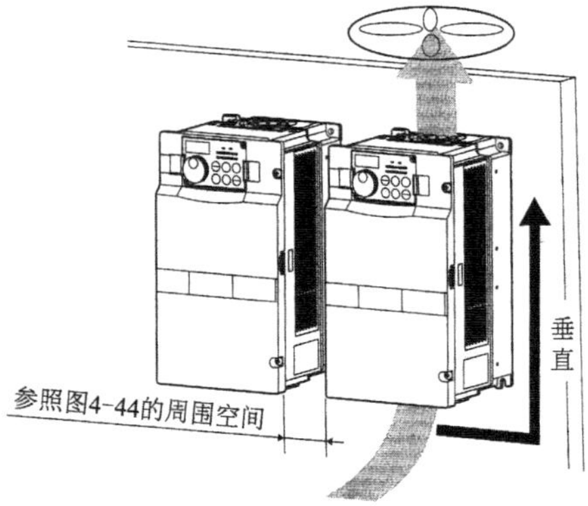

图 4–43　两台变频器的柜内安装

4）为了散热及维护方便，变频器周围要确保有足够的安装空间，以保证与其他装置及柜门分开，变频器的下部作为布线空间，上部作为散热空间，尺寸应符合图 4–44 所示尺寸要求。

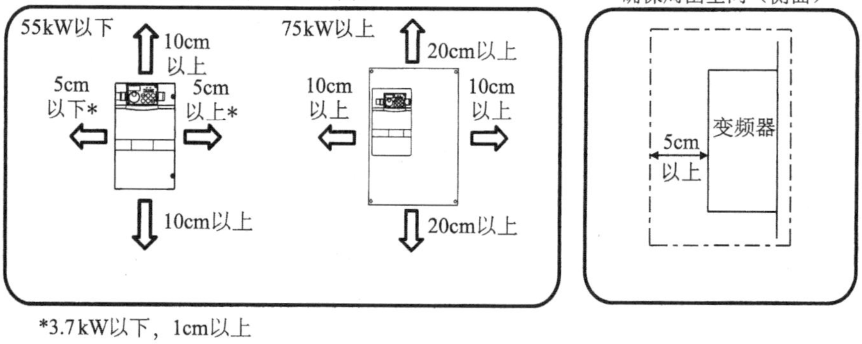

图 4–44　变频器安装空间要求

三、变频器的接线

1. 主电路的接线

FR–A740 系列变频器主电路的基本接线如图 4–45 所示。R、S、T 是变频器的输入端，接电源进线。U、V、W 是变频器输出端，与电动机相接。不同容量的 FR–A740

型变频器的端子布局有所不同，小容量变频器的主回路端子示意如图 4–31a 所示。变频器主回路的输入端和输出端绝对不允许接反，否则会严重损坏变频器。

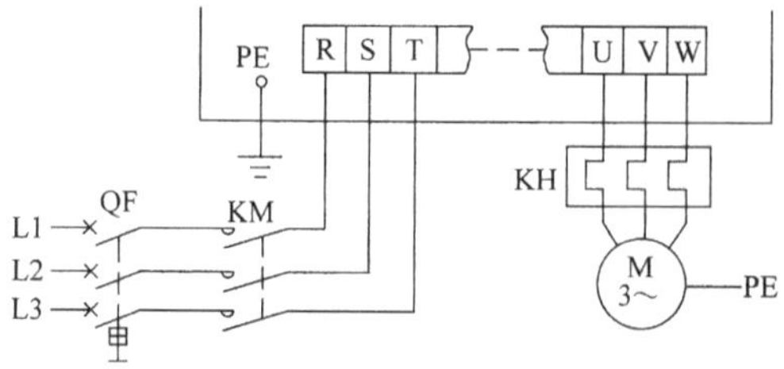

图 4–45 FR–A740 系列变频器主电路的基本接线

进行主电路连接时应注意以下几点：

（1）主电路电源端子 R、S、T 经接触器和低压断路器与电源连接，一般不需要考虑相序；变频器的输出端不能接电力电容器或浪涌吸收器。

（2）变频器的保护功能动作时，继电器的常闭触头控制接触器电路，会使接触器断开，从而切断变频器的主电路电源。

（3）不应以主电路的通断来进行变频器的运行、停止操作。需用控制面板或控制电路输入端子来操作。

（4）变频器输出端子（U、V、W）最好经热继电器再接至三相电动机上，当电动机的旋转方向与设定不一致时，可调换 U、V、W 三相中的任意两相。

2. 控制电路的接线

变频器的控制电路可分为模拟量控制线和数字量控制线两种。

（1）模拟量控制线主要包括：输入侧的给定信号线和反馈线；输出侧的频率信号线和电流信号线等。由于模拟信号的抗干扰能力较低，因此，模拟量控制线必须使用屏蔽线。屏蔽层靠近变频器的一端应接在控制电路的公共端，屏蔽层的另一端应悬空，如图 4–46 所示。

在布线时还应注意：一是控制线要尽量远离主电路导线 100 mm 以上；二是尽量不使控制线和主电路导线交叉，必须交叉时，应采取垂直交叉方式。

（2）变频器的启停、点动、多段转速控制等的控制线属数字量控制线。一般情况下，模拟量控制线的接线原则也都适用于数字量控制线。但数字量的抗干扰能力较强，因此，在距离不很远时，允许不使用屏蔽线，但同一信号的两根线应绞合在一起，且绞合间距应尽可能小。

变频调速系统中的接触器、电磁继电器及其他各类电磁铁的线圈都具有较大的电感，在接通和断开的瞬间会产生很高的感应电动势，在电路内会形成峰值很高的浪涌电压，影响变频器的正常工作。因此，在

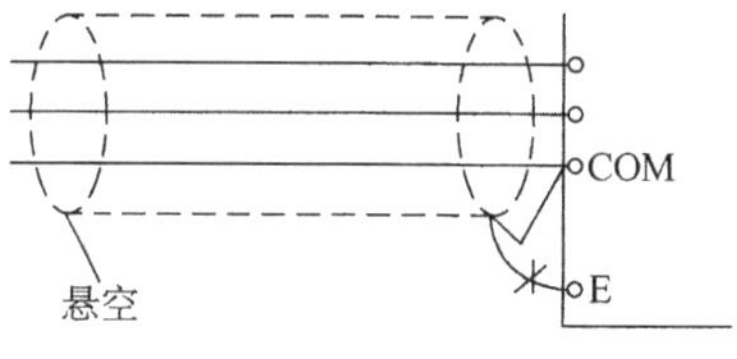

图 4–46 屏蔽层接法

交流电源的线圈两端应并接 RC 浪涌电压吸收电路，直流电源的线圈两端应并接吸收二极管，如图 4-47 所示。一般浪涌电压吸收电路的接线不应超过 20 cm。

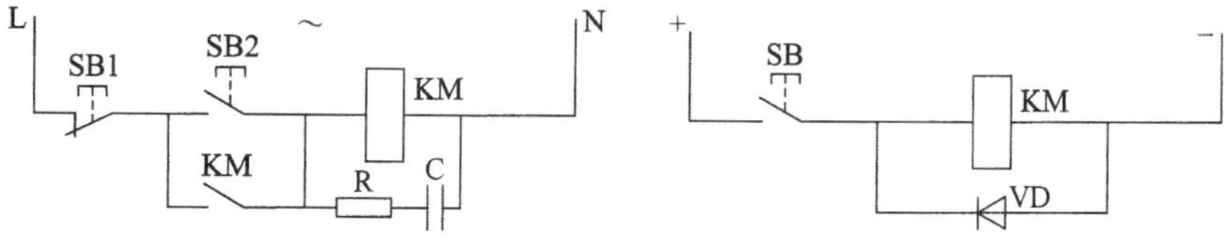

图 4-47　浪涌电压吸收电路

（3）为了变频器的安全稳定运行及降低噪声，要求变频器必须接地。根据电气设备技术标准规定，接地电阻应小于或等于国家标准规定值，且用较粗的短线接到变频器的专用接地端子 PE 上。当变频器和其他设备，或有多台变频器一起接地时，每台设备应分别和地相接，而不允许将一台设备的接地端和另一台设备的接地端相接后再接地，如图 4-48 所示。

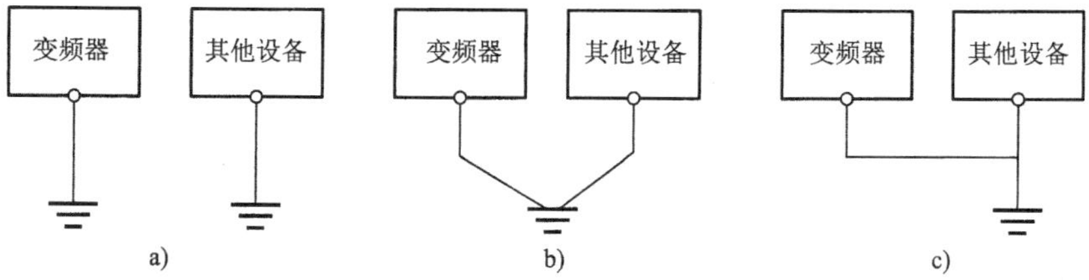

图 4-48　变频器和其他设备的接地

a）专用接地（最好）　b）共用接地（好）　c）共用接地（不可）

如果现场不具备接地条件，接地端子可以悬空，但不能与电源的零线相接，以免引入强干扰。

知识拓展

变频器的抗干扰对策

1. 外来干扰

变频器采用了高性能微处理器等集成电路，对外来电磁干扰较敏感，会因电磁干扰的影响而产生错误，对正常运转造成恶劣影响。外来干扰多通过以变频器控制电缆为媒介的途径侵入，所以敷设控制电缆时，必须采取充分的抗干扰措施。前述控制电路接线所采取的措施，就是为了提高变频器的抗干扰能力。

2. 变频器产生的干扰

变频器的输入和输出电流波形都不是标准正弦波，含有很多高次谐波成分。它们将以空中辐射、线路传播等方式把自己的能量传播出去，对周围的电子设备、通信和无线电设备的工作形成干扰。因此，在装设变频器时，应考虑采取各种抗干扰措施，削弱干扰信号的强度。例如，对于通过辐射传播的无线电干扰信号，可采用屏蔽、装设抗干扰滤波器等措施来削弱干扰信号，如图 4–49 所示。

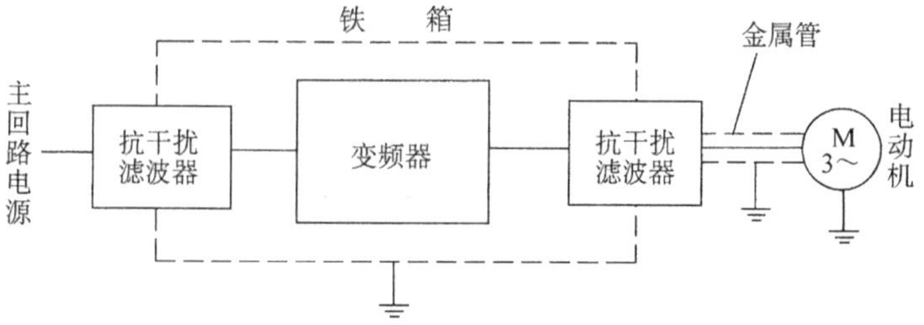

图 4–49　抗无线电干扰对策

四、变频调速系统的调试

变频调速系统的调试工作，并没有规定的步骤，只是一般应遵循："先外围电路，后变频器""先空载、继轻载、后重载"的规律。

1．电动机的空载调试

将变频器的输出端接上电动机，但将电动机与负载脱开，进行通电调试，以观察变频器配上电动机后的工作情况，并校准电动机的旋转方向。试验步骤如下：

（1）先将频率设置于 0，合上电源后，稍微增大工作频率，观察电动机的启动情况以及旋转方向是否正确。如方向相反，则断电后予以纠正（任意调换 U、V、W 三根导线中的两根）。

（2）将频率上升至额定频率，让电动机运行一段时间，观察变频器的运行情况。如一切正常，再使电动机在其他几个常用的工作频率上运行一段时间，观察系统运行有无异常情况。

（3）将给定频率信号突降至 0（或按停止按钮），观察电动机的制动情况。

2．调速系统的负载调试

将电动机的输出轴通过机械传动装置与负载连接起来，进行调试。

（1）启动　使工作频率从 0 Hz 开始缓慢增加，观察拖动系统能否启转及在多大频率下启转。如启转比较困难，应设法加大启动转矩。具体方法有：加大启动频率，加大 U/f 比，以及采用矢量控制等。

（2）升速　将给定信号调至最大，按下启动键，注意观察启动电流的变化以及整个拖动系统在升速过程中运行是否平稳。

如因启动电流过大而跳闸，则应适当延长升速时间。如在某一速度段启动电流偏大，则设法通过改变启动方式（S 形、半 S 形）来解决。

（3）运行　运行调试的主要内容一般有：

1）进行最高频率时的带载能力试验，即检查电动机能否带动正常负载运行。

2）带负载在最低工作频率下运行，考察电动机的发热情况。使拖动系统工作在负载所要求的最低转速下，施加该转速下的最大负载，按负载所要求的连续运行时间进行低速连续运行，观察电动机的发热情况。

3）过载试验，按负载可能出现的过载情况及持续时间进行试验，观察拖动系统能否继续工作。当电动机在工频以上运行时，不能超过电动机容许的最高频率范围。

（4）减速　将运行频率调至最高工作频率，按停止键，注意观察拖动系统的停机过程中是否出现因过电压或过电流而跳闸的情况，如有则应适当延长降速时间。

当输出频率为 0 Hz 时，观察拖动系统是否有爬行现象，如有则应适当加强直流制动。

3．测量变频器电路时仪表类型的选择

在变频器的调试及运行过程中，有时需要测量它的某些输入、输出量。由于通常使用的交流仪表都是以测量工频正弦波为目的而设计制造的，而变频器电路中的许多量并非标准工频正弦波，因此，测量变频器电路时，如果仪表类型选择不当，测量结果会有较大误差，甚至根本无法进行测量。测量变频器电路的电压、电流、功率时可根据下列要求，选择适用的仪表。

（1）输入电压　因是工频正弦电压，故各类仪表均可使用。

（2）输出电压　以整流式仪表为宜。如选用电磁式仪表，则读数偏差较大。注意绝对不能用一般数字电压表去测量输出电压。

（3）输入和输出电流　均以选用电磁式仪表为宜。热电式仪表也可选用，但反应迟钝，不适用于负载变动的场合。

（4）输入和输出功率　均可用电动式仪表。

五、变频器的日常维护与检查

变频器是以半导体组件为核心构成的静止装置，会由于温度、湿度、尘埃、振动等使用环境的影响及零部件老化等原因而发生故障。另外，变频器中使用了滤波电容器、冷却风扇等消耗性器件，因此，日常检查和定期维护必不可少。使用合理、维护得当可延长变频器的使用寿命，并减少发生故障造成的停产损失。

1．变频器的日常检查

在变频器运行过程中，可以从设备外部目视检查运行状况有无异常。主要检查项目有：

（1）电源电压是否在允许范围内。

（2）冷却系统是否运转正常。

（3）变频器、电动机等是否过热、变色或有异味。

（4）变频器、电动机是否有异常振动和声音。

（5）安装地点的环境有无异常。

2. 变频器的定期检查及维护

为了防止出现因元器件老化和异常等造成故障，变频器在使用过程中必须定期进行保养维护，根据需要更换老化的元器件。定期维护应放在暂时停产期间，在变频器停机后进行。

变频器进行定期检查时必须注意，即使切断电源，主电路直流部分滤波电容器放电也需要时间，需待充电指示灯熄灭后，用万用表等确认直流电压已降到安全电压（直流 25 V 以下），方可打开机壳进行检查。

一般的定期检查应每年进行一次，定期检查的重点是变频器运行时无法检查的部位，定期检查的主要项目及维护方法见表 4–23。

表 4–23　变频器定期检查的主要项目及维护方法

主要项目		维护方法
冷却系统	冷却风机	冷却风机是全密封的，不需对其进行清洁和润滑。但应注意，清洁散热器时，应先将扇叶固定，然后再使用压缩空气清洁散热器，以保护冷却风机轴承。冷却风机损坏的前兆是轴承的噪声增大，或清洁的散热器温升高于正常水平。当变频器用于重要场合时，请在上述前兆出现时及时更换冷却风机。 变频器频繁出现过温警告或故障，则说明可能冷却风机工作状态异常
	散热器	在正常的使用条件下，散热器应每年清洁一次。运行在污染较严重的场合，散热器的清洁工作应频繁一些。当变频器不可拆卸时，请使用柔软的毛刷清洁散热器。如果变频器可以移动或在户外进行清洁，可使用压缩空气清洁散热器
电解电容器		目视电解电容器是否有漏液和变形的情况。一般情况下，电解电容器的使用寿命为 100 000 h，电容值应大于标称值的 85%。实际使用寿命由变频器的使用方法和环境温度决定。降低环境温度可以延长其使用寿命，电容器的损坏不可预测
接触器、充电电阻		检查中间直流环节的接触器触头是否粗糙，充电电阻是否有过热的痕迹，绝缘电阻是否在正常范围内
接线端子、控制电源		检查螺钉、螺栓等紧固件是否松动，进行必要的紧固；导体、绝缘物和变压器是否有腐蚀、过热的痕迹，是否变色或破损；确认控制电源电压是否正常，确认保护、显示回路有无异常

3. 变频器零部件的更换

变频器由多种零部件组装而成，某些零部件经长期使用后性能降低、劣化，这是故障发生的主要原因。为了长期安全生产，某些零部件必须及时更换。

需定期检查更换的元器件及参考检查更换时间见表 4-24。

表 4-24 部分元器件检查更换时间表

名称	参考更换时间	更换方法
冷却风扇	2~3 年	更换为新品
平波电容器	5 年	更换为新品
熔断器	10 年	更换为新品
印制电路板上的铝制电解电容器	5 年	更换为新品（检查后决定）

注：使用条件为周围温度年平均 30 ℃，负载率为 80% 以下，使用率在每天 12 h 以下。

4. 变频器维护时的注意事项

（1）操作前必须切断电源，且在主电路滤波电容器放电完毕后，电源指示灯 HL 熄灭再行作业，以确保操作者的安全。

（2）在出厂前，生产厂家都已对变频器进行了初始设定，一般不能任意改变这些设定。而在改变了初始设定后又希望恢复初始设定值时，一般需进行初始化操作。

（3）新型变频器的控制电路中使用了许多 CMOS 芯片，用手指直接触摸电路板将会使这些芯片因静电作用而损坏，因此，切忌用手指直接触摸电路板。

（4）在通电状态下不允许进行改变接线或拔插连接件等操作。

（5）在变频器工作过程中不允许对电路信号进行检查。这是因为连接测量仪表时所出现的噪声以及误操作可能会使变频器出现故障。

（6）当变频器发生故障而又无故障显示时，注意不能再轻易通电，以免引起更大的故障。这时应断电后进行电阻特性参数测试，初步查找故障原因。

对于长期不用的变频器，应进行充电试验，以使变频器主回路电解电容器的特性得以恢复。充电时，应使用调压器慢慢升高变频器的输入电压直至额定电压。通电时间应在 2 h 以上，可以不带负载，充电试验至少每年一次。

六、变频器常见故障的诊断与处理

通用变频器具有较完善的自诊断功能、保护及报警功能。当变频调速系统出现故障时，变频器大都能报警或自动停车保护，并给出提示信息，检修时应以这些显示信息为线索，查找变频器使用说明书中有关指示故障原因的内容，分析出现故障的范围，采用合适的测量手段确认故障点并修复。

一般情况下，变频器的控制核心——主控板单元与其他电路部分之间都设有可靠的隔离措施，出现故障的概率很低，即使主控板单元发生故障，常规手段也难以检测发现。因此，当系统出现故障时，应将检修的重点放在主电路、电源电路、驱动电路、检测电路及它们与主控板单元的接口电路部分。

一台变频器中的驱动电路、检测电路和开关电源次级电路均由大致相同的几部分电路组成，当怀疑它们有故障时，可对相同部分电路的对应点用比较法测量比较，如进行静态电阻或带电状态下电压、波形的测量比较。

1．变频器的异常显示

变频器发生异常时，操作面板 PU 的显示会给出异常信息，变频器的异常显示大体分为以下几种：

（1）错误信息　对于 PU 的操作错误或设定错误，显示相关信息。变频器并不切断输出。

（2）报警　操作面板显示相关的故障信息时，虽然变频器并未切断输出，但如果不采取处理措施的话，便可能引发重故障。

（3）轻故障　变频器并不切断输出，用参数设定可以输出轻微故障信号。

（4）重故障　保护功能动作，切断变频器输出，输出异常信号。

FR-A740 系列变频器异常显示一览表见表 4-25。

表 4-25　FR-A740 系列变频器异常显示一览表

操作面板显示			名称
错误信息	E---	E——	报警历史
	HOLd	hold	操作面板锁定
	Er1~Er4	Er1~4	参数写入错误
	rE1~rE4	rE1~4	拷贝操作错误
	Err.	Err.	错误
报警	0L	OL	失速防止（过电流）
	oL	oL	失速防止（过电压）
	rb	Rb	再生制动预报警
	TH	TH	电子过电流保护预报警

续表

操作面板显示			名称
报警	PS	PS	PU 停止
	nr	MT	维护信号输出
	CP	CP	参数复制
	SL	SL	速度限位显示（速度限制中输出）
轻故障	Fn	FN	风扇故障
重故障	E.OC1	E.OC1	加速时过电流跳闸
	E.OC2	E.OC2	恒速时过电流跳闸
	E.OC3	E.OC3	减速，停止时过电流跳闸
	E.Ou1	E.OV1	加速时再生过电压跳闸
	E.Ou2	E.OV2	恒速时再生过电压跳闸
	E.Ou3	E.OV3	减速，停止时再生过电压跳闸
	E.rHr	E.THT	变频器过负载跳闸（电子过流保护）
	E.rHn	E.THM	电动机过负载跳闸（电子过流保护）
	E.FIn	E.FIN	散热片过热
	E.IPF	E.IPF	瞬时停电
	E.Uur	E.UVT	欠压保护
	E.ILF	E.ILF	输入缺相
	E.OLr	E.OLT	失速防止
	E. GF	E.GF	输出侧接地故障过电流保护
	E. LF	E.LF	输出缺相
	E.OHr	E.OHT	外部热继电器动作
	E.PrC	E.PTC	PTC 热敏电阻动作
	E.OPr	E.OPT	选件异常
	E.OP3	E.OP3	通信选件异常
	E. 1~E. 3	E.1～E.3	选件异常
	E. PE	E.PE	变频器参数储存器元件异常

续表

操作面板显示			名称
重故障	E.PUE	E.PUE	PU 脱离
	E.r E T	E.RET	再试次数溢出
	E.PE2	E.PE2	变频器参数储存器元件异常
	E. 6/E. 7/E.CPU	E.6/E.7/E.CPU	CPU 错误
	E.CTE	E.CTE	操作面板用电源短路，RS-485 端子用电源短路
	E.P24	E.P24	DC24 V 电源输出短路
	E.CdO	E.CDO	输出电流超过检测值
	E.1 OH	E.10H	浪涌电流抑制回路异常
	E.SEr	E.SER	通信异常（主机）
	E.AI E	E.AIE	模拟量输入异常
	E. OS	E.OS	发生过速度
	E.OSd	E.OSD	速度偏差过大检测
	E.ECT	E.ECT	断线检测
	E. Od	E.OD	位置误差大
	E.Mb1~E.Mb7	E.MB1～E.MB7	制动序列错误
	E.EP	E.EP	编码器相位错误
	E. bE	E.BE	制动晶体管异常
	E.USb	E.USB	USB 通信异常
	E. 11	E.11	反转减速错误
	E. 13	E.13	内部回路异常

2. 保护功能的复位方法

变频器的保护功能动作后，可通过下列操作中的任一项复位变频器。

（1）按下操作面板的 STOP RESET 复位变频器。

（2）断开电源，再合闸重新送电。

（3）接通输入复位信号（RES）并维持 0.1 s 以上。

3. 变频器的常见故障原因及处理方法

变频器出现异常，可根据异常信息查看技术资料，找出故障原因及处理方法。FR-A740 系列变频器典型的故障原因及排除措施见表 4-26。

表 4-26 FR-A740 系列变频器典型的故障原因及排除措施

操作面板显示			名称	内容	检查要点	排除措施
	HOLd	HOLD	操作面板锁定	设定了操作锁定模式，除了(STOP/RESET)之外的操作无效	—	按(MODE)键 2 s 后操作面板锁定将解除
错误信息	Er 1	Er1	禁止写入错误	（1）Pr.77 参数写入选择中设定为禁止写入 （2）频率跳变的设定范围重复时 （3）*U*/*f* 5 点可调整的设定值重复的情况下 （4）在 PU 和变频器不能正常通信时	（1）请确认 Pr.77 参数写入选择的设定值 （2）请确认 Pr.31 ~ Pr.36(频率跳变)的设定值 （3）请确认 Pr.100 ~ Pr.109（*U*/*f* 5 点可调整）的设定值 （4）请确认 PU 与变频器的连接	
错误信息	Er2	Er2	运行中写入错误	Pr.77 不等于 2（任何运行模式下都可写入）的情况下，在运行中或 STF（STR）置为 ON 时采取参数写入动作时	（1）请确认 Pr.77 的设定值 （2）是否是运行中	（1）请设置 Pr.77=2 （2）停止运行后进行参数的写入动作
错误信息	Er3	Er3	校正错误	模拟输入偏置，增益的校正值过于接近时	请确认参数 C3、C4、C6、C7（校正功能）的设定值	
错误信息	Er4	Er4	模式指定错误	Pr.77 不等于 2 的情况下外部网络运行模式下进行参数设定时	（1）运行模式是否为“PU 运行模式” （2）请设置 Pr.77 的设定值	（1）把运行模式切换为“PU 运行模式”后进行参数设定 （2）请设置为 Pr. 77=2 后进行参数设定
错误信息	rE 1	rE1	参数读取错误	在参数复制的参数读取中操作面板侧发生了 EEPROM 异常时		（1）请重新复制参数 （2）有可能是操作面板（FR-DU07）的故障

续表

操作面板显示			名称	内容	检查要点	排除措施
错误信息	rE2	rE2	参数写入错误	（1）运行中进行参数复制写入时引发此错误 （2）在参数复制的参数读取中操作面板侧发生了EEPROM异常时	操作面板（FR-DU07）的FWD或REV的灯是否亮或闪烁	（1）停止运行后重新复制参数 （2）有可能是操作面板（FR-DU07）的故障
	rE3	rE3	参数对照错误	（1）操作面板侧的数据与变频器的数据不一致时 （2）参数对照中操作面板侧发生了EEPROM异常时	请确认对照源的变频器与对照目标变频器的参数设定	（1）按(SET)键继续对照，请重新进行参数对照 （2）可能是操作面板（FR-DU07）的故障
	rE4	rE4	机种错误	（1）参数写入时，变频器的机型不同 （2）中断了参数复制的读取后，中断了参数复制的写入时	（1）请确认对照的变频器是否为同一类型 （2）是否在参数复制的读取过程中由于断开电源或按下操作面板等而中断了读取操作	（1）请对相同机型（FA-A700系列）实施参数复制，核对 （2）再次实施参数复制的读取操作
	Err.	Err	错误	（1）RES信号处于ON时 （2）PU与变频器不能进行正常通信时（连接器接触不良） （3）将控制回路电源(R1/L11、S1/L21)作为主回路电源（R/L1、S/L2、T/L3）和其他电源时，主电路将显示为ON，无异常		（1）请将RES信号置为OFF （2）请确认PU与变频器的连接

当变频器发生故障而又无故障显示时，不能再贸然通电，以免造成更大的损坏。

巩固练习

1. 变频器的额定值主要有哪些?
2. 如何选择变频器的容量?
3. 变频器的外部设备主要有哪些？
4. 测量变频器的输出电压时，应选择哪种类型的仪表？
5. 变频器的日常检查项目主要有哪些？
6. 变频器的异常显示信息分为哪几类？
7. 变频器的保护功能动作后，如何复位？
8. 当变频器发生故障而又无故障信息显示时，该如何处理？

附　录

常用电器、电机的图形与文字符号

类别	名称	图形符号	文字符号	类别	名称	图形符号	文字符号
开关	单极控制开关		SA	行程开关	复合触头		SQ
	手动开关一般符号	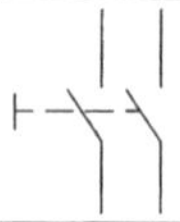	SA	按钮	常开按钮		SB
	三极控制开关	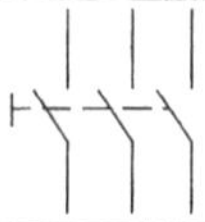	QS		常闭按钮		SB
	三极隔离开关	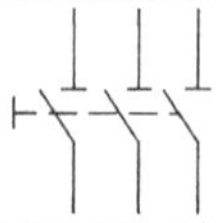	QS		复合按钮		SB
	三极负荷开关	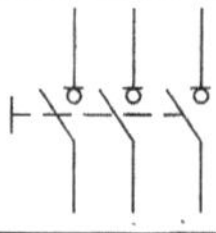	QS		急停按钮	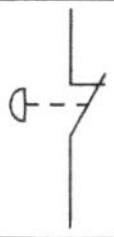	SB
	组合旋钮开关	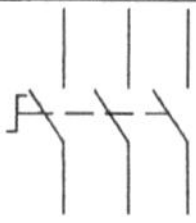	QS		钥匙操作式按钮	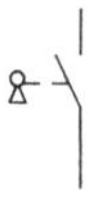	SB
	低压断路器	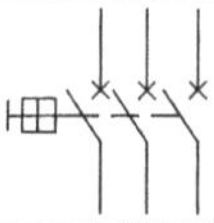	QF	接触器	线圈操作器件	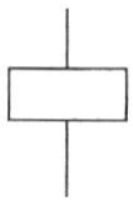	KM
	控制器或操作开关	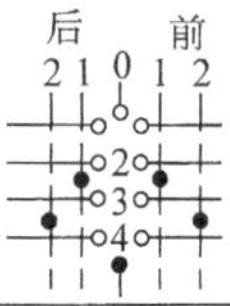	SA		常开主触头	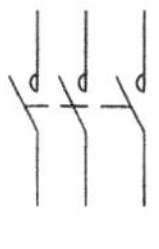	KM
行程开关	常开触头		SQ		辅助常开触头		KM
	常闭触头		SQ		辅助常闭触头		KM

续表

类别	名称	图形符号	文字符号	类别	名称	图形符号	文字符号
热继电器	热元件	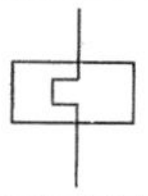	KH	电流继电器	过电流线圈	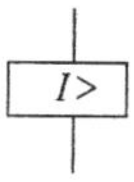	KA
	常闭触头	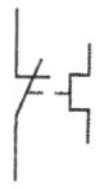	KH		欠电流线圈	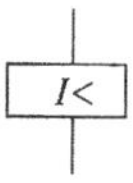	KA
时间继电器	通电延时（缓吸）线圈	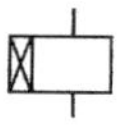	KT		常开触头		KA
	断电延时（缓放）线圈	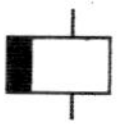	KT		常闭触头		KA
	瞬时闭合的常开触头		KT	电压继电器	过电压线圈	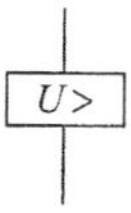	KV
	瞬时断开的常闭触头		KT		欠电压线圈	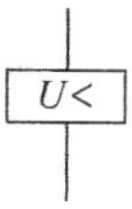	KV
	通电延时型常开触头		KT		常开触头		KV
	通电延时型常闭触头		KT		常闭触头		KV
	断电延时型常闭触头		KT	非电量控制的继电器	速度继电器常开触头	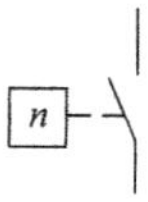	KS
	断电延时型常开触头		KT		压力继电器常开触头	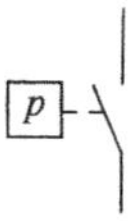	KP
中间继电器	线圈	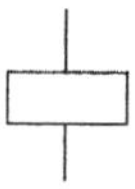	KA	熔断器	熔断器		FU
	常开触头		KA	电磁操作器	电磁铁的一般符号	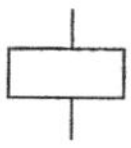	YA
	常闭触头		KA		电磁吸盘	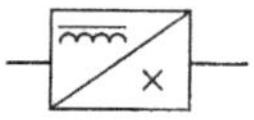	YH

续表

类别	名称	图形符号	文字符号
电磁操作器	电磁离合器	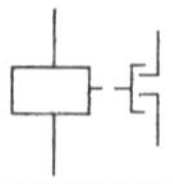	YC
	电磁制动器	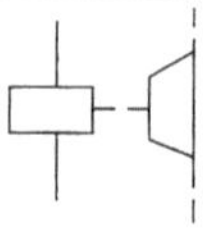	YB
	电磁阀	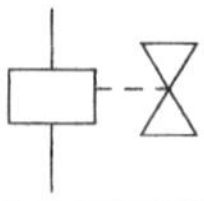	YV
电动机	三相笼型异步电动机		M
	三相绕线转子异步电动机	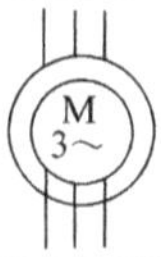	M
	三相同步电动机		M
	他励直流电动机	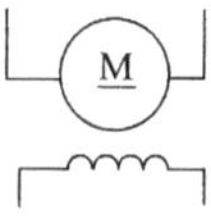	M
	并励直流电动机	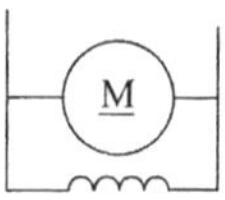	M
	串励直流电动机	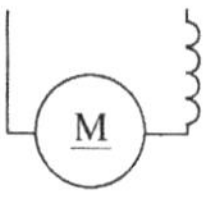	M

类别	名称	图形符号	文字符号
发电机	发电机	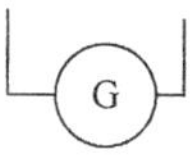	G
	直流测速发电机	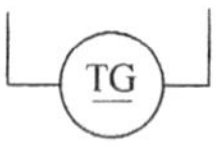	TG
变压器	单相变压器	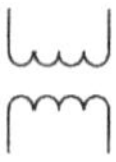	TC
	三相变压器	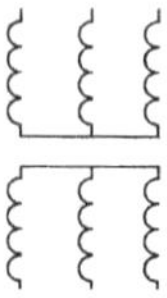	TM
灯	信号灯（指示灯）		HL
	照明灯		EL
接插器	插头和插座		X 插头 XP 插座 XS
互感器	电流互感器	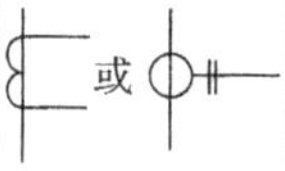	TA
	电压互感器	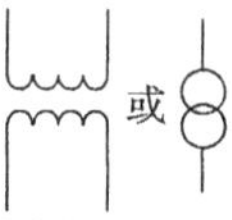	TV
	电抗器		L